面向“十二五”城市园林工程与规划设计专业立项教材

园林植物病虫害防治

主　编　汤春梅　杨庆森

副主编　雍东鹤　王　毅

参　编　郑生岳　刘红芳　周璐琼

中国商业出版社

图书在版编目(CIP)数据

园林植物病虫害防治/汤春梅,杨庆森主编.
—北京:中国商业出版社,2014.9
ISBN 978-7-5044-8532-8

Ⅰ.①园… Ⅱ.①汤…②杨… Ⅲ.①园林植物-病虫害防治 Ⅳ.①S436.8

中国版本图书馆 CIP 数据核字(2014)第 118811 号

责任编辑:蔡凯

中国商业出版社出版发行
010-63180647 www.c-cbook.com
(100053 北京广安门内报国寺1号)
新华书店总店北京发行所经销
涿州华建印刷有限公司印刷
* * * * *
787×1092 毫米 开本:1/16 印张:18.5 字数 350 千字
2014 年 9 月第 1 版 2014 年 9 月第 1 次印刷
* * * *
定价:39.80 元
(如有印装质量问题可更换)

前 言

近年来，随着经济建设的迅猛发展，城市化建设和新农村建设的不断推进，人们对生活环境的要求越来越高，特别是对园林绿化环境的要求更高。园林作为生态环境建设的重要组成部分和提高人类生存环境的重要凭借手段，越来越受到环境决策者和建设者的重视，特别是在城市，生态园林建设已成为解决社会快速发展所带来的环境问题的主要方式之一。但是园林植物在栽培和养护过程中常常受到各种病虫的危害，这已经成为园林绿化过程中不可忽视的问题。因此，在人们环境意识增强，人为破坏减少的情况下，园林植物病虫害防治将成为环境保护与建设的重要任务。

为了培养园林植物病虫害防治的高技能应用型人才，我们根据多年的教学经验和从事园林植物病虫害防治的生产实践经验，结合国内外园林植物病虫害防治方面的最新科技成果和成熟稳定的先进技术，编写了本教材。

在教材编写过程中，从内容到形式力求体现高等职业教育的特点，以园林植物病虫害形态识别技术、园林植物病虫害调查技术、园林植物病虫害综合防治技术的典型工作过程为主线，切实体现"教、学、做合一"的工学结合模式，增强了教材的职业性和实用性。全书围绕能够识别园林植物病虫害，掌握病虫害发生规律及病虫害防治等综合技能，突出了基础理论知识的应用性和实践能力的培养，通篇体现了分析技能、操作技能、设计技能特色，符合高职高专人才培养的指导思想、培养目标、培养模式和培养途径。

本教材由甘肃林业职业技术学院汤春梅、甘肃省小陇山林业实验局林业有害生物防治检疫站杨庆森担任主编；甘肃农业职业技术学院雍东鹤、海南琼州学院王毅担任副主编；甘肃农业职业技术学院郑生岳、长江师范学院刘红芳及甘肃林业职业技术学院周璐琼参与编写。具体编写分工如下：编写工作由汤春梅牵头组织开展。前言、绪论、项目1、项目4由汤春梅编写；项目3、项目7由杨庆森编写；项目2、项目5的任务3由雍东鹤编写；项目5的任务1和任务2由郑生岳编写；项目5的任务4由周璐琼编写；项目6的任务1由刘红芳编写；项目6的任务2和任务3由王毅编写。最后，由汤春梅完成全书的统稿工作。

本教材在编写过程中，得到了许多同行的大力支持，并提出了宝贵意见，在此一并表示谢意！另外，书中许多插图均来自于参考文献，也对参考文献的作者表示衷心的感谢！

由于编者水平有限，再加上编写时间仓促，教材中难免有许多不足之处，敬请各位同行和读者在使用过程中批评指正。

编　者

2014年9月

◆ 目 录

绪 论

一、园林植物病虫害防治的重要性

园林绿化是城市现代化的重要组成部分。人们利用丰富的花卉资源对环境进行绿化和美化，不仅创造了优美的生活环境，净化了空气、减少了噪音、改善了小区域气候，而且还能取得可观的经济效益。然而，园林植物在生长发育过程中，往往受到各种病虫的危害，导致园林植物生长不良，叶、花、果、茎、根常出现坏死斑或发生畸形、变色、腐烂、凋萎以及形态残缺不全、落叶等现象，降低了花草树木的质量，失去观赏价值及绿化效果，甚至引起整株死亡，从而给城市绿化和景区造成巨大损失。如月季黑斑病、菊花褐斑病、芍药和牡丹红斑病、香石竹叶斑病等发生普遍而严重；病毒病在花卉上发生也极普遍，我国12种(类)重要花卉几乎都有几种病毒病，郁金香、仙客来病毒病等使花卉品种退化、甚至毁种；线虫病现在已成为花卉生产中的潜在危害。在园林植物害虫中被称为“五小”的蚧虫、蚜虫、蓟马、粉虱、叶螨这5类刺吸式口器的害虫和害螨，由于虫体微小，繁殖力很强，扩散蔓延快，危害严重而防治效果不稳定。

园林植物病虫害的危害是一种较为常见的自然灾害，它给世界各国的园林花卉业都造成过巨大损失。例如，20世纪20年代，在英国由于茎线虫的危害几乎使当时水仙种植业毁灭；20世纪70年代以来，松材线虫病在日本盛行，几乎席卷全国，每年损失松材达100m^3以上，该病自1982年在我国南京市中山陵首次发现以来，又先后在江苏、浙江、山东、广东、安徽等省局部地区发现并流行成灾；20世纪80年代初，驰名中外的北京香山红叶——黄栌，由于感染了白粉病，其叶片到期不能变红，致使秋季香山红叶的壮丽景观大为减色；20世纪90年代，泰山发现松墨天牛，为防止其蔓延，销毁了疫区内2万多株松树，损失惨重。

园林植物除了本土病虫的危害外，入侵病虫的危害也十分严重。例如，松突圆蚧自1982年在珠海等地首次发现后，每年以6.7万hm^2的面积向内地扩展，至2000年已有120.7万hm^2面积受害，其中不得不砍伐的受害松林面积已超过13万hm^2，损失木材达3000万m^3。

综上所述，园林植物在城镇园林绿化和风景名胜建设中占有重要地位，为保证这些植物的正常生长、发育，有效地发挥其园林功能及绿化效益，病虫害防治是不可缺少的环节。及时发现、准确诊断病虫种类并进行科学防治是保证城市绿地植物、风景园林植物正常发挥效益的重要保证。

二、园林植物病虫害防治的特点

园林植物病虫害防治与农作物及林木病虫害防治，既有相同之处，又有其特殊性。

1. 园林植物病虫害复杂多样

我国园林植物种类丰富，品种繁多，危害园林植物的病虫害也较为复杂。据1984年的调查，我国园林植物中病害有5500种，虫害有8265种。为此，对园林植物病虫害的防治，必须本着“从城市环境的整体观点出发，以预防为主，综合治理”的指导思想，协调应用适合于不同城市、不同园林特点的各种有效办法。

2. 园林植物病虫害易引起交叉感染

在各个风景区、公园、城市街道、庭院绿化中，为了达到绿化和美化的效果，园林工作者常将各种花草、树木巧妙而科学地配植在一起，形成了一个独特的生态环境，这些环境给病虫害的发生和交叉感染提供了条件。在北方园林中，常见的有桧柏、侧柏与梨树、苹果树、海棠树等配植在一起；松树与栎树混合种植；松树与芍药邻近种植等，这往往给梨桧锈病、松栎锈病和松芍锈病的转主寄生和病害流行创造了条件。介壳虫、粉虱、蚜虫和叶蝉等吸汁类害虫寄主范围广，可在园林植物中大量繁殖，同时还传播园林植物病毒病等。

3. 园林植物病虫害防治技术要求高

园林观赏植物的经济价值高，特别是一些名贵、稀有品种或艺术盆景的精品，每根枝条、每张叶片都有一定的造型艺术，因此对病虫害的防治技术要求很高，必须采取高效、安全的措施，如黄帝陵的古柏、颐和园和黄山的古松等。城市人口稠密，花卉、果实、草药、香料等与人的关系密切，部分还要直接食用，我们在病虫害防治时，应尽量选择对人体健康无影响、低毒、无异味、无残留、不污染环境的药剂和技术措施，如可用对环境安全、高效低毒的昆虫生长调节剂、植物源杀虫剂、拟除虫菊酯类杀虫剂等，常常用超低量喷雾机或背负式机动弥雾机等进行喷雾或喷粉。

三、园林植物病虫害防治的研究内容和任务

园林植物病虫害防治是研究园林植物病虫害发生、流行规律及防治原理与方法的科学，直接服务于城市绿化、美化和园林生产。内容涉及园林植物病理学和园林植物昆虫学两个方面，主要包括病虫的形态特征、生物学特性、病虫害的分布、症状、发生发展规律、预测预报和防治技术等。其主要任务是在认识园林植物病虫害防治重要性的基础上，掌握园林植物重要病虫害的发生与流行规律，汲取前任研究成果和国内外最新成就，结合园林生产实际，制定和采取积极有效的综合防治措施，不断加强理论学习，努力提高园林植物病虫害的防治水平，把病虫害对园林植物和景观区域的损失减少到最低限度。

四、园林植物病虫害防治与其他学科的关系

园林植物病虫害防治涉及许多学科。例如要正确判断和研究其受病虫危害后的系列变化，则必须首先掌握植物形态和植物生理学的知识。同时，园林植物病虫害的发生和发展，与植物生态环境关系非常密切，而且其防治措施需要贯穿于栽培和养护管理的各个技术环节之中。因此，在研究病虫害的发展规律和防治措施时，还必须很好地应用园林植物栽培养护等有关专业知识，以及园林植物、园林植物环境等基础知识。此外，本学科还与许多其他新兴科学和技术有着密切联系。例如利用黑光灯、性外激素、激光等现代科学技术诱杀害虫，或使害虫产生遗传性生理缺陷，导致雄虫不育，提高了防治害虫的水平和效果。多学科新技术的渗透应用，是提高病虫害防治技术水平的重要途径。因此，应重视和加强植物病虫害防治

和其他学科的横向联系。

五、园林植物病虫害防治的发展方向

我国园林设计艺术虽然具有悠久的历史，但对园林植物病虫害的防治却是近几年的事。1980 年以前的 50 多年中，我国少数对个别花卉和观赏树木的病虫害曾作过调查和初步研究。然而，大量而深入的研究工作是从 1980 年开始的，并且在这之后的短短 20 多年中有了迅速发展。不但有从事园林植物病虫害防治的工作者，而且也有从事农作物和林木病虫害防治的工作者。人们最初多从花木病虫害的种类和危害程度的调查开始，根据生产的需要，逐步对主要花木病虫害的发生规律和防治措施进行研究。

1984 年，国家城乡建设环境保护部门还开展了“全国园林植物病虫害、天敌资源普查及检疫对象研究”调查，组织了全国范围的研究调查工作。通过这次普查，初步摸清了我国园林植物病虫害的种类、分布及危害程度，园林植物病虫天敌的种类及概况，初步提出了我国园林植物病虫害检疫对象的建议，为今后进一步开展主要病虫害的防治研究奠定了基础。

目前，我国对园林植物生产危害较为严重的病虫害，都进行了不同程度的研究，基本掌握了有些病虫害的发生和流行规律，并提出了可行的防治措施。近 10 年来，有关花木病虫害专题研究报告日益增多。此外，还出版了许多与园林有关的草坪、观赏植物、绿化树木方面病虫害防治的书刊。

为了培养园林植物病虫害防治的专业人才和普及病虫害知识，我国一些高等农林院校，将园林植物病虫害防治列为必修课，中等农林学校也开设了相应的课程。近年来，我国农林院校的植物保护和病虫害防治专业，先后增设了园林植物病虫害防治选修课和专题讲座。国家还在全国园林和林业干部及科技人员中举办培训班，普及有关园林植物病虫害防治的基本知识，在大、中城市的园林科技研究所和各大植物园设立园林植物病虫害研究所。有些农林研究机构以及农林院校的科技和教学人员，也将园林植物病虫害列入研究范围，各地市园林局有专门的园林植保技术人员。总之，我国已在病虫害防治、教学和研究各方面都有较大的发展，并建立了一系列较完善的体系。

对许多造成严重危害的病虫害，我国相关人员经过研究和生产实践，已掌握了其发生发展规律，有了较成熟的防治经验。而有些病虫害从防治上来讲，目前还缺乏理想的、经济有效的、安全可靠的综合防治措施。有些原来并不重要的病虫害，在新的条件下也可能暴发成灾。因此，病虫害仍是影响园林生产和城市绿化的严重问题。新的防治理论和综合防治措施的提出，还有待于我们进一步探索和研究。

六、园林植物病虫害防治课程的学习方法

本课程具有较强的直观性与实践性，学习时必须按照辩证唯物主义的观点和方法，分析研究病虫害发生发展的规律，重视基础理论知识的学习，加强实践技能的训练，积极参加园林植物病虫害防治的实践活动，不断提高防治园林植物病虫害的理论水平和操作技能。从生态学观点出发，采取科学的园林植物病虫害防治措施，以维护城市生态系统的平衡，达到城市生态环境的可持续发展。

◆ 项目 1　园林植物昆虫识别技术

【知识目标】

- 了解昆虫的主要形态特征。
- 掌握昆虫头、胸、腹及其附器的构造与功能。
- 掌握昆虫的变态类型及不同发育阶段的特点。
- 掌握常见园林植物昆虫主要类群的识别要点。
- 掌握昆虫的主要习性与害虫防治的关系。

【技能目标】

- 能熟练指出昆虫外部形态各部位的名称。
- 能准确判别昆虫的口器、触角、翅、足的类型。
- 能准确判别昆虫幼虫(若虫)、蛹(茧)的类型。
- 能正确识别常见园林植物昆虫主要类群。

任务 1.1　昆虫外部形态识别

任务分析:昆虫的种类繁多,外部形态复杂。研究昆虫的外部形态就是从变化多端的构造中,找出它们共同的基本构造来作为识别昆虫种类的依据。通过本任务的学习,要求学生熟悉昆虫纲的特征,掌握昆虫头、胸、腹及附器的构造与功能;能识别昆虫的口器、触角、翅、足的类型,能根据危害症状判断害虫的口器类型,能对园林植物昆虫进行准确识别。

任务实施的相关知识

1.1.1 昆虫的基本特征

昆虫是动物界节肢动物门昆虫纲动物的统称。昆虫纲不但是节肢动物门中最大的一纲,也是动物界中最大的一纲,已知昆虫的种类有 100 多万种,占所有动物种类的 80% 左右。昆虫不但种类多,而且同种的个体数量也十分惊人,一个蚂蚁群体可多达 50 多万个个体,一棵树可拥有 10 万个蚜虫个体。常见的甲虫、蛾、蝶、蚜虫、蚧虫、蚊、蝇、蜂、蚁等都属于昆虫。

1)昆虫纲的特征(图 1 - 1)

(1) 成虫体躯明显地分为头部、胸部和腹部 3 个体段。

(2) 头部具有口器和 1 对触角,通常还有 1 对复眼和 0 ~ 3 个单眼。

(3) 胸部由 3 个体节组成,其上生有 3 对足和 2 对翅(少数为 1 对翅或无翅)。

⑷ 腹部通常由 9～11 个体节组成，内含大部分内脏和生殖系统，腹末多数具有外生殖器。

⑸ 在生长发育过程中要经过一系列显著的内部及外部体态上的变化，才能转变为成虫。

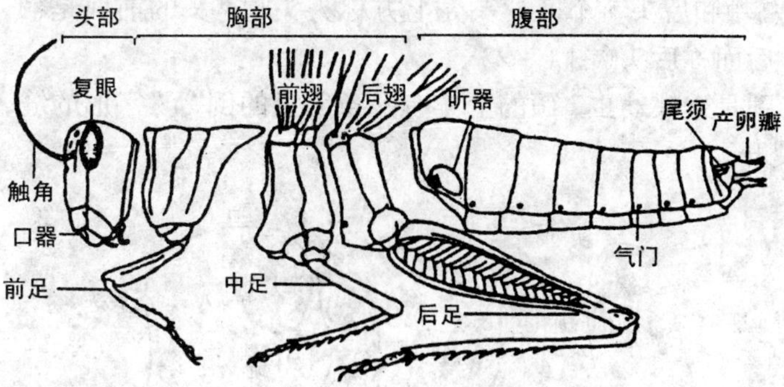

图 1－1　蝗虫体躯侧面图

2）昆虫纲与其他节肢动物门的区别

节肢动物门除昆虫纲以外，还有蛛形纲、甲壳纲、唇足纲、重足纲等主要纲，它们与昆虫纲相近(表 1－1)。

表 1－1　节肢动物门主要纲的区别

纲名	体躯分段	复眼	单眼	触角	足	翅	生活环境	代表种
昆虫纲	头、胸、腹	1 对	0～3 个	1 对	3 对	2 对或 0～1 对	陆生或水生	蝗虫
蛛形纲	头胸部、腹部	无	2～6 个	无	2～4 对	无	陆生	蜘蛛
甲壳纲	头胸部、腹部	1 对	无	2 对	至少 5 对	无	陆生、水生	虾、蟹
唇足纲	头部、胴部	1 对	无	1 对	每节 1 对	无	陆生	蜈蚣
重足纲	头部、胴部	1 对	无	1 对	每节 2 对	无	陆生	马陆

昆虫与人类的关系密切。许多昆虫危害园林植物，如天牛、尺蠖、蓟马、松毛虫等；有些昆虫还能传播人畜疾病，如蚊、蝇、跳蚤等，这些昆虫都对人类有害，称为害虫。有的能帮助人们消灭害虫或对人们生产生活有利，如瓢虫、寄生蜂、蜜蜂、家蚕、白蜡虫、紫胶虫、五倍子蚜虫等，它们都对人类有益，称为益虫。识别和研究与园林植物有关的害虫和益虫，加以防治或利用，是园林植物保护的重要任务之一。

1.1.2 昆虫的外部形态

昆虫的体躯由坚硬的外壳和包藏的内部组织与器官组成，外壳由 18～21 个体节组成，体节之间由柔韧的节间膜相连。昆虫体躯分为头、胸、腹三部分，各部分有不同的附肢。

1）昆虫的头部

头部是昆虫体躯最前面的一个体段，由若干体节愈合而成，但已无分节痕迹，外表是坚硬的外壳。头部通常着生有 1 对触角、1 对复眼，有的还有 2～3 个单眼等感觉器官和 1 个取食的口器，所以头部是昆虫感觉和取食的中心。

⑴头壳的构造

昆虫的头部一般呈圆形或椭圆形，头壳高度骨化。在头壳的形成过程中，由于体壁的内陷，表面形成了许多沟和缝，将头壳分为许多小区，每个小区都有一定的位置和名称。通常分为头顶、额、唇基、颊和后头5个区。头壳上方称为头顶，头的前面是额，额的下方是唇基，头壳的两侧是颊，后面称后头(图1-2)。

有些昆虫，特别是蛾蝶幼虫，额的上方有一条明显的倒"Y"字形的缝，称蜕裂线，幼虫蜕皮时就沿这条缝裂开。

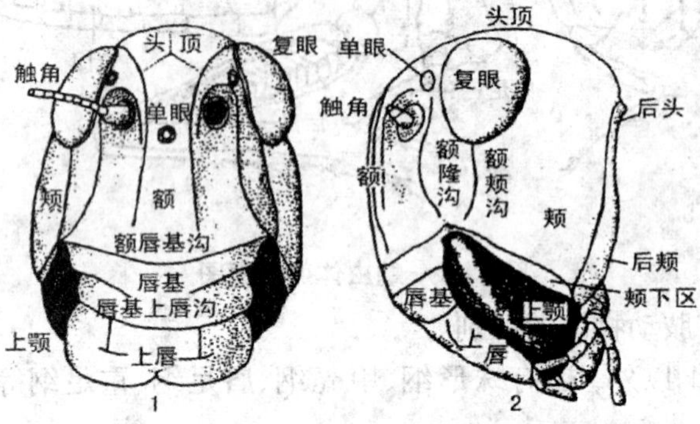

图1-2 昆虫头部的构造

1.头部正面 2.头部侧面

⑵昆虫的头式

由于昆虫头部结构的变化以及取食方式的不同，口器在头部的位置和方向也相应的发生了改变。根据口器在头部的着生位置，昆虫的头式可分为下列三种类型(图1-3)。

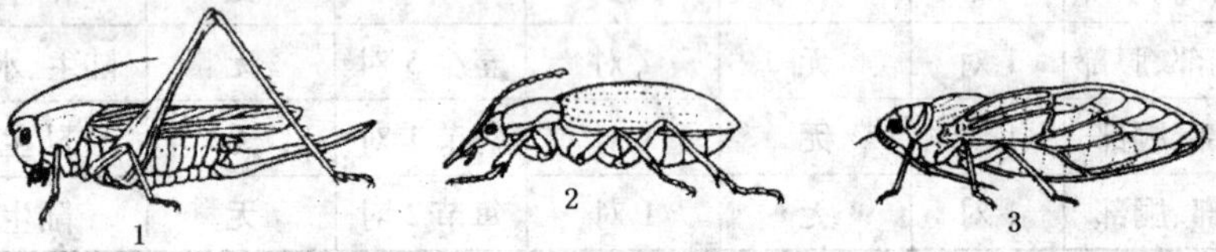

图1-3 昆虫的头式

1.下口式 2.前口式 3.后口式

①下口式 口器着生在头部下方，与身体的纵轴差不多成直角，这种头式适于取食植物性的食料。如蝗虫、天牛和鳞翅目昆虫的幼虫等。

②前口式 口器着生在头部前方，与身体的纵轴差不多平行，这种头式适于潜食、钻蛀和捕食其他昆虫等。如步甲、草蛉幼虫和有钻蛀习性的蛾类幼虫等。

③后口式 口器向后斜伸，贴在身体的腹面，与身体的纵轴成锐角，这种头式适于刺吸植物或动物的汁液。如蝉类、蝽类及蚜虫、蚧类等。

⑶触角

所有的昆虫都具有1对触角，它是昆虫头部的1对附肢，着生于两复眼之间的触角窝内。

①触角的基本构造

触角通常由许多可以活动的小节组成，一般可分为3个部分，基部第一节称为柄节，通常短而粗大；第二节称为梗节，较为细小，其余各节统称为鞭节，通常可分成很多亚节(图1-4)。

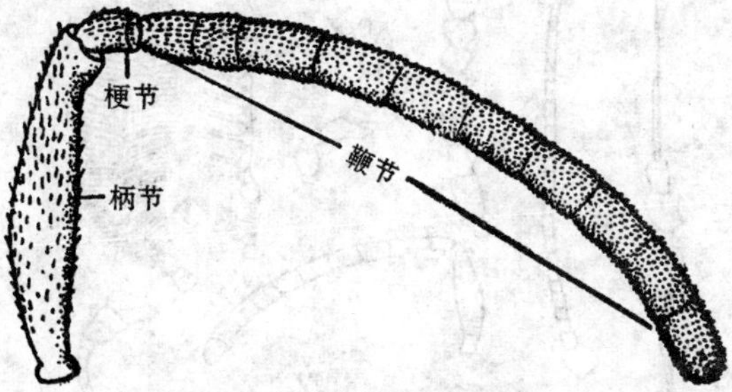

图 1－4　触角的基本构造

触角是昆虫接收信息的重要感觉器官，表面分布有许多感觉器，具有嗅觉和触觉的功能，基部与神经系统相连，可以对外界刺激迅速做出反应，在昆虫觅食、寻找配偶和产卵活动中起着重要作用，少数昆虫的触角还具有帮助呼吸和抱握作用。

②触角的类型

昆虫触角的形状，因种类和性别而变化很大。这些变化主要发生在鞭节上。根据触角形状的变化常划分为许多类型，借此可以区别昆虫的种类和雌雄。如鳃片状的触角是金龟甲的特征；许多蛾类雄性的触角是羽毛状的，而雌性的触角则是丝状的；具有环毛状触角的是雄性蚊子，它不叮人吸血，而丝状触角的是雌性蚊子，它吸血传病。常见的触角有以下几种类型（图 1－5）：

刚毛状　触角短，基部两节稍粗，鞭节部分则细如刚毛，如蝉、蜻蜓等。

丝状　或称线状。触角细长，除基部一二节稍大外，其余各节大小相似，如蝗虫、蟋蟀、天牛等的触角。

念珠状　鞭节由近似圆球形大小相似的小节组成，似一串念珠，如白蚁、褐蛉等。

锯齿状　鞭节的各亚节向一侧突出成三角形，整个触角形似锯条，如芫菁、叩头甲等。

栉齿状　或称梳状。鞭节各亚节向一侧突出成梳齿，形如梳子，如雄性绿豆象等。

羽毛状　或称双栉齿状。鞭节各亚节向两侧突出成细枝状，形似羽毛，如雄性蚕蛾、大蚕蛾、毒蛾等。

膝状　或称肘状。柄节特别长，梗节短小，柄节与鞭节之间呈膝状或肘状弯曲，如胡蜂、蜜蜂、象甲等。

具芒状　触角短，鞭节仅一节，较柄节和梗节粗大，其上有一根刚毛，称为触角芒，如蝇类。

环毛状　鞭节各亚节环生一圈细毛，近基部的毛较长，如雄性蚊子、摇蚊等。

棒状　或称球杆状。鞭节基部若干亚节细长如丝，端部数节逐渐膨大如球，形似一根棒球杆，如蝶类、蚁蛉等的触角。

锤状　类似球杆状，但端部数节突然膨大，末端平截，形状似锤，如瓢甲、郭公甲等。

鳃片状　鞭节的端部数节延展成薄片状，叠合在一起如鱼鳃，可以开合，如金龟甲。

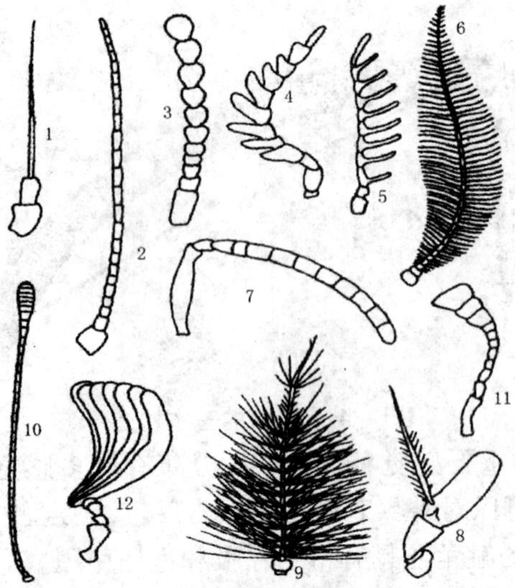

图1－5 昆虫触角的类型

1. 刚毛状 2. 丝状 3. 念珠状 4. 锯齿状 5. 栉齿状 6. 羽毛状 7. 膝状 8. 具芒状 9. 环毛状 10. 棒状 11. 锤状 12. 鳃片状

(4)眼

眼是昆虫的视觉器官，在昆虫的取食、栖息、繁殖、避敌和定向活动等方面起着重要作用。昆虫的眼有单眼和复眼之分。

①复眼

昆虫一般具有1对复眼，多呈圆形或卵圆形，有的也呈肾形，着生在头部两侧，是昆虫的主要视觉器官，但低等昆虫、穴居昆虫及寄生性昆虫的复眼常退化或消失。复眼通常由许多表面呈六角形的小眼组成，小眼数量越多，复眼造像越清晰。如蜻蜓，组成一只复眼的小眼可达28 000多个。复眼能分辨出近距离的物体，特别是运动中的物体，对光线的强弱、颜色也具有明显的分辨能力。复眼的形状或发达程度与其所处环境密切相关。

②单眼

昆虫的单眼有背单眼和侧单眼之分，它们只能感受光线的强弱和方向，而不能看清物体的形状。背单眼，为成虫和不完全变态的若虫所具有，多数为3个，呈倒三角形排列在额区两复眼间，但也有1~2个或无单眼的。侧单眼，仅为完全变态类的幼虫所具有，位于头部两侧，常1~6对不等。单眼的有无、数目、排列和着生位置是鉴别昆虫的重要特征。

(5)口器

口器是昆虫的取食器官。各种昆虫因取食方式和食性的不同，口器常在外形和构造上发生了一些变化，因而形成了各种不同的口器类型。取食固体食物的为咀嚼式口器；取食液体食物的为吸收式口器；兼食固体和液体两种食物的为嚼吸式口器。吸收式口器按其取食方式又可分为把口器刺入植物或动物组织内取食的刺吸式口器、锉吸式口器、刮吸式口器和吸食暴露在物体表面的液体物质的虹吸式口器和舐吸式口器。

①咀嚼式口器

它是昆虫最基本、最原始的口器类型。其他所有口器类型都是由咀嚼式口器演化而来。咀嚼式口器由上唇、上颚、下颚、下唇和舌5部分组成（图1－6）。上唇和舌属于头壳的构造，上颚、下颚和下唇是头部的3对附肢。其主要特点是具有坚硬而发达的上颚，用以嚼碎固体食物，并将其吞咽下去。

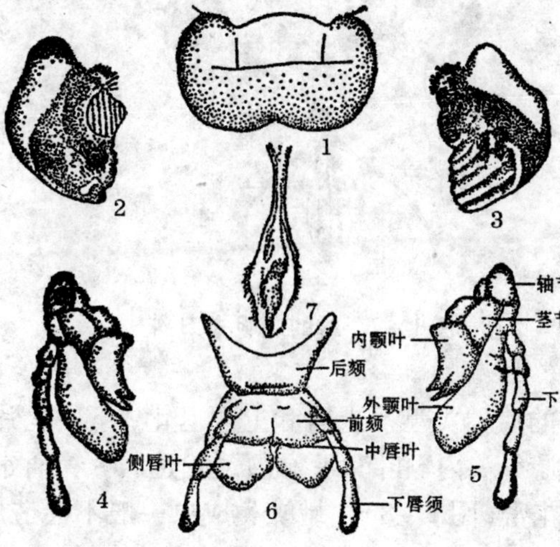

图1-6　蝗虫的咀嚼式口器

1. 上唇　2、3. 上颚　4、5. 下颚　6. 下唇　7. 舌

咀嚼式口器的昆虫有直翅目的成虫、若虫，如蝗虫、蝼蛄等；鞘翅目的成虫、幼虫，如天牛、金龟子、叶甲等；鳞翅目的幼虫，如粉蝶、刺蛾等；膜翅目的幼虫，如叶蜂、茎蜂等。其典型的危害症状是造成各种形式的机械损伤。例如，取食叶片造成缺刻、孔洞，严重时将叶肉吃去，仅留网状叶脉，甚至全部被吃光；钻蛀性害虫常将茎秆、果实等造成隧道或孔洞等；有的咬断幼苗的根或根茎，造成幼苗萎蔫枯死；有的钻入叶中潜食叶肉，形成迂回曲折的隧道；有的啃食叶肉和下表皮，留下上表皮似开“天窗”；还有吐丝卷叶、缀叶等。

②刺吸式口器

刺吸式口器是昆虫用以吸食动、植物血液和汁液的口器，如蚜虫、介壳虫、蝉、蝽象等的口器，是由咀嚼式口器演化而成的，其构造特点是：上唇短小呈三角形，上颚和下颚特化成两对细长的口针，相互嵌合形成两个管道，即食物道和唾液道；下唇延长成包藏和保护口针的喙(图1-7)。危害植物时借助肌肉动作将口针刺入组织内，吸取汁液，而喙本身留在植物体外。

具有刺吸式口器的昆虫对植物的危害，不仅仅是吸取植物的汁液，造成植物营养的丧失，从而使植物生长衰弱，更为严重的是它所分泌的唾液中含有毒素、抑制素或生长激素，使植物叶绿素被破坏而出现黄斑、变色，细胞分裂受到抑制而形成皱缩、卷曲，细胞增殖而出现虫瘿等。而且，蚜虫、叶蝉、木虱等还可以传播植物病毒，其传播的植物病害所造成的损失往往大于害虫本身所造成危害的损失。

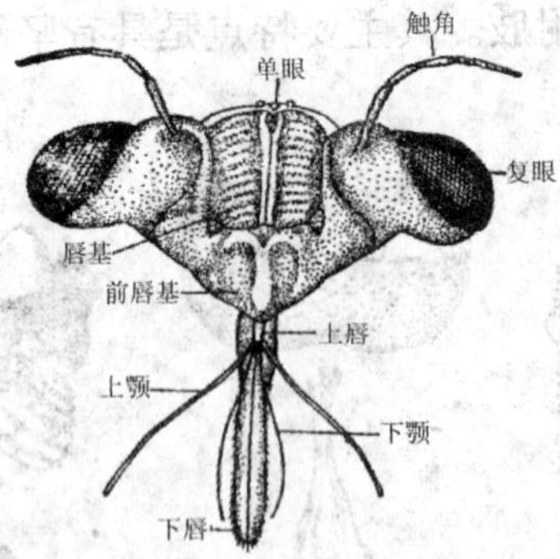

图1-7　蝉的刺吸式口器

③虹吸式口器

鳞翅目昆虫成虫所特有的口器类型。上唇和上颚退化，下唇呈片状，下唇须发达，由左、右下颚的外颚叶嵌合延伸成喙管，内颚叶和下颚须不发达，喙管通常呈钟表发条状卷曲在头下面，当取食时可伸展吮吸花蜜(图1-8)。蛾蝶类成虫一般不会造成危害，但吸果夜蛾类喙管末端锋利，能刺破成熟果实的果皮，吮吸汁液，造成危害。

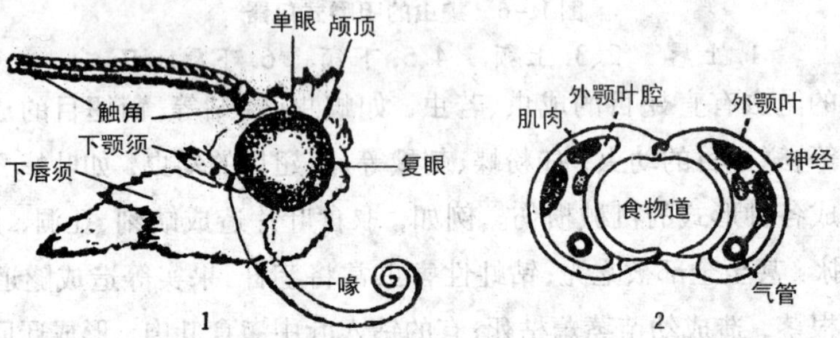

图1-8　鳞翅目成虫的虹吸式口器

1. 头部侧面观　2. 喙的横侧面

④锉吸式口器

锉吸式口器为蓟马类昆虫所特有，能吸食植物的汁液或软体动物的体液，少数种类也能吸人血。锉吸式口器具有一个短小的喙，由上唇、下唇等组成。喙内藏有舌、上颚和下颚口针，但右上颚退化或消失，仅左上颚发达，下颚须和下唇存在，但很小。上颚口针较粗壮，是主要的穿刺工具，两下颚口针组成食物道，舌与下唇间组成唾液道。取食时，先以上颚口针锉破寄主表皮，然后以喙端密接伤口，靠唧筒的抽吸作用吸取植物汁液。

2)昆虫的胸部

胸部是昆虫体躯的第二体段，前面以膜质颈与头部相连，后面与腹部相连。胸部由3个体节组成，由前向后依次称为前胸、中胸和后胸。每一胸节上各具1对足，依次称为前足、中足和后足。大多数昆虫在中胸和后胸上各着生1对翅，称为前翅和后翅。足和翅都是昆虫的运动器官，所以胸部是昆虫的运动中心。

(1)胸部的基本构造

胸部由于要承受足和翅的强大牵引力，所以胸节高度骨化，而且节与节之间紧密相连，形成发达的骨板。每一胸节都是由4块骨板构成，背面的称背板，左右两侧的称侧板，下面的称腹板。骨板按其所在胸节而各有名称，如前胸背板、中胸背板、后胸背板等。各胸板又被若干沟划分成一些骨片，这些骨片也各有名称，如盾片、小盾片等，其形状、大小常作为昆虫分类的依据。

胸节的发达程度与其上着生的翅和足的发达程度有关。如蚊、蝇类前翅发达，后翅退化，中胸远较后胸发达；甲虫类的前翅不用于飞行，这些昆虫的后胸就比中胸发达；白蚁和蜻蜓等昆虫的前后翅大小相似，中后胸的发达程度也相似；螳螂前足特化成捕捉足，蝼蛄前足特化成开掘足，这些昆虫的前胸都特别发达。

⑵昆虫的胸足

①胸足的基本构造

昆虫的胸足是胸部行动的附肢，着生于侧板和腹板之间，基部由膜与体壁相连，形成一个膜质的窝，称基节窝。成虫的胸足一般由6节组成，自基部向端部依次分为基节、转节、腿节、胫节、跗节和前跗节(图1－9)，节与节之间以膜相连，是各节活动的部位。

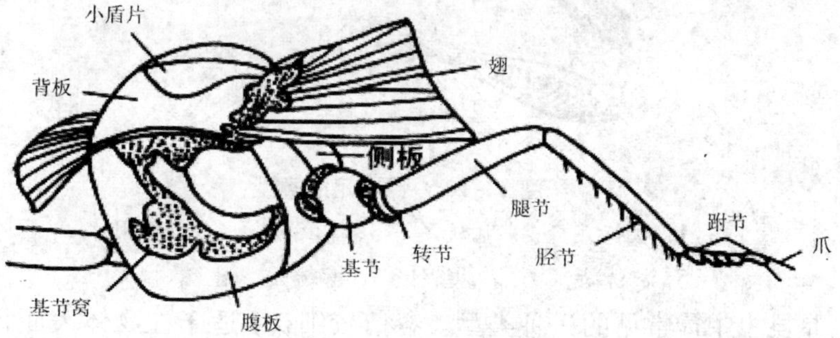

图1－9　昆虫胸足的基本构造

基节　基节是胸足的第1节，常较粗短，多呈圆锥形，着生在侧板和腹板间的基节窝内，能前后活动。

转节　转节是胸足的第2节，较细小。转节一般为1节，只有少数昆虫，如蜻蜓、姬蜂的转节为2节。

腿节　腿节是胸足的第3节，常为足中最强大的一节，末端与胫节以前后关节相连，腿节和胫节间可作较大范围的活动，使胫节可以折贴于腿节之下。在善跳的昆虫中，后足腿节尤其粗大。

胫节　胫节通常较细长，与腿节成膝状弯曲。胫节两侧常有成排的刺，端部常有能活动的距。

跗节　跗节通常较短小，一般由2～5个亚节组成，各亚节间以膜相连，可以活动。跗节下方常有柔软的垫状构造，称为跗垫，可用于辅助行动。

前附节　前附节是足的末端部分，一般退化被两个侧爪所取代。在两爪之间常有膜质的圆瓣状突起，称为中垫，用以握持和附着物体。

②胸足的类型

昆虫胸足的原始功能为适应于陆地生活的行动器官。但在各类昆虫中，由于要适应不同的生活环境和活动方式，因而特化成了许多不同功能的构造。常见的胸足类型有以下几种(图1－10)：

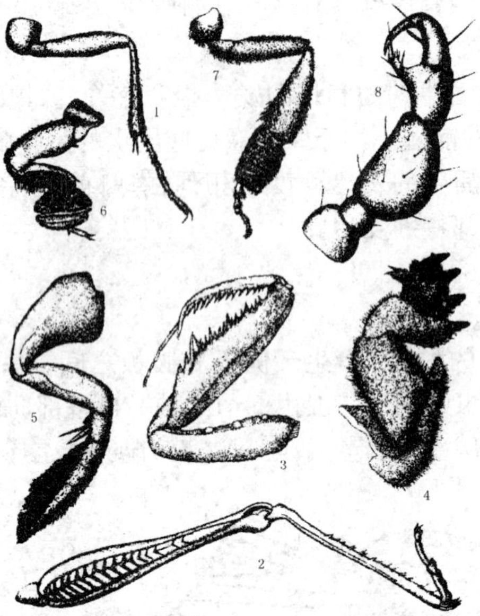

图1-10　昆虫足的类型

1. 步行足　2. 跳跃足　3. 捕捉足　4. 开掘足
5. 游泳足　6. 抱握足　7. 携粉足　8. 攀握足

步行足　是昆虫中最常见的一种类型。各节较细长，适于在物体表面行走。如步甲、蚂蚁、蝽象的足。

跳跃足　其腿节特别发达，多为后足所特化，胫节细长，末端有强大的距，适于跳跃。如蝗虫、蟋蟀的后足。

捕捉足　基节特别长，腿节发达，腿节与胫节上有相对的齿或刺而形成一个捕捉构造。如螳螂、猎蝽的前足。

开掘足　由前足特化而成，胫节宽扁，末端有齿，跗节呈铲状，适于掘土。如蝼蛄的前足。

游泳足　多见于水生昆虫的中、后足，足呈扁平状，生有细长的缘毛，用以划水。如龙虱、仰蝽的后足。

抱握足　足较粗短，跗节特别膨大，上面具有吸盘状构造，在交配时用以抱握雌体。如雄性龙虱的前足。

携粉足　是蜜蜂类用以采集和携带花粉的构造，由工蜂后足特化而成。胫节端部宽扁，边缘有长毛，用来携带花粉，被称作“花粉篮”。第一跗节膨大，内侧具有数排横列的硬毛，可梳刮附着在身体上的花粉。

攀援足　各节较粗短，胫节端部具一指状突，跗节和前跗节弯钩状，构成一个钳状构造，能牢牢夹住人畜的毛发。如虱类的足。

(3)昆虫的翅

昆虫是无脊椎动物中唯一有翅的动物，昆虫的翅是由胸节背板侧缘向外扩展而来的。翅不仅有利于昆虫觅食、求偶和避敌等生命活动，更重要的是扩大了它们的活动范围、分布区域和有利于其种群的繁荣。因此，翅对昆虫种群数量的增长起着极其重要的作用。

①翅的基本构造

昆虫的翅一般呈三角形，具有3条边和3个角。翅展开时，靠近前面的一边称前缘，靠近后面的一边称内缘或后缘，在前缘与内缘之间、同翅基部相对的一边称外缘。前缘基部的角称肩角，前缘与外缘间的角称顶角，外缘与内缘间的角称臀角。为了适于翅的折叠和飞行，翅上常发生一些褶线，将翅面划分成腋区、臀前区、臀区和轭区（图1－11）。昆虫平时都是沿着这些褶线将各区收叠起来，飞翔时再展开。

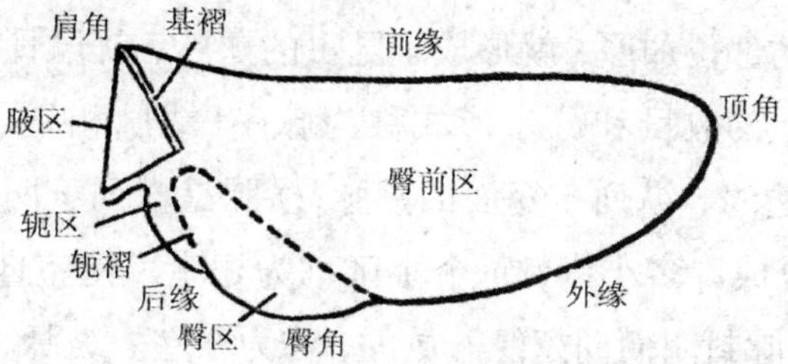

图1－11　昆虫翅的分区

②翅的类型

昆虫翅的主要作用是飞行，一般为膜质。但很多昆虫由于长期适应其生活条件，翅在形状、质地和功能上发生了许多变化。根据翅的质地和覆盖物可分为以下几种（图1－12）：

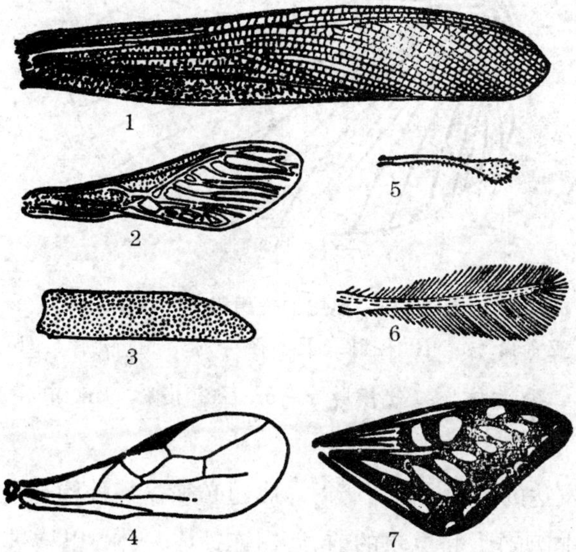

图1－12　昆虫翅的类型

1. 复翅　2. 半鞘翅　3. 鞘翅　4. 膜翅　5. 平衡棒　6. 缨翅　7. 鳞翅

膜翅　翅膜质，薄而透明，翅脉明显可见。如蜂类、蜻蜓的前后翅，甲虫、蝗虫等的后翅。

复翅　质地坚韧似皮革，翅脉大多可见，但一般不司飞行，平时覆盖在体背和后翅上，有保护作用。如蝗虫等直翅目昆虫的前翅。

鞘翅　质地坚硬如角质，翅脉不可见，不用于飞翔，用以保护体背和后翅。如甲虫类的前翅属此类型。

半鞘翅　基半部为皮革质，端半部为膜质，膜质部的翅脉清晰可见。所有蝽类的前翅。

鳞翅　质地为膜质，但翅面上覆盖有密集的鳞片。如蛾、蝶类的前后翅。

缨翅　翅狭长，翅脉退化，质地为膜质，在翅的周缘缀有很长的缨毛。如蓟马的前后翅。

平衡棒　为双翅目昆虫和雄蚧的后翅退化而成，形似小棍棒状，在飞翔时有保持躯体平衡的作用。如苍蝇、蚊子的后翅。

③翅脉与脉相

翅面在分布有气管的部位加厚，就形成了昆虫的翅脉，就像骨架一样对翅面起着支撑和加固作用。翅脉在翅面上的数目和分布形式称为脉序(或脉相)。翅脉有纵脉和横脉之分。纵脉是从翅基部伸向翅边缘，纵列于翅面的翅脉;横脉是横列于两纵脉之间的短脉。由于纵横脉的存在，把翅面划分成许多小区，每个小区称为翅室。翅室四周完全为翅脉所封闭的，称为闭室;有一边不被翅脉封闭而向翅缘开放的，称为开室。纵脉、横脉以及翅室都有一定的名称和缩写代码。各种昆虫翅脉的数目不尽相同，为了便于比较研究，人们对现代昆虫和古代化石昆虫的翅脉加以分析比较、归纳，提出了假想模式脉序，作为鉴别和描述昆虫脉序的标准(图1-13)。

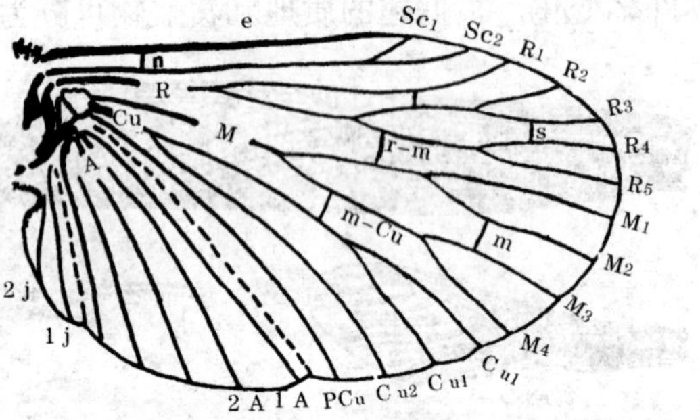

图1-13　昆虫的假想模式脉序图

C. 前缘脉　Sc. 亚前缘脉　R. 径脉　Rs. 径分脉　M. 中脉　Cu. 肘脉　A. 臀脉　J. 轭脉　h. 肩横脉　r. 径横脉　s. 分横脉　r-m. 径中横脉　m. 中横脉　m-cu. 径中横脉

④翅的连锁

前翅发达、后翅不发达的昆虫，在飞行时，后翅必须以某种构造挂连在前翅上，用前翅来带动后翅飞行，二者协同动作，将昆虫的前、后翅连锁成一体，以增进飞行效率的各种特殊构造称为翅的连锁器。昆虫翅的连锁主要有以下几种(图1-14)。

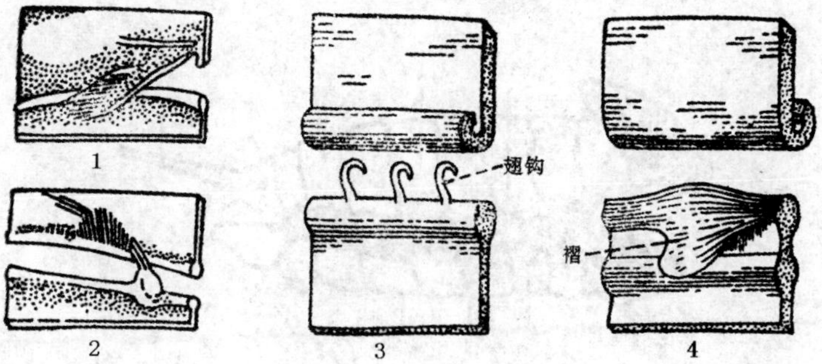

图 1－14　昆虫翅的连锁

1. 翅抱连锁　2. 翅缰连锁　3. 翅钩连锁　4. 翅褶连锁

翅抱连锁　蝶类和一些蛾类(如枯叶蛾等)，前后翅之间虽无专门的连锁器，但其后翅肩角膨大，并且有短的肩脉突伸于前翅后缘之下，以使前后翅在飞翔时紧密贴接和动作一致。这类连锁也称膨肩连锁或贴合式连锁。

翅轭连锁　低等的蛾类如蝙蝠蛾科中的某些种类，前翅轭区的基部有一指状突起，称为翅轭，飞行时可伸到后翅前缘的反面，前翅臀区的一部分叠盖在后翅上，将后翅夹住，以使前后翅保持连接。

翅缰连锁　后翅前缘基部有一根或几根强大刚毛，称为翅缰，在前翅反面翅脉上有一簇毛或鳞片，称为翅缰钩。飞行时翅缰插入翅缰钩内使前后翅连成一体。大部分蛾类属此种连锁方式。

翅钩连锁　后翅前缘中部生有 1 排向上及向后弯曲的小钩，称为翅钩，前翅后缘有 1 条向下卷起的褶，飞行时翅钩挂在卷褶上，以协调前后翅统一动作。膜翅目蜂类属此种连锁方式。

翅褶连锁　前翅后缘近中部有 1 向下卷起的褶，后翅的前缘有 1 段短而向上卷起的褶，飞行时前后翅的卷褶挂连在一起，使前后翅动作一致。如部分半翅目、同翅目昆虫等属此种连锁方式。

3)昆虫的腹部

腹部是昆虫体躯的第三个体段，虽然胸腹部的界限常常是比较明显的，但是由于与胸部的机械运动相配合，所以它同胸部的连接非常紧密。成虫腹部没有运动器官，没有分节的附肢，但是腹部有外生殖器和尾须等器官，腹腔内部也包藏着消化、排泄、生殖、呼吸等系统的大部分内脏器官，因此腹部是昆虫新陈代谢和生殖的中心。

⑴腹部的基本构造

成虫的腹部一般呈长筒形或椭圆形，一般由 9 ~ 11 节组成(图 1－15)，第 1 ~ 8 节两侧常具有 1 对气门。腹部节间伸缩自如，并可膨大和缩小，以帮助呼吸、脱皮、羽化、交配、产卵等活动。腹节有发达的背板和腹板，但没有像胸节那样发达的侧板。在多数种类的成虫中，腹部的附肢大部分都已退化，但第 8、9 腹节常保留有特化为外生殖器的附肢。

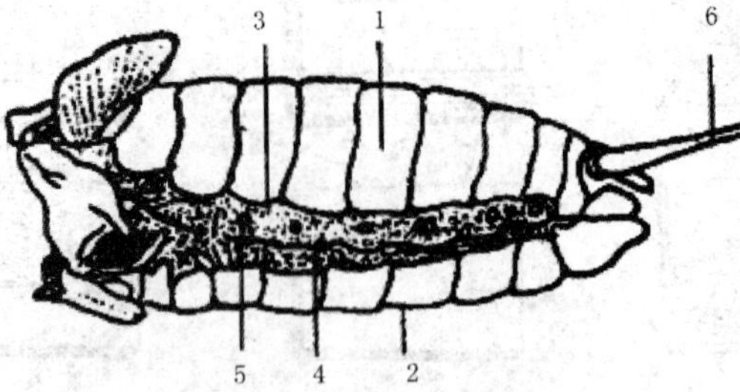

图1－15　昆虫腹部的构造

1. 背板　2. 腹板　3. 侧膜　4. 背侧线　5. 气门　6. 尾须

⑵外生殖器

外生殖器是昆虫用以交配和产卵用的器官。雌虫的外生殖器称为产卵器，是昆虫用以产卵的器官；雄虫的外生殖器称为交配器，主要用于与雌虫交配。

①雌性外生殖器（产卵器）

产卵器一般为管状构造，着生于第8、9腹节上，是由第8、9腹节的附肢特化而成的。产卵器由1对腹产卵瓣、1对内产卵瓣和1对背产卵瓣组成。腹产卵瓣由第8腹节的附肢形成，内产卵瓣和背产卵瓣均由第9腹节的附肢形成（图1－16）。

产卵器的构造、形状和功用，常随昆虫的种类而不同。如蝗虫的产卵器由背、腹产卵瓣组成（图1－17），呈凿状，这种结构适合于开掘泥土，将卵产在地下；蝉类的产卵器由腹、内产卵瓣形成锯状的产卵器，可刺破树皮将卵产于植物组织内，造成皮层破裂；蜜蜂的螫刺由腹、内产卵瓣形成，基部与毒腺相连，用于捕捉猎物或者御敌，已经失去产卵的能力；蛾、蝶等多种昆虫没有产卵瓣，仅有腹部末端数节逐渐变细相互套入，形成能够伸缩的伪产卵器，这类昆虫只能把卵产在植物表面。根据昆虫产卵器形状和构造，可以了解昆虫的产卵方式和产卵习性，从而可以采取针对性的防治措施。

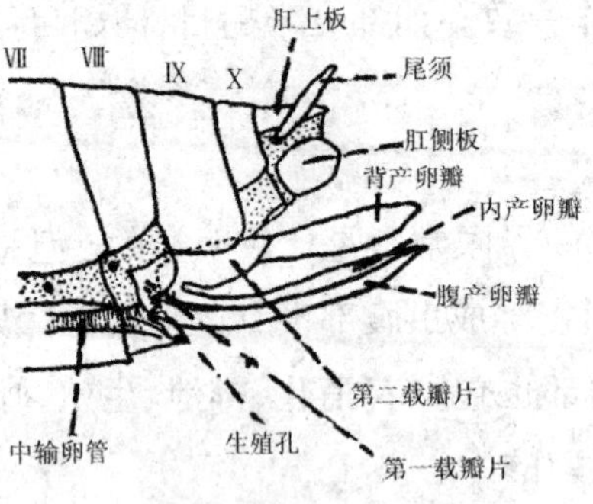

图1－16　雌性产卵器模式图

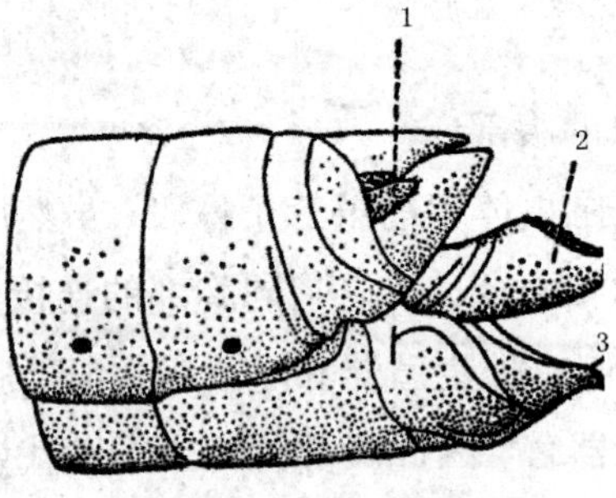

图1－17　蝗虫雌性外生殖器构造

1. 尾须　2. 背产卵瓣　3. 腹产卵瓣

②雄性外生殖器（交配器）

交配器着生于第9腹节上，构造比较复杂，常隐藏于体内，交配时伸入体外，主要包括阳具和抱握器。阳具包括阳茎和一些辅助构造，阳茎多呈管状，交配时用于将精液输入雌体。抱握器为第9腹节附肢特化而成，抱握器形状多变，有叶状、钳状和钩状等，平时缩入体内(图1-18)，交配时用于抱握雌体。各类昆虫的交配器构造复杂，种间差异也十分明显，但在同一类群或虫种内个体间比较稳定，因而可作为鉴别虫种的重要特征。

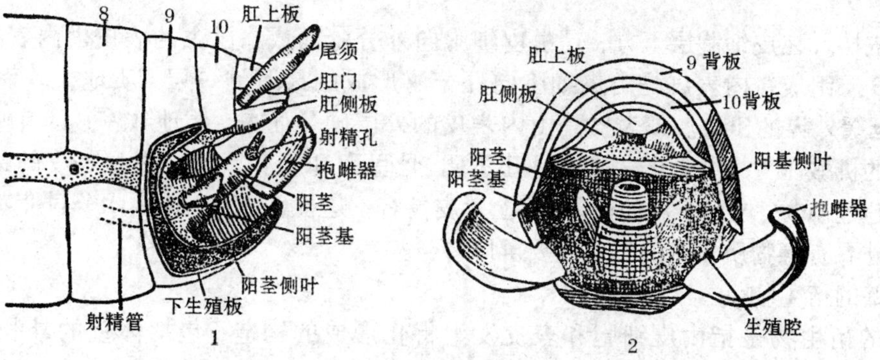

图1-18　雄性外生殖器的基本构造

1. 侧面观　2. 反面观

③尾须

尾须是第11腹节的1对附肢，是1对须状结构，存在于部分无翅亚纲和有翅亚纲中的蜉蝣目、蜻蜓目、直翅目及革翅目等较低等的昆虫中。尾须的形状、构造变化较大，有的不分节，有的细长多节呈丝状，有的硬化成铗状。尾须上生有许多感觉毛，具有感觉作用。但在革翅目昆虫中，由尾须骨化成的尾铗，具有防御敌害和帮助折叠后翅的功能。

4)昆虫的体壁

体壁是昆虫体躯最外层比较坚硬的组织，具有如同高等动物皮肤和骨骼的双重功能，又称外骨骼。它不仅决定虫体的外部形态，还具有保护内脏，防止体内水分蒸发和阻止微生物及其他有害生物的入侵，供肌肉和各种感觉器官着生等功能，对决定昆虫的生物学特性起着重要作用。

(1)体壁的构造

昆虫的体壁由底膜、皮细胞层和表皮层三部分组成(图1-19)。

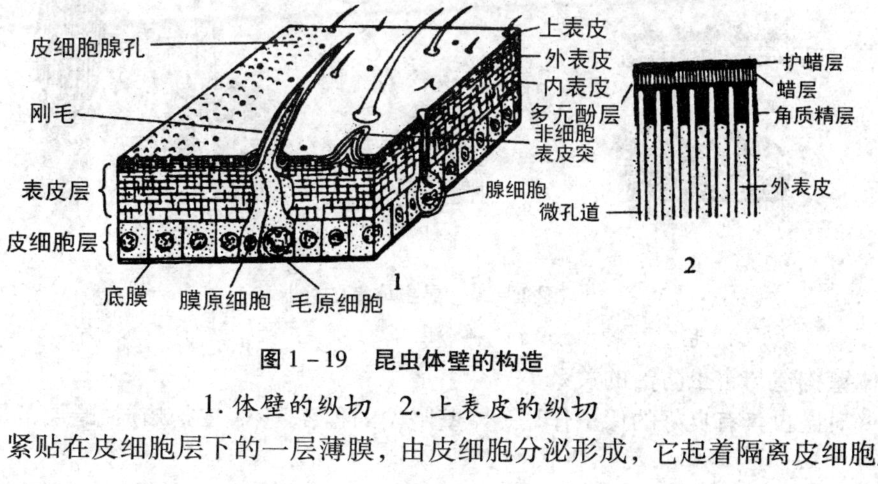

图1-19　昆虫体壁的构造

1. 体壁的纵切　2. 上表皮的纵切

①底膜　紧贴在皮细胞层下的一层薄膜，由皮细胞分泌形成，它起着隔离皮细胞层与血

腔的作用。

②皮细胞层　是一排列整齐的单层活细胞，具有再生能力，向上分泌形成新的表皮，向下分泌形成底膜。皮细胞特化可形成昆虫体表的外长物，如刚毛、鳞片、刺、距及陷入体内的各种腺体。

③表皮层　在皮细胞层上方，是由皮细胞向外分泌而成。昆虫的表皮由内表皮、外表皮和上表皮3层组成。内表皮是由皮细胞向外分泌形成的最厚的一层，质地柔软而富有延展性，可以延缓外界的压力。外表皮是由内表皮的外层硬化而来，质地致密，具有坚硬性，以抵抗外界的机械压力，主要化学成分是几丁质、骨蛋白和脂类。上表皮是表皮的最外层，厚度一般不超过1um，位于表皮的最外层；上表皮具有不透性，是阻止体内水分过渡蒸发和保护昆虫免受外界有毒物质侵害的一层重要屏障。

⑵体壁的衍生物

体壁的衍生物是指由皮细胞和表皮发生特化形成的构造，包括体壁的外长物和皮细胞腺。

①体壁的外长物

昆虫体壁表面很少是光滑的，常具有微细的突起，如点刻、小疣、毛、刺、距、鳞片等，这些都是体壁的外长物（图1－20）。按其来源和结构可分为非细胞性突起和细胞性突起两大类。其中，非细胞性突起仅由表皮层形成，没有皮细胞参与，如小刺、脊纹、翅面上的微毛等；细胞性突起由皮细胞特化而成，可分为单细胞突起和多细胞突起两类，单细胞突起是由一个皮细胞特化而成的，如刚毛、毒毛、感觉毛、鳞片等；多细胞突起主要指刺和距，它们是由一部分表皮连同皮细胞层向外突出而形成的中空的刺状物。

②皮细胞腺

是由皮细胞层的1个或多个细胞在某些特定部位特化形成的构造，具有分泌作用。按其功能和分泌物可分为唾腺、丝腺、蜡腺、毒腺、臭腺、胶腺、蜕皮腺等。目前，一些腺体分泌物的结构已弄清，并可人工合成，这对益虫放养和害虫防治有着重要意义。

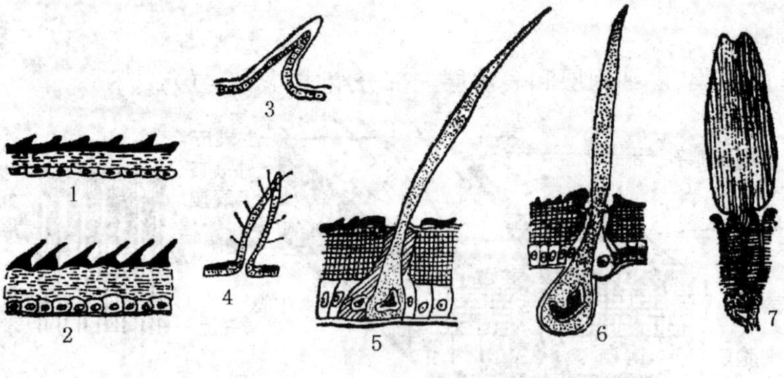

图1－20　昆虫体壁的外长物

1.毛　2.棘　3.刺　4.距　5.刚毛　6.毒毛　7.鳞片

⑶体壁构造与害虫防治的关系

体壁对昆虫具有良好的保护作用，体壁坚硬的程度、上表皮护蜡层、蜡层的厚度及体壁上被覆物(刚毛、鳞片、蜡粉)的有无等与杀虫剂的杀虫效果有着密切关系。不同种类的昆虫及不同的龄期,其体壁的厚薄、软硬和被覆物的多少各不一致。凡体壁硬厚的,如甲虫,或蜡质层厚的,如蚜虫、介壳虫等,杀虫剂就不容易透过,而像翅、节间膜、中垫等体壁薄弱的部分则是药剂侵入体内的主要途径。在防治害虫时,低龄幼虫,体壁较薄,农药容易穿透,易于毒杀;高龄幼虫,体壁硬化,抗药性增强,防治困难,所以防治害虫时要“治早治小”。表皮层的蜡层和护蜡层是疏水性的,使用乳油性的杀虫剂容易渗透进入虫体,杀虫效果往往要比可湿性粉剂高。农药中加惰性粉能擦破表皮,使昆虫失水而死。灭幼脲能抑制昆虫表皮几丁质的合成,使幼虫蜕皮时不能形成新表皮,变态受阻或形成畸形,甚至死亡。

相关技能训练

实训 1　昆虫外部形态识别

1. 实训目标

认识昆虫外部形态特征,观察各附器的结构和类型,为昆虫分类奠定基础。

2. 实训材料和用具

材料:各种类型口器、触角、足等附器的玻片标本;蝗虫、虾、蟹、蜘蛛、蜈蚣、马陆等浸渍标本;蝼蛄、白蚁、刺蛾、夜蛾、蚕蛾、天蛾、凤蝶、蝽、蝉、螳螂、叩头甲、金龟甲、象甲、天牛、马蜂、蜜蜂、大蚊、食蚜蝇等干制标本。

用具:实体显微镜、放大镜、镊子、解剖针、培养皿、毛笔等。

3. 实训内容与方法

1)昆虫外部形态观察

观察蝗虫体躯,准确区分头部、胸部和腹部。观察每一体段的分节情况及单眼、复眼、口器、触角、翅、足等主要附器的着生位置。

2)昆虫头部附器观察

(1) 观察蝗虫的口器,准确区分上唇、上颚、下颚、下唇和舌,观察不同口器类型的玻片标本,熟悉各种类型口器的主要特征,然后对照教材中触角的图片和特征描述判断其余干制标本的口器类型。

(2) 观察蜜蜂的触角,准确区分柄节、梗节、鞭节,观察不同触角类型的玻片标本,熟悉各种类型触角的主要特征,然后对照教材中口器的图片和特征描述判断其余干制标本的触角类型。

(3) 观察蝗虫的单眼和复眼,熟悉单眼的形态和着生位置,判断其余干制标本单眼的个数。

3)昆虫胸部附器观察

(1) 观察夜蛾的翅,明确翅的 3 边、3 角和 4 区的位置;观察马蜂(翅钩)、凤蝶(翅抱)、天蛾(翅缰)的前、后翅的连锁方式;对照教材中不同类型翅的图片和特征描述,观察干制标本的前、后翅质地和特征,并判断其前、后翅的类型。

(2)观察蝗虫的足,准确区分基节、转节、腿节、胫节、跗节和前跗节,观察不同类型足的玻片标本,熟悉各种类型足的主要特征,然后对照教材中足的图片和特征描述判断其余干制标本前、中、后足类型。

4)昆虫腹部附器观察

(1) 观察蝗虫的腹部，熟悉昆虫腹部的一般构造和特点。

(2) 观察蝗虫的雌性外生殖器(产卵器)和雄性外生殖器(交配器)，了解其基本构造。

4. 实训作业

1)列表比较各干制标本的附器类型

序号	标本名	口器	触角	前翅	后翅	前足	中足	后足

2)绘蝗虫口器解剖图，并注明各部分名称。

3)绘蝶或蛾类前翅形态图，标明 3 边和 3 角的名称。

4)绘蝗虫后足构造图，并注明各部分名称。

任务 1.2　昆虫的生物学特性

任务分析：昆虫的生物学特性，包括昆虫的繁殖、发育、变态以及从卵开始到成虫死亡的世代和年生活史等方面的内容。通过本任务的学习，要求学生掌握昆虫的繁殖方式、变态类型、各虫期的特点以及昆虫行为和习性等；能区分完全变态和不完全变态昆虫，能识别幼虫和蛹的类型，能根据昆虫的主要习性进行害虫防治。

任务实施的相关知识

1.2.1 昆虫的生殖方式

昆虫的绝大多数种类为雌雄异体，仅少数昆虫为雌雄同体。大多数情况下昆虫进行两性生殖，但也有少数昆虫以其他特殊的生殖方式，如孤雌生殖、幼体生殖和多胚生殖等。

1)两性生殖

昆虫经过雌雄交配后产生受精卵，卵排出体外经一定时间发育成新个体的生殖方式，称两性生殖。自然界中绝大多数种类的昆虫属于雌雄异体，通常进行的是两性生殖，如蝗虫、天牛等昆虫。

2)孤雌生殖

昆虫的卵不经过受精发育成新个体的生殖方式叫孤雌生殖，这种繁殖方式也叫单性生殖。这是昆虫对不良环境条件的适应，有利于昆虫种群的繁衍和扩大地理分布。昆虫的孤雌生殖一般又可分为以下 3 种类型：

(1)偶发性孤雌生殖　在正常情况下进行两性生殖，偶尔也会出现未受精卵发育成新个体的现象，如家蚕、一些毒蛾和枯叶蛾等。

(2)经常性孤雌生殖　正常情况下进行孤雌生殖，偶尔发生两性生殖的现象。这种生殖方式在某些昆虫中经常出现，被视为正常的生殖现象，如膜翅目的蜜蜂和小蜂总科的一些种类，雌成虫产下的卵有受精卵和未受精卵两种，前者发育成雌虫，后者发育成雄虫。

(3)周期性孤雌生殖　周期性孤雌生殖也称季节性孤雌生殖。例如蚜虫，在整个生长季节完全进行孤雌生殖，只是在越冬之前才产生雄蚜，进行雌雄交配，以两性生殖形成的受精卵越冬，来年开春后，再进行孤雌生殖。这种以两性生殖与孤雌生殖随季节变化交替进行的方式繁殖后代的现象，又称为异态交替或世代交替。

3）多胚生殖

昆虫由一个卵发育成两个或两个以上个体的生殖方式称多胚生殖。这种生殖方式多见于膜翅目中的一些内寄生蜂类，如赤眼蜂、小蜂等。多胚生殖可以保证昆虫一旦找到寄主就能产生较多的后代，1 个卵最多可发育成 3000 多个新个体。

4）幼体生殖

少数昆虫在母体尚未达到成虫阶段，还处于幼虫期即进行生殖，称为幼体生殖。实际是一种幼虫期的孤雌生殖，如一些瘿蚊。

5）卵胎生

有些昆虫，卵在母体内即行发育，产下的不是卵而是幼虫或若虫的生殖方式。如介壳虫、蓟马、寄蝇、蚜虫等。

1.2.2 昆虫的变态

昆虫从卵孵化到成虫羽化的生长发育过程中，不仅体积有所增大，同时在外部形态、内部构造以及生活习性等方面要发生一系列变化，这种现象称为变态。根据昆虫个体发育过程中成虫期和幼虫期的发育特点，可将变态分为不完全变态和完全变态。

1）不完全变态

昆虫的一生经过卵、若虫、成虫 3 个虫态，如蝗虫、蝼蛄等直翅目昆虫，蝽象、臭虫等半翅目昆虫，蚜虫、蝉、介壳虫等同翅目昆虫。这类昆虫若虫与成虫在外部形态、取食习性和生活环境等方面相似，仅体小、翅和附肢短、生殖器官发育不成熟，这类变态也称渐变态，其幼虫称若虫（图 1－21）。蜻蜓的成虫陆生，幼虫在形态和生活习性上与成虫明显不同，这类变态称半变态，其幼虫称稚虫。同翅目的粉虱和雄性介壳虫，幼虫在转变前有一个不食不动的类似蛹的时期，这类变态称过渐变态，是昆虫从不完全变态向完全变态演化的过渡类型。

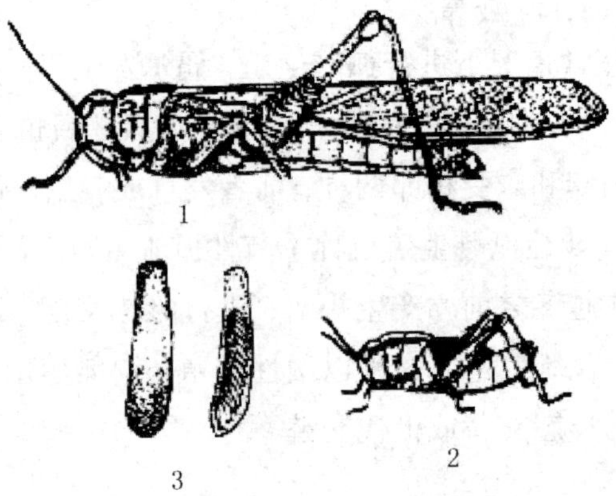

图1－21　昆虫(东亚飞蝗)的不完全变态

1.成虫　2.若虫　3.卵及卵囊

2)完全变态

昆虫的一生经过卵、幼虫、蛹、成虫4个虫态，如金龟子、天牛等鞘翅目昆虫，蛾、蝶等鳞翅目昆虫，蜂、蚁等膜翅目昆虫，蚊、蝇等双翅目昆虫。这类昆虫的幼虫不仅外部形态和内部器官与成虫很不相同，而且取食行为和栖息环境也有很大差别(图1－22)。完全变态的昆虫从幼虫变为成虫的过程中，幼虫原有的器官必须分解，成虫新的器官要重新形成。因此，在幼虫与成虫之间要历经蛹来完成剧烈的体型和器官的变化。

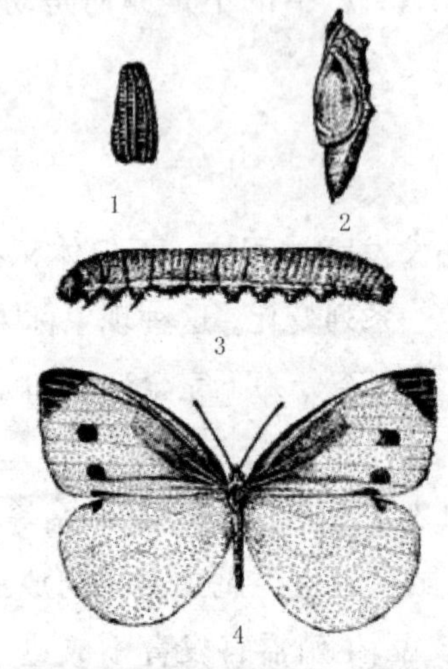

图1－22　昆虫(菜粉蝶)的完全变态

1.卵　2.幼虫　3.蛹　4.成虫

1.2.3 昆虫各虫期的特点

1)卵期

卵期是昆虫个体发育的第一个时期，是指卵从母体产下到卵孵化所经过的时期。卵是一个不活动的虫态，所以昆虫在产卵方式和卵的构造本身都有特殊的保护性适应。了解昆虫卵的形状、产卵方式，确认各种卵的类型，对鉴别昆虫种类、调查虫情和防治害虫都有特殊的实际意义。

(1)卵的构造

昆虫的卵是一个大型细胞，外面有一层坚硬的卵壳，卵壳下面为一薄层卵黄膜，膜内包藏有大量的营养物质，即原生质和卵黄。在卵黄和原生质的中央有细胞核，又称卵核。卵的前端有精子进入卵内的卵孔或受精孔。卵的颜色初产时一般为乳白色，此外还有淡黄色、黄色、淡绿色、淡红色、褐色等，接近孵化时颜色通常变深。

(2)卵的大小、形状

昆虫卵的大小种间差异很大，一般1～2mm，较大的如蝗虫卵长达6～7mm，螽斯卵长可达9～10mm，小的如寄生峰卵长0.02～0.03mm。卵的形状也因种类而异(图1－23)。常见的有卵圆形或肾形，如直翅目的蝗虫、蟋蟀的卵，其次是球形(如甲虫)、半球形(如夜蛾类)、桶形(如蝽象)、带柄形(如草蛉)、瓶形(如粉蝶)等。卵的表面有的光滑，有的具有华丽的饰纹。

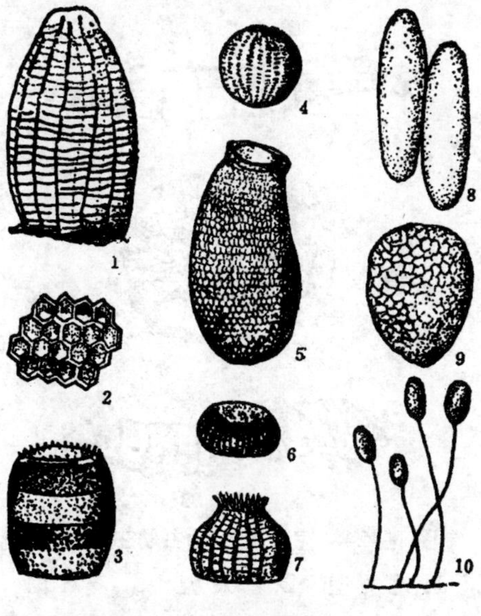

图1－23　昆虫卵的形状

1.瓶形　2.卵壳的一部分　3.桶形　4.球形

5.茄果形　6.半球形　7.篓形　8.长椭圆形　9.卵圆形　10.有柄形

(3)产卵方式

昆虫的产卵方式多种多样，有单个分散产的，如天牛、凤蝶；有许多卵粒聚集排列在一起形成各种形状的卵块，如螳螂、荔枝蝽象；有的将卵产在物体表面，如松毛虫；有的产在隐蔽的场所甚至寄主组织内，如蝉、蝗虫等。

2)幼虫期

昆虫在胚胎发育完成后，幼虫破卵而出的过程称为孵化。幼虫是昆虫个体发育的第二个时期。幼虫从卵内孵化、发育到蛹(完全变态昆虫)或成虫(不完全变态昆虫)之前的整个发育阶段，称为幼虫期或若虫期。幼虫期的显著特点是大量取食，积累营养，迅速增大体积从实践意义来说，由于幼虫期是大量取食的阶段，所以幼虫期对植物的危害最为严重，因而常常是防治的重点时期。

⑴生长和脱皮

幼虫体外表有一层坚硬的表皮限制了它的生长，所以当生长到一定时期，就要形成新表皮，脱去旧表皮，这种现象称为脱皮。脱下的旧表皮称为蜕。幼虫的生长与脱皮呈周期性的交替进行，每脱皮1次，身体即有一定程度的增大，食量相应增多。

从卵内孵化出的幼虫称为1龄幼虫，又称初孵幼虫，以后每脱一次皮增加1龄，即虫龄=脱皮次数+1。相邻两龄之间的历期，称为龄期。最后一次脱皮后变成蛹（若虫和稚虫则变为成虫）。昆虫脱皮次数，种间各异，但同种昆虫是相对稳定的。初孵化和初脱皮后，幼虫因表皮嫩薄，抵抗力弱，是药剂防治的有利时机。

⑵幼虫的类型

完全变态类昆虫的幼虫由于食性、习性和生活环境十分复杂，幼虫在形态上的变化极大。根据幼虫足的有无和数目，可分为以下几类（图1－24）：

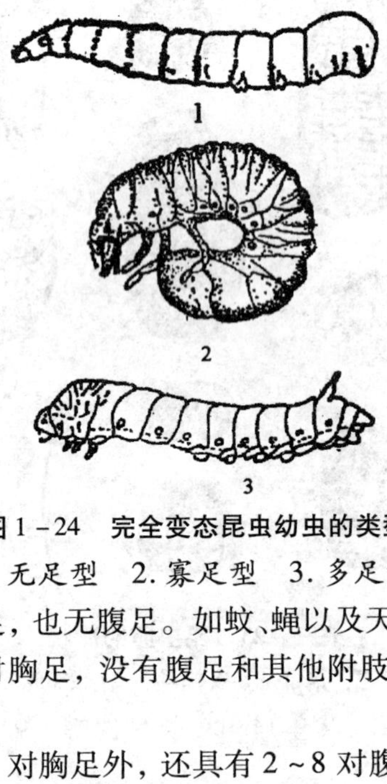

图1－24　完全变态昆虫幼虫的类型

1. 无足型　2. 寡足型　3. 多足型

无足型　此类幼虫既无胸足，也无腹足。如蚊、蝇以及天牛、象甲等的幼虫。

寡足型　此类幼虫只有3对胸足，没有腹足和其他附肢。如瓢虫、草蛉、叶甲、金龟甲等的幼虫。

多足型　此类幼虫除具有3对胸足外，还具有2～8对腹足。如鳞翅目幼虫有腹足2～5对，而膜翅目叶蜂类幼虫有6～8对腹足。

3）蛹期

蛹期是完全变态类昆虫由幼虫变为成虫的过程中必须经过的一个过渡虫态。蛹期表面静止，内部却进行着激烈的生理变化，一方面降解幼虫原来的内部器官，另一方面则形成成虫期的组织器官。蛹不食不动，缺少防御和躲避敌害的能力，要求相对稳定的环境来完成内部器官和外部形态的转变过程。因此，幼虫老熟后停止取食，在化蛹前寻找适当的庇护场所或构筑保护结构，如有的吐丝结茧，有的在地下做土室，有的在树皮缝中、蛀道中或卷叶内化蛹。

昆虫种类不同，蛹的形态也不同，常见的有以下3种类型（图1－25）。

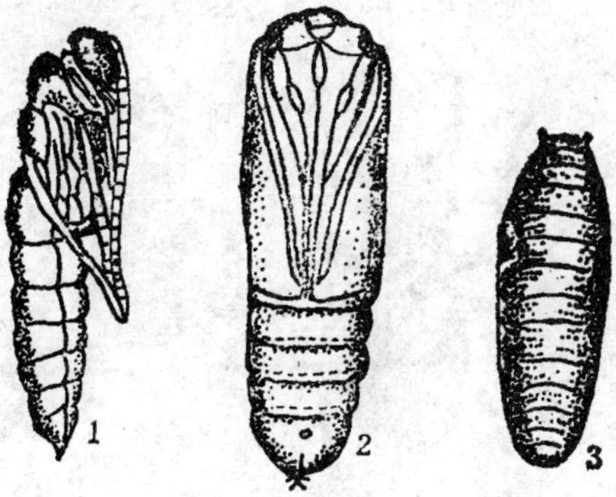

图 1－25　完全变态昆虫蛹的类型

1. 离蛹　2. 被蛹　3. 围蛹

离蛹　离蛹又称裸蛹。触角、足和翅等附肢与蛹体分离，可以活动，同时腹部各节也能自由扭动。如天牛、金龟子、蜂类等的蛹。

被蛹　触角、足、翅等附肢紧贴蛹体上，不能活动，腹节多数或全部不能扭动。如蛾、蝶类的蛹。

围蛹　蛹体实际上是离蛹，但蛹体外面由末龄幼虫所脱的皮形成的蛹壳所包围。如蝇类的蛹。

了解蛹期的特点，可有效的开展对害虫的综合治理。如翻耕晒垡，捣毁蛹室，使蛹暴晒致死，或因暴露而增加天敌捕食、寄生的机会；掌握蛹期，实施灌水淹死或人工挖蛹，修剪有蛹枝条等都可起到降低害虫种群密度的效果。

4）成虫期

成虫期是昆虫个体发育的最后一个时期，成虫期雌雄性别已明显分化，复眼也出现，并有了比幼虫更发达的触角。到了成虫期，形态已经固定，不再发生变化，有翅的种类，翅也长成，其他特征也发育完善，所以昆虫的分类以成虫为主要根据。成虫期的主要任务是交配产卵，繁殖后代。因此，成虫期本质上是昆虫的生殖期。

⑴羽化　成虫从它的前一虫态脱皮而出的过程，称为羽化。不完全变态昆虫的若虫脱去最后一次皮，完全变态昆虫从蛹壳中钻出，则羽化为成虫。初羽化的成虫色浅而柔软，待翅和附肢充分伸展，体壁硬化后，才能活动和飞行。

⑵补充营养　一些昆虫在羽化后，性器官已经成熟，不需取食即可交配产卵，在完成繁殖后代的任务后很快就死去。这类昆虫口器一般退化，寿命很短，往往只有数天，甚至数小时。大多数昆虫的成虫，如金龟子、天牛、部分蛾蝶，以及不完全变态的昆虫等，羽化后生殖细胞尚未成熟，需要经过一段时期，少则数天，多则几个月，才能进行生殖。为了达到性成熟，成虫必须继续取食，以满足卵巢发育对营养的需要。这种成虫性成熟前的取食行为，称为补充营养。

⑶性二型　同一种昆虫，雌雄个体除生殖器等第一性征不同外，其个体的大小、体形、颜色等也有差异，这种现象称性二型或雌雄二型现象(图 1－26)。例如，小地老虎雄蛾触角羽毛状，雌蛾为丝状；蓑蛾的雌虫无翅，终生生活在袋囊内，而雄虫具翅可飞出虫囊；马尾松毛

虫雄蛾触角羽毛状，雌蛾为栉齿状；雄蝉具有发音器而雌虫没有等都是显而易见的雌雄差异。性二型对快速调查雌雄性比，估测田间卵的数量，具有实际意义。

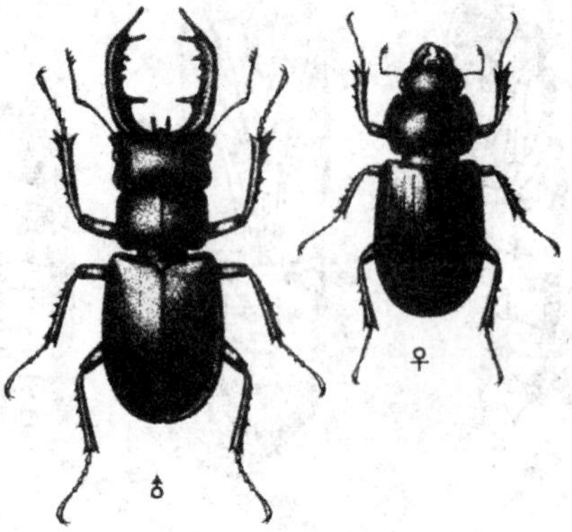

图1-26 锹形甲的性二型现象

(4)多型现象　同种昆虫在同一性别上具有两种或两种以上的个体类型，称多型现象。这在具有明显分工的社会性昆虫，如蚂蚁、白蚁、蜜蜂中十分常见。例如蜜蜂蜂群中，除了能生育的蜂王、雄蜂外，还有不能生育的全是雌性的工蜂；白蚁蚁群中有专司生殖的蚁后、蚁王，还有兵蚁和工蚁，兵蚁和工蚁也是雌蚁，但不能生殖(图1-27)。

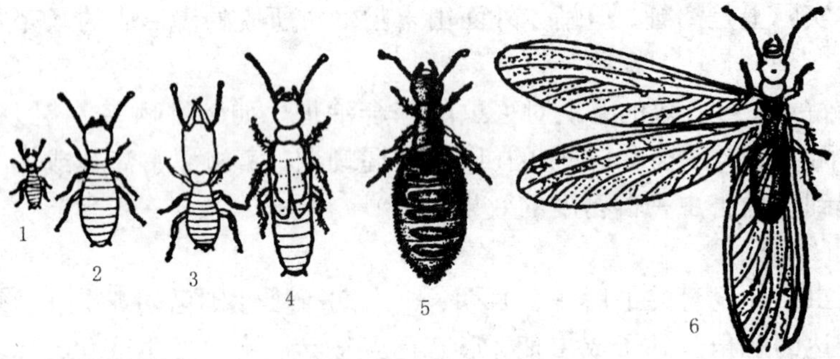

图1-27 白蚁的多型现象

1.若虫 2.工蚁 3.兵蚁 4.生殖蚁若虫 5.蚁后 6.有翅蚁

1.2.4 昆虫的世代和年生活史

1)昆虫的世代

昆虫自卵或幼体离开母体到成虫性成熟并产生后代为止的个体发育周期，称为一个世代，简称一代。各种昆虫完成一个世代所需的时间不同，在一年内完成的世代数也不同。有的昆虫一年只发生一代，如大地老虎、日本龟蜡蚧；有的昆虫一年能发生二代或更多，如杨扇舟蛾一年可发生2~6代，蚜虫类更可多达十余代甚至二三十代；另外一些昆虫，完成一个世代所需时间很长，往往需要两三年才完成一代，如金龟子、桑天牛等，最长的甚至有达十余年的，如十七年蝉等。昆虫完成一个世代所需的时间和一年内发生的代数，除因昆虫的种类不同外，往往与所在地理位置、环境因子有密切的关系。

对于一年发生多代的昆虫，由于成虫发生期长和产卵期先后不一，同一时期内，在一个地区可同时出现同一昆虫的不同虫态，造成上下世代重叠的现象，称为世代重叠。对一年发生多代的昆虫，划分世代均以卵期开始，依先后出现的次序称第一代、第二代……但应注意跨年虫态的世代。习惯上以卵越冬的，越冬卵就是次年的第一代卵。如梧桐木虱，1990年秋末产卵越冬，卵至次年4~5月孵化，这越冬卵就是1991年的第一代卵。以其他虫态越冬的都不是次年的第一代而是前一年的最后一代，叫做越冬代。如马尾松毛虫1990年11月中旬以4龄幼虫越冬，这越冬幼虫称为1990年的越冬代幼虫。

2）年生活史

昆虫在一年内的发生经过，即从当年越冬虫态开始活动起，到第二年越冬结束为止的发育过程，称为年生活史，简称生活史。昆虫年生活史包括越冬虫态、一年中发生的世代、越冬后开始活动的时期、各世代和各虫态的历期及生活习性等。了解害虫的生活史，掌握害虫的发生规律，是害虫预测预报和防治害虫的可靠依据。

1.2.5 昆虫的行为和习性

昆虫的行为和习性是昆虫种和种群的生物学特性，是昆虫对各种刺激所产生的反应活动。这些反应活动或有利于它们找到食物和配偶，或有利于它们避开敌害或不良环境等。了解害虫的习性，对于采取正确的防治方法是很重要的。

1）休眠和滞育

昆虫在生活周期中常发生生长发育和繁殖暂时停滞的现象，这种现象多发生在严冬或酷暑来临之前，分别称为越冬或越夏。从生理上可区分为休眠和滞育。

⑴休眠

休眠是指由不良的环境条件直接引起的生长发育暂时停止现象，当不良环境消除时即可恢复生长发育。引起休眠的环境因素主要是温度和湿度。很多昆虫在水分不足的情况下也会引起休眠。冬季低温时引起越冬，夏季高温时有些昆虫进入越夏。休眠主要是由外因决定的，当不良环境解除后，休眠即可解除。

⑵滞育

滞育也可以说是环境条件引起的，但常常不是不利的环境条件直接引起的。在自然情况下，当不利的环境条件远未到来之前，就进入滞育了。引起滞育的环境条件主要是光周期，而且一旦进入滞育，即使给以最适宜的条件，也不会马上恢复生长发育。滞育已经具有一定的遗传特定性，具有滞育特性的昆虫都有各自固定的滞育虫态，如玉米螟只以老熟幼虫滞育。

了解昆虫休眠和滞育的原因和规律，对于准确预测预报昆虫发生期，指导害虫防治有一定的意义。

2）昆虫的食性

不同种类的昆虫，取食食物的种类和范围不同，同种昆虫的不同虫态也不会完全一样，甚至差异很大。昆虫在长期演化过程中，对食物形成的一定选择性，称为食性。

⑴根据食物的性质不同，昆虫的食性可分为：

植食性　以活的植物各个部位为食物的昆虫。大多数是农林业害虫，如马尾松毛虫、刺蛾、叶甲等。

肉食性　以其他动物为食物的昆虫，又分为捕食性和寄生性两类，如七星瓢虫、草蛉、寄生蜂、寄生蝇等，它们在害虫生物防治上有着重要意义。

腐食性　以动物的尸体、粪便或腐败植物为食物的昆虫，如埋葬甲、蝇蛆、蜣螂等。

杂食性　既以植物或动物为食，又可腐食，如蜚蠊、芫菁等。

(2)根据取食范围的程度，昆虫的食性可分为：

单食性　以一种植物为食物的昆虫，如三化螟只取食水稻，豌豆象只取食豌豆等。

寡食性　以一个科或几个近缘科的植物为食物的昆虫，如菜粉蝶取食十字花科植物，棉大卷叶螟取食锦葵科植物等。

多食性　以多种非近缘科的植物为食物的昆虫，如地老虎可取食禾本科、豆科、十字花科、锦葵科等各科植物。

3)趋性

趋性是昆虫对各种刺激物(如光、温度、湿度和化学物质等)所产生的定向活动，其中趋向刺激物的称正趋性，背离刺激物的称负趋性。昆虫的趋性主要有趋光性、趋化性、趋温性、趋湿性等。

(1)趋光性　趋光性是昆虫视觉器官对光线刺激所表现的趋向活动。不同昆虫对光照强度和性质的反应不同，如大多数夜间活动的昆虫，如蛾类、金龟子等具有正趋光性，而蜚蠊等见光就躲避，表现为负趋光性。许多昆虫对波长300～400nm的紫外光最敏感，人们常利用黑光灯来诱杀害虫；蚜虫对550～600nm的黄色光趋性极强，可利用黄板诱杀害虫。

(2)趋化性　趋化性是昆虫通过嗅觉器官对化学物质所表现的趋向活动。其正、负趋化性通常与觅食、求偶、避敌、寻找产卵场所等有关。如菜粉蝶趋向在含有芥子油的十字花科植物上产卵；用糖、醋、酒混合液可诱集多种地老虎；雌性昆虫在交配前分泌性外激素，引诱同种异性个体交配等。在农业生产中可利用害虫的趋化性进行食饵或性引诱剂诱杀。

4)群集性

同种昆虫的大量个体高密度地聚集在一起的习性，称为群集性。根据聚集时间的长短可将群集分为暂时性群集和永久性群集。暂时性群集是指昆虫在某一虫态或某一段时间内群集在一起，过后就分散，如天幕毛虫在树杈结网并群居栖息在网内，老龄后即行分散生活。永久性群集是终身群集在一起的，如蜜蜂、蚂蚁等。

5)假死性

假死性是指昆虫在受到突然刺激时，身体蜷缩，静止不动或从栖息处突然跌落呈“死亡”状，稍后苏醒又恢复常态的现象。假死性是一种条件反射，是昆虫逃避敌害的一种有效方式。生产上可利用假死性进行震落捕杀。

6)拟态

拟态是指昆虫为了躲避敌害，模拟环境中其他动植物的形态或行为，从而达到保护自己的目的。昆虫拟态的方式有多种，有的模拟植物的形态，如枯叶蛱蝶、竹节虫等；有的模拟其他昆虫的形态，如食蚜蝇模拟蜜蜂等，从而可以逃避某些天敌的袭击。

7)保护色

保护色是指某些昆虫的体色与其背景色非常相似，从而躲过天敌的视线而获得保护自己的效果，这种与背景相似的体色称为保护色。如草地上的绿色蚱蜢、栖息在树干上翅色灰暗的夜蛾类昆虫等。在一些昆虫中，保护色还经常连同外形与姿态也与背景相似联系在一起，以获得更好的保护效果，如枯叶蝶停息时双翅竖立，翅背面极似枯叶，甚至有树叶病斑状的斑点；尺蠖在树枝上栖息时，以腹足和臀足固定在枝条上，身体斜立如枝条。

相关技能训练

实训2　昆虫的变态及各虫态类型观察

1. 实训目的

掌握昆虫变态类型的特点，能正确区分完全变态和不完全变态；了解昆虫卵的构造及类型；掌握各类昆虫幼虫、蛹的特点，能判断常见昆虫幼虫、蛹的类型。

2. 实训材料和用具

材料：粉蝶、天蛾、玉米螟、蝽象、瓢虫、蝗虫、草蛉等的卵块或卵标本；蝗虫、蚜虫、蝽象、蟋蟀等的若虫标本；金龟子、瓢虫、粉蝶、尺蛾、象甲、苍蝇、叶蜂等的成虫、幼虫及蛹标本；蝗虫、蝼蛄、叶蝉、粉蝶、金龟甲、白蚁等的生活史标本。

用具：实体显微镜、放大镜、培养皿、镊子、解剖针等。

3. 实训内容与方法

1）变态类型观察

以蝗虫、蝼蛄的生活史标本为材料观察不完全变态昆虫的卵、若虫、成虫3个虫态；观察粉蝶、金龟甲的生活史标本，熟悉完全变态昆虫发育经过的卵、幼虫、蛹、成虫4个虫态。比较完全变态和不完全变态昆虫的生活史标本的主要区别。

2）卵的观察

用实体显微镜或放大镜观察供试昆虫的卵，注意卵粒的形态、大小、颜色及花纹，卵块的排列情况及卵外有无保护物。

3）若虫形态观察

观察比较蝗虫、蝽象、蚜虫等若虫与成虫在形态上的异同，注意翅芽的形态。

4）幼虫形态观察

观察瓢虫、蛾类、蝶类、金龟子、叶蜂类、象甲类等的幼虫与成虫的显著区别，注意各种幼虫所属的类型及特征。

5）蛹的观察

观察天蛾、粉蝶、金龟甲、叶蜂、苍蝇等蛹的形态，注意各种蛹所属的类型及特征。

4. 实训作业

1）列表记录所观察昆虫卵、幼虫、蛹各属何种类型以及成虫的主要特征。

2）绘昆虫3种卵和幼虫类型形态图。

任务1.3　园林昆虫主要类群识别

任务分析：本任务主要是对蝗虫、蟋蟀、蝼蛄、叶蝉、木虱、粉虱、蚜虫、草蛉、蝽、凤蝶、粉蝶、天牛、金龟子、步甲、象甲等常见园林植物昆虫进行识别。通过本任务的学习，要求了解昆虫分类的基本知识，熟悉昆虫分类检索表的应用，掌握与园林植物关系密切的直翅目、等翅目、半翅目、同翅目、缨翅目、鞘翅目、鳞翅目、双翅目、膜翅目、脉翅目的主要识别特征。

任务实施的相关知识

1.3.1 昆虫分类基本知识

1)昆虫的分类阶元

分类阶元是生物分类学确定共性范围的等级。生物界分为界、门、纲、目、科、属、种七个基本阶元。种是分类的基本阶元。昆虫属动物界节肢动物门中的一个纲——昆虫纲;纲以下的单位和其他动物一样采用一系列的阶元,首先以血缘关系的亲疏分为若干目,目以下又分成科,科以下分属,属以下又分种;为了详尽起见,在纲、目、科、属下设"亚"级,如亚纲、亚目、亚科、亚属;也有在目、科上加"总",如总目、总科等。

例如东亚飞蝗 *Locusta migratoria manilensis* Meyen 的分类地位是:

界:动物界 Animal kingdom
门:节肢动物门 Arthropoda
纲:昆虫纲 Insect
亚纲:有翅亚纲 Pterygota
部:外翅部 Exopterygota
总目:直翅总目 Orthopteroides
目:直翅目 Orthoptera
亚目:蝗亚目 Locustodea
总科:蝗总科 Locustoidea
科:蝗科 Locustidae
亚科:飞蝗亚科 Locustinae
属:飞蝗属 *Locusta*
种:飞蝗 *Locusta migratoria* L.
亚种:东亚飞蝗 *Locusta migratoria manilensis* Meyen

2)昆虫的命名法

(1)双名法

一种昆虫的种名(种的学名)由两个拉丁词构成,第1个词为属名,第2个为种名,即"双名"。如菜粉蝶 *Pieris rapae* L.。分类学著作中,学名后面还常常加上定名人的姓。但定名人的姓氏不包括在双名内。

(2)三名法

1个亚种的学名由3个词组成,即"属名 + 种名 + 亚种名",即在种名之后再加上1个亚种名,就构成了"三名"。如东亚飞蝗 *Locusta migratoria manilensis* Meyen。

昆虫学名在印刷时常用斜体表示,也可在学名下划一横线,以便于识别。属名的第1个字母须大写,其余字母小写,种名和亚种名全部小写;定名人的姓氏用正体,第1个字母大写,其余字母小写。有时,定名人前后加括号,表示种的属级组合发生了变动。种名在同一篇文章中再次出现时，属名可以缩写。

3）检索表的编制和应用

在进行昆虫分类工作时，通常要使用检索表来鉴定昆虫的种类和区别不同等级分类阶元的所属地位。它的编制是用对比分析和综合归纳的方法，从不同种类的昆虫中，选定比较重要的稳定的特征，做成简短的文字条文排列而成。因此，检索表的编制和运用是昆虫分类工作重要的基础。常用的检索表为双项式。

以下为与园林植物生产密切相关的10个目编制的双项式检索表。

与园林植物生产密切相关的10个目检索表

1. 翅1对，后翅退化为平衡棒.................................... 双翅目
   翅2对.. 2
2. 口器刺吸式.. 3
   口器非刺吸式.. 4
3. 口器自头的下后方或前足基节间伸出，前翅质地匀......... 同翅目
   口器自头的前方伸出，前翅为半鞘翅.......................... 半翅目
4. 口器虹吸式，体、翅密被鳞片或毛.......................... 鳞翅目
   口器为咀嚼式、嚼吸式或锉吸式.............................. 5
5. 前后翅膜质狭长，边缘有长的缨毛，口器锉吸式.......... 缨翅目
   前后翅无长的缨毛，口器非锉吸式............................ 6
6. 前翅为鞘翅或复翅，后翅膜质.................................. 7
   前后翅均为膜质.. 8
7. 前翅为鞘翅，其上无翅脉...................................... 鞘翅目
   前翅为复翅，脉纹大多直，后足多为跳跃足.................. 直翅目
8. 前后翅形状、大小及脉相均相似................................ 9
   前翅大，后翅小，脉纹奇特.................................... 膜翅目
9. 触角念珠状.. 等翅目
   触角丝状.. 脉翅目

4）昆虫纲的分类系统

⑴分类依据

昆虫分类的依据主要有形态学特征、生物学和生态学特征、地理学特征、生理学和生物化学特征、细胞学特征、分子生物学特征。根据目前的分类科学水平，主要采用的是形态学特征。分亚纲和目所应用的主要特征是翅的有无、形状、对数、质地，口器的类型，触角、足、腹部附肢的有无及形态。

⑵昆虫纲的分类

昆虫在高级阶元的分类上，分歧较大。以往通常将昆虫纲分为两个亚纲和33或34个目，即无翅亚纲和有翅有纲。我国著名的昆虫分类学家蔡邦华教授将昆虫纲分为两个亚纲，34个目。

1.3.2 园林植物昆虫主要目介绍

1）直翅目 Orthoptera

常见的有蝗虫、蟋蟀、蝼蛄等。体中至大型。头下口式，口器咀嚼式，复眼发达，单眼2～3个；触角丝状，少数剑状；前胸背板发达，中后胸愈合；前翅狭长，为复翅，后翅膜质透明，停息时呈折扇状纵折于前翅下；后足为跳跃足，少数种类前足为开掘足；跗节2～4节，腹部一般11节，腹末具尾须1对；雌虫产卵器发达，呈剑状、刀状或凿状。雄虫通常有听器或发音器。

渐变态。卵产在土中或植物组织中，多以卵越冬。主要生活在地面、土中及树上等，多数植食性。与园林植物关系密切的有蝗科、蟋蟀科、蝼蛄科和螽斯科（图1－28）。

(1)蝗科 Locustidae

俗称蝗虫或蚂蚱。体粗壮，触角短，不超过体长，丝状或剑状；前胸背板发达，马鞍状，盖住中胸背板；多数种类有2对翅，亦有短翅或无翅的；跗节3节，后足为跳跃足；雄虫能以后足腿节摩擦前翅发音，听器位于腹部第1节两侧；产卵器短而弯曲，锥状。为典型的植食性昆虫，取食许多不同科的植物，有些能造成严重危害。多数种类1年1代，卵聚产于土中。常见的有竹蝗 *Ceracis kiangsu* Tsai、东亚飞蝗 *Locusia migratoria manilensis* Meyen、短额负蝗 *Atractomorpha sinensis* Bolivar。

(2)蟋蟀科 Cryllidae

俗称蛐蛐。体粗壮，色暗；触角长于体长，丝状；听器在前足胫节基部；跗节3节；产卵器细长，针状或矛状，尾须长。多数种类营穴居生活，食性杂，危害各种苗木的近地面部分。常见的有油葫芦 *Gryllus testaceus* Walker 和大蟋蟀 *Brachytupes portentosus* Lichtenstein。

(3)蝼蛄科 Gryllotalpidae

触角较体短。前足为典型的开掘足；跗节3节；前翅短，后翅宽并纵卷；听器在前足胫节上；产卵器不外露，尾须长。植食性，栖息于土中，取食播下的种子，根部或靠近地面的嫩茎，造成严重的缺苗断垄，是重要的地下害虫之一。常见的有华北蝼蛄 *Gryllotalpa unispina* Saussure 和东方蝼蛄 *Gryllotalpa orientalis* Burmeister。

(4)螽斯科 Tettigonidae

体粗壮，触角长过身体许多，30节以上，丝状；跗节4节；听器在前足胫节基部；产卵器宽而扁，刀状或剑状，尾须短小。多数植食性，少数肉食性。卵扁平，雌虫多产卵于植物组织内，造成枝梢枯萎或落叶。常见的有纺织娘 *Mecopoda elongata* L. 和绿螽斯 *Holochlora nawae* Mats et Shiraki。

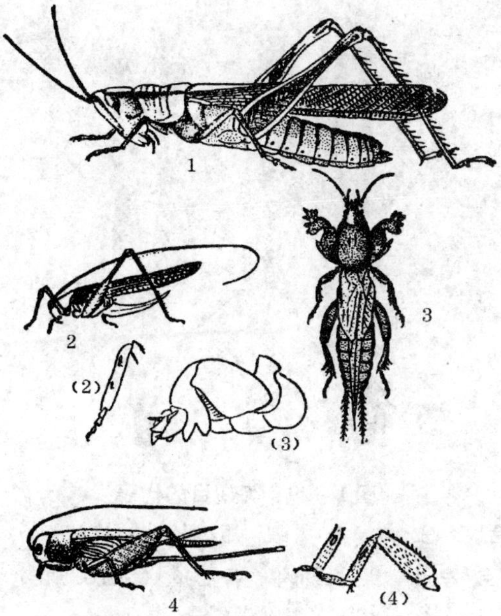

图1－28　直翅目主要科

1. 蝗科　2. 螽斯科　3. 蝼蛄科　4. 蟋蟀科

(2)螽斯科足听器 (3)蝼蛄科的前足(4)蟋蟀科足听器

2)等翅目 Isoptera

通称白蚁。体小至中型，白色柔软。头部坚硬发达，复眼有或无，单眼1对或无；口器咀嚼式，上颚很发达，触角念珠状。在一个群体中，有长翅、短翅和无翅类型，有翅成虫具2对狭长的膜翅，前后翅质地、大小、形状和脉序均相似，休息时两对翅平叠腹背，翅基有条翅肩缝，成虫婚飞后，翅可沿此缝脱落留下一个鳞状残翅称翅鳞。跗节4或5节，尾须短。

渐变态。营群体生活，为真正的社会性昆虫。一个群体内通常有1对生殖蚁(即蚁王和蚁后)和大量无生殖能力的兵蚁与工蚁共同生活。蚁王、蚁后专司生殖，蚁后一生可产卵数百万粒；工蚁在群体中数量最多，其职能是觅食、筑巢、开路、饲养蚁王、蚁后、幼蚁和兵蚁，照料幼蚁、搬运蚁卵和培育菌圃等；兵蚁体型较大，头部骨化，上颚强大，其职能是保卫巢穴，抵御入侵者(图1－29)。

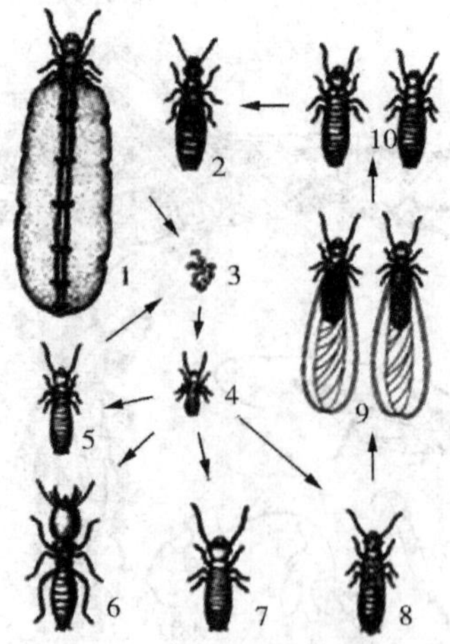

图1-29 等翅目的代表

1. 蚁后 2. 雄蚁 3. 卵 4. 若蚁 5. 补充生殖蚁 6. 兵蚁 7. 工蚁
8. 长翅生殖蚁若虫 9. 长翅雌、雄生殖蚁 10. 脱翅雌、雄生殖蚁

(1)白蚁科 Termitidae

有额腺。前胸背板前中部隆起，窄于头部；前翅鳞小，稍大于后翅，不与后翅鳞相互重叠；跗节4节，尾须1~2节。以土栖为主。常见的有黑翅土白蚁 *Odontotermes formosanus*（Shiraki）。

(2)鼻白蚁科 Rhinotermitidae

有额腺。前胸背板扁平，窄于头；前翅鳞一般远大于后翅鳞，并与后翅鳞重叠；跗节4节，尾须2节。土木栖性。常见的有家白蚁 *Coptotermes formosanus* Shiraki。

3）半翅目 Hemiptera

通称蝽象。体小至大型，体壁坚硬，略扁平；复眼发达，单眼2个或无；触角3~5节，丝状或棒状；口器刺吸式，喙从头的前端向后伸出；前胸背板发达，中胸小盾片三角形；翅2对，前翅为半鞘翅，半鞘翅可分为基部的革区、爪区和端部的膜区，后翅膜翅（图1-30）。多数种类在身体腹面具有臭腺孔，能散发出类似臭椿的特殊气味，因此被称为“臭板虫”。

渐变态。大多陆生，少数水生。多为植食性，刺吸茎、叶、花或果实的汁液；少数肉食性。多数种类1年1代，以成虫越冬。与园林植物关系密切的有蝽科、荔蝽科、盲蝽科、网蝽科、缘蝽科、猎蝽科等（图1-31）。

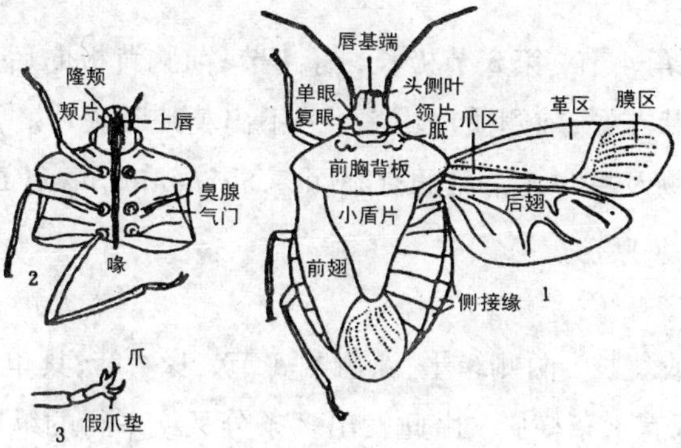

图1-30 半翅目的特征

1.成虫的背面观　2.成虫的腹面观　3.足的假爪垫

(1)蝽科 Pentatomidae

体小至大型，常扁平而宽；头小，触角一般5节，喙4节；有单眼；中胸小盾片发达，三角形，至少超过爪片长度。前翅膜区基部有1条横脉，由此发出多条纵脉。臭腺发达。多为植食性，少数为肉食性。常见的有茶翅蝽 *Halyomorpha Picus*（Fabricius）、麻皮蝽 *Erthesina fullo* Thunberg 等。

(2)荔蝽科 Tessaratomidae

体大型，小盾片特征与膜片脉序似蝽科，其主要区别在于触角仅有4节。荔蝽科昆虫多生活在乔木上，成、若虫吸食果实和嫩梢汁液，造成落果和枯梢。其中荔枝蝽 *Tessaratoma papillosa* Drury 是我国南方荔枝、龙眼产区的重要害虫。

(3)盲蝽科 Miridae

体小至中型，稍扁平；触角4节，第2节长；无单眼；喙4节，第1节与头部等长或略长；前翅分为革片、爪片、楔片及膜片，膜片基部有2个小翅室，其余翅脉均消失。大多植食性，重要的园林害虫有绿盲蝽 *Lygocoris lucorum*（Mey-Dur）；也有捕食性的，如食蚜黑盲蝽 *Deraeocoris punctulatus* Fall。

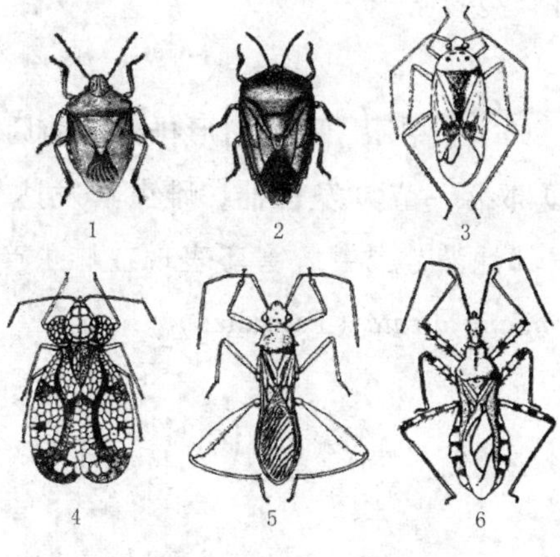

图1-31 半翅目常见科代表

1.蝽科　2.荔蝽科　3.盲蝽科　4.网蝽科　5.缘蝽科　6.猎蝽科

(4)网蝽科 Tingidae

体小型，多扁平；触角4节，第3节极长，喙4节；前胸背板向后延伸盖住小盾片，头顶、前胸背板及前翅上有网状花纹；前翅质地均一，分不出革片和膜片。常群集叶背或嫩枝危害，被害处常有黏稠的排泄物及虫蜕。常见的有梨网蝽 *Stephanitis nashi* Esaki et Takeya 和杜鹃冠网蝽 *Stephanitis pyriodes* Scott。

(5)缘蝽科 Coreidae

体中至大型，扁平或狭长，两侧缘平行；触角4节，喙4节；具单眼；中胸小盾片小，短于前翅爪片；前翅膜区基部有1条横脉，由此发出多条分叉或平行的纵脉；不少种类前胸后缘有尖突，或后足腿节与胫节或其中一节膨大。常见的有粟缘蝽 *Liorhyssus hyalinus*（Fabricius）。

(6)猎蝽科 Reduviidae

体小至中型，红色或黑色；头窄长，眼后部分缢缩如颈状；触角4节；喙3节，基部不紧贴于腹面，弯曲成弓形；前胸背板上有一横沟；前翅膜区基部有2个大的翅室，由此发出2条纵脉。捕食性，是园林常见的天敌昆虫。常见的有黑红猎蝽 *Haematoloecha nigrorufa*（Stal）。

4）同翅目 Homoptera

常见的有蝉、叶蝉、蚜虫、蚧、木虱等。体微小至大型；单眼2～3个或无；触角短，刚毛状或丝状；口器刺吸式，从头的后方伸出，喙通常3节，也有2节或1节的；前翅质地均匀，为革质或膜质，静止时平置于体背上呈屋脊状，后翅膜质；有的种类无翅，雄蚧虫后翅退化为平衡棒，雌蚧无翅。有些种类雄虫具发音器，雌虫具发达的产卵器。多数种类有分泌蜡质或介壳状覆盖物的腺体。

渐变态，而粉虱及雄蚧虫为过渐变态。多数为两性生殖，有的进行孤雌生殖。植食性。有些种类在刺吸植物汁液的同时能传播植物病毒，如蚜虫、叶蝉等；也有些种类如蚜虫、介壳虫、粉虱等，能分泌蜜露引起煤污病。与园林植物关系密切的有蝉科、叶蝉科、蜡蝉科、木虱科、粉虱科、蚜科、蚧科等（图1－32）。

(1)蝉科 Cicadidae

体中至大型；触角刚毛状；具3个单眼，呈三角形排列。前后翅膜质透明，翅脉较粗；前足腿节膨大，下缘具刺。雄虫腹部第一节具发音器，雌虫具发达的产卵器。成虫吸取枝干汁液，若虫生活在地下，吸取根部汁液，成虫危害还表现在雌虫产卵于幼嫩枝条中，导致枝条枯死。常见的有蚱蝉 *Cryptotympana atrata*（Fabricius）。

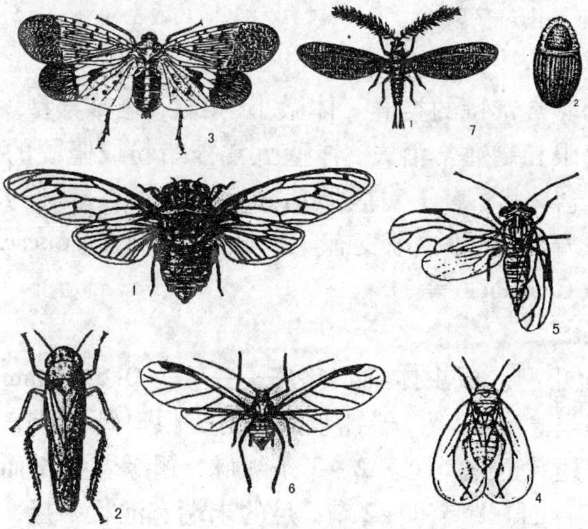

图1-32 同翅目重要科的代表

1. 蝉科 2. 叶蝉科 3. 蜡蝉科 4. 粉虱科

5. 木虱科 6. 蚜科 7. 蚧科(1. 雄成虫 . 2 雌成虫)

(2)叶蝉科 Cicadellidae

体小型，狭长。触角刚毛状似蝉，位于两复眼之间；单眼2个；前翅革质，后翅膜质；后足胫节具1~2列刺状毛。善跳，有横走习性；刺吸植物汁液，并能传播病毒。常见的有大青叶蝉 *Cicadella viridis* Linne、小绿叶蝉 *Empoasca flavescens* Fabricius。

(3)蜡蝉科 Fulgoridae

体中至大型，体色艳丽；额管向前延伸呈象鼻状；触角着生于复眼下方，3节，基部两节膨大如球，鞭节刚毛状；前翅翅端及后翅臀区翅脉呈网状；后足胫节有齿。能分泌白色蜡粉。常见的有斑衣蜡蝉 *Lycorma delicatula* White。

(4)木虱科 Psyllidae

体小型，善跳跃；触角丝状，10节，端部分叉，末端有2条不等长的刚毛。单眼3个；翅脉简单无横脉，前翅革质，从基部出来一条横脉，到中途分为3支，翅端每支再2分叉。若虫能分泌许多蜡质，似棉絮。常见的有梨木虱 *Psylla chinensis* Yang et Li 和梧桐木虱 *Thysanogyna limbata* Enderlein。

(5)粉虱科 Aleyrodidae

体小型，体及翅上常有白色蜡粉；触角丝状，7节；翅短圆，翅脉简单，前翅翅脉最多3条，后翅只有1条翅脉。若虫和成虫腹末背面有管状孔。过渐变态。常见的有黑刺粉虱 *Aleurocanthus spiniferus* Quaintance。

(6)蚜科 Aphdoidea

体微小而柔软，触角丝状，通常6节，基部2节不等长，第3节最长，从末节中部起突然变细，端部明显的分为基部和鞭部，第2节至第6节上有圆形或椭圆形感觉圈，其数量和排列情况是分种的重要特征。分有翅型和无翅型。前后翅膜质，前翅具少数翅脉和一个大翅痣。多数蚜虫的腹部第6节背面生有1对腹管，腹管末端的突起称为尾片，腹管和尾片均为分类的重要依据。本科昆虫生活史复杂，为周期性孤雌生殖。常见的有棉蚜 *Aphis gossypii*

Glover、桃蚜 *Myzus persicae* Sulzer 等。

(7)蚧科 Coccidae

通称介壳虫，是一个非常奇特的类群。体微小、柔软，雌雄异型。雌虫无翅，身体分段不明显；口器发达，触角、复眼和足通常消失，体壁上常被蜡粉或坚硬的蜡质介壳。雄虫体长形纤弱，口器退化，触角长念珠状，有1对膜质前翅，仅1条二分叉的翅脉，后翅退化成平衡棒。雄虫过渐变态，成虫寿命短；雌虫渐变态。常见的有褐软蚧 *Coccus hesperidun* Linnaeus、龟蜡蚧 *Ceroplastes floridensis* Comstock 等。

5）缨翅目 Thysanoptera

通称蓟马。体微小至小型。成虫体细长略扁，一般为0.5～2mm，多黑色或黄褐色。触角短，6～9节，线状，略呈念珠状。口器锉吸式，由3根口针组成，左上颚发达，右上颚退化。翅膜质透明，狭长，翅脉退化，最多2～3条纵脉，翅缘着生长而整齐的缨毛，故称缨翅目，静止时翅平放于腹部背面。跗节1～2节，足的末端有泡状中垫，爪退化。腹部10节，无尾须。

过渐变态。卵产于植物组织内或植物表面、树皮下、裂缝中。除少数种类卵胎生外，多为卵生。每年发生的世代数因地区及种类而异，以若虫、成虫、蛹越冬。多为卵生，少数为卵胎生或孤雌生殖。多数植食性，少数捕食性，捕食蚜虫、螨或其他昆虫的幼虫及卵。

一般在干旱季节繁殖特别快而形成灾害，不耐高温和降雨，暴雨可压低其密度。天敌有花蝽科昆虫、草蛉、食蚜蝇的幼虫和瓢虫。

(1)管蓟马科 Phlaeothripidae

体黑色或暗褐色；触角8节；前翅没有翅脉或仅有一短的脉纹，翅表面光滑无毛；雌虫腹部末节管状，生有较长的刺毛（图1－33），无产卵器，卵产于裂缝中。园林花卉上常见的有中华蓟马 *Haplothrips chinensis* Priesner、榕管蓟马 *Gynaikothrips uzeli* Zimm。

(2)蓟马科 Thripidae

触角6～8节，末端1～2节形成端刺。翅狭而端部尖锐。雌虫腹部末端圆锥形，生有发达的锯齿状产卵器，从侧面观，其尖端向下弯曲（图1－34），卵产于植物组织中。园林花卉上重要的有黄胸蓟马 *Thrips hawaiiensis* Organ、烟草蓟马 *Trips tabaci* Lindeman。

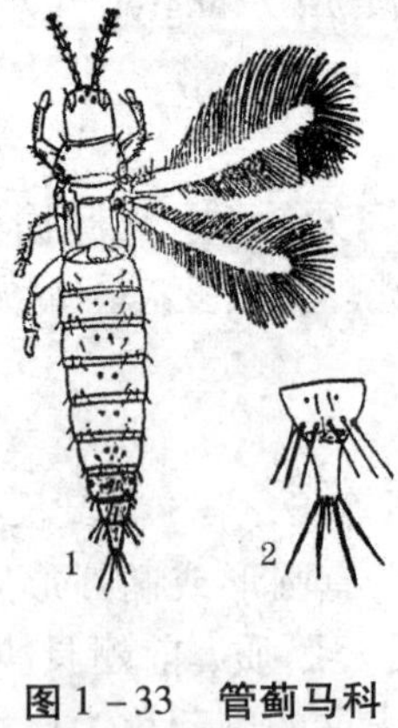

图1－33　管蓟马科

1. 全形　2. 腹管末端

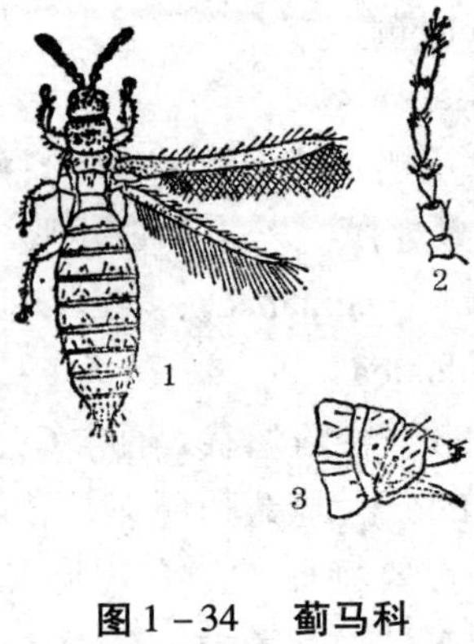

图1－34　蓟马科

1. 全形　2. 触角　3. 雌虫腹管末端

6）鞘翅目 Coleoptera

通称甲虫，是昆虫纲中最大的一个目。体小至大型，体壁坚硬；口器咀嚼式，上颚发达；触角形状多样，有丝状、锯齿状、锤状、鳃片状和膝状等，多为10或11节；复眼发达，无单眼；前翅为鞘翅，合起来盖住胸腹部的背面和摺叠的后翅，起保护作用；后翅膜质；前胸背板发达，中胸仅露出三角形的小盾片；跗节4~5节。腹部末端数节常退化，缩在体内，无尾须。

完全变态。幼虫多属寡足型，头部发达，较坚硬，口器咀嚼式，一些钻蛀性种类属无足型。蛹多为裸蛹，如天牛、叶甲、金龟子等，另有一些种类为被蛹，如隐翅虫。

多数成虫有趋光性和假死性；食性复杂，有植食性、肉食性、腐食性和杂食性。根据其食性，鞘翅目可分为肉食亚目和多食亚目（图1-35）。肉食亚目后足基节固定在后胸腹板上不能活动，后足基节窝将腹部第一节腹板完全分隔开，前胸背板与侧板间分界明显，多为捕食性的益虫，常见的有步甲科和虎甲科（图1-36）。多食亚目后足基节不固定在后胸腹板上，可自由活动，后足基节窝未将腹部第一节腹板完全分隔开，前胸背板与侧板间无明显分界。该亚目的种类很多，常见的有金龟甲科、吉丁甲科、叩甲科、天牛科、叶甲科、瓢甲科、象甲科和小蠹科等（图1-37），多为植食性害虫。

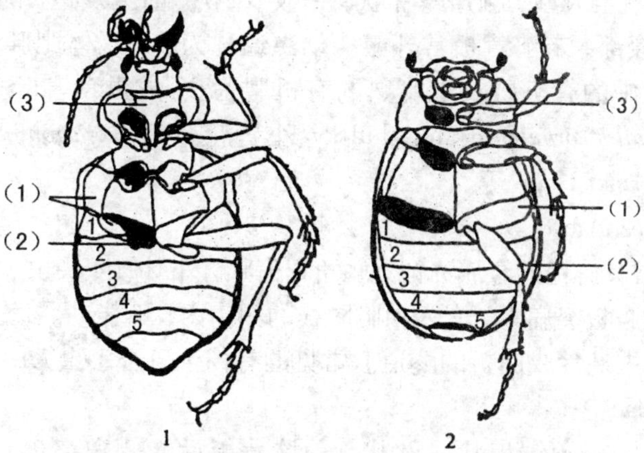

图1-35 肉食亚目和多食亚目的特征

1. 肉食亚目 ⑴后侧叶 ⑵基节窝 ⑶前胸腹板
2. 多食亚目 ⑴基节 ⑵腿节 ⑶前胸背板

肉食亚目重要科：

⑴虎甲科 Cicindelidae

体小至中型，多绒毛，有鲜艳的色斑和金属光泽。头下口式，宽于前胸背板；触角丝状，触角间的距离小于上唇基的宽度；复眼大而突出。成虫能作短距离飞行，白天活动；幼虫穴居。常见的有中华虎甲 *Cicindela chinensis* Degeer。

⑵步甲科 Carabidae

通称步行虫。体小至大型，体色较暗，黑色或褐色有光泽；有的鞘翅上具有刻点、条纹或斑点；复眼小不太发达；头较前胸狭，前口式。触角丝状，位于上唇基部与复眼之间。生活于地下、落叶下面，昼伏夜出，成虫和幼虫均为捕食性天敌昆虫。常见的有金星步甲 *Calosoma chinense* Kirby。

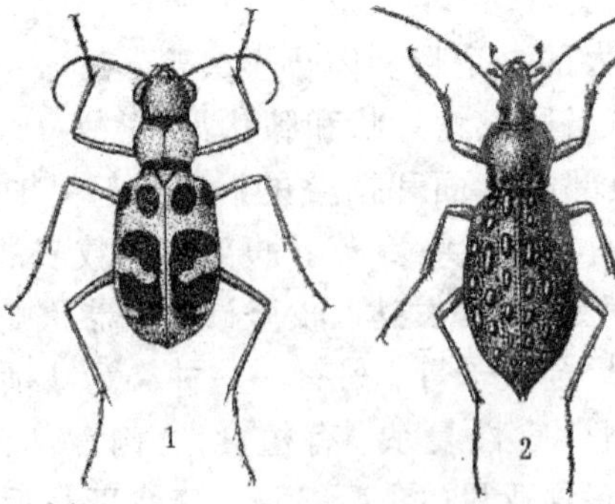

图1-36 肉食亚目常见科代表

1. 虎甲科 2. 步甲科

多食亚目重要科有：

(1)金龟甲科 Scarabaeidae

通称金龟子。体中至大型，触角鳃片状，一般10节。前胸发达，前足开掘足，跗节5节；鞘翅短，不完全覆盖腹部，末节背板常外露。幼虫通称为蛴螬，体肥胖，呈"C"形弯曲，生活于土中，以植物根、土中的有机质及未腐熟的有机肥为食；成虫食害叶、花及果实等。常见种类有铜绿丽金龟 *Anomala corpulenta* Motschulsky、小青花金龟 *Oxycetonia jucunda* Falderman、红脚绿金龟 *Anomala cupripes* Hope 等。

(2)吉丁甲科 Buprestidae

成虫小至中型，常具鲜艳的金属光泽，触角锯齿状，外形似叩头虫。前胸背板后侧角较钝，与鞘翅紧密相接；前胸腹板突扁平，嵌入中胸腹板的凹沟内，不能动。幼虫俗称"爆皮虫"或"串皮虫"，在树木形成层中蛀食成曲折的隧道。常见的有杨十斑吉丁虫 *Melanophila picta* Pallas。

(3)叩甲科 Elateridae

体小至中型，头小；触角锯齿状或丝状。前胸背板后缘侧角突出，前胸腹板后缘中央有一尖突，纳入中胸窝内，前、中胸之间结合不紧密，能作叩头状动作。幼虫俗称"金针虫"，体细长，体壁坚硬而光滑，多为黄色或黄褐色，大多数生活在土中，以植物的地下部分为食，对种子、幼苗及根危害大，是重要的地下害虫。常见的有沟金针虫 *Pleonomus canaliculatus* Faldemann、细胸金针虫 *Agriotes fuscicollis* Miwa 等。

(4)天牛科 Cerambycidae

体中至大型，长筒形；触角丝状，常超过体长，至少超过体长的一半。复眼肾形，围绕触角基部。跗节隐5节。幼虫圆筒形稍扁，头部缩于前胸内，背、腹面常有肉质突起称步泡突出，借此在虫道内蠕动。以幼虫钻蛀树干、树根或树枝危害为主。常见的有星天牛 *Anoplophora chinensis* Forster、桑天牛 *Apriona germari* Hope、菊天牛 *Phytoecia rufiventris* Gautier 等。

(5)叶甲科 Chrysomelidae

又名金花虫。体小至中型，椭圆形，体色鲜艳多具金属光泽。触角丝状，长不及体长之半。鞘翅盖住腹部末端或短缩；跗节隐5节。幼虫有3对胸足，前胸背板及头部高度骨化，身体各节有枝刺或瘤突。成、幼虫均植食性。多数食叶，少数潜叶或钻蛀危害。常见的有杨叶甲 *Chrysomela populi* Linnaeus、榆蓝叶甲 *Galerucella aenescens* Fairm 等。

(6)瓢甲科 Coccinellidae

体小至中型，体背隆起成半球形，体色多变，有金属光泽，鞘翅上常有红、黄、黑等斑纹。头小，部分隐藏于前胸背板下；触角短，锤状或短棒状。幼虫胸足发达，行动活泼，体被枝刺或瘤突。大多数为捕食性益虫，可捕食蚜虫、介壳虫、螨类等，常见的有七星瓢虫 *Coccinella septempunctata* Linnaeus.、龟纹瓢虫 *Propylea japonica*（Thunberg）、异色瓢虫 *Leis axyridis* Pallas 等。少数为植食性害虫，如二十八星瓢虫 *Henosepilachna vigintioctomaculata*（Motsch.）等。

(7)象甲科 Curculionidae

通称象鼻虫。体微小至大型，头部向前延伸成象鼻状或鸟喙状，长短不一，末端着生有咀嚼式口器。触角膝状，10～12 节，末端3 节呈锤状。跗节隐5 节。幼虫无足型，身体柔软，肥胖而弯曲。成虫和幼虫均为植食性，有食叶、蛀茎、蛀根及种子的种类，也有卷叶或潜叶的。常见的有杨干象 *Cryptorrhynchus lapathi* Linnaeus 等。

(8)小蠹科 Scolytidae

体小型或微小，体长一般不超过9mm，黑褐色。头较前胸窄，口器短宽，上唇退化；触角锤状。鞘翅上常有皱纹或点刻列。前足胫节有齿，跗节第1 节短。幼虫白色，无胸足，弯曲。多数种类寄生在树木韧皮部，在边材和韧皮部形成一定形式的坑道，多危害衰弱树木，是重要的园林害虫。常见的有危害柳树、榆树的脐腹小蠹 *Scolytus schevyrewi Sen.*，以及危害多种松树的纵坑切梢小蠹 *Tomicus piniperda* L. 等。

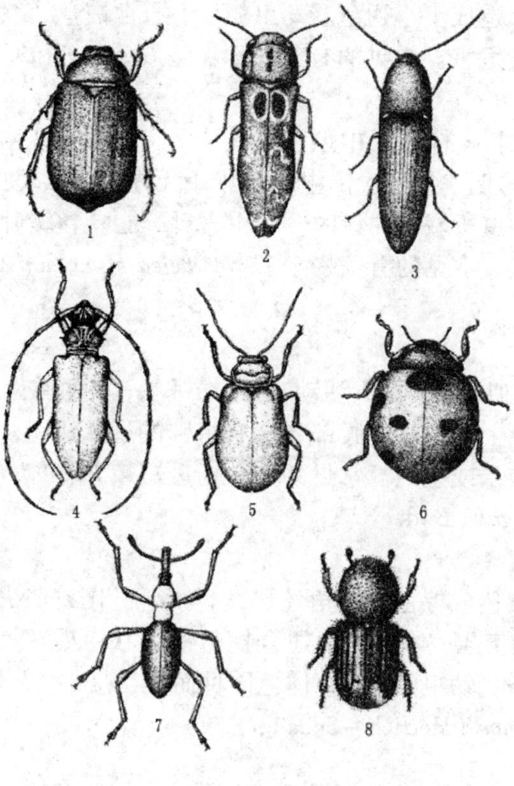

图1－37　多食亚目常见科代表

1. 金龟甲科　2. 吉丁甲科　3. 叩甲科　4. 天牛科
5. 叶甲科　6. 瓢甲科　7. 象甲科　8. 小蠹科

7）鳞翅目 Lepidoptera

包括蛾类和蝶类，是昆虫纲中仅次于鞘翅目的第二大目。体小至大型，触角形状各异，蛾类中有丝状、栉齿状、羽毛状等；蝶类为球杆状。口器虹吸式或退化，成虫一般不危害，有的种类根本不取食，完成交配产卵后即死亡。翅膜质，成虫体翅密被鳞片，组成不同形状颜色的斑纹，翅的基部中央由翅脉围成1个大型翅室，称中室。

完全变态。幼虫多足型，具3对胸足，2~5对腹足，腹足末端具趾钩。咀嚼式口器，上唇缺刻，具吐丝器；幼虫体具有背线、刚毛等；蛹为被蛹。成虫除少数种类外，一般不危害，但幼虫口器为咀嚼式，绝大多数为植食性，可取食植物的叶、花、芽，或钻蛀植物茎、根、果实，或卷叶、潜叶危害。

鳞翅目昆虫种类繁多，按其触角的类型、活动习性和静息时的状态，可分为异角亚目和锤角亚目。异角亚目通称蛾类，多夜间活动，触角形状各异，但非球杆状，飞翔时前后翅用翅缰或翅轭连接，休息时双翅平覆于体背或斜放在体上呈屋脊状（图1-38(a)、图1-38(b)和图1-38(c)）；锤角亚目通称蝴蝶，白天活动，触角棒状或锤状，前后翅无特殊连接构造，休息时翅竖立在背面或不时扇动（图1-39）。

蛾类重要科有：

(1)木蠹蛾科 Cossidae

体中至大型，粗壮，腹部短，多毛，色灰暗。触角栉齿状或丝状，口器短小或退化。翅多灰色有黑斑纹。前翅径脉造成1小翅室。幼虫粗壮，通常白色、黄色或红色；腹足趾钩2或3序环。幼虫在木质部钻蛀危害。常见的有芳香木蠹蛾 *Cossus cossus* Linnaeus。

(2)袋蛾科 Psychidae

又叫蓑蛾科，避债蛾科。体小至中型，雌雄异型。雄蛾有2对翅，触角羽毛状，口器退化；翅上鳞片稀薄，近于透明，中室残留中脉。雌蛾无翅，形似幼虫，触角、口器和足有不同程度退化，终生生活在幼虫所缀成的囊内。幼虫食叶，能吐丝缀叶成袋状的囊，取食时头胸伸出袋外，并能负囊行走。常见的有茶袋蛾 *Cryptothelea minuscula* Butler.、大袋蛾 *Clania vaiegata* Snellen 等。

(3)透翅蛾科 Sesiidae

体小至中型，狭长，似胡蜂，白天活动；触角纺锤状，雄的有齿或疏状；翅狭长，前后翅大部分透明，仅边缘及翅脉上有鳞片。腹部末端有特殊的扇状鳞簇。幼虫黄白色，趾钩单序二横带，钻蛀在木本植物枝条或茎内。常见的有白杨透翅蛾 *Paranthrene tabaniformis* Rottenberg、葡萄透翅蛾 *Parathrene regalis* Butler。

(4)卷蛾科 Tortricidae

体小至中型，多为褐色或棕色。触角丝状，下颚须退化或消失，下唇须前伸。前翅略呈长方形，肩区发达，顶角突出，休息时两翅合拢似吊钟状。后翅第1条翅脉独立，不与第2条接近或接触，臀脉3条。幼虫圆柱形，体色因种而异，卷叶、缀叶危害。常见的有落叶松卷蛾 *Ptycholomoides aeriferanas*（Herrich-Schaffer）。

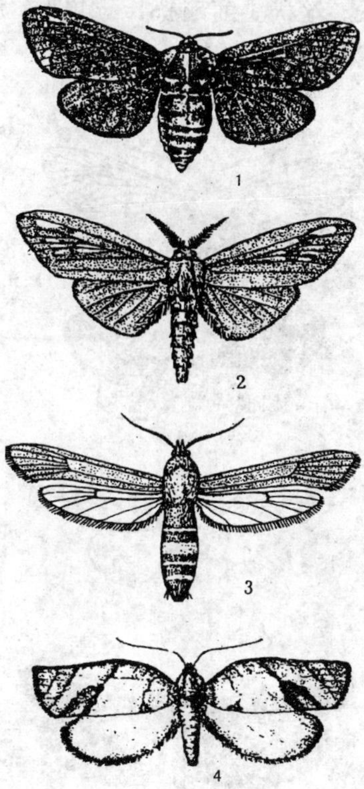

图1－38(a)　蛾类常见科代表

1. 木蠹蛾科　2. 袋蛾科　3. 透翅蛾科　4. 卷蛾科

(5)斑蛾科 Zygaenidae

体中至大型，身体狭长，多数种类颜色美丽，有些种类有金属光泽。白天活动，只能作短距离的飞翔。身体光滑，有单眼，喙发达。翅面鳞片薄，中室内有中脉主干，前翅有1A脉，后翅 $Sc+R_1$ 与Rs接触或连有横脉。幼虫头小，缩入前胸内，体具扁平疣，上生放射状短毛，故又名“星毛虫”。幼虫食叶。常见的园林害虫有重阳木锦斑蛾 *Histia rhodope* Cramer。

(6)刺蛾科 Limacodidae

体小至中型，粗壮多毛，一般黄褐色或绿色，有红色和暗色的简单斑纹。口器退化。雄成虫触角双栉齿状、雌成虫线状。翅宽而密，被厚鳞片。幼虫俗称“洋辣子”，体短而胖，蛞蝓型，头小缩入前胸，胸足退化，腹足呈吸盘状；体常被有毒枝或毛簇，幼虫在石灰质茧中化蛹。常见的有黄刺蛾 *Cnidocampa flavescens* Walk、褐边绿刺蛾 *Latoia consocia* Walker 等。

(7)尺蛾科 Geometridae

小至大型，体形细长，鳞毛很少。翅宽大而薄，前后翅色纹相似或连成一体，休息时四翅平展，有的雌虫翅退化。前翅M从中室后角分出，后翅 $Sc+R_1$ 在中室基部弯曲，臀脉只有1条。幼虫有3对胸足，第6节和第10节各有1对腹足，行动时一曲一伸，状似拱桥，故称“造桥虫”。幼虫食叶。常见的有槐尺蛾 *Semiothisa cinerearia* Bremer et Grey、春尺蛾 *Apocheima cinerarius* Erschoff 等。

(8)螟蛾科 Pyralidae

体小至中型，细长，腹部末端尖削，多数种类颜色较暗，鳞片细密而紧贴。下唇须长，伸出在头的前面或向上弯。触角细长，丝状。前翅狭长三角形，后翅有发达的臀区，臀脉3条。幼虫细长光滑，腹足趾钩双序环或缺环，多钻蛀或卷叶危害。常见的有黄杨绢野螟 *Diaphania perspectalis* Walker。

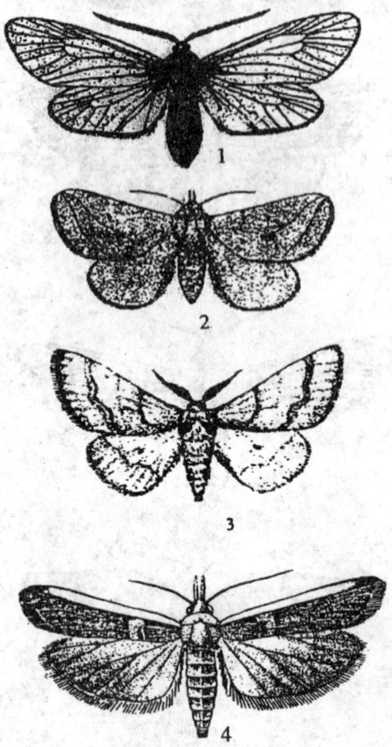

图1-38(b)　蛾类常见科代表

1.斑蛾科　2.刺蛾科　3.尺蛾科　4.螟蛾科

(9)夜蛾科 Noctuidae

中至大型。体粗壮，多毛而蓬松，体色深暗。触角丝状，雄蛾有时栉齿状。前翅狭长，三角形，密被鳞片，形成各种斑纹；后翅比前翅阔，多为白色或灰色。前翅 M_2 近 M_3，后翅 $Sc+R_1$ 与 Rs 在中室基部并接。幼虫食性杂，多数取食叶片，少数蛀茎或隐蔽生活。常见的园林害虫如小地老虎 *Agrotis ypsilon* Rottemberg、斜纹夜蛾 *Prodenia litura* Fabricius 等。

(10)毒蛾科 Lymantridae

体中至大型，粗壮多毛，体密被鳞片。触角栉齿状，下唇须退化，无单眼，静止时多毛的前足常向前伸出。雌虫有的无翅或翅退化，多数种类雌虫腹末有明显的毛簇。幼虫体被长短不齐的鲜艳簇毛，有毒，能伤人。腹部第6、7节背中央各有1翻缩腺，趾钩单序中列式。幼虫食叶，有群聚危害习性。常见的种类有舞毒蛾 *Lymantria dispar* L.。

(11)舟蛾科 Notodontidae

体中至大型，粗壮，腹末多毛丛；体多褐色或暗色；口器不发达，雄蛾触角多为双栉齿状，少数为锯齿状，雌蛾多为丝状。前翅后缘中央常有突出的毛簇，静止时翅呈屋脊状，毛簇竖起如角。幼虫体形多变，臀足不发达或特化成细突起或刺状构造，不用于行走，受惊时常举起头尾两端似一叶小舟，故称为“舟形毛虫”。幼虫通常有群居性，食叶危害阔叶树及果树。常见种类有杨扇舟蛾 *Clostera anachoreta* Fabricius。

(12)灯蛾科 Arctiidae

体小至中型，色艳丽，常为红、黄或白色。有单眼，触角丝状或栉齿状，喙不发达。前翅 M_2 基部与 M_3 接近，$Sc + R_1$ 与 Rs 分开，后翅 $Sc + R_1$ 与 Rs 在基部愈合，几乎延达中室之半，但不超过中室末端，翅上常具斑点、斑纹。幼虫体上有突起，生有浓密的、长短一致的长毛，常为褐色或灰色。幼龄幼虫有群居性，食叶害虫。如美国白蛾 *Hyphantria cunea* Drury，是一种重要的国际性检疫害虫。

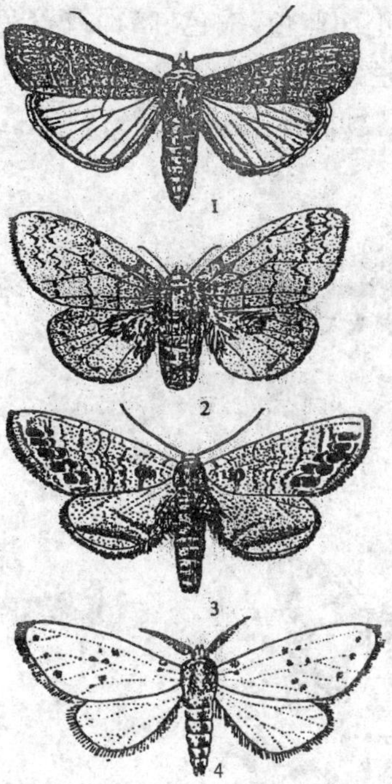

图 1-38(c) 蛾类常见科代表

1. 夜蛾科 2. 毒蛾科 4. 舟蛾科 5. 灯蛾科

蝶类重要科有：

(1)凤蝶科 Papilionidae

体大型，体色鲜艳，翅黑色有蓝、绿、红色斑，或黄色、绿色而有黑色斑纹，飞翔迅速。前翅三角形，后翅外缘呈波状，臀角多为尾状突。前翅臀脉 2 条；后翅臀脉 1 条，肩部有 1 条钩状肩脉。幼虫光滑无毛，前胸前缘有臭“丫”腺，受惊动即伸出，极易识别。常见的种类有柑橘凤蝶 *Papilio xuthus* L.、玉带凤蝶 *Papilio polytes* L.。

(2)粉蝶科 Pierdae

体中型，多为白色、黄色或橙色，常有黑色缘斑。前翅三角形，后翅卵圆形。前翅臀脉 1 条，后翅臀脉 2 条。前足爪分为两裂。幼虫圆筒形，绿色或黄色，多皱纹，表面有许多绒毛和毛瘤。常见种类有菜粉蝶 *Pieris rapae* L.、东方菜粉蝶 *Pieris canidia* L.。

(3)蛱蝶科 Nymphalidae

体中至大型，颜色美丽，翅表具各种艳丽的色斑，飞翔迅速，休息时四翅不停的扇动。前足退化或甚小，故有“四足蝶”之称。触角锤部特别膨大。前翅 R 脉 5 支，中室闭式。后翅中室多开式或为 1 条不明显的脉所封闭。幼虫头部常有角状突起，体常有成对的枝刺。常见的种类有孔雀蛱蝶 *Inachis io* Linnaeus、柳紫闪蛱蝶 *Apatura ilia* Denis et Schiff。

(4)弄蝶科 Hesperidae

体中小型，身体粗壮，色深暗，头比前胸大。触角端部具小钩。前、后翅脉各自分离，无共柄现象，直接由中室伸出。幼虫体呈纺锤形，头大色深，前胸缢缩成颈状，体被白色蜡粉。常见的园林害虫有香蕉弄蝶 *Erionota torus* Evans。

(5)灰蝶科 Lycaenidae

小型种类，纤弱而美丽。翅正面蓝色、铜色、暗褐或橙色，反面较暗，有眼斑或细纹。触角上有白环，复眼四周绕一圈白色鳞片环，雌虫前足正常，但雄虫前足缩短，跗节愈合，后翅常有纤细尾状突起。幼虫一般取食叶片、花或果实。常见的园林害虫有曲纹紫灰蝶 *Chilades pandava* Horsfield。

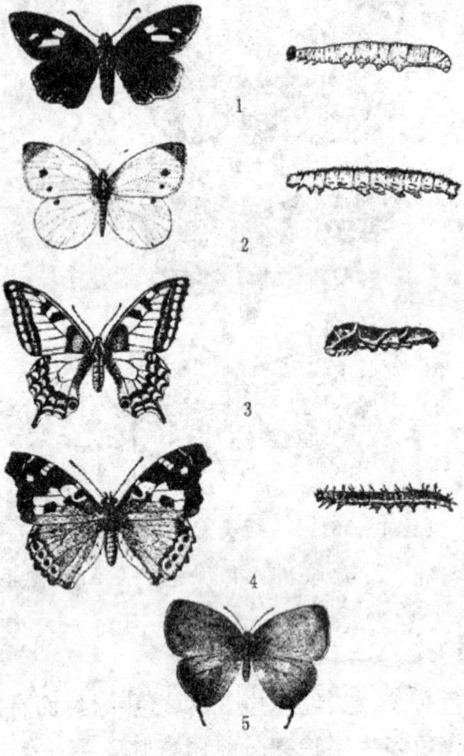

图1-39 蝶类常见科代表

1. 弄蝶科 2. 粉蝶科 3. 凤蝶科 4. 蛱蝶科 5. 灰蝶科

8) 双翅目 Diptera

包括蝇、蚊、虻等种类。成虫具前翅1对，膜质，后翅特化为平衡棒。复眼大，几乎占头的大部分，单眼3个，触角多变，有丝状、念珠状或芒状。口器舐吸式或刺吸式。跗节5节。雌虫腹部末端数节能伸缩，成为伪产卵器，没有真正的产卵器。

完全变态。一般为卵生，少数卵胎生。幼虫无足型。多数围蛹，少数裸蛹。食性复杂，有植食性、腐食性、捕食性和寄生性等。与园林植物关系密切的有瘿蚊科、潜蝇科、花蝇科、食蚜蝇科、寄蝇科(图1-40)。

(1)瘿蚊科 Ithonidae

体小而弱，触角念珠状，每节有细毛或环节。前翅阔，翅脉极少，仅有3~5条纵脉。足细长，无距。伪产卵管极长或极短，能自由伸缩。幼虫纺锤形，中胸腹板上通常有一突出的剑骨片。多为植食性，取食花、果、茎或其他部分，能造成虫瘿。常见的种类有柳瘿蚊 *Rhabdophaga salicis* Schrank。

⑵潜蝇科 Agromyzidae

体微小至小型，多为黑色或黄色。翅宽大，前缘近基部 1/3 处有折断。幼虫蛆形，常潜食植物叶肉组织，留下不规则形的白色潜道。常见的种类有美洲斑潜蝇 *Liriomyza sativae* Blanchard。

⑶花蝇科 Anthomyiidae

体小至中型，形态似家蝇，体多毛，多数黑色或灰色。眼大，雄成虫的两复眼几乎在中间接触。触角芒状。中胸背板被一条完整的盾间沟分为前后 2 块。翅脉全是直的，直达翅的边缘。幼虫蛆式，后端截形，周缘有 6～7 对突起。幼虫多腐食性，部分种类植食性，多危害种子及根部。常见的园林害虫有毛笋泉蝇 *Pegomyia phyllostachys* Fan。

⑷食蚜蝇科 Syrphidae

体中型，常有黄、黑两色相间的横纹，形似蜜蜂。触角 3 节，具芒状。径脉和中脉之间有一条伪脉。翅外缘有和边缘平行的横脉把缘室封闭起来。成虫活泼，飞翔时能在空中静止不动而又突然前进。幼虫蛆形，体背上常有肉质刺突。很多种类捕食蚜虫。常见的有黑带食蚜蝇 *Episyrphus balteata* De Geer。

⑸寄蝇科 Tachinidae

体小至中型，暗褐色带褐色斑纹，鬃毛多而明显。触角具芒状，触角芒光滑或具短毛。中胸后盾片很发达，露在小盾片外成一圆形突起。腹末多刚毛，中足基部后上方有一鬃毛列。幼虫蛆式，末端齐截。幼虫寄生性，多数种类寄生在鳞翅目幼虫及蛹体内。常见的有寄生在松毛虫体内的伞裙追寄蝇 *Exorista civilis* Rondani。

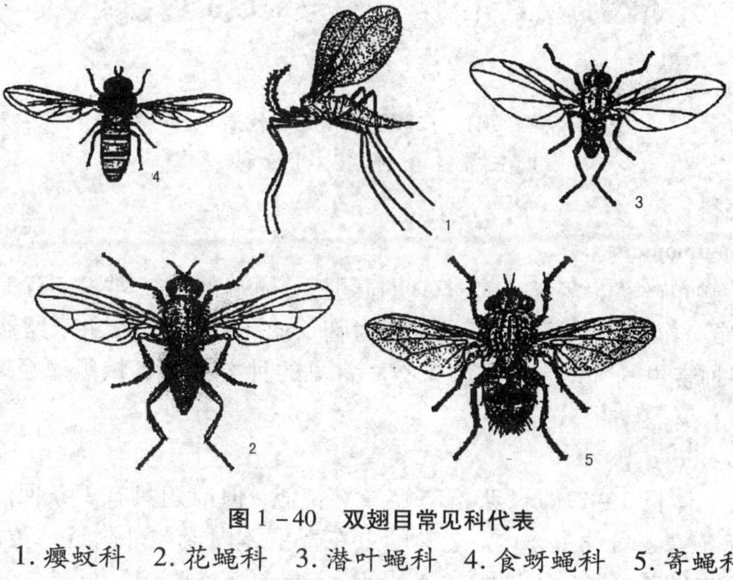

图 1－40　双翅目常见科代表

1. 瘿蚊科　2. 花蝇科　3. 潜叶蝇科　4. 食蚜蝇科　5. 寄蝇科

9）膜翅目 Hymenoptera

全世界记载有 12 万种，为昆虫纲中较大的目，包括各种蜂和蚂蚁。体微小至大型，复眼发达，单眼 3 个或无，口器咀嚼式或嚼吸式，触角丝状、膝状等。翅膜质，两对，不被鳞片，前翅大后翅小，后翅前缘有翅钩列与前翅相连。有的种类腹部第一节并入胸部，成为胸部的一部分，称为并胸腹节。第二节常缩小成“腰”，称为腹柄。雌虫都有发达的产卵器，多呈针状或变成螯刺。

完全变态。一般植食性幼虫为多足型，肉食性幼虫为无足型。蛹为离蛹。有时结茧。膜翅目可分为广腰亚目和细腰亚目。广腰亚目腹部不收缩成腰，后翅至少具3个基室，各足转节为2节(图1－41)；幼虫多足型，腹部常有6～8对腹足，无趾钩；基本全是植食性种类。细腰亚目腹部和胸部相连的部分收缩成腰状，后翅最多具2个基室(图1－42)；绝大多数是寄生性种类，很多是社会性昆虫。

广腰亚目重要科：

(1)三节叶蜂科 Argidae

体小而粗壮。触角3节，第3节最长，雄蜂末端节有时分枝，或呈叉状。前足胫节具2个端距。幼虫食叶，具6～8对腹足。常见的种类有蔷薇叶蜂 *Arge pagana* Panzer。

(2)叶蜂科 Tenthredinidae

体小至中型，较粗壮。触角丝状。前胸背板后缘深深凹入。前翅有短粗的翅痣，前足胫节有2个端距。产卵器锯状不外露。幼虫有6～8对腹足，体光滑多皱，食叶或蛀果，产卵于植物组织内。常见的种类有樟叶蜂 *Mesoneura rufonota* Rohwer。

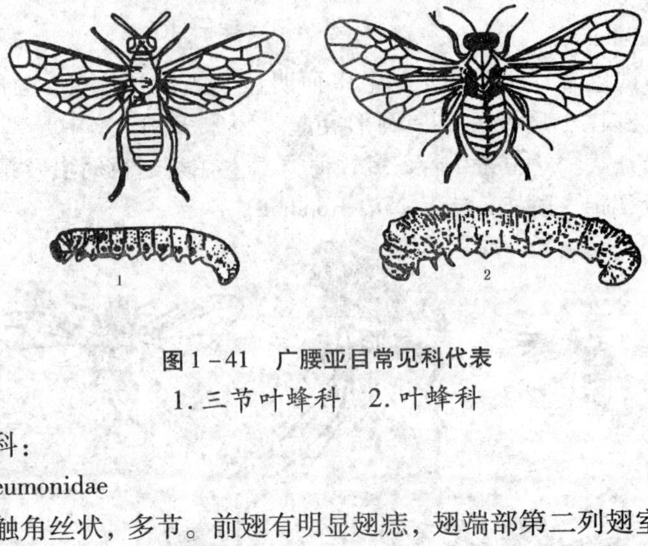

图1－41　广腰亚目常见科代表

1. 三节叶蜂科　2. 叶蜂科

细腰亚目重要科：

(1)姬蜂科 Ichneumonidae

体小至大型。触角丝状，多节。前翅有明显翅痣，翅端部第二列翅室有1个小翅室和第二回脉；并胸腹节常有雕刻纹，腹部细长，长度为胸长的2～3倍。雌虫产卵器常从腹部末端裂缝中伸出，是多种害虫蛹和幼虫的寄生天敌。常见的种类有舞毒蛾黑瘤姬蜂 *Coccygomimus disparis* Viereck。

(2)茧蜂科 Braconidae

体小型或微小，体长2～12mm，形态与姬蜂科相似，但前翅只有1条回脉，小室通常没有或不明显。产卵于鳞翅目幼虫体内，老熟幼虫在寄主体内或体外附近结黄白色小茧化蛹。常见的种类有松毛虫绒茧蜂 *Apanteles ordinarius* Ratzeburg。

(3)小蜂科 Chalcididae

体微小至小型，体长0.2～5mm，常为黑色或棕色。触角膝状，柄节长。头横阔，复眼大。翅脉极度退化，前翅只有一条脉纹。后足腿节膨大，具有成列的小齿突，胫节向内弯曲呈弧形。多寄生在卵和幼虫体内，少数寄生在蛹和成虫体内，是重要的天敌昆虫。常见的种类有广大腿小蜂 *Brachymeria lasus* Walker。

(4)赤眼蜂科 Trichogrammatidae

体微小，不足1mm。触角膝状，复眼多为红色。翅脉极度退化，前翅宽，翅面有纵行排列的微毛，后翅狭，刀状。跗节3节。寄生于鳞翅目昆虫卵内。常见的有松毛虫赤眼蜂 *Trichogramma dendrolimi* Matsumura。

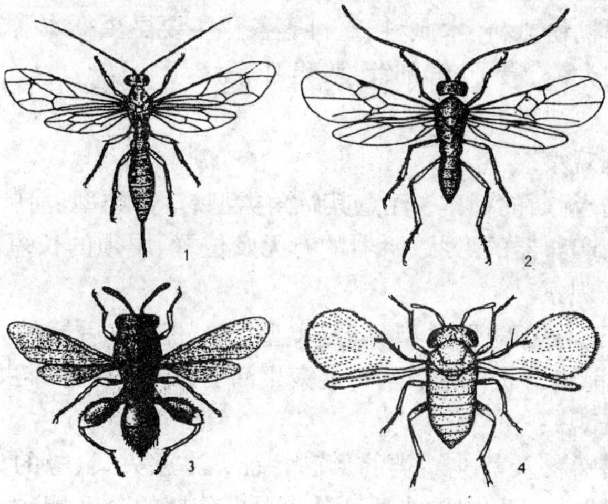

图1－42　细腰亚目常见科代表

1. 姬蜂科　2. 茧蜂科　3. 小蜂科　4. 赤眼蜂科

(5)胡蜂科 Vespidae

体中至大型，多黄色，有黑色或深褐色斑纹。前胸背板深达翅基片，前翅第一节中室通常很长，翅在休息时纵折。产卵器针状，腹部第1节背板前方垂直截形，中足胫节有2端距，爪简单。有简单的“社会组织”，常做纸质的吊钟状或片状的蜂窝。成虫捕食鳞翅目幼虫。

10）脉翅目 Neuroptera

脉翅目昆虫包括草蛉、蚁蛉、螳蛉、粉蛉等，体一般小至中型，也有大型种类。身体细长柔软，大多数种类草绿色;头下口式，咀嚼式口器;触角细长，丝状或念珠状。翅为膜质，前后翅的形状、大小和脉相都很相似，翅脉多呈网状，边缘多分叉。少数种类翅脉少而简单。

完全变态。成虫和幼虫大多陆生，均为捕食性的益虫，捕食蚜虫、蚂蚁、叶螨、介壳虫等软体昆虫及各种虫卵，是重要的天敌昆虫。常见的有草蛉科和粉蛉科。

(1)草蛉科 Chrysopidae

体中型，细长而柔软，多数种类绿色，也有黄白色，复眼大，具金属或铜色光泽。触角丝状，身体长。前、后翅透明且非常相似，翅的前缘区有30条以下的横脉，不分叉。幼虫称为“蚜狮”，纺锤形，两头尖削，胸部与腹部两侧有毛瘤，前口式。常见的种类有大草蛉 *Chrysopa pallens* Rambur。

相关技能训练

实训3 直翅目、等翅目、半翅目、同翅目主要科特征观察

1. 实训目的

掌握直翅目、等翅目、半翅目、同翅目分科的主要特征，能识别与园林植物生产相关的各科主要昆虫。

2. 实训材料和用具

材料：蝗科、蟋蟀科、蝼蛄科、螽斯科、白蚁科、鼻白蚁科、蝽科、网蝽科、盲蝽科、猎蝽科、缘蝽科、蝉科、叶蝉科、蜡蝉科、粉虱科、木虱科、蚜科等各科主要昆虫标本。

用具：实体显微镜、放大镜、镊子、解剖针、培养皿等。

3. 实训内容与方法

1）直翅目主要科特征观察

观察蝗虫、蟋蟀、蝼蛄、螽斯的标本，注意其触角类型、口器类型、前胸背板的形状、前后翅的类型和形状、足的类型、产卵器的形状、听器的有无及位置、尾须的长短等。

2）等翅目主要科特征观察

观察白蚁的形态特征，注意触角类型、口器类型，具翅型前后翅的大小、形状、翅脉的比较，翅基部的肩缝，兵蚁前胸背板的形状等，观察生活史标本，注意雌虫与雄虫的区别。

3）半翅目主要科特征观察

观察蝽科、网蝽科、猎蝽科及其他蝽类的形态特征，注意头式、喙的分节、触角类型、复眼及单眼的位置和形状，前胸背板和中胸小盾片的形状，前翅的分区情况，臭腺孔的有无、位置及形状等。

4）同翅目主要科特征观察

观察蝉、叶蝉、斑衣蜡蝉、粉虱、木虱、蚜虫等成虫标本，注意头式、喙分节及着生位置、触角类型，前后翅的质地、翅停息时的状态，前后足的类型及蝉的发音位置等。

4. 实训作业

1）列表比较直翅目、等翅目、半翅目、同翅目的主要形态特征。

2）列表比较半翅目蝽科、网蝽科、盲蝽科、猎蝽科、缘蝽科的主要特征。

3）列表比较同翅目蝉科、蜡蝉科、叶蝉科、蚜科、粉虱科、木虱科的主要特征。

实训4 缨翅目、鞘翅目、鳞翅目主要科特征观察

1. 实训目的

掌握缨翅目、鞘翅目、鳞翅目分科的主要特征，能识别与园林植物生产相关的主要科昆虫。

2. 实训材料和用具

材料：蓟马科、管蓟马科、步甲科、虎甲科、吉丁甲科、叩甲科、金龟甲科、瓢甲科、叶甲科、天牛科、象甲科、小蠹科、粉蝶科、凤蝶科、蛱蝶科、木蠹蛾科、螟蛾科、夜蛾科、卷蛾科、尺蛾科、斑蛾科、刺蛾科、舟蛾科、毒蛾科、灯蛾科、枯叶蛾科、透翅蛾科、蓑蛾科等标本。

用具：实体显微镜、扩大镜、镊子、挑针、载玻片等。

3. 实训内容与方法

1）缨翅目及其主要科的特征观察

观察蓟马玻片标本或新鲜实物标本，注意口器类型，前后翅形状、有无缨毛、有无翅脉，斑纹，产卵器形状等，并对比观察管蓟马科和蓟马科的区别特征。

2）鞘翅目及其主要科的特征观察

以步甲与金龟甲为代表，观察鞘翅目的基本特征，对比观察步甲与虎甲，叩头甲与吉丁甲，瓢甲、叶甲与天牛，金龟甲、象甲、小蠹等科的成虫、幼虫的基本特征及其相互区分。

3）鳞翅目及其主要科的特征观察

以刺蛾和凤蝶为代表，观察鳞翅目的基本特征，对比观察粉蝶、蛱蝶与凤蝶的区别，螟蛾、夜蛾、舟蛾、灯蛾、毒蛾、斑蛾、刺蛾、尺蛾、蓑蛾、透翅蛾等的区别，木蠹蛾、枯叶蛾等成虫、幼虫的基本特征及区别。

4. 实训作业

1）列表比较蓟马科和管蓟马科的主要区别特征。

2）列表比较吉丁甲、叩头甲、金龟甲、瓢甲、叶甲、天牛、象甲、小囊科成虫的主要区别特征1～2条。

3）指出粉蝶、凤蝶、夜蛾、螟蛾、尺蛾、刺蛾、斑蛾、舟蛾、蓑蛾、灯蛾、天蛾、枯叶蛾科成虫主要识别特征1～2条。

实训5　膜翅目、双翅目、脉翅目主要科特征观察

1. 实训目的

掌握膜翅目、双翅目、脉翅目分科的主要特征，能识别与园林植物生产相关的主要科昆虫。

2. 实训材料和用具

材料：月季叶蜂、月季茎蜂、姬蜂、茧蜂、纹翅小蜂、瘿蚊、种蝇、美洲斑潜蝇、食蚜蝇、寄蝇、草蛉等针插标本、浸渍标本、玻片标本、生活史标本和有关挂图。

用具：实体显微镜、扩大镜、镊子、挑针、载玻片等。

3. 实训内容与方法

1）膜翅目及其主要科的特征观察

以月季叶蜂和姬蜂为代表，观察膜翅目的基本特征，对比观察叶蜂与茎蜂，姬蜂与茧蜂，小蜂与纹翅小蜂科的形态特征及其相互区别。

2）双翅目及其主要科的特征观察

以食蚜蝇为代表，观察双翅目昆虫的基本特征，对比观察瘿蚊与食蚜蝇，种蝇、潜蝇与寄蝇科的形态特征和相互区别。

3）脉翅目及其主要科的特征观察

以草蛉为代表，观察脉翅目的基本特征，观察草蛉科的生活史标本或成、幼虫标本，注意观察成虫前后翅大小、翅型与脉纹。

4. 实训作业

1）列表比较膜翅目、双翅目、脉翅目的主要特征。

2）指出叶蜂、茎蜂、姬蜂、茧蜂、小蜂、纹翅小蜂科成虫的主要区别特征1～2条。

3）指出瘿蚊、种蝇、潜蝇、食蚜蝇科成虫主要识别特征1～2条。

任务1.4　昆虫与环境的关系

任务分析：昆虫的发生发展除与本身的生物学特性有关外，还与环境条件有着密切的关系。弄清昆虫个体生长、发育、繁殖、分布与环境因素的关系，有助于充分发挥人的主观能动性，创造不利于害虫、有利于园林植物生长的环境条件，从而有效控制害虫的发生。通过本任务的学习，要求学生了解环境因素对昆虫的影响，掌握有效积温法则及其应用；能全面分析影响昆虫生长发育的主要因素，并且通过调节和控制这些相关因素来影响昆虫种群发展。

任务实施的相关知识

1.4.1 气候因子

气候因子与昆虫生命活动的关系非常密切。气候因子包括温度、湿度、光照和风等，其中以温度和湿度对昆虫的影响最大，但各个条件的作用并不是孤立的，而是综合起作用的。

1）温度对昆虫的影响

温度是影响昆虫的重要环境因子，也是昆虫的生存因子。昆虫是变温动物，体温随环境温度的高低而变化。体温的变化可直接加速或抑制代谢过程。因此，昆虫的生命活动直接受外界温度的支配。

(1)温区的划分

昆虫的生长发育、繁殖等生命活动，都要求一定的温度范围，这一温区范围称适温区（或有效温区），一般为8℃～40℃。适温区的下限，即最低有效温度，是昆虫开始能够生长发育的温度，所以又称发育起点温度；适温区的上限，即最高有效温度，是昆虫因温度过高而生长发育开始被抑制的温度，所以又称临界高温；在适温区内，最利于昆虫生长发育和繁殖的温度范围称最适温区。一般昆虫在发育起点以下或临界高温以上的一定范围内并不致死，因温度过低而呈冷眠状态或温度过高而呈热眠状态。温度恢复到适温区范围内时，昆虫仍可恢复活动。因此，在发育起点以下，还可分出一个停育低温区；在临界高温以上还可划分出一个停育高温区。至于真正使昆虫致死的温度，远远在发育起点以下和停育高温以上，即致死低温区（一般－40℃～－10℃）和致死高温区（一般45℃～60℃）。昆虫对温度的反应和温区的划分如表1－2所示。

表 1－2　温区的划分及昆虫在各温区的不同反应

温度(℃)	温区		昆虫对温度的反应
60 50	致死高温区		酶系统被破坏，蛋白质变性，短时间内死亡
45	停育高温区		热昏迷，死亡取决于高温强度和持续时间
40	高温临界 高适温区	适温区（有效温区）	随温度升高，发育变慢，死亡率上升
30 20	最适温区		死亡率最小，繁殖力最大，发育速度接近最快
10	低适温区 发育起点		随温度下降，发育变慢，死亡率上升
0 －10	停育低温区		冷昏迷，死亡取决于低温强度和持续时间
－20 －30 －40	致死低温区		原生质结冰，组织或细胞受损，短时间内死亡

昆虫因高温致死的原因，是体内水分过渡蒸发和蛋白质凝固所致；昆虫因低温致死的原因，是体内自由水分结冰，使细胞遭受破坏所致。不同种或同种昆虫的不同发育阶段（虫期）和不同生理状态（如生长发育期、滞育期），在不同的环境条件下（如季节、场所、外界温度变化速率等），其对温度的适应范围是不同的。

⑵有效积温法则

昆虫和其他生物一样，在其生长发育过程中，完成一定的发育阶段（1 个虫期或 1 个世代）需要一定的温度积累，亦即发育所需时间与该时间的温度乘积理论上应为一个常数。即：

$$K = NT$$

式中　K——积温常数；

N——发育历期；

T——温度。

由于昆虫必须在发育起点温度以上才能开始发育，因此，式中的温度（T）应减去发育起点温度（C），即：

$$K = N(T - C) \text{ 或 } N = K/(T - C)$$

昆虫完成某一发育阶段所需时间的倒数叫发育速度（V）。即 $V = 1/N$，代入上式得：$T = C + KV$

这个说明温度与发育速度关系的法则，称有效积温法则。积温的单位以“日度”表示。这个法则的应用有如下方面：

①推测某昆虫在某一地区可能发生的世代数　在知道了某种昆虫完成一个世代的有效积温（K），再利用某地气象部门的资料，统计出一年内此地对该虫的有效积温总和（K_1），便可推算出该昆虫在该地区每年可能发生的世代数。

世代数＝某地全年的有效积温总和/该地区该虫完成 1 代所需的有效积温

例如：小地老虎完成 1 个世代所需的有效积温（K）为 504.47 日度，南京地区常年有效总积温（K_1）为 2220.9 日度，则南京地区 1 年可能发生的代数为：

世代数 = $K_1 / K = 4.4$（代）

②推算昆虫发育起点温度和有效积温常数　将一种昆虫或某一虫期置于两种不同温度条件下饲养，观察其发育所需时间，设2个温度分别为 T_1 和 T_2，完成发育所需时间为 N_1 和 N_2，根据 $K = N(T - C)$，联立方程：

第1种温度条件下：$K = N_1(T_1 - C)$　　(1)

第2种温度条件下：$K = N_2(T_2 - C)$　　(2)

因为(1) = (2) = K，得 $N_1(T_1 - C) = N_2(T_2 - C)$

$$C = (N_2T_2 - N_1T_1)/(N_2 - N_1)$$

将计算所得C值代入公式即可求得K。

例如：槐尺蛾的卵在27.2℃条件下，经4.5天孵化，19℃条件下经8天孵化，应用积温法则，则得槐尺蛾卵期有效积温：

$$C = (8 \times 19 - 4.5 \times 27.2)/(8 - 4.5) = 8.5(℃)$$

将计算出的发育起点温度代入19℃条件下积温公式中，则得槐尺蛾卵期有效积温：

$$K = 8 \times (19 - 8.5) = 84(\text{日度})$$

③预测害虫的发生期　知道了一种害虫或一个虫态的有效积温（K）与发育起点温度（C），以及今后一个时期气温的情况（T），就可根据公式 $N = K/(T - C)$ 进行发生期预测。

例如：已知槐尺蛾卵的发育起点温度为8.5℃，卵期有效积温为84日度，卵产下当时的日平均温度为20℃，若天气情况无异常变化，则幼虫孵化的时间为：

$$N = K/(T - C) = 84/(20 - 8.5) \approx 7.3(\text{天})$$

④控制昆虫的发育速度　利用人工繁殖寄生蜂防治害虫，常需要在害虫某虫态出现的日期释放，可根据公式 $T = K/(N + C)$ 计算出人工饲养寄生蜂所需要的温度，通过调节温度来控制寄生蜂的发育速度，达到适时释放的目的。

例如：利用松毛虫赤眼蜂防治松毛虫，赤眼蜂的发育起点温度为10.34℃，有效积温为161.36日度，根据放蜂时间，要求12天内释放，应在何种温度下饲养才能按时出蜂。代入公式，即：

$$T = K/N + C = 161.36/12 + 10.34 = 23.8(℃)$$

即在23.8℃的温度条件下经过12天即可出蜂释放。

⑤预测昆虫在地理分布上的极限　只有全年有效积温总和大于某种害虫完成一个世代所需的总有效积温的地区，该害虫才有可能存在。因此，通过对各地区全年有效积温总和与害虫完成一个世代所需的总有效积温进行比较，可掌握害虫的地理分布。这种判断只对一年发生一代、一年发生多代的昆虫适用，多年完成一代的昆虫不能按此办法进行推算。

2）湿度对昆虫的影响

水是生物有机体的基本组成成分，是代谢作用不可缺少的介质。一般昆虫体内水分的含量占其体重的50%左右，而蚜虫和蝶类幼虫可达90%以上。昆虫体内的水分主要来源于食物，其次是体壁吸水、直接饮水及代谢水等。昆虫通过排泄、呼吸、体壁蒸发散失水分。

(1)湿度对昆虫的一般影响

昆虫对湿度的要求依种类、发育阶段和生活方式不同而有差异。最适范围，一般在相对湿度70%～90%左右，湿度过高或过低都会延缓昆虫的发育，甚至造成死亡。如松干蚧的卵在相对湿度89%时孵化率为99.3%；相对湿度36%以下，绝大多数卵不能孵化；而相对湿度

100%时卵虽然孵化，但若虫因不能钻出卵囊而死亡。

昆虫卵的孵化、脱皮、化蛹和羽化，一般都要求较高的湿度。但一些刺吸式口器害虫，由于它们以植物汁液为食，从中可以取得充足的水分。因此，外界环境湿度除了有一些间接影响外，直接的影响相对较少。如天气干旱时，寄主汁液内水分含量相对较低，昆虫取食的营养成分相对提高，有利于害虫繁殖，所以这类害虫往往在干旱时种群数量增加，危害严重。一些食叶害虫，为了得到足够的水分，常于干旱季节猖獗危害。

(2)降水对昆虫的影响

降水不仅影响环境湿度，也直接影响害虫发生的数量，其作用大小常因降雨时间、次数和强度而定。春季适当降雨有助于一些在土壤中以幼虫或蛹越冬的昆虫顺利出土；而暴雨则对一些个体微小的害虫有很大的机械杀伤作用，从而大大降低虫口密度；阴雨连绵不但影响一些食叶害虫的取食活动，而且容易引起致病微生物的流行。

(3)温湿度对昆虫的综合影响

在自然界中温度和湿度对昆虫的影响各有不同，但两者的作用并不是孤立的，如昆虫的适温范围可因湿度改变而偏移。不同的温湿度组合，对昆虫的孵化、幼虫的存活、成虫的羽化、产卵及发育历期均有不同程度的影响。所以，在分析昆虫种群数量消长时，不能单依靠温度或湿度的某一项指标，而要注意温湿度的综合作用。为了正确反映出温度与湿度对昆虫的综合作用，常用温湿系数来表示，公式如下：

$$Q = RH/T \text{ 或 } Q = M/T$$

式中　Q——温湿系数；

RH——相对湿度(%)；

M——降水量；

T——平均温度(℃)。

3)光对昆虫的影响

昆虫的生命活动和行为与光的性质、光强度和光周期有密切的关系。

(1)昆虫对光的性质和光强度的反应

光是一种电磁波，因波长不同，显示各种不同颜色。昆虫辨别不同波长的能力与人的视觉不同。人眼可见的波长范围为400～800nm，依不同波长而分出不同颜色：红(700～800nm)，橙(600～700nm)，黄(550～600nm)，绿(500～550nm)，蓝(460～500nm)，紫(400～460nm)。大于800nm的红外光和小于400nm的紫外光，人眼均不可见。昆虫的视觉能感受250～700nm的光，但多偏于短波光，许多昆虫对330～400nm的紫外光有强趋性，因此，在测报和灯光诱杀方面常用黑光灯(波长365nm)。还有一种蚜虫对550～600nm黄色光有反应，所以白天蚜虫活动飞翔时利用"黄色诱盘"可以诱其降落。

光强度对昆虫活动和行为的影响，表现为昆虫的日出型、夜出型、趋光性和背光性等昼夜活动节律的不同。例如蝶类、蝇类、蚜虫类喜欢白天活动；夜蛾、蚊子、金龟甲等喜欢夜间活动；蛾类喜欢傍晚活动；有些昆虫则昼夜均活动，如天蛾、大蚕蛾、蚂蚁等。

(2)昆虫对光周期的反应

光周期是指昼夜交替时间在一年中的周期性变化，对昆虫的生活起着一种信息作用。许多昆虫对光周期的年变化反应非常明显，表现在昆虫的季节生活史、滞育特性、世代交替以及蚜虫的季节性多型现象。

光照时间及其周期性变化是引起昆虫滞育的重要因素，季节周期性影响着昆虫的年生活史的循环。昆虫滞育，受到温度和食料条件的影响，主要是光照时间起信息的作用。已证明近百种昆虫的滞育与光周期变化有关。试验证明，许多昆虫的孵化、化蛹、羽化都有一定的昼夜节律特征，这些特征与光周期变化密切相关。

4)风对昆虫的影响

风对环境的温湿度有影响，可以降低气温和湿度，从而对昆虫的体温和水分发生影响。但风对昆虫的影响主要是昆虫的活动，特别是昆虫的扩散和迁移受风影响较大，风的强度、速度和方向，直接影响昆虫扩散和迁移的频度、方向和范围。有资料表面，许多昆虫能借风力传播到很远的地方，如蚜虫可借风力迁移1200~1440km远的距离；松干蚧卵囊可被气流带到高空随风而去；在广东危害严重的松突圆蚧，在自然界主要是靠风力传播。

1.4.2 土壤因子

土壤是昆虫的一个特殊生态环境，很多昆虫的生活都与土壤有密切的关系。如蝼蛄、蟋蟀、金龟甲、地老虎、叩头甲、白蚁等地下害虫，有些终生在土壤中生活，有些大部分虫态在土壤中度过。许多昆虫一年中的温暖季节在土壤外面活动，而到冬季即以土壤作为越冬场所。

土壤的理化性状，如温度、湿度、机械组成、有机质成分及含量以及酸碱度等，直接影响在土中生活的昆虫生命活动。一些地下害虫往往随土壤温度变化而上下移动，以栖息于适温土层。秋季土温下降时，昆虫向下移动，气温愈低，潜土愈深；春季土温上升时，则向上移动到适温表土层；夏季土温较高时，又潜入较深的土层中。在一昼夜之间也有一定的活动规律，如蛴螬、小地老虎夏季多于夜间或清晨上升到土表危害，中午则下降到土壤下层。

生活在土中的昆虫，大多对湿度要求较高，当湿度低时会因失水而影响其生命活动。土壤长期淹水对害虫极为不利，由于土壤空气减少，土温降低，害虫会窒息死亡。大雨和灌水使土壤耕作层水分过多，也可迫使昆虫向下迁移或大量出土。土壤的质地和酸碱度也影响害虫的活动。如蝼蛄喜欢生活在含沙质较多且湿润的土壤中，在黏性板结的土壤中很少发生；暗色金针虫在pH 4~5.2的土壤中数量最多，pH 6以上就难以发现。掌握昆虫的这些习性后，可以通过土壤垦复、施肥、灌溉等各种措施，改变土壤条件，达到减轻植物受害和控制害虫的目的。

1.4.3 生物因子

1)食物的影响

食物质量和数量直接影响昆虫的生长、发育、繁殖和寿命等。如食物营养价值高，而数量又充足，则昆虫生长发育快，自然死亡率低，生殖力高，昆虫种群数量上升；反之，则生长慢，发育和生殖均受到抑制，甚至因饥饿而引起昆虫个体大量死亡，昆虫种群数量下降。不同昆虫或同一昆虫不同的发育阶段，对食物的要求也不一样。如松突圆蚧嗜好刺吸马尾松针叶汁液，而湿地松粉蚧则喜欢刺吸湿地松等国外松嫩梢皮层的汁液。一般食叶害虫幼虫的幼龄阶段取食嫩叶，但到稍大虫期就开始取食老叶。一些昆虫成虫期有补充营养的特性，如果得不到营养补充，则产卵甚少或不产卵，寿命也缩短。

2)天敌的影响

在自然界昆虫染病致死或被其他生物捕食或寄生的现象是相当普遍的。每一种昆虫都存在大量的捕食者和寄生物，这些生物称为昆虫的天敌。天敌是影响害虫种群数量的一个重要因素。天敌种类很多，大致可分为下列几种：

⑴病原生物

病原生物主要有细菌、真菌、病毒、病原线虫、立克次体等。这些病原生物常会引起昆虫感病而大量死亡。如细菌中的苏云金杆菌和日本金龟芽孢杆菌随食物被蛴螬取食，进入消化及循环系统，迅速繁殖，破坏组织，引起蛴螬感染败血症而死。

⑵捕食性天敌昆虫

捕食性天敌昆虫的种类很多，常见的有螳螂、猎蝽、草蛉、瓢虫、食虫虻、食蚜蝇等。在应用上有很多利用捕食性天敌昆虫取得成功的例子，如引进澳洲瓢虫防治吹绵蚧，七星瓢虫防治棉蚜，草蛉防治棉铃虫等，都取得了较好的效果。

⑶寄生性天敌昆虫

寄生性天敌昆虫的种类也很多，主要有双翅目的寄生蝇和膜翅目的寄生蜂。如蚜茧蜂防治蚜虫，丽蚜小蜂防治温室白粉虱，松毛虫赤眼蜂防治马尾松毛虫等，都取得了较好的效果。

⑷其他有益动物

主要包括蜘蛛、鸟类、两栖类、爬行类等。鸟类的应用早为人们所见，蜘蛛的作用在生物防治中越来越受到人们的重视。

3）人为因子

人类的活动对昆虫的繁殖、活动和分布影响很大，归纳起来表现在4个方面：

⑴改变一个地区的生态系统

人类从事园林绿化活动中的植树、栽植草坪、兴建公园、引进推广新品种等，可引起当地生态系统的改变，同时也改变了昆虫的生存条件，引起昆虫种群的兴衰，从生态上控制了害虫的发生。

⑵改变一个地区昆虫种类的组成

人类频繁地调引种苗，扩大了害虫的地理分布范围，如湿地松粉蚧由美国随优良无性系穗条传入广东省台山市红岭种子园并迅速蔓延；相反，有目的地引进和利用益虫，又可抑制某种害虫的发生和危害，并改变了一个地区昆虫的组成和数量。如各国引进澳洲瓢虫，成功地控制了吹绵蚧的危害。

⑶改变害虫和天敌生长发育和繁殖的环境条件

人类通过中耕除草、灌溉施肥、整形修剪、培育抗虫品种等园林技术措施，增强了植物的生长势，恶化了害虫的适生环境和繁殖条件，大大减轻了受害程度。

⑷直接消灭害虫

通过采用园林技术、化学、生物及物理等综合防治措施，可直接消灭大量害虫，以保障园林植物的正常生长发育及观赏价值。

复习思考题

一、名词解释

翅脉； 脉相； 翅室； 孤雌生殖； 两性生殖； 变态； 不完全变态； 完全变态； 世代； 年生活史； 羽化； 孵化； 趋光性； 假死性； 龄期； 胚胎发育； 多型现象；

补充营养； 性二型； 世代重叠

二、填空题

1. 昆虫属于________界，________门，________纲。

2. 昆虫的触角由________、________、________3部分组成，它的变化主要是发生在________。

3. 蜜蜂的触角为________状，蝶类的触角为________状，金龟甲的触角为________状，叩甲的触角为________状，白蚁的触角为________状。

4. 昆虫的足由________、________、________、________、________和________6部分组成。

5. 昆虫的繁殖方式可分为________、________、________、________、________等5种。

6. 按照蛹的形态特征，蛹可分为________、________、________3种类型。

7. 按照刺激物的性质，趋性可分为________、________、________3种类型。

8. 蝶类的变态类型属于________变态，其幼虫为________型，蛹为________蛹。

9. 蝶类对白天的日光表现为________趋性，而对夜间的灯光表现为________趋性。

10. 在昆虫纲中，第一大目为________，鳞翅目为________大目。

11. 蚜虫属________目；金龟子属________目；蝗虫属________目；蝴蝶属________目。

12. 外界环境对昆虫的影响主要包括________、________、________、________4个方面。

13. 昆虫最敏感的光的波长范围是________nm，黑光灯发出的光的波长范围是________nm，利用黑光灯诱杀昆虫是利用昆虫的________性。蚜虫对________光比较敏感，利用这个特性我们在生产上可用________诱杀蚜虫。

14. 天敌昆虫包括________和________2大类。

三、单项选择题

1. 蝗虫的后足是(　　)。

A. 跳跃足　　B. 开掘足　　C. 游泳足　　D. 步行足

2. 蝗虫的前翅是(　　)。

A. 膜翅　　B. 鞘翅　　C. 半鞘翅　　D. 复翅

3. 蝉的口器是(　　)。

A. 咀嚼式　　B. 刺吸式　　C. 虹吸式　　D. 舐吸式

4. 螳螂的前足是(　　)。

A. 开掘足　　B. 步行足　　C. 捕捉足　　D. 跳跃足

5. 蜜蜂的后足是(　　)。

A. 开掘足　　B. 步行足　　C. 捕捉足　　D. 携粉足

6. 蝼蛄的前足是(　　)。

A. 开掘足　　B. 步行足　　C. 捕捉足　　D. 跳跃足

7. 蟋象的前翅是(　　)。

A. 膜翅　　B. 半鞘翅　　C. 鞘翅　　D. 鳞翅

8. 蝇的后翅是(　　)。

A. 膜翅　　B. 半鞘翅　　C. 复翅　　D. 平衡棒

9. 有一昆虫，已经脱了3次皮，请问该昆虫应处在几龄(　　)。

A. 2 龄　B. 3 龄　C. 4 龄　D. 5 龄

10. 下列昆虫中属于周期性孤雌生殖的是(　　)。

A. 叶蝉　B. 网蝽　C. 蚧虫　D. 蚜虫

四、多项选择题

1. 昆虫的体壁是由(　　)组成的。

A. 皮细胞层　B. 底膜　C. 神经原　D. 表皮层

2. 下列昆虫的幼虫属于寡足型的有(　　)。

A. 金龟子　B. 叶蜂　C. 蛾　D. 瓢虫

3. 下列昆虫的幼虫属于无足型的有(　　)。

A. 蝇　B. 姬蜂　C. 蛾　D. 瓢虫

4. 鞘翅目的代表昆虫有(　　)。

A. 天牛　B. 瓢虫　C. 金龟子　D. 步甲

5. 膜翅目的代表昆虫有(　　)。

A. 蜜蜂　B. 蚂蚁　C. 白蚁　D. 家蝇

6. 双翅目的代表昆虫有(　　)。

A. 蚊　B. 蚂蚁　C. 牛虻　D. 家蝇

7. 直翅目的代表昆虫有(　　)。

A. 蝗虫　B. 蝼蛄　C. 蟋蟀　D. 螽斯

8. 同翅目的代表昆虫有(　　)。

A. 蝉　B. 叶蝉　C. 介壳虫　D. 粉虱

9. 下列昆虫属于渐变态的是(　　)。

A. 蝗虫　B. 蝉　C. 蝽象　D. 金龟子

10. 下列昆虫属于完全变态的是(　　)。

A. 蜂　B. 蝉　C. 蝶　D. 金龟子

五、问答题

1. 昆虫纲的主要特征有哪些?

2. 咀嚼式口器和刺吸式口器的昆虫对植物造成的危害状有何不同?

3. 为什么说幼虫期是害虫防治的重要时期?

4. 昆虫的幼虫期、蛹期、成虫期各有何特点?

5. 昆虫的分类阶元是什么? 最基本的分类单元是什么?

6. 鳞翅目幼虫和膜翅目叶蜂的幼虫如何区分开?

7. 根据体壁的结构和特点, 如何加强对害虫的防治?

8. 列表比较直翅目、半翅目、同翅目、缨翅目、鳞翅目、鞘翅目、膜翅目、双翅目的主要形态特征、生物学特性及各目所包括的主要昆虫类群。

◆ 项目2 园林植物病害识别技术

【知识目标】

●了解园林植物病害的概念。

●掌握园林植物病害症状类型。

●掌握园林植物非侵染性病害的主要病原和症状特点。

●掌握园林植物病原真菌的基本形态及所引起病害的症状特点。

●熟悉园林植物病原细菌、病毒、线虫和寄生性种子植物的基本形态，掌握其所引起病害的症状特点。

●了解植物侵染性病害的发生、侵染过程和侵染循环，分析植物病害流行的条件。

【技能目标】

●能区分园林植物病害与植物损伤。

●能准确识别与诊断园林植物非侵染性病害。

●能准确识别与诊断园林植物真菌病害。

●能准确识别与诊断园林植物其他侵染性病害。

●了解植物侵染性病害的发生、侵染过程和侵染循环，分析植物病害流行的条件。

任务2.1 园林植物病害症状及类型识别

任务分析：本任务就是通过对植物发病以后在内部和外部显示的症状进行观察，然后根据症状类型对某些病害做出初步的诊断，确定它属于哪一类病害，它的病原是什么。通过本任务的学习，要求学生了解园林植物病害的概念，掌握园林植物病害的症状及类型，掌握园林植物病害的病原及类型；能根据病害症状诊断常见的园林植物病害，能区分侵染性病害与非侵染性病害。

任务实施的相关知识

2.1.1 园林植物病害的概念

园林植物由于受到病原生物或不良环境条件的持续干扰，其干扰强度超过了能够忍耐的程度，植物正常的生理功能就会受到严重影响，在生理上、组织上和外部形态上表现出异常，使产量降低、品质下降，甚至植株死亡，影响观赏价值和园林景色，这种现象称为园林植物病害。

园林植物发病所经历的一系列病理变化过程，简称病变。病变首先表现在生理机能上的变化，如呼吸作用和蒸腾作用的加强，同化作用的降低，酶活性的改变，以及水分和养分吸收与运转的失常等，称为生理病变；其次是内部组织的变化，如叶绿体或其他色素的减少或增加，细胞体积和数目的增减，维管束的堵塞，细胞壁的加厚，以及细胞和组织的坏死等，称为组织病变；最后导致外部形态上的变化，如叶斑、枯梢、腐烂、畸形等，称为形态病变。生理病变是组织病变和形态病变的基础，组织和形态上的病变又进一步扰乱了园林植物正常的生理程序，相互影响的结果，使病变逐渐加深，导致园林植物发生病害。病理变化过程是识别园林植物病害的重要标志。

与病害相比，当园林植物受到昆虫啮伤、其他动物咬伤、人为机械伤害及雹害、风害等则称之为损伤或伤害，是园林植物在短时间内受到外界因素袭击和作用突然形成的，受害植物并没有发生病理变化过程，因而不能称为病害。但损伤可以削弱生长势，伤口往往成为病原生物入侵的门户，诱发病害的发生。

植物病害的含义是从人类的经济观点而言的，并非所有发生植物病理变化过程的现象都称为病害，如果这种病理变化过程所导致的结果对人类有益，就不能称为病害。例如碎锦郁金香是病毒引起的碎色病，但可以使花朵色彩斑驳美丽；羽衣甘蓝是食用甘蓝病变；月季品种“绿萼”也是类菌原体病变。这些植物表现出的病态增加了它们的经济和观赏价值，这些植物也被视为观赏园艺中的名花或珍品，因而，离开经济观点就不能完整地理解园林植物病害的概念。

2.1.2 园林植物病害的病原

引起园林植物发生病害的原因称为病原。按其性质可分为侵染性病原和非侵染性病原两大类。

1）侵染性病原

又称传染性病原、寄生性病原、生物性病原，是以园林植物为寄生对象的一些有害生物，这些能引起园林植物病害的病原生物简称病原物。包括真菌、细菌、病毒、线虫和寄生性种子植物等。由这些病原物引起的病害能相互传染，有侵染过程。

2）非侵染性病原

又称生理性病原、非传染性病原、非生物性病原，是除了生物以外的一切不利于园林植物正常生长发育的环境条件或因素，如气候、土壤、营养等。常见的有温度不适宜、土壤水分失调、营养贫乏、有毒物质污染等。这类病原不能相互侵染或传染，没有侵染过程。

3）侵染性病原与非侵染性病原的关系

侵染性病害与非侵染性病害之间，可以相互联系、相互影响。植物发生非侵染性病害，会导致生长发育不良，削弱生长势和抗病力，易诱发或加重侵染性病害。例如受到冻害的植物易感染溃疡病；氮肥多光照不足时常因组织嫩弱发生白粉病。同样，由于侵染性病害的发生降低了植物对环境条件的适应性，使寄主更易遭受不良环境的影响，而发生非侵染性病害。例如月季感染黑斑病后，叶片大量脱落，影响到新抽嫩梢的木质化，易遭受冻害；根腐病常导致缺素症的发生。因此确定病害发生的原因时，必须对各种影响发病的原因及它们之间的复杂关系，进行长期、全面地观察和细致分析，才能得出比较正确的结论。

4）寄主、病原与环境的关系

寄主和病原是形成病害的两个基本因素，没有寄主和病原的存在，病害也就无从发生。

寄主和病原之间的相互关系决定病害发生发展的性质，尤其是在侵染性病害中，病原物的侵染和寄主的反侵染活动，始终贯彻于植物病害的全过程。

在病害发生过程中，病原物与寄主之间的相互作用无不受环境条件的制约。当环境条件有利于植物生长而不利于病原物活动时，病害就难以发生或发展缓慢，甚至病害过程终止，植物仍保持健康状态或受害轻微。反之，病害就能顺利发生或迅速发展，植物受害严重。例如，由真菌引起的月季黑斑病，在多雨的年份和季节，或采用叶面浇水的方式，病害发生就严重，若遇到干旱的年份和季节，或改变浇水方式，发病则轻。原因是水滴在叶面保持时间长，给真菌孢子的萌发提供了必要条件。

因此，园林植物病害是由寄主、病原物、环境条件这三个因素共同作用的结果，而控制病害的发生，必须打破三者之间的联系。提高植物的抗病性，降低病原物数量或减少病原物侵染几率，改变环境条件，使它们有利于园林植物的生长发育而不利于病原物活动，从而达到防治病害的目的。

2.1.3 园林植物病害的症状及类型

园林植物生病以后，会使正常的生理程序发生改变，最终导致植物组织结构和外部形态病变，即发生病理程序。植物生病后外部形态所表现出来的不正常特征称为病害的症状。症状按性质分为病状和病征。病状是感病植物本身表现出来的不正常特征。病征是病原物在植物发病部位表现的特征，是病原物的营养体或繁殖体。例如大叶黄杨褐斑病，在叶片上形成的近圆形、灰褐色的病斑是病状，后期在病斑上由病原物长出的小黑点是病征。

所有的植物病害都有病状，但并非都有病征。一般来讲，真菌、细菌、寄生性种子植物和藻类引起的病害，病部多表现明显的病征；病毒、植原体、类病毒引起的病害无病征；线虫多数在植物体内寄生，一般体外也无病征；非侵染性病害是由不适宜的环境因素引起的，所以也无病征。植物病害一般先表现病状，易被发现，病征常要在病害发展过程中的某一阶段才能显现。

1）病状类型

⑴变色　植物受害后，病部细胞内的叶绿素形成受到抑制或被破坏，从而表现出不正常的颜色。变色可以是局部或普遍的，一般不造成细胞死亡。如叶片因叶绿素均匀减少而变为淡绿色或黄绿色，称为褪绿；叶绿素形成受到抑制或被破坏，使整个叶片均匀发黄称为黄化；叶片局部细胞的叶绿素减少，使叶片绿色浓淡不均，呈现黄绿相间或浓绿与淡绿相间的斑驳称为花叶。

⑵坏死　植物受害后，病部细胞和组织死亡，但不解体。常表现为斑点、叶枯、疮痂、立枯和猝倒等。斑点是最常见的病状，多发生在叶片和果实上，形状有多角形、圆形、不规则形等，颜色有黄色、灰色、黑色、白色、褐色等。有时在斑点上还可出现轮纹、花纹、小黑点等。

⑶腐烂　病部组织的细胞坏死并解体，原生质被破坏以致组织溃烂。幼嫩多汁的组织发病后容易腐烂。根据病组织的质地不同，有干腐、湿腐和软腐之分。如果腐烂组织崩溃过程中水分迅速丧失或组织坚硬则形成干腐；组织崩溃时伴随汁液流出便形成湿腐；软腐则是病组织中胶层被破坏而使细胞离析形成的。根据腐烂的发生部位，可分为根腐、基腐、茎腐、果腐、花腐等。

⑷萎蔫　植物受害后，因缺水而使枝叶下垂的现象。萎蔫有生理性萎蔫和病理性萎蔫之

分。病理性萎蔫是植物根或茎的维管束组织受到破坏而发生供水不足所出现的凋萎现象。生理性萎蔫是由于土壤含水量过少，或蒸腾作用过强而使植物暂时缺水，若及时供水，则可以恢复正常。

⑸畸形　植物受病原物侵染后，引起植株局部器官的细胞数目增多，生长过度或受到抑制而畸形。病株生长比健株细长称徒长；植株节间缩短，分蘖增多，病株比健株矮小称矮缩；植株节短枝多，叶片变小称丛枝；根茎或叶片形成突出的增生组织称瘤肿。

2）病征类型

⑴霉状物　病部产生各种颜色的霉层。由真菌的菌丝体、孢子梗和孢子组成。霉层的颜色、形状、结构、疏密变化较大，可分为霜霉、绵霉、黑霉、灰霉、绿霉、青霉等。

⑵粉状物　病部产生各种颜色的粉状物。是某些真菌的孢子在病部表现出的特征，如月季白粉病、黄栌白粉病等。

⑶锈状物　病部表面形成一个个疱状物，破裂后散出黄色或铁锈色的粉状物，如玫瑰锈病、海棠锈病等。

⑷点粒状物　病部产生的黑色或褐色的点状、粒状物。点状物为真菌的子囊壳、分生孢子盘或分生孢子器，如苹果树腐烂病、各种植物炭疽病等。粒状物为真菌菌丝体因变态形成的一种特殊结构，其形态大小差异较大，有的似鼠粪状，有的菜籽形，如十字花科蔬菜菌核病。

⑸脓胶状物　病部溢出的含细菌的脓状黏液，干燥后形成黄褐色胶粒或菌膜，这是细菌性病害所特有的病征，如桃细菌性穿孔病。

相关技能训练

实训6　园林植物病害症状类型观察

1. 实训目的

通过植物病害新鲜及干制标本的观察，结合挂图、教学课件等，认识植物病害各种症状类型，掌握各种症状类型的特点，正确区分病害的病状与病征，为病害诊断奠定基础。

2. 实训材料和用具

材料：常见园林植物病害标本，如月季白粉病、海棠锈病、玫瑰锈病、花木煤污病、月季黑斑病、葡萄霜霉病、仙客来花叶病、郁金香碎锦病、菊花褐斑病、兰花炭疽病、君子兰细菌性软腐病、菊花矮化病、樱花根癌病、绛菊菌核病、花木根朽病等。

用具：植物病害症状挂图、教学课件、实体显微镜、放大镜、镊子等。

3. 实训内容与方法

1）植物病害病状类型识别

⑴变色　观察仙客来花叶病、郁金香碎锦病等标本，识别叶片绿色是否浓淡不均，有无斑驳及斑驳的形状、颜色。

⑵坏死　观察葡萄霜霉病、月季黑斑病、菊花褐斑病、兰花炭疽病、苗木立枯病和猝倒病等标本，注意病斑的大小、形状、颜色等。

⑶腐烂　观察君子兰细菌性软腐病、香石竹枯萎病、银杏茎腐病的特征，注意干腐与湿腐的区别。

⑷萎蔫　观察菊花枯萎病、香石竹枯萎病等标本，注意植株是否保持绿色，剥开病茎维

管束，注意有无变化，颜色与健株有何不同之处。

(5)畸形　观察菊花矮化病、碧桃缩叶病、樱花根癌病、泡桐丛枝病等标本，注意病株与健株有何不同。

2）植物病害病征类型识别

(1)霉状物　观察花木煤污病、仙客来灰霉病、柑橘青霉病等标本，注意病部霉层的颜色。

(2)粉状物　观察大叶黄杨白粉病、月季白粉病、草坪草黑粉病、玫瑰锈病、海棠锈病等标本，注意病部粉状物的粗细及颜色。

(3)粒状物　观察兰花炭疽病、梅花炭疽病、瓜叶菊白粉病、银杏茎腐病等标本，注意粒状物发生在什么部位，粒状物的大小、颜色，散生或排列成轮纹。

(4)菌核与菌索　观察矢车菊菌核病、花木根朽病等标本，注意菌核的大小、颜色、形状等。

(5)菌脓或菌胶　观察君子兰细菌性软腐病、白菜软腐病等标本，注意病部有无脓状黏液或黄褐色胶粒。

4. 实训作业

观察供试标本，将观察结果填入下表。

表2－1　观察结果记录表

编号	病害名称	发病部位	病状类型	病征类型
1				
2				
3				
4				

任务2.2　园林植物真菌病害识别

任务分析：真菌病害是目前已知病害种类中最多的病害，约占病害种类的80%～90%，各类病害中以真菌病害的症状类型最多，其可以出现在植物的各个部位。真菌性病害一般具有明显的症状，例如粉状物、霉状物、锈状物、粒状物等。通过本任务的学习，要求学生掌握园林植物病原真菌的营养体、繁殖体及生活史，掌握园林植物病原真菌主要类群的特征及所致病害的症状特点；能识别常见园林植物真菌病害。

任务实施的相关知识

2.2.1 真菌的一般性状

真菌属于真菌界、真菌门，有真正的细胞结构，没有根、茎、叶的分化，不含叶绿素，不能进行光合作用，也没有维管束组织，有细胞壁和真正的细胞核，营寄生或腐生生活的异养生物。

真菌在其个体发育过程中会出现多种形态，其个体发育分为营养阶段和繁殖阶段，前者是吸取养料，不断生长、积累养分的时期；后者是产生孢子繁殖后代的时期。真菌的菌体分为营养体和繁殖体。

1）真菌的营养体

⑴菌丝与菌丝体

真菌进行营养生长的菌体称为营养体。典型的营养体为纤细多枝的丝状体（图2－1），单根极为细小的丝状体称为菌丝，菌丝可不断生长分枝，许多菌丝的集合体称为菌丝体。菌丝通常呈圆管状，有分枝，粗细均匀，直径一般5～6um。多数菌丝无色透明，有的老龄菌丝常呈现各种不同的颜色。低等真菌的菌丝一般无隔膜，是一个多核的单细胞，称为无隔菌丝。高等真菌的菌丝有隔膜，为多细胞菌丝，每个细胞内有1～2个或多个细胞核，称为有隔菌丝。菌丝一般是由孢子萌发产生的芽管生长而成，它以顶端伸长的方式生长和延伸。菌丝的每一部分都有潜在的生长能力，任何一段微小的菌丝片段都能生长并发展成新的个体。

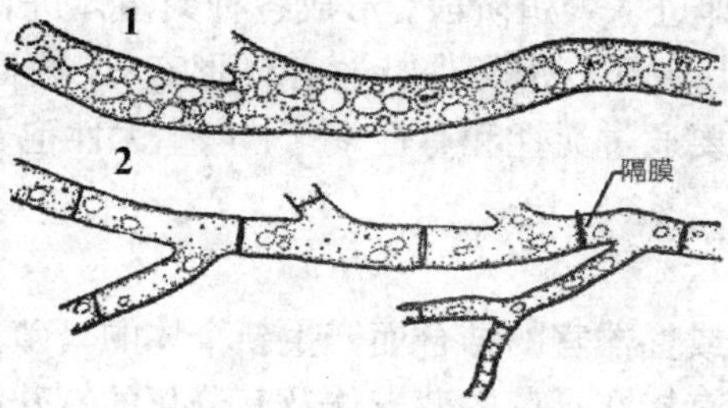

图2－1　真菌的菌丝体

1. 无隔菌丝　2. 有隔菌丝

⑵吸器

寄生性真菌以菌丝深入寄主组织的细胞间或细胞内吸收营养。多数专性寄生菌如白粉菌、锈菌等，能以菌丝上形成的特殊吸收器官——吸器，伸入寄主细胞内吸收养分。吸器的形状有瘤状、分枝状、掌状等（图2－2）。寄生在植物上的真菌菌丝或吸器的渗透压一般高于寄主细胞的渗透压，因此，菌丝体可以从寄主体内吸收到营养物质。

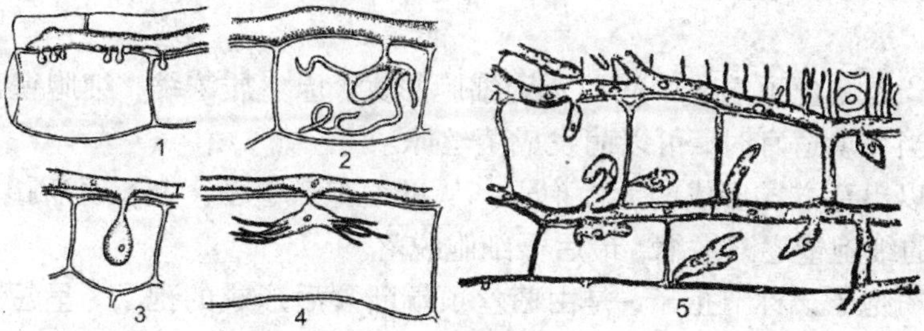

图2－2　真菌的吸器类型

1. 白锈菌　2. 霜霉菌　3、4. 白粉菌　5. 锈菌

⑶菌丝上的变态结构

真菌的变态结构除吸器外，在一定条件下还可形成菌核、子座、菌索、假根等，这些菌丝体的变态结构在真菌的繁殖和传播上，以及它们对不良环境的抵抗力方面有着重要的作用。

①菌核　是由菌丝紧密交织而形成的较坚硬的休眠体，形状和大小差异较大，通常似菜

籽状、鼠粪或不规则形。颜色初期常为白色，成熟后呈褐色或黑色。菌核内贮藏有较丰富的养分，对高温、低温和干燥有较强的抵抗能力，因此它的主要功能是抵抗不良环境，当条件适宜时，可萌发产生新的菌丝体或繁殖器官。

②子座　是由菌丝或由菌丝体与部分寄主组织结合形成的，一般为垫状，也有球状或其他形状的。子座的上部或内部可产生繁殖体，是真菌从营养体到繁殖体的一种过渡形式，具有度过不良环境的作用。

③菌索　是由菌丝平行交织而成的，形似绳索状物。外形与植物的根相似，所以也称根状菌索。它不仅能抵抗不良环境，而且有蔓延和侵染寄主的作用。

④假根　是真菌菌丝上长出的短细分枝，它伸入寄主基质内吸收养料并支撑上部的菌丝体，外形似根。

2)真菌的繁殖体

真菌经过营养生长后，即进入繁殖阶段，形成各种繁殖体进行繁殖。大多数真菌是以一部分营养体分化为繁殖体，其余部分仍然保持营养体形态；少数低等真菌则以整个营养体转变为繁殖体。真菌的繁殖主要通过无性和有性繁殖，产生无性孢子和有性孢子来完成。孢子是真菌繁殖的基本单位。

(1)无性繁殖

是指不经过两个性细胞或性器官的结合而产生新个体的繁殖方式。无性繁殖产生的孢子称为无性孢子。这类孢子是直接在真菌的营养体及其分化的特殊结构上产生的。真菌的无性孢子有以下几种(图 2－3)：

①游动孢子　真菌产生的能游动的孢子叫游动孢子，形成于游动孢子囊内。孢子囊是菌丝或孢囊梗顶端膨大而形成的囊状物。游动孢子没有细胞壁，有鞭毛，成熟后孢子囊内释放出游动孢子，能在水中游动。

②孢囊孢子　形成于孢子囊中的内生孢子，其形成步骤与游动孢子相同。孢囊孢子有细胞壁，没有鞭毛，成熟后孢子囊壁破裂，孢囊孢子散出。

③分生孢子　产生于由菌丝分化形成的分生孢子梗上。分生孢子有顶生、侧生和串生等，形状、大小、细胞数目及颜色多种多样，成熟后易从孢子梗上脱落，是真菌中最常见的一种无性孢子。

④厚垣孢子　是菌丝顶端或中间的个别细胞膨大，原生质浓缩，细胞壁加厚形成的，能抵抗不良环境。当环境适宜时，可以萌发成菌丝体。

⑤芽孢子　以出芽方式形成的无性孢子。从母细胞产生小突起，逐渐膨大成子细胞，与此同时，交界处的细胞壁逐渐缢缩，最后子细胞脱落。

⑥粉孢子　粉孢子又称节孢子，是由菌丝顶端断裂后形成的孢子，呈短柱状或筒状，在菌丝顶端呈链状排列。

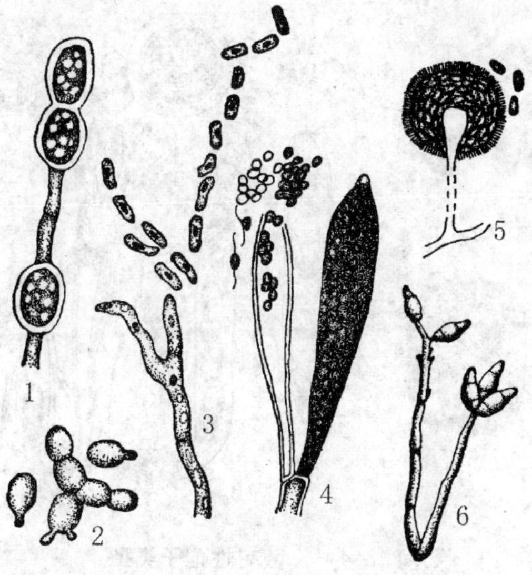

图 2－3　真菌无性孢子类型

1. 厚垣孢子　2. 芽孢子　3. 节孢子　4. 游动孢子　5. 孢囊孢子　6. 分生孢子

真菌的无性孢子多发生在植物的生长季节，可以重复产生、重复侵染，为再侵染来源，常循环产生多次，主要起迅速繁殖和传播蔓延的作用，对植物造成危害。

⑵有性繁殖

是指通过两个性细胞或性器官的结合进行繁殖的一种方式。是经过两个性细胞的质配、核配和减数分裂三个阶段来完成的。有性繁殖产生的孢子称有性孢子。真菌的性细胞称为配子，性器官称为配子囊。常见的有性孢子主要有以下几种(图 2－4)：

①接合子　由两个同形异性的配子囊结合而成的双倍体孢子。

②卵孢子　是由两个异型配子囊接触后，雄器的游动配子进入藏卵器内与卵球接合而发育成厚壁的、二倍体的卵孢子。

③接合孢子　由两个同型配子囊以配子囊接合的方式融合成一个细胞，并在此细胞中进行质配和核配后形成的厚壁、球形、双倍体的休眠孢子。

④子囊孢子　由两个异型配子囊相结合，经质配、核配和减数分裂而形成的单倍体孢子。子囊孢子着生在无色透明、棒状或卵圆形的囊状结构即子囊内。每个子囊中一般形成 8 个子囊孢子。子囊孢子单细胞、双细胞或多细胞，颜色从无色至黑色，形状有近球形、椭圆形、香肠形或线形等。

⑤担孢子　由性别不同的 2 条菌丝相结合产生双核菌丝，其顶端细胞膨大为棒形，称为担子。在担子的顶端或侧上方形成 4 个小突起，每个小突起上产生 1 个外生的孢子，称为担孢子。

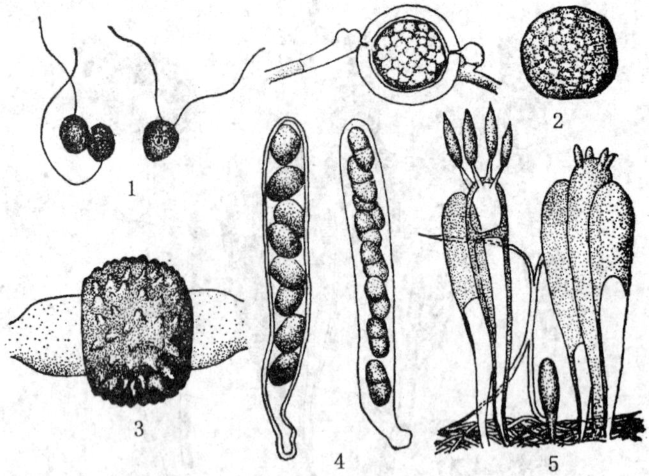

图2-4　真菌有性孢子类型

1. 接合子　2. 卵孢子　3. 接合孢子　4. 子囊孢子　5. 担子及担孢子

真菌的有性孢子一般在生长季节末期形成，往往1年只发生1次，常用来度过不良环境，具有较强的抗逆性，也是许多病原真菌的初侵染来源。

(3)子实体

真菌产生孢子的结构统称为子实体。子实体形式多样，自简单小型到复杂巨型。低等真菌的子实体为简单的孢子囊，高等真菌的子实体较为复杂。无性繁殖的子实体为分生孢子梗聚生的各种结构，如分生孢子盘、分生孢子器等，有性繁殖的子实体是各种类型的子囊果(如闭囊壳、子囊壳、子囊腔、子囊盘)和担子果(如蘑菇、木耳、蕈体)等(图2-5)。真菌的无性孢子和有性孢子以及子实体的形态是真菌分类的重要依据之一。

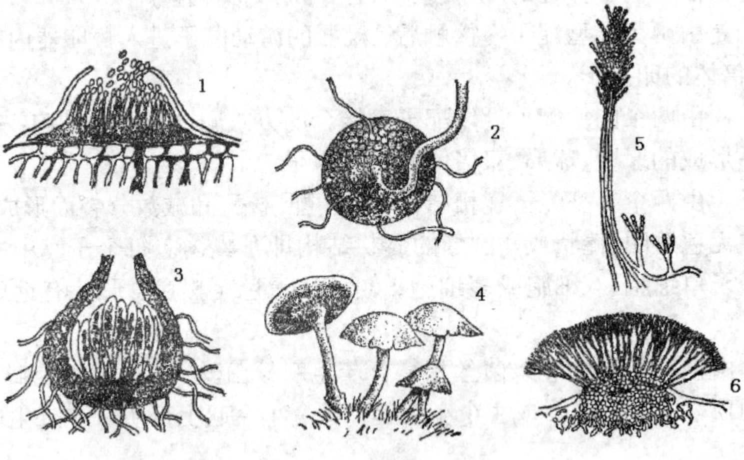

图2-5　真菌的子实体

1. 分生孢子盘　2. 分生孢子器　3. 子囊果　4. 担子果　5. 分生孢子梗束　6. 分生孢子座

3)真菌的生活史

真菌的生活史是指真菌从一种孢子萌发开始，经过一定的生长和发育阶段，最后又产生同一种孢子的过程(图2-6)。典型的真菌生活史包括无性阶段和有性阶段。

真菌的营养菌丝生长蔓延，经过一定营养生长后，在适宜条件下产生无性孢子，无性孢子萌发产生芽管，芽管继续生长形成新的菌丝体。在一个生长季节内，无性孢子可产生多代，即无性阶段，无性阶段重复的次数越多，所产生的无性孢子数量越多，侵染寄主的可能性越大。在生长季节末期，从菌丝上形成两性细胞或器官，经结合后产生有性孢子，即有性阶段，在一个生长季节内只发生一次，数量较少，对不良环境抵抗力强，常是休眠孢子，经过越冬或越夏后，次年再萌发，成为初侵染来源。

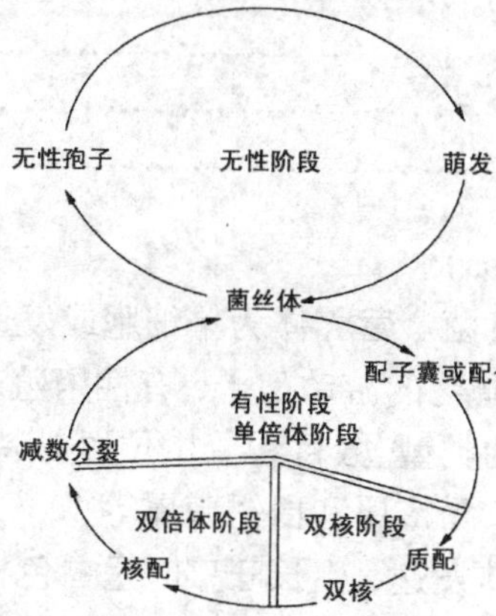

图2－6　真菌的生活史

许多真菌在整个生活史中可以产生两种或两种以上的孢子，这种现象称为真菌的多型性，如典型锈菌类可以产生五种不同类型的孢子。有些真菌在一种寄主上就可以完成生活史，称为单主寄生或同主寄生；而有些真菌必须在两种或两种以上亲缘关系完全不同的寄主上才能完成其生活史，称为转主寄生，如梨胶锈菌的冬孢子和担孢子产生在桧柏上，性孢子和锈孢子则产生在梨树上。

2.2.2 植物病原真菌的主要类群

真菌和其他生物一样，也按界、门、纲、目、科、属、种的阶梯进行分类。种是分类的基本单位。真菌的分类系统，学术界历来观点不一，但目前多采用安思沃斯（Ainsworth）系统，将真菌界分为粘菌门和真菌门。粘菌的营养体是变形体或原生质团，真菌的营养体典型的是菌丝体。根据营养体和无性繁殖及有性繁殖的特征，将真菌门分为5个亚门，即鞭毛菌亚门、接合菌亚门、子囊菌亚门、担子菌亚门和半知菌亚门。现将Ainsworth的分类系统用检索表形式介绍如下：

真菌界分门、分亚门检索表

1. 营养体是原生质团或假原生质团 …………………………………………………… 粘菌门
1. 原生质团或假原生质团缺乏，营养体为菌丝体 ……………………………………… 真菌门
2. 无性繁殖产生游动孢子，有性繁殖产生卵孢子或休眠孢子囊 ……………… 鞭毛菌亚门
2. 无能动细胞 ………………………………………………………………………………… 3
3. 具有性阶段 ………………………………………………………………………………… 4
3. 缺乏有性阶段 …………………………………………………………………… 半知菌亚门
4. 有性繁殖产生接合孢子 ………………………………………………………… 接合菌亚门
4. 无接合孢子 ………………………………………………………………………………… 5
5. 有性繁殖产生子囊孢子 ………………………………………………………… 子囊菌亚门
5. 有性繁殖产生担孢子 …………………………………………………………… 担子菌亚门

1）鞭毛菌亚门（Mastigomycotina）

鞭毛菌亚门是一类最低等的真菌。营养体为单细胞或发达的无隔菌丝体。无性繁殖产生游动孢子囊，并释放出有1～2根鞭毛的游动孢子，有性繁殖产生卵孢子，以卵孢子越冬。鞭毛菌亚门主要依据游动孢子鞭毛的类型、数目和着生位置等特征进行分类。其中与园林植物病害关系密切的是腐霉属、疫霉属、霜霉属和白锈菌属等。

⑴腐霉属（*Pythium*）　菌丝体发达，生长旺盛时呈白色棉絮状，孢子囊着生于菌丝的顶端或中间，呈卵球形、圆桶形、近球形或不规则并有分枝，孢囊梗与菌丝无明显差别，成熟后一般不脱落，萌发时产生游动孢子。有性繁殖在藏卵器内形成1个卵孢子（图2－7）。大多在水中或潮湿的土壤中，营腐生生活。危害园林植物的幼根、幼茎基部或果实，引起多种针、阔叶树及花卉幼苗的猝倒、根腐和果腐等病害。一般土壤潮湿、多雨的条件有利于病害发生。

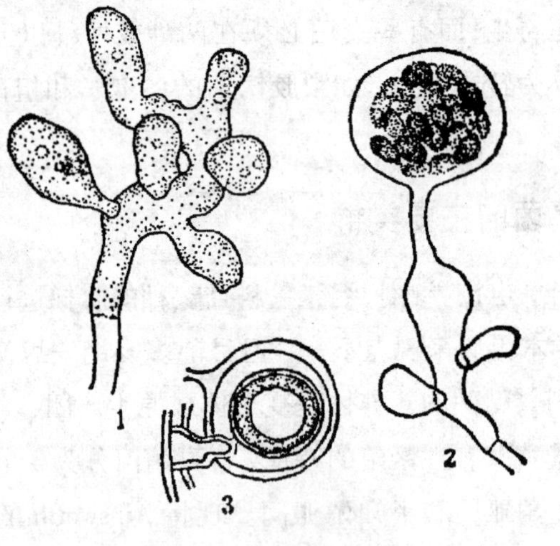

图2－7　腐霉属

1. 孢囊梗和孢子囊　2. 孢子囊萌发形成泡囊　3. 卵孢子形成

⑵疫霉属（*Phytophthora*）　孢囊梗与菌丝差异较明显，孢囊梗形成孢子囊后可以继续伸长，并形成新的孢子囊。孢子囊卵形，有乳头状突起（图2－8）。游动孢子肾形，双鞭毛。大多数寄生，可危害根、茎、叶和果实，引起芽腐、叶枯等病害。如山茶根腐病、杜鹃疫霉根腐病等。

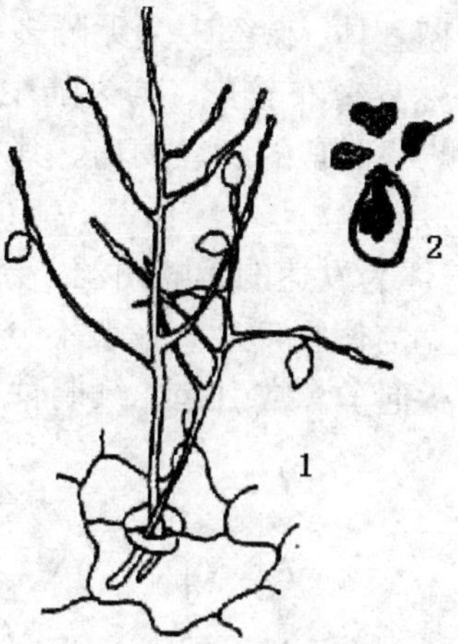

图2－8　疫霉属

1. 孢子囊梗　2. 孢子囊和游动孢子

(3)白锈菌属(*Albugo*)　孢囊梗发达，粗短不分枝，棍棒状，在寄主表皮下排成栅栏状。孢子囊球形或椭圆形，呈短链状生于孢囊梗顶端(图2－9)。危害植物叶片及嫩梢，引起白色疱状斑，茎和叶柄发生肿胀和弯曲。常见的有牵牛花、二月菊的白锈病。

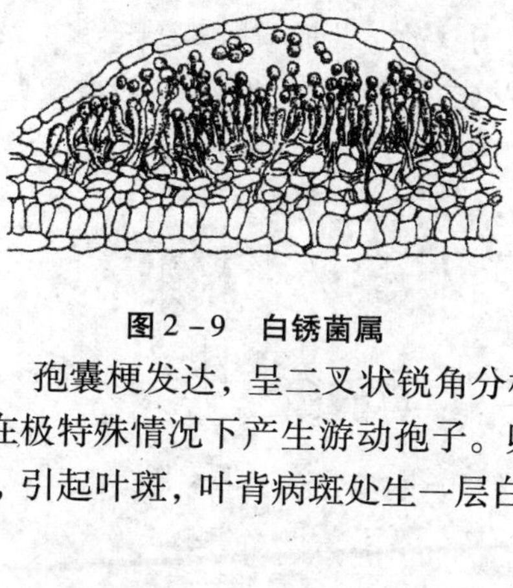

图2－9　白锈菌属

(4)霜霉属(*Peronospora*)　孢囊梗发达，呈二叉状锐角分枝。孢子囊卵形，无乳头状突起，单生于孢囊梗顶端，只有在极特殊情况下产生游动孢子。卵孢子球形，表面光滑或有花纹(图2－10)。危害植物叶片，引起叶斑，叶背病斑处生一层白色霜状物。如月季霜霉病、葡萄霜霉病等。

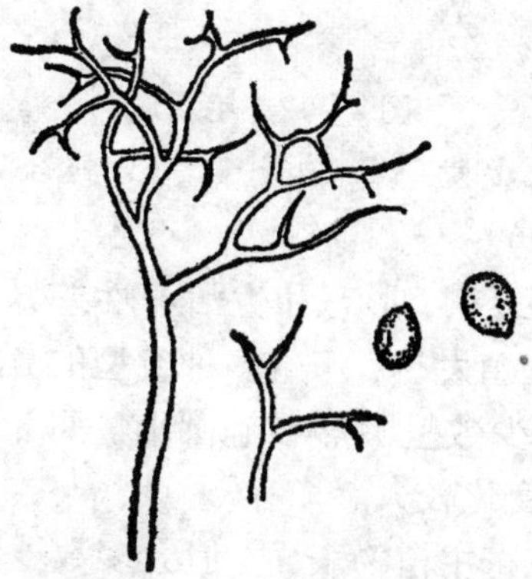

图2－10　霜霉属

2）接合菌亚门（Zygomycotina）

接合菌亚门的真菌有发达的菌丝体，菌丝多为无隔多核。无性繁殖产生孢囊孢子，有性繁殖产生接合孢子。接合菌在自然界分布较广，均为陆生，多数腐生，少数弱寄生，侵染高等植物的果实、块根、块茎，引起贮藏器官的腐烂发霉。其中与园林植物病害关系密切的有根霉属与毛霉属。

(1)根霉属（*Rhizopus*） 营养体为发达的无隔菌丝，分布于基物表面和基物内，有匍匐枝和假根。孢囊梗从匍匐丝上产生，与假根对生，一般不分枝，直立或上部弯曲，顶端形成球形的孢子囊（图2－11），内生孢囊孢子。常引起贮藏期种实、球根、鳞茎等器官的腐烂。如百合鳞茎软腐病。

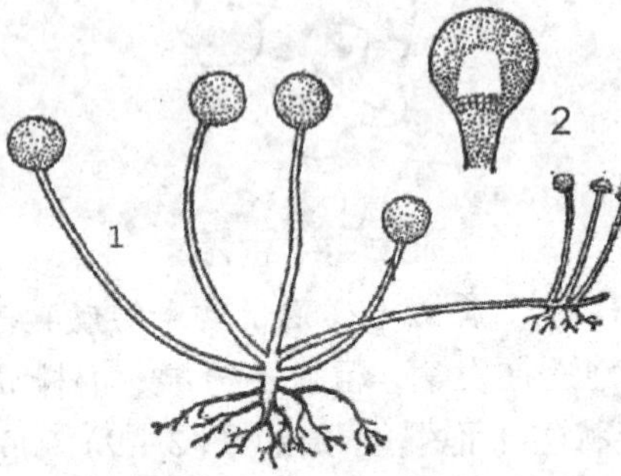

图2－11 根霉属

1. 具有假根和匍匐枝的丛生孢囊梗及孢子囊 2. 放大的孢子囊

(2)毛霉属（*Mucor*） 菌丝发达，无匍匐枝和假根，孢囊梗直接由菌丝产生，分枝或不分枝，顶端着生球形孢子囊，孢囊孢子为圆形或椭圆形（图2－12）。常引起植物种子、果实的腐烂。

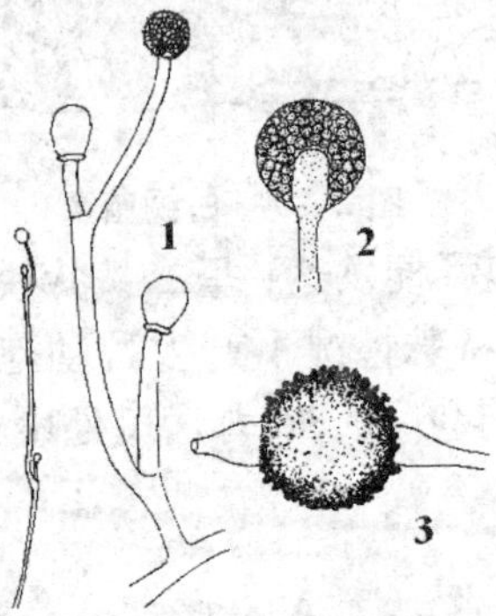

图2－12 毛霉属

1. 孢囊梗 2. 孢子囊 3. 接合孢子

3）子囊菌亚门（Ascomycotina）

子囊菌亚门真菌菌体结构较复杂，形态和生活习性差异很大。菌丝体发达，有隔膜，少数为单细胞（如酵母菌）。无性繁殖发达，产生多种类型的分生孢子，有性繁殖产生子囊和子囊孢子。子囊棍棒形或圆筒形，少数呈圆形或椭圆形。每个子囊内通常含有8个子囊孢子。子囊孢子的形状、大小和颜色等变化较大。

子囊有的裸生在菌丝体上或寄主植物表面，但大多数子囊菌的子囊由菌丝组成的包被包围着，形成具有一定形状的子实体，称为子囊果。子囊果的形态有4种类型：子囊果完全封闭，无孔口，呈球形的称闭囊壳；子囊果瓶形或球形，顶端具孔口的称子囊壳；子囊果开口呈盘状，子囊排列在盘状结构的称子囊盘；子囊着生在子囊座形成的空腔中，称子囊腔。子囊菌亚门的真菌根据是否形成子囊果及子囊果的类型进行分类。与园林植物病害有关的重要子囊菌有：

(1)外囊菌属（*Taphrina*） 不形成子囊果，子囊裸生，平行排列在寄主表面，呈栅栏状。子囊圆筒形，内含8个子囊孢子，单细胞，球形或椭圆形（图2－13）。子囊孢子可在子囊内或子囊外进行芽殖产生芽孢子。为专性寄生物，寄生在多种园林植物，引起缩叶、丛枝、果实肿大。常见病害有桃缩叶病、樱桃丛枝病、李袋果病等。

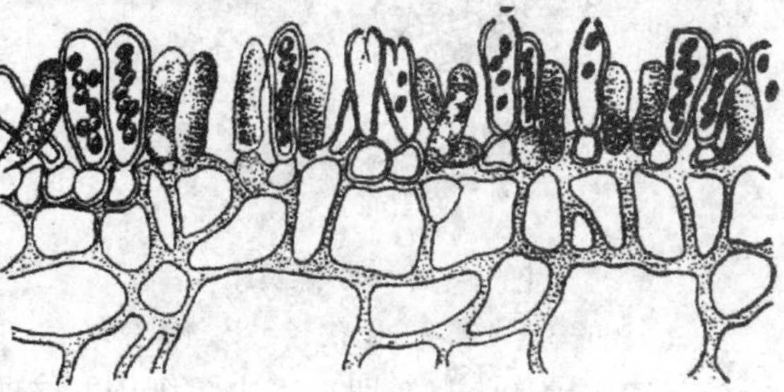

图2－13 外囊菌属

(2)白粉菌目（Erysiphales） 白粉菌是一类专性寄生菌。菌丝体大都着生在植物表面，以吸器伸入寄主表皮细胞内吸取养分。无性阶段发达，产生大量的分生孢子，有性阶段产生闭囊壳，闭囊壳四周或顶端生有各种形状的附属丝。闭囊壳内有一个或多个子囊，成束或栅状排列。寄生于植物的叶片、嫩茎、花器及果实上。由于菌丝体和分生孢子在植物体表，外观呈白粉状，故称白粉病。引起园林植物白粉病的病原菌主要有危害草本花卉的白粉菌属（*Erysiphe*）、单囊壳属（*Sphaertheca*），危害木本花卉及树木的叉丝单囊壳属（*Podosphaera*）、球针壳属（*Phyllactinia*）、钩丝壳属（*Uncinula*）、叉丝壳属（*Microsphaera*）（图2－14）。如月季白粉病、黄栌白粉病等。

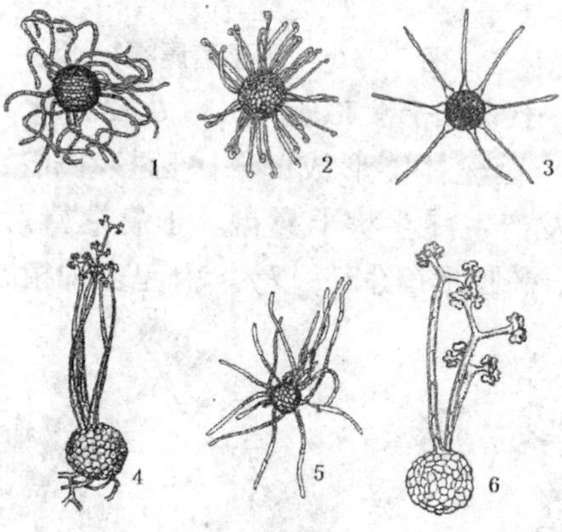

图2－14 白粉菌目主要属的特征

1. 白粉菌属 2. 钩丝壳属 3. 球针壳属

4. 叉丝单囊壳属 5. 单囊壳属 6. 叉丝壳属

(3)小煤炱属（*Meliola*） 菌丝体黑色，有刚毛和双细胞的附着枝。子囊成束生在闭囊壳的底部，无侧丝。子囊孢子具 2～4 个横隔，褐色，长圆形（图 2－15）。常引起多种植物的煤污病。如山茶煤污病。

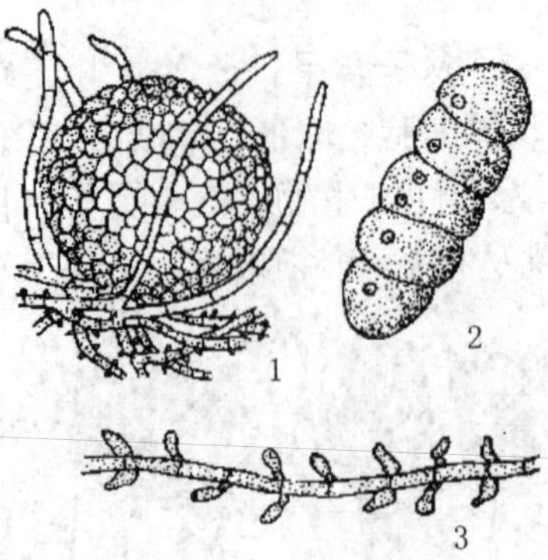

图 2－15 小煤炱属

1. 闭囊壳 2. 子囊孢子 3. 附着丝

(4)黑腐皮壳属（*Valsa*） 子座发达，起初埋在寄主组织内，后期突破表皮露出圆锥形孔顶。子囊壳球形，有长颈伸出子座。无性繁殖产生多室的分生孢子器，有性孢子和无性孢子均为无色，单胞，肾形。引起多种树木的枝干腐烂病。如杨树腐烂病。

(5)黑星菌属（*Venturia*） 子座多产生于病残体的表皮下，球形、埋生，子囊腔孔口外露，周生少数黑色刚毛。子囊长圆形，平行排列。子囊孢子椭圆形，双胞，无色或黄色（图 2－16）。无性繁殖在寄主表面形成黑霉状病征，危害叶片、果实和枝条，引起黑星病。

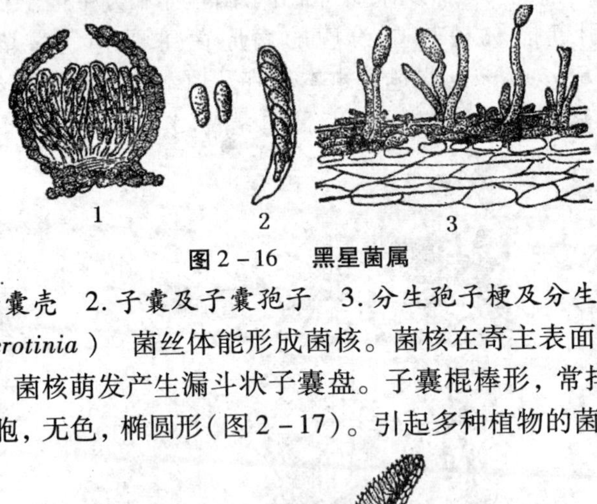

图 2－16 黑星菌属

1. 子囊壳 2. 子囊及子囊孢子 3. 分生孢子梗及分生孢子

(6)核盘菌属（*Sclerotinia*） 菌丝体能形成菌核。菌核在寄主表面或组织内，球形、鼠粪状或不规则形，黑色。菌核萌发产生漏斗状子囊盘。子囊棍棒形，常排列成栅栏状，子囊间有侧丝。子囊孢子单胞，无色，椭圆形（图 2－17）。引起多种植物的菌核病。如菊花菌核病。

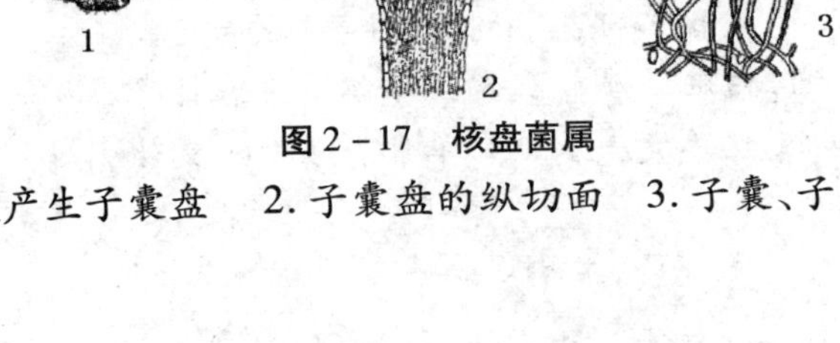

图 2－17 核盘菌属

1. 菌核萌发产生子囊盘 2. 子囊盘的纵切面 3. 子囊、子囊孢子和侧丝

4）担子菌亚门（Basidiomycotina）

担子菌亚门是真菌中最高等的一个亚门，已知有12000种。全部陆生，营寄生、腐生和共生。菌丝体很发达，有隔膜，细胞一般双核。无性繁殖除锈菌和少数黑粉菌产生无性孢子，大多数担子菌不产生无性孢子，有性繁殖产生担子和担孢子。

担子棍棒状，多为单细胞。担子上产生4个小梗，每个小梗上产生1个担孢子。大多数担子菌的担子都着生在高度组织化的各种类型的子实体内，称为担子果，形状多样，有伞形、马蹄形、贝壳形等。有些担子菌不形成担子果。担子菌中有些是营养丰富的食用菌，如香菇、平菇、金针菇等，有些有一定的药用价值。有些寄生在植物上引起多种病害。引起园林植物病害的重要担子菌有：

(1)锈菌目（Uredinales） 不形成担子果，生活史及形态比较复杂，全为专性寄生菌，寄生于蕨类、裸子植物和被子植物上引起锈病。菌丝发达，寄生于寄主细胞间，以吸器伸入细胞内吸收营养。

锈菌的生活史比较复杂，典型的锈菌要经过5个发育阶段，顺序产生5种类型的孢子，常以代号表示，即性孢子（0）、锈孢子（Ⅰ）、夏孢子（Ⅱ）、冬孢子（Ⅲ）和担孢子（Ⅳ）。锈菌的种类很多，并非所有的锈菌都产生5种类型的孢子，各种锈菌有不同的生活史，一般分为4类：①全型锈菌：具有5种发育阶段，产生5种类型孢子，如松芍柱锈菌；②半型锈菌：无夏孢子阶段，如梨胶锈菌、报春花单胞锈菌；③短型锈菌：缺少锈孢子和夏孢子阶段，如锦葵柄锈菌；④不完全锈菌：在生活史中未发现或缺少冬孢子，如女贞锈胞锈菌。除不完全锈菌外，所有的锈菌都产生冬孢子。

锈菌是专性寄生物，对寄主有高度的专化性。有的锈菌全部生活史可以在同一种寄主上完成，称为同主寄生或单主寄生，如玫瑰多胞锈菌。有的锈菌必须在两种亲缘关系很远的寄主上才能完成全部生活史，称为转主寄生，如松芍柱锈菌0、Ⅰ阶段在松树枝干上寄生，Ⅱ、Ⅲ阶段危害芍药叶片。转主寄生是锈菌特有的一种现象。

锈菌寄生在植物的叶、果、枝干等部位，在受害部位表现出鲜黄色或锈色粉堆、疱状物、毛状物等显著病征，引起叶片枯斑，甚至落叶，枝叶形成肿瘤、丛枝、曲枝等畸形症状。因锈菌引起的病害多呈锈黄色、橙黄色至黑红色，似铁锈，故称为锈病。

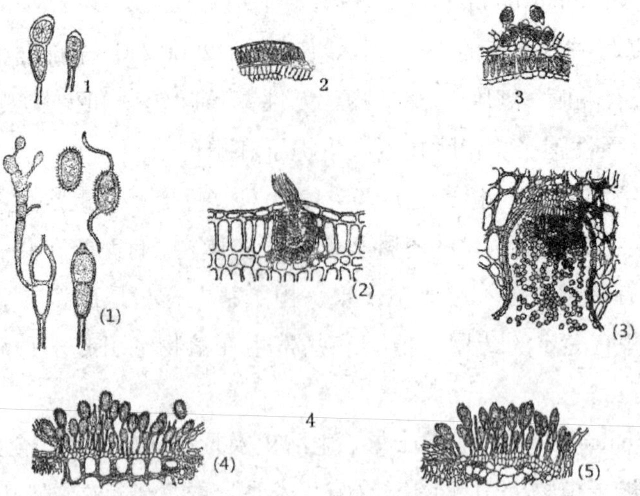

图2-18　锈菌目的常见属及孢子类型

1.柄锈菌属　2.栅锈菌属　3.单胞锈菌属　4.杆锈菌属

(1)冬孢子及其萌发　(2)性孢子器及性孢子　(3)锈孢子腔及锈孢子

(4)夏孢子堆及夏孢子　(5)冬孢子堆及冬孢子

(2)黑粉菌目(Ustilaginales)　因形成大量黑色的粉状孢子而得名，由黑粉菌引起的植物病害称为黑粉病。无性繁殖通常由菌丝体上生出小孢子梗，其上着生分生孢子，或由担子和分生孢子以芽殖方式产生大量子细胞，它相当于无性孢子。有性繁殖产生圆形厚壁的冬孢子，冬孢子群集成团产生，可危害寄主的花器、叶片、茎或根等部位。被黑粉菌寄生的植物均在受害部位出现黑粉堆或团。

5)半知菌亚门(Deuteromycotina)

由于半知菌的生活史只发现无性阶段，有性阶段尚未发现或根本不存在，所以称半知菌。已发现的有性态多属于子囊菌，极少数属于担子菌，个别属于接合菌。

半知菌的营养体多为发达的有隔菌丝，有的可以形成厚垣孢子、菌核和子座等变态结构。无性繁殖产生分生孢子，分生孢子着生在由菌丝体分化形成的分生孢子梗上，分生孢子梗及分生孢子的形态、颜色和组成细胞数变化极大。有些半知菌的分生孢子梗和分生孢子直接生在寄主表面，称分生孢子盘；有的生在盘状或球状有孔口的子实体内，称分生孢子器。此外，还有少数半知菌不产生分生孢子，菌丝体可以形成菌核或厚垣孢子。

植物病害的病原真菌约有半数为半知菌，它们危害植物的叶、花、果、茎干和根部，引起局部坏死、腐烂、畸形及萎蔫等症状。园林植物病害中重要的半知菌有：

①丝核菌属(*Rhizoctnia*)　菌核着生菌丝间，菌丝彼此相连。菌核褐色或黑色，内外颜色一致，表面粗糙，常寄生于寄主表面(图2-19)。可引起多种园林植物的立枯病、猝倒病和根腐病等。

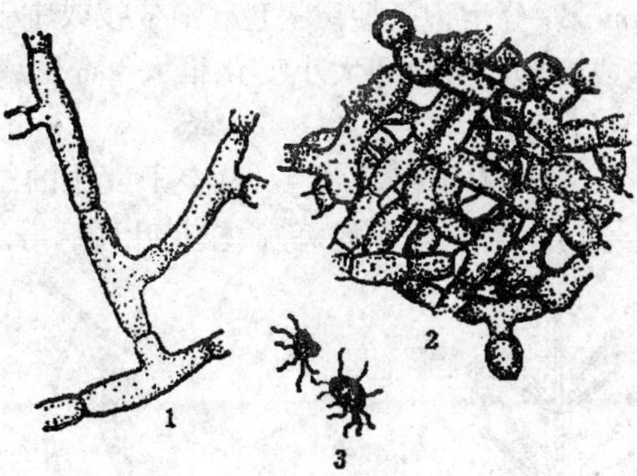

图 2－19　丝核菌属

1. 直角状分枝的菌丝　2. 菌丝纠结的菌组织　3. 菌核

②小核菌属(*Solerotium*)　菌核球形或不规则形，表面褐色或黑色，内部白色，菌核之间无菌丝相连(图 2－20)。主要危害植物的地下部分。如兰花等多种花木的白绢病。

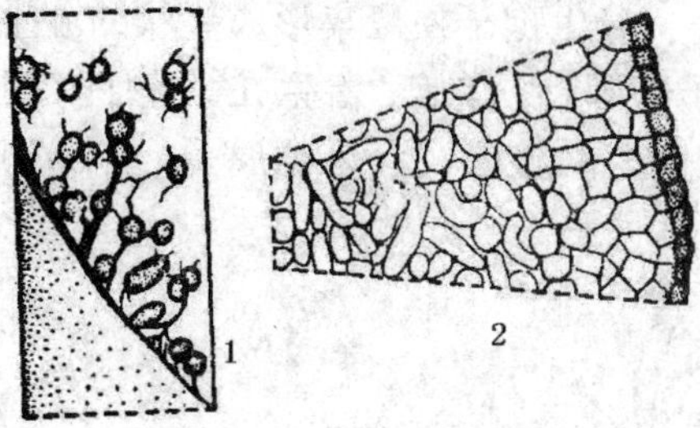

图 2－20　小菌核属

1. 菌核　2. 菌核剖面

③粉孢属(*Oidium*)　菌丝体表生，分生孢子梗直立，顶部串生分生孢子。分生孢子梗与菌丝体区别不显著(图 2－21)。为白粉菌的无性阶段，能引起多种园林植物白粉病。如瓜叶菊白粉病、月季白粉病等。

④葡萄孢属(*Botrytis*)　分生孢子梗无色，顶端细胞膨大呈球形，上面有许多小梗，分生孢子单胞、无色、椭圆形，着生在小梗上聚成葡萄穗状，常产生不规则状的小菌核，黑色(图 2－22)。如牡丹灰霉病、仙客来灰霉病等。

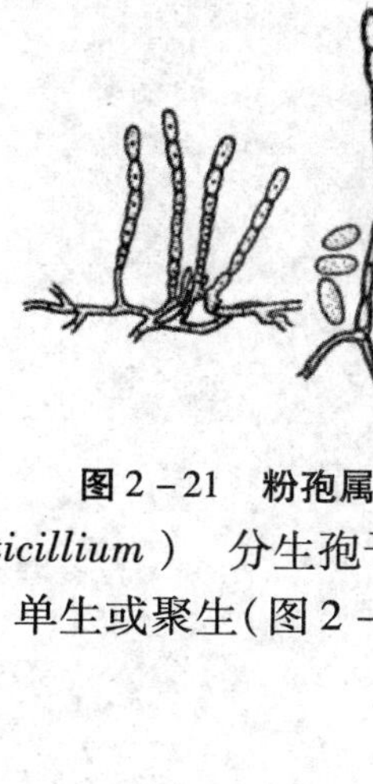

图 2－21　粉孢属

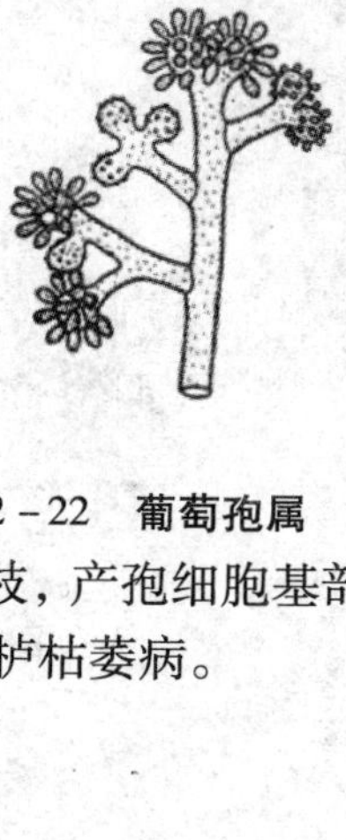

图 2－22　葡萄孢属

⑤轮枝孢属(*Veticillium*)　分生孢子梗轮状分枝，产孢细胞基部略膨大，分生孢子单细胞，卵圆型至椭圆形，单生或聚生(图 2－23)。如黄栌枯萎病。

⑥枝孢属(*Cladosporium*)　分生孢子梗黑褐色，不分枝或中上部树枝状分枝，单生或丛生。分生孢子黑褐色，单胞或多胞，形状和大小变化很大，寄生或腐生在植物残体上，病斑上产生烟煤状霉层。如牡丹叶霉病。

⑦尾孢属(*Cercospora*)　分生孢子梗黑褐色，丛生于发达的子座上，顶生分生孢子。分生孢子线形，多隔膜(图2-24)。引起樱花褐斑病、桂花叶斑病等。

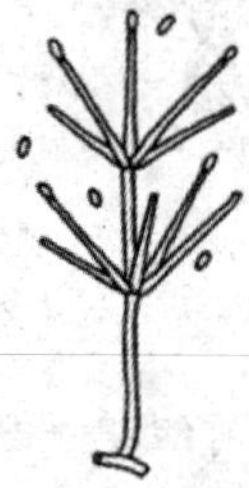

图2-23　轮枝孢属

图2-24　尾孢属

⑧镰刀菌属(*Fusarium*)　分生孢子梗聚集形成垫状的分生孢子座。大型分生孢子镰刀形，多胞，细长；小型分生孢子卵圆形，单胞，着生在子座上，聚生呈粉红色(图2-25)。种类多，分布广，能危害多种植物，引起根、茎、果穗腐烂、立枯，或破坏植物输导组织引起萎蔫。如香石竹枯萎病、翠竹枯萎病等。

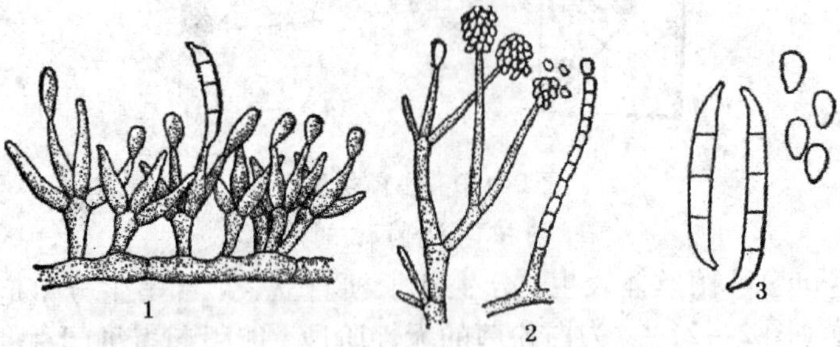

图2-25　镰刀菌属

1.分生孢子梗和镰刀形孢子　2.分生孢子梗和小型孢子　3.镰刀形及小型分生孢子

⑨痂圆孢属(*Sphaceloma*)　分生孢子梗极短，不分枝。分生孢子盘半埋在寄主组织内，盘状或垫状，蜡质。分生孢子比较小，单胞，卵圆形或椭圆形(图2-26)。可引起柑橘疮痂病、葡萄黑痘病等。

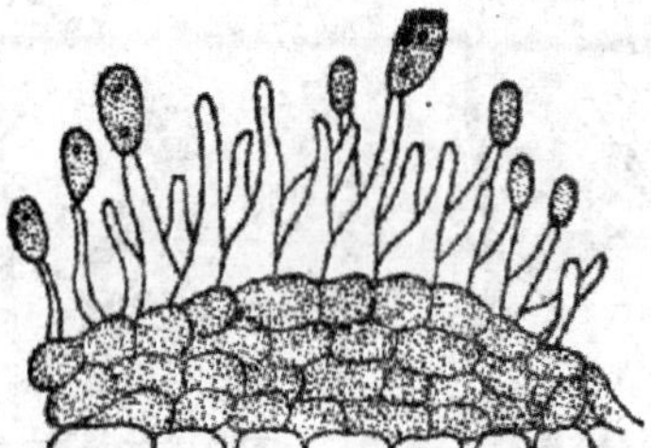

图2-26　痂圆孢属

⑩炭疽菌属(*Colletotrichum*) 分生孢子盘平坦，上面敞开，下面略埋在基质内。分生孢子在茁壮的分生孢子梗上顶生。分生孢子单胞，长椭圆形或新月形(图2－27)。能引起多种花木的炭疽病。

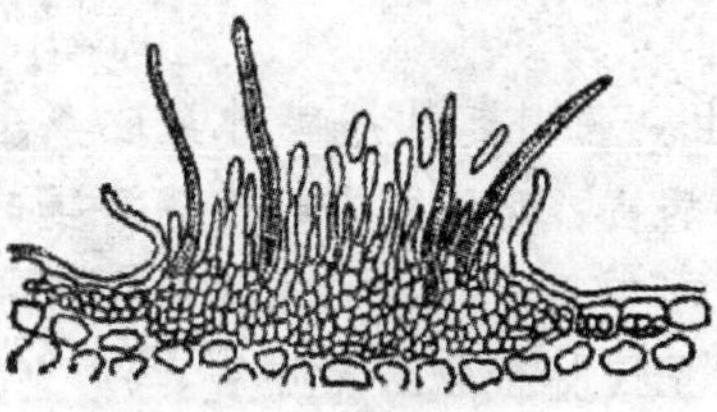

图2－27 炭疽属

相关技能训练

实训7 园林植物病原真菌的形态观察

1. 实训目的

观察真菌的营养体和繁殖体的形态特征，辨别真菌的无性繁殖体和有性繁殖体及其所产生的各种类型孢子，为病害的鉴定奠定基础。

2. 实训材料和用具

材料:植物病原真菌所致病害的新鲜材料，或腐霉菌、根霉菌、炭疽菌的纯培养菌落，盘菌和伞菌子实体切片标本，以及相关的玻片标本。

用具:显微镜、放大镜、载玻片、盖玻片、蒸馏水、吸水纸、擦镜纸、挑针、镊子等。

3. 实训内容与方法

1)玻片制作方法

取洁净的载玻片，在载玻片中央滴一滴蒸馏水，用挑针从纯培养的菌落上或直接从病组织上挑取少量病菌放入水滴中，盖上盖玻片，即成待检玻片。注意加盖玻片不宜过快，以防形成大量气泡，影响观察或将欲观察的病原物冲溅到玻片外。

2)真菌营养体观察

挑取腐霉菌或根霉菌的菌体少许，制成临时玻片，用显微镜观察无隔菌丝。挑取炭疽菌的菌体少许，制成临时玻片，观察有隔菌丝。

3)真菌繁殖体观察

从各类真菌性病害的新鲜标本或保存标本上，挑取各类无性孢子、有性孢子和子实体，制成临时玻片，用显微镜观察其形态特点。

4. 实训作业

1)绘出真菌营养菌丝结构图。

2)将你观察到的真菌有性孢子形态绘于作业纸上。

任务2.3 园林植物其他侵染性病害识别

任务分析:在植物病害中，由真菌引起的病害种类最多，其次是细菌、病毒、病原线虫等引起的病害，要有效地防治这些病害，就必须了解这些病害的特征，才能正确诊断和识别这些病害。通过本任务的学习，要求学生了解植物病原细菌、病毒、线虫等的主要危害特点及其所致病害的症状表现，能识别常见园林植物细菌病害、病毒病害和线虫病害等。

任务实施的相关知识

2.3.1 园林植物细菌病害识别

细菌属于原核生物界，细菌门，为单细胞的微小生物。植物细菌病害分布很广，目前已知的植物病原细菌有300多种，我国发现的有70种以上。细菌病害主要见于被子植物，松柏等裸子植物上很少发现。

1)细菌的一般性状

(1)细菌的形态

细菌的形态有球状、杆状和螺旋状，植物病原细菌都为杆状，两端略圆或稍尖细，大小一般为0.5~0.8um×1~3um，通常细胞壁外面没有荚膜，也不能形成芽孢。绝大多数具有细长的鞭毛，能在水中游动。着生在菌体一端或两端的鞭毛称为极鞭，着生在菌体四周的鞭毛称为周鞭(图2-28)。鞭毛的有无、着生位置和数目是细菌分类的重要依据。

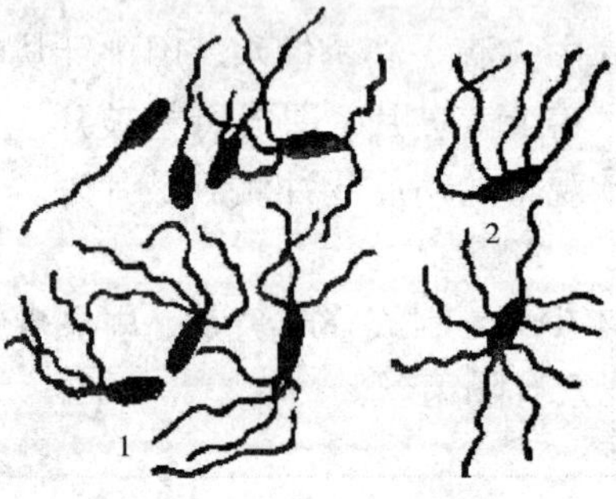

图2-28 细菌的鞭毛

1.极生鞭毛 2.周生鞭毛

(2)鉴别方法

细菌的个体很小，通常透明无色。可经过染色的方法在光学显微镜下观察，不同的细菌对染料的反应不同，可用革兰氏染色法鉴别。植物病原细菌革兰氏染色反应多数阴性，少数阳性。

(3)繁殖方式

细菌以裂殖方式进行繁殖，即当1个细胞长成后，从中间进行横分裂而成2个细胞，2个分裂成4个，繁殖速度很快，在适宜的条件下，每20~30min就可以分裂一次，一般1h一次，1个细菌一昼夜的繁殖数可达10亿个，这也是细菌性病害发生迅速而严重的原因。

(4)生理生化特点

植物病原细菌都是非专性寄生物，对营养要求不严格，可以在普通人工培养基上生长，多形成白色、灰白色或黄色的菌落。培养基的酸碱度以中性偏碱为宜(7.2)，培养的最适温度一般为26℃～30℃，能耐低温，对高温较敏感，48℃～53℃处理10min多数细菌即死亡。大多数植物病原细菌都是好气的，少数为兼性厌氧。

(5)营养特点

没有吸收营养的特殊器官，依靠细胞膜的渗透作用直接吸收寄主体内的营养，同时能分泌各种酶，使不溶物质转化为可溶性物质供其吸收利用。

2)植物病原细菌的主要类群

细菌的分类主要依据鞭毛的有无、数目及着生位置、培养性状、革兰氏染色反应，还必须结合生理生化反应等进行分类。目前采用伯杰氏(D. H. Bergey)提出的分类系统，将植物病原细菌分属于5个属，它们分别是棒杆菌属、假单胞杆菌属、黄单胞杆菌属、欧氏杆菌属和野杆菌属。

(1)棒杆菌属(*Clavibacter*)　革兰氏染色反应阳性，多数没有鞭毛，少数有极生单鞭毛。培养基上生长较慢，菌落呈奶黄色。寄生于维管束组织内，引起萎蔫症状。如菊花、大丽花青枯病等。

(2)假单胞杆菌属(*Pseudomonas*)　革兰氏染色反应阴性，鞭毛极生，1～4根或更多。培养基上菌落圆形、隆起，灰白色。引起叶斑、腐烂和萎蔫等。如丁香疫病、栀子花叶斑病。

(3)黄单胞杆菌属(*Xanthomonas*)　革兰氏染色反应阴性，极生1根鞭毛。培养基上菌落隆起、黏稠，黄色。如桃细菌性穿孔病、柑橘溃疡病等。

(4)欧氏杆菌属(*Erwinia*)　革兰氏染色反应阴性，周生多根鞭毛。培养基上菌落圆形、隆起，白色。引起叶斑、萎蔫等。该属细菌引起腐烂，如鸢尾细菌性软腐病等。

(5)野杆菌属(*Agrobacterium*)　革兰氏染色反应阴性，少数没有鞭毛，有鞭毛的为周生，1～4根。培养基上菌落为灰白色至白色。该属细菌主要引起花木毛根病和多种植物根癌病等。

3)植物细菌病害的特点

一般在病株残体、种子、球根等繁殖材料及杂草中越冬。主要通过雨水飞溅、流水(灌溉水)、昆虫、线虫、风、带菌种苗、接穗、插条、球根或土壤进行传播。一般高湿多雨，尤其是暴风雨后湿度大，有利于细菌病害的发生与流行。通过气孔、皮孔、蜜腺、水孔等自然孔口或伤口侵入。伤口包括风雨、冰雹、冻害或昆虫所导致的自然伤口和耕作、施肥、嫁接、收获或运输形成的人为伤口。侵染最重要的条件是高湿，所以只有在伤口上充满水分时才能侵入寄主体内。

细菌性病害的症状类型有斑点、溃疡、穿孔、瘤肿、腐烂、枯萎等。病害的病斑初期有半透明水浸状晕圈出现，后期空气潮湿时有菌脓溢出。

4)植物细菌病害的防治

植物细菌病害的防治，主要在于预防，其中以杜绝和消灭植物病原细菌的侵染来源为主。如严格执行植物检疫措施，防止新病菌的传入；选育抗病品种，做好种苗消毒；加强栽培管理，注意苗圃、庭园及花坛、绿地的卫生，及时清除病株残体，进行土壤消毒；发病时用抗菌素(链霉素、波尔多液)进行药剂防治。此外，应避免形成伤口，及时保护伤口，防止细菌侵入。

2.3.2 园林植物病毒病害识别

病毒又称分子寄生物，通常包被于保护性的蛋白或脂蛋白衣壳中，只能在适宜的寄主细胞内完成自身复制的一个或一套基因组核酸分子。植物病毒病害就其数量及危害性来看，仅次于真菌而比细菌更严重。从大田作物到蔬菜、果树、园林花卉都会遭受一种甚至多种病毒的侵染，造成严重的经济损失。目前发现的病毒病已超过700种。

1）植物病毒的一般性状

(1)植物病毒的形态

病毒是一类极其微小的非细胞形态的寄生物，通过电子显微镜放大几万倍甚至几十万倍才可以观察到它的形态。病毒粒子的形态，一般有杆状、球状、线状三种（图2－29）。病毒粒子结构简单，其个体是由核酸和蛋白质组成。核酸在中间，形成螺旋状核酸链，占病毒重量的5%～40%，蛋白质包围在核酸外面，占60%～95%，形成一层衣壳，对核酸起保护作用，防止被酶或紫外线分解破坏。核酸大多数为RNA（核糖核酸），是病毒的遗传物质，主导病毒的感染、增殖、遗传和变异。失去衣壳的裸露核酸仍具有传染性，核酸若被破坏，病毒即失去活性。

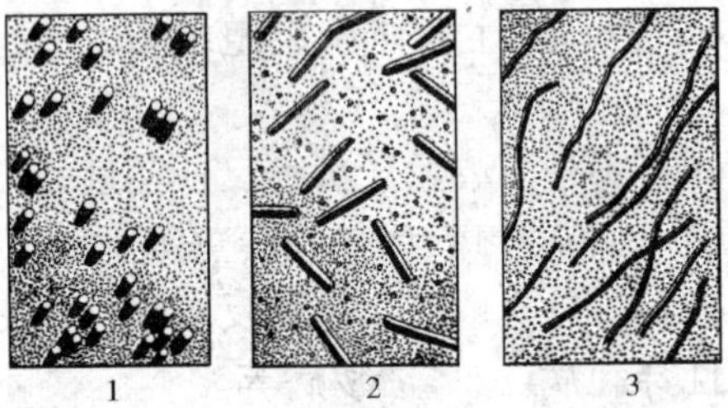

图2－29　电镜下病毒粒子形态

1. 球状　2. 杆状　3. 线状

(2)植物病毒的增殖

病毒缺少生活细胞所具备的细胞器，不能像真菌那样具有复杂的繁殖器官，也不能像细菌那样以裂殖方式进行繁殖。绝大多数植物病毒都缺乏独立的酶系统，不能合成自身繁殖所必需的原料和能量，只能在活的寄主细胞内利用寄主的合成系统、原料和能量生活繁殖。当病毒粒子与寄主细胞活的原生质接触后，病毒的核酸与蛋白质衣壳分离，核酸进入寄主细胞内，改变寄主细胞的代谢途径，并利用寄主的营养物质、能量和合成系统，分别合成病毒的核酸和蛋白质衣壳，最后核酸进入蛋白质衣壳内而形成新的病毒粒子。病毒的这种独特"繁殖"方式叫做增殖，也称为复制。通常病毒的增殖过程也是病毒的致病过程。

病毒是一种专性寄生物，寄生性很强，必须在活的植物组织中才能生活，一旦离开活体，就失去了致病能力。病毒侵入寄主体内后，在增殖的同时，也破坏了寄主植物的正常生理程序，从而使植物表现出不正常的症状。由于病毒是非细胞结构的生物，没有酶系统及独立的代谢功能，因而需要在寄主活体中生长增殖，如果寄主死亡，病毒就停止生命活动。

植物病毒在增殖过程中自然突变率较高，同时X射线、γ射线、高温、亚硝酸、羟胺等均可诱发突变，引起变异，其中少数病毒粒子能生存下来，成为不同于原来病毒的新株系。病毒经过生物、化学和物理等因素的作用形成新株系后，可在粒子形状、蛋白质衣壳中氨基酸的成分、传播特性、致病力、寄主范围和致病症状的严重程度等方面发生改变，这些性状变异了的病毒增加了选育抗病毒品种和防治病毒病害的困难。

2）植物病毒的传播与侵染途径

⑴植物病毒的传播途径

病毒的传播是完全被动的。根据自然传播方式的不同，植物病毒传播可分为介体传播和非介体传播。介体传播是指病毒依靠其他生物体进行传播的方式。非介体传播是指在病毒传播过程中没有其他生物体介入的传播方式，包括汁液接触传播、无性繁殖材料与嫁接传播、种子与花粉传播等。

①介体传播　自然界传播植物病毒的生物介体，主要有昆虫、螨、线虫、真菌、菟丝子等，其中以昆虫最为严重。在传毒昆虫中，多数是刺吸式口器的昆虫，特别是蚜虫、叶蝉、飞虱、粉虱等更为重要，也有少数咀嚼式口器的昆虫，如甲虫、蝗虫等。

②机械传播　机械传播也称汁液摩擦传播。病株汁液通过与健株表面的各种机械伤口摩擦而产生的传播。在田间和温室进行移苗、整枝、打杈、修剪等农事操作，或因大风使健株与邻近病株相互摩擦造成微小的伤口，病毒就可随着汁液进入健株。

③无性繁殖材料和嫁接传播　病毒是系统性侵染的，被侵染的植株各部位都可能含有病毒。因此无性繁殖材料如块茎、球茎、鳞茎、块根、插条、砧木和接穗等都可以传播病毒。嫁接是园林、园艺上常见的农事活动，是果树和花卉病毒病得以传播的最重要方式。

④种子和花粉传播　大多数植物病毒不通过种子传播，只有豆科、葫芦科和菊科等植物上的某些病毒可以通过种子传播。有些植物种子是由于带有病株残体或病毒的粒子而传毒。极少数植物病毒可通过病株花粉的授粉过程将病毒传播给健株。

⑵植物病毒的侵染途径

由伤口侵入植物后进入韧皮部，在筛管内随营养移动，先被带到植物根部，后向地上部分移动，随同养分扩展到植物全株。一般旺盛生长的茎尖、根尖分生组织中很少含病毒，利用病毒在植物体内的分布特点可将茎尖进行组织培养，从而获得无病毒的植株。

3）植物病毒病的特点

绝大多数病毒侵入寄主植物后引起植物叶片不同程度的斑驳、花叶、黄化，同时伴随有不同程度的矮化、丛枝、卷叶、皱叶、蕨叶等畸形症状。但植物病毒病只有明显的病状，没有病征。有少数病毒侵染寄主植物后，虽然在寄主体内增殖，但由于环境条件不适宜而寄主并不表现症状，这种现象称为隐症现象，或称为症状潜隐。

4）植物病毒病的防治

病毒病害与其他侵染性病害比较，更加难以防治。由于植物病毒的寄主范围广，对化学药剂抵抗性较强，所以在防治上存在一定的复杂性和局限性。目前采用的防治措施主要有：选用无病繁殖材料、减少侵染来源、防治传毒昆虫、培育抗病品种等。

2.3.3 园林植物线虫病害识别

线虫是一类低等动物，属线形动物门、线虫纲。在自然界分布很广，多数腐生在土壤和水中，少数寄生于动植物体上。寄生在植物上，引起植物病害。它的危害除直接吸取植物体内的养料外，主要是分泌激素性物质或毒素，引起寄主生理机能的破坏，使植物发生病变，故称“线虫病”。同时还是其他病原物（细菌、病毒）的传播媒介。

1）线虫的一般性状

植物病原线虫都很微小，虫体细长，圆筒状、两端稍尖，一般体长 0.2 ~ 2mm，宽 0.03 ~

0.05mm。大多数雌雄同形，雌虫较雄虫略肥大；少数雌雄异形，雄虫线形，雌虫梨形或柠檬形（图 2－30）。

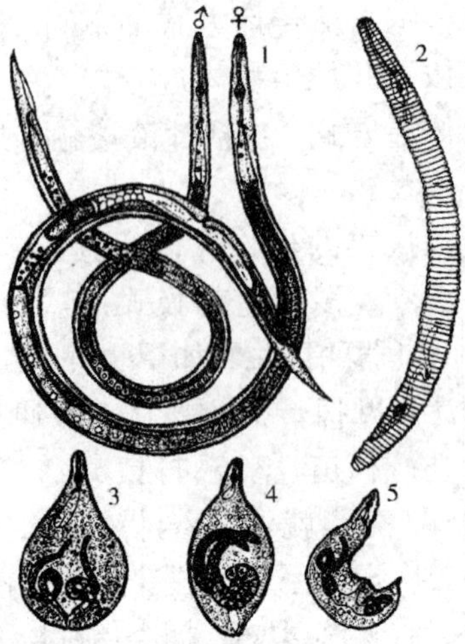

图 2－30　植物线虫的虫体形态

1. 雌雄同形　2. 环线虫雌虫　3. 根结线虫雌虫

4. 胞囊线虫雌虫　5. 肾形线虫雌虫

线虫虫体通常分为头、颈、腹和尾四部分。头部的口腔内有口针（吻针），是线虫侵入寄主植物体内并获取营养的工具。线虫结构较简单，由体壁和体腔组成。体壁由角质膜和肌肉所组成，体腔内有发达的消化系统、生殖系统和神经系统等器官。线虫的体壁几乎是透明的，所以能看到它的内部结构。

2）线虫的生活史

植物病原线虫的生活史包括卵、幼虫、成虫三个阶段。卵产于病组织或土壤中，有少数留在雌虫体内，一条线虫一生可产卵 500～3000 个。一龄幼虫在卵内发育，孵化后遇适宜的条件就侵入寄生危害。幼虫经 3～4 次蜕皮即变为成虫。多数线虫 3～4 周可完成整个生活史，1 年可繁殖数代。

植物病原线虫大多数是专性寄生，其寄生方式可分为外寄生和内寄生两种，虫体全部钻入植物组织内的称为内寄生，仅以口针穿刺到寄主组织内吸食，而虫体留在植物体外的称外寄生。

3）线虫的生态特性

很多植物病原线虫首先必须在土壤中生活一段时期后再侵入植物体内，故土壤温度、水分、氧气状况、质地对其有直接的影响。适宜线虫发育和孵化的温度为 20℃～30℃，温度过高（40℃～50℃）时，线虫不活跃甚至死亡。土壤潮湿有利于线虫活动，但土壤水分过多不利于线虫存活，所以田间土壤积水，能杀死大多数线虫。多种线虫在沙壤中比在黏重土壤中发生严重，这是因为沙土通气良好，有利于线虫的生活和活动。

4）植物线虫病害的特点

线虫吸食营养是靠其口针刺入植物细胞内，首先注入唾液腺的分泌液，消化一部分细胞内含物，再将液化的内含物吸入口针，并经过食道进入肠内。在取食过程中，线虫除了分泌唾液外，有时还分泌毒素或激素类物质，造成细胞的死亡或过渡生长。此外，线虫所造成的伤口常常成为某些病原真菌或细菌的侵入途径，对植物造成更为严重的伤害。线虫还可以传播病毒病。

植物受线虫危害后，可以表现全株性症状和局部性症状。全株性症状类似营养不良的现象，表现为植株矮小、生长缓慢、发育迟缓、叶色变淡，甚至全株枯萎等，如寄生在松树树干木质部中的松材线虫引起全株枯萎等症状；局部性症状主要为畸形，具体表现是肿瘤、丛根、根结、顶芽坏死、茎叶扭曲、干枯、虫瘿等症状。

5）植物线虫病的防治

防治植物线虫病的基本措施有：严格植物检疫；增施有机肥；选用高抗性或免疫植物与感病植物轮作或间作；进行种苗处理和土壤处理；药剂（D－D 混合剂）防治。

2.3.4 寄生性种子植物识别

种子植物大多数为自养的，少数是异养的，由于缺少足够的叶绿素或因器官的退化，靠寄生在其他种子植物上生活，而成为寄生性种子植物。寄生性种子植物都是双子叶植物，目前已知2500余种，分属于12个科。常见的有桑寄生科、菟丝子科、列当科。

根据寄生性种子植物对寄主的依赖程度分为半寄生和全寄生两大类。半寄生的种子植物，有叶绿素，能进行正常的光合作用，但其根系退化，以吸盘同寄主植物的导管相连，从寄主植物体内吸收水分和无机盐，如寄生在林木上的桑寄生和槲寄生。全寄生的种子植物，没有叶片或叶片退化成鳞片状，因没有足够的叶绿素，不能进行正常的光合作用，导管和筛管与寄主植物相连，从寄主植物体内吸收全部养分和水分，如菟丝子和列当。

根据寄生部位不同，寄生性种子植物还可分为茎寄生和根寄生。寄生在植物地上部分的为茎寄生，如菟丝子、桑寄生等；寄生在植物地下部分的为根寄生，如列当等。

寄生性种子植物对寄主植物的影响主要是抑制其生长。草本植物受害后，主要表现为植株矮小、黄化，严重时全株枯死。木本植物受害后，主要表现为生长受到抑制，提早落叶、落果，顶芽枯死，开花延迟或不开花，甚至不结实等。

1）菟丝子

菟丝子是菟丝子科菟丝子属（*Cuscuta*）植物的总称。全世界约100多种，我国发现有10种。菟丝子是攀缘寄主的一年生草本植物，没有根和叶，或叶片退化成鳞片状，无叶绿素。茎黄白色，丝状，呈旋卷状，用以缠绕寄生，在接触处长出吸盘，侵入寄主体内。花很小，白色至淡黄色，头状花序。果为开裂的球状蒴果，内有种子2～4枚。种子很小，卵圆形，黄褐色至黑褐色，表面粗糙。

菟丝子的种子成熟后落入土中或脱粒时混在作物种子中，成为来年菟丝子病害的主要侵染来源。第二年当作物播种后，菟丝子种子发芽，生出旋卷的幼茎。当幼茎接触到寄主就缠绕其上，在接触处形成吸盘伸入寄主。吸盘进入寄主组织后，部分组织分化为导管和筛管，分别和寄主的导管和筛管相连，吸收养分和水分。当寄生关系建立后，菟丝子下部的茎逐渐萎缩与土壤分离，以后上部的茎不断缠绕寄主，并向四周蔓延危害（2－31）。

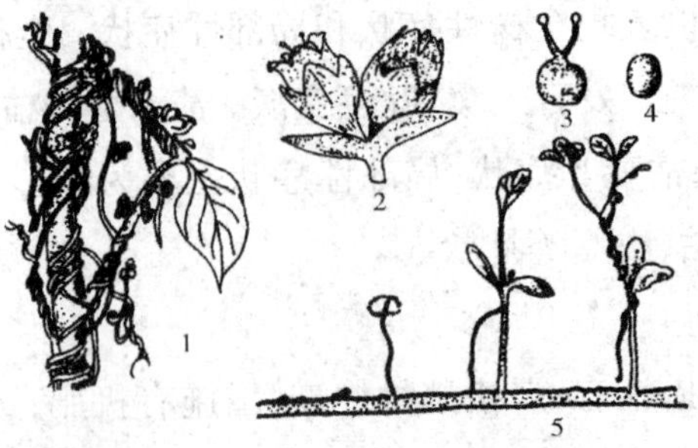

图2－31 菟丝子

1. 大豆上的菟丝子 2. 花 3. 子房 4. 种子 5. 菟丝子种子萌发及侵染寄主过程

菟丝子有许多种类，其中以中国菟丝子和日本菟丝子最常见。中国菟丝子主要危害草本植物，以豆科植物为主，其次为菊科、藜科等，如一串红、翠菊、地肤等。日本菟丝子主要危害木本植物，如杜鹃、山茶、木槿、紫丁香、榆叶梅、银杏等。

2)桑寄生

桑寄生是桑寄生属(*Loranthus*)植物的总称。包括桑寄生、槲寄生、栗寄生等500多种，主要分布在热带、亚热带，可寄生在山茶、石榴、木兰、蔷薇、金缕梅、柑、橙、橘、柚等植物上。为常绿小灌木，有叶片，含叶绿素，能进行光合作用，但无根系，寄生在其他植物上，以吸盘伸入木质部与寄主的导管相连，夺取水分和无机养分。果实为浆果，鸟类喜欢啄食，但种子不能被消化，鸟吐出或经消化道排出体外的种子常黏附在树皮上，在适宜条件下萌发，先长吸器，后产生吸根，同时胚芽开始发育，当年形成短枝，以后不断产生新枝，呈丛生状(图2－32)。被害植物树势退化，严重时上部枝条枯死。

图2－32 桑寄生

1. 寄生植物枝干 2. 桑寄生 3. 桑寄生果实

3)列当

列当科，共14属130余种，我国主要是埃及列当和向日葵列当。一年生草本植物，没有叶绿色，不能进行光合作用，没有真正的根，不能吸收水分和无机盐。为全寄生性的，茎高30～40cm，茎肉质，单生，少数有分枝，黄白至紫褐色，直立，叶片退化成鳞片，根退化成吸器。花两性，穗状花序。果实为蒴果，种子小，每个蒴果含种子2000粒左右。种子的生活力很强，可保持10年。种子成熟后落入土壤，萌发后形成线状幼芽，接触到寄主植物的根时以吸根侵入寄主吸收养分(图 2－33)。

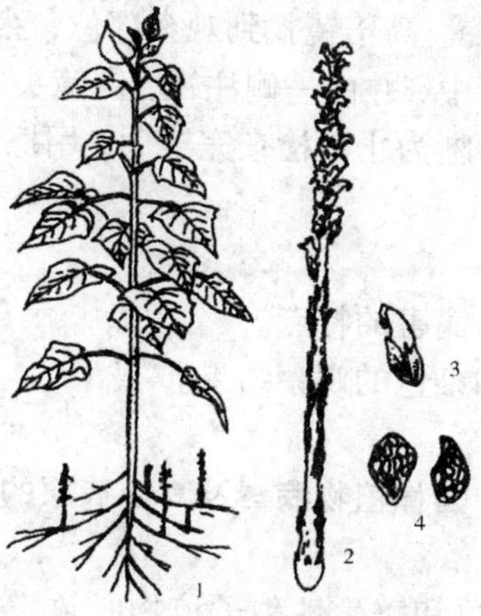

图 2－33 列当

1. 向日葵根部受害状 2. 列当的花序 3. 花 4. 种子

相关技能训练

实训 8 园林植物病原细菌形态观察

1. 实训目的

通过实训，观察细菌的形态结构和植物细菌病害的特点，学会植物细菌病害的简易识别方法，为识别和防治细菌病害打下基础。

2. 实训材料和用具

材料：细菌性病害的新鲜标本、挂图，植物病原细菌经活化的斜面菌种等。

用具：显微镜、载玻片、盖玻片、酒精灯、无菌水、吸水纸、挑针、剪刀、擦镜纸、染色液（碱性品红、草酸铵结晶紫、碘液等）、二甲苯、95% 酒精。

3. 实训内容与方法

1）细菌病害的症状观察

1）喷菌现象观察

取黄瓜细菌性角斑病、白菜软腐病或马铃薯环腐病的新鲜标本，在病斑边缘的病健交界处剪取 4mm×4mm 的小块病组织，平放在载玻片上，加一滴无菌水，盖好盖玻片，用尖镊略压盖玻片，将病组织中的菌脓压出组织外，后立即在低倍镜下观察，在切口处有大量细菌呈烟雾状溢出时，可初步识别为细菌性病害。在田间，也可用此法制片，用放大镜或肉眼对光观察，也能看到烟雾状细菌溢出。按同样方法用健康组织镜检对照。

2）革兰氏染色

⑴涂片 取洁净的载玻片，加一滴无菌水，分别从鸢尾细菌性软腐病或白菜软腐病等病菌的培养菌落上挑取适量细菌，置于载玻片上水滴中，挑针均匀涂布成薄层后，自然晾干。

⑵固定 将涂片在酒精灯火焰上方通过数次，使菌膜干燥固定。

⑶染色 在固定的菌膜上滴草酸铵结晶紫染液，染色 1min，斜置载玻片，用洗瓶自其上

方轻轻冲去多余的染液，注意不可洗去涂抹的菌膜部分；再加碘液染色1min，用水冲洗碘液，滤纸吸去多余水分；加95%酒精脱色25～30s，用水冲洗酒精，然后用滤纸吸干后再用碱性品红复染0.5～1min，用水冲洗复染剂，吸干。

(4)镜检　将制片依次用低倍镜、高倍镜找到观察部位，然后在细菌涂面上滴少许香柏油，再慢慢将油镜转下使其浸入油滴中，并由一侧注视，使镜头与玻片接触。观察时用微调螺旋慢慢将油镜向上提至观察物像清晰为止。检查完毕后，用擦镜纸蘸少许二甲苯轻拭镜头，除净镜头上的香柏油。

4. 实训报告

1)记录不同症状类型的细菌病害的特点。

2)记录植物细菌病害喷菌和染色的观察结果。

实训9　园林植物病毒及其他病原的形态观察

1. 实训目的

掌握植物病毒、植物病原线虫和寄生性种子植物所致病害的症状类型及其形态特点，为诊断植物病毒病、线虫病和寄生性种子植物病害奠定基础。

2. 实训材料和用具

材料：黄瓜花叶病毒病、蚕豆萎蔫病毒病、马铃薯卷叶病、菊花叶枯线虫病、花生根结线虫病、菟丝子和槲寄生等病害的新鲜材料或标本、病害症状照片等。

用具：显微镜、放大镜等。

3. 实训内容与方法

1)植物病毒病害

(1)褪色或变色　观察病毒引起的花叶、黄化和斑驳症状，注意叶片的颜色变化、厚薄是否均匀、有无皱缩。

(2)组织坏死　观察病毒引起的叶片枯斑以及茎和果实上的条纹或条斑症状。

(3)畸形　全株或部分器官表现各种畸形，观察病株与健株的形态差异，注意区分矮化与矮缩症状。

2)植物病原线虫

观察花生根结线虫和菊花叶枯线虫的危害症状，挑取花生根结线虫或菊花叶枯线虫制片镜检，镜检线虫的形态特征。

3)寄生性种子植物

(1)菟丝子属　观察寄生在植物上的菟丝子，注意茎的颜色，叶片、花和果实的颜色与形状，吸根的形状，菟丝子与寄主植物的导管和筛管连接的结构。

(2)列当属　观察危害瓜类的埃及列当或向日葵列当，注意其形态特征及其与寄主的寄生关系。

(3)槲寄生属　观察槲寄生的形态，注意其与菟丝子及列当的不同。

4. 实训作业

1)记录所示植物病毒病的病状类型及特点。

2)绘制观察到的植物病原线虫形态图。

任务 2.4 园林植物非侵染性病害识别

任务分析：园林植物在生长发育过程中，要求有一定的环境条件，当环境条件不适宜时，而且超出园林植物的适应和忍耐限度，园林植物的生理活动就会失调，在生理和外观上表现出异常，如失绿、矮化、甚至死亡，这些不利的环境条件便称为非侵染性病原。通过本任务的学习，要求学生掌握非侵染性病原的主要类型及其危害特点；能根据园林植物的受害表现识别园林植物常见非侵染性病害。

任务实施的相关知识

2.4.1 营养失调

植物在生长发育过程中需要氮、磷、钾、钙、镁等大量元素和铁、锰、锌、铜、硼等微量元素。营养失调包括营养缺乏、各种营养间的比例失调以及营养过量，这些因素可以诱使植物表现出各种病状（表 2－2）。

表 2－2 主要营养元素缺乏或过量所引起的症状

元素种类	缺乏症状	过量症状
氮(N)	从下部老叶开始黄化，植株矮小，分枝分蘖少，新叶淡绿，植株早衰，成熟提前，产量、品质下降	叶色浓绿，徒长，延迟成熟，茎叶变的柔软多汁，易受病虫侵染，易倒伏
磷(P)	从下部老叶开始，叶色变深，灰暗无光泽，植株矮小，果实和种子少而小，成熟延迟	植株变矮，叶片变肥厚，成熟提早
钾(K)	从下部老叶开始，叶片沿叶缘黄化并枯焦，似火烧	表现镁的缺乏症
钙(Ca)	从幼叶开始黄化，叶片顶端和叶缘生长受阻，叶片中部继续生长，出现扭曲症状	表现锰、铁、锌的缺乏症
铁(Fe)	从幼叶开始，叶肉黄化，叶脉保持绿色，后叶片逐渐变白，叶脉变黄，导致叶片死亡	表现锰的缺乏症
锰(Mn)	从幼叶开始，叶脉间失绿，严重时褪绿部分呈黄褐色，有时叶片发皱、卷曲，甚至凋萎	叶先端出现褐色或紫褐色小斑点，叶片变黄焦枯，植株矮化
锌(Zn)	从幼叶开始，叶片失绿、变小、密集丛生，节间缩短，植株矮小	叶片出现褐色斑点，表现缺铁、锰的缺乏症
铜(Cu)	叶片褪绿、坏死畸形及叶尖枯死，植株纤细	根伸长停止，表现铁的缺乏症

2.4.2 水分失调

植物正常的生理活动必须要有水的参加才能进行，它直接参与植物体内各种物质的转化和合成，也是维持细胞膨压、溶解土壤中矿物养分、平衡植物体温不可缺少的因素。因此水是植物的基本组成部分，植物叶、根、茎的含水量约为50%，也是植物生长发育不可缺少的条件。水分过多或过少都会导致病害的发生。

1）水分过多

土壤中水分过多，造成氧气供应不足，使植物的根部处于窒息状态，导致根部变色或腐烂，茎杆生长受阻，严重时植株死亡；地上部分叶片变黄、落叶、落花等症状。一般草本植物易受涝灾，尤其在幼苗期对水涝较敏感。

2）水分过少

在长期供水不足的情况下，一些肥嫩的器官，如水果、根菜等的一部分薄壁细胞转变为厚壁的纤维细胞，可溶性糖转变为淀粉，而降低品质。同时，生长受到抑制，各种器官的体积和重量减少，导致植株矮小细弱、叶片黄化凋萎，花芽分化少，早期落叶、落花、落果，严重时干枯死亡。

3）水分供应不均或变化剧烈

水分供应不均或变化剧烈可引起根菜类、甘蓝及番茄果实开裂，黄瓜形成畸形瓜，番茄发生脐腐病等。

2.4.3 温度不适

植物必须在适宜的温度范围内才能正常生长发育，过高或过低，超过植物的适应能力，生长就会受阻，产生病害。

1）高温

高温可使光合作用迅速减弱，呼吸作用增强，糖类积累减少，生长减慢，有时使植物矮化和提早成熟，并使植物的茎、叶、果等受到灼伤。保护地栽培通风散热不及时，也常造成高温灼伤。夏季的高温常使土壤表面温度过高而引起幼苗基部灼伤。

2）低温

0℃以上的低温造成的病害称为冷害。一些喜温植物以及热带、亚热带和保护地栽培的植物易产生冷害，当气温低于10℃就会出现变色、坏死和表面斑点，木本植物则出现芽枯、顶枯，植物开花期遇到较长时间的低温也会影响结实。0℃以下的低温导致的病害称为冻害，引起细胞内含物结冰，引起细胞脱水，或使原生质受到破坏，幼茎或幼叶出现水渍状暗褐色病斑，之后组织逐渐死亡，严重时整株植物变黑，干枯死亡。

3）变温

剧烈变温对植物的影响往往比单纯高、低温的影响更大。如昼夜温差过大，可以使木本植物的枝干发生灼伤或冻裂，尤其是树干的向阳面。

2.4.4 有害物质

1）环境污染物

环境污染物主要指空气、土壤、水源和酸雨的污染，对植物产生不良影响，严重时可导致植物死亡。大气污染尤其在工矿区，由于空气中含有过量的硫化物、氟化物、氯化物、氮氧化物、臭氧、粉尘及各种带金属元素的气体。土壤中残留农药、石油、有机酸、酚、氰化物及重金属时使植物根系生长受到抑制，影响水分吸收，叶片褪绿（表2－3）。

表 2-3 环境污染物种类、来源、敏感植物及引起主要症状

污染物种类	污染来源	敏感植物	主要症状
臭氧	空气中的光化学反应、风暴中心等	石竹、菊花、矮牵牛、丁香、柑橘及松等	叶面产生褪绿及坏死斑，有时植株矮化，提前落叶
二氧化硫	煤和石油的燃烧、天然气工业、矿石冶炼等	豆科植物、苹果、葡萄、桃及松等	生长受抑制，低浓度导致叶缘及叶脉间产生褪绿的坏死斑点，高浓度使叶脉间漂白
氢氟酸	铝工业、磷肥制造、钢铁厂、制砖业等	唐菖蒲、郁金香、石竹、杜鹃、桃等	双子叶植物的叶缘或单子叶植物的叶尖产生枯焦斑，病健交界处产生红棕色条纹
过氧酰基硝酸盐	空气中的光化学反应、内燃机的废气	大丽花、矮牵牛等	叶漂白，叶背呈铜褐色
氮化物	内燃机废气、天然气、石油或煤燃烧等	杜鹃、水杉、黑杉、白榆等	幼嫩叶片的叶缘变红褐色或亮黄褐色，低浓度时只抑制植物生长而无症状表现
氯化物	精炼油厂、玻璃工业、塑胶焚化等	月季、郁金香、百日草、紫罗兰、菊花等	主要危害新叶，在叶脉间产生边缘不明显的褪绿斑；严重时全叶变白，枯卷，脱落
乙烯	汽车废气、煤或油燃烧、后熟的果实	石竹、东方百合、兰花、月季、金盏菊等	叶片早衰，植株矮化，花果减少

2）农药、化肥、激素使用不当

化学农药和化学肥料若选用不当、施用方法不合理、使用时期不适宜或施用浓度过高等都会对植物造成药害。

⑴急性药害

施药后 2～3d 发生，表现为叶片出现斑点、穿孔、焦灼、枯萎、黄化、失绿、畸形、卷叶及落叶；果实出现斑点、畸形、变小和落果；花瓣出现枯焦、落花、落蕾、变色及腐烂；植株生长迟缓、矮化，茎杆扭曲，甚至全株死亡。植物的幼嫩组织或器官易发生此类药害。

⑵慢性药害

并不很快表现明显的症状，而是逐渐影响植株的正常生长发育，使植物生长缓慢，枝叶不繁茂，进而叶片变黄以至脱落。还表现为开花减少，结实延迟，果实变小，早期落果，品质下降，色淡味差，子粒不饱满和种子发芽率低等。

⑶残留药害

人们施药时总会有部分药剂落在地面或表土中，这些药剂有的可能分解很慢，在土壤中积累，待残留药物积累到一定程度，就会影响植物生长而表现药害。植物受残留药害显示的症状与慢性药害的症状相似。

任务2.5　园林植物侵染性病害的发生与流行

任务分析：园林植物侵染性病害的发生与流行，是园林生态系统中寄主植物与病原物在一定的外界条件下相互作用的结果。通过本任务的学习，要求学生了解病原物的寄生性、致病性与寄主植物的抗病性，熟悉园林植物侵染性病害的发生发展规律及流行的先决条件；能把握园林植物侵染性病害的薄弱环节，有效控制园林植物侵染性病害的发生、传播和蔓延。

任务实施的相关知识

2.5.1 病原物的寄生性与致病性

植物侵染性病害的发生，是寄主植物和病原物在一定的环境条件下相互斗争，最后导致植物生病的过程。因此，必须深入分析病原物、寄主植物和环境条件三个因素在各个环节中的相互作用，才能认识病害发生发展的实质。

1）病原物的寄生性

病原物的营养方式可分为自养和异养两大类。自养生物包括绿色植物和少数细菌，能够利用光能将无机化合物合成为自身需要的有机化合物。异养生物包括绝大部分微生物、少数种子植物和整个动物界，自身不能合成所需要的养料，必须从其他生物上获得现成的有机化合物作为自己的生活原料。异养生物获得营养的方式有2种，寄生和腐生。从活的寄主组织或细胞中获得营养物质称为寄生，从其他生物的尸体或其分解产物中获得营养物质称为腐生。

病原物的寄生性是指病原物从寄主活的组织和细胞中获得营养物质的能力。一种生物能生活在另一种生物的外表或内部，并从它体内获得赖以生存的主要营养物质，这种生物称为寄生物。供给寄生物必要生活条件的生物就是它们的寄主。寄生是生物的一种生活方式，植物病原生物都是寄生物，根据它们对寄主寄生程度的不同，分为4类：

⑴专性寄生物　寄生性最强的一类生物，只能从活的植物细胞和组织中获得所需要的营养物质，并在活的组织上完成其生活史，当寄主植物的细胞和组织死亡后，病原物也停止生长和发育。植物病原真菌中的锈菌、白粉菌、霜霉菌等，以及寄生植物的病毒、类病毒、植原体、线虫和种子植物都是专性寄生物。

⑵兼性腐生物　侵入活组织并在其中吸取营养，但组织死亡后可继续生长发育，营腐生生活。真菌中的许多叶斑病菌、外担子菌、外子囊菌、黑粉菌和细菌中的黄单胞杆菌，可以在人工培养基上生长，但往往生长不良。

⑶兼性寄生物　在侵入活组织之前，常分泌酶和毒素，将寄主细胞杀死，然后侵入并从中吸取营养，进行腐生生活，在适宜条件下也能进行寄生生活。如丝核菌、镰刀菌、腐霉菌和细菌中的青枯假单胞杆菌等，很容易在人工培养基上生长。

⑷专性腐生物　只能以死的生物有机体或无机物作为营养来源，不危害活的有机体，如许多木材的腐朽菌。

从寄主范围看，专性寄生物的寄主范围一般较窄，而兼性寄生物的寄主范围较宽。

2)病原物的致病性

病原物的致病性是指病原物所具有的破坏寄主和引起病害的能力。病原物对寄主的破坏性不仅表现在它大量夺取和消耗寄主的水分和养料，使寄主生长不良，而且在其寄生过程中分泌各种酶、毒素、有机酸和生长激素等，直接或间接改变寄主植物正常的新陈代谢，破坏植物细胞和组织，使寄主植物发生病变。

3)寄生性与致病性的关系

病原物寄生性强弱和致病性强弱之间没有一定的相关性。寄生性是病原物对寄主的依赖程度，而致病性是病原物对寄主植物破坏性的大小。病原物侵染植物引起植物组织或全株的死亡，其危害方式有两种类型。一类是直接破坏性很大，它在侵入寄主以前或侵入后不久，通过分泌一些胞外降解酶或毒素杀死寄主的细胞和组织，从中吸取营养，这类病原物为寄生性较弱的非专性寄生物，如一些引起腐烂病的病原物，常表现为腐烂、溃疡、斑点等。另一类是直接破坏性较小的寄生物，它侵入植物以后并不立即引起寄主组织和细胞的死亡，否则对其生存反而不利，常表现为褪色、畸形等，专性寄生物和寄生性较强的非专性寄生物属于这一类。

2.5.2 寄主植物的抗病性

抗病性是寄主植物抵御病原物的侵染以及侵染后所造成损害的能力。是植物与病原物在长期共同进化过程中相互适应和选择的结果，是寄主的一种属性，这种能力是由植物的遗传特性决定的，不同植物对病原物表现出不同程度的抗病能力。

1)免疫

在适合发病的条件下，寄主植物不被病原物危害，不表现可见症状的现象。病原物与寄主不能建立寄生关系，或建立了寄生关系但寄主抵抗作用强，使病原物无法扩展而死亡。

2)抗病

病原物能侵染寄主，并能建立寄生关系。由于寄主的抗逆反应，病原物被局限在很小的范围内，使寄主仅表现轻微症状。在这种情况下，病原繁殖受到抑制，对寄主的危害不大。抗病有高抗、中抗之分。

3)耐病

植物的耐病性是植物忍受病害的性能。在外观上，植物表现感病，但植物体的恢复补偿能力比较强，病害对产量和品质的影响较小。

4)感病

寄主植物受病原物侵染后发病较重，生长发育、产量、品质影响很大，甚至引起局部或全株死亡。发病很重称为严重感病。

5)避病

寄主植物感病期与病原物侵染期错开，或者缩短寄主植物感病部分暴露在病原物下的时间，从而避免或减少了受侵染的机会。

植物的抗病性不是固定不变的，其本身的变异和外界环境条件的影响，都可使抗病性增强或减弱。不断改善和加强栽培管理措施，才能保障植物生长健壮，对提高植物抗病性十分重要。不同种的植物或同种植物的不同品种、不同植株或同一植株的不同部位、不同发育阶段，其抗病性不完全相同。如苗木茎木质化之前易感染猝倒病，木质化后病菌就无法侵入。

植物生活力减弱就会导致抗病性下降。如杨树烂皮病只发生在生长衰弱的杨树上。外界环境不良，如偏施氮肥、温度不适、水分失调、光照不足等都会使植物生长衰弱或组织幼嫩而降低抗病性。

2.5.3 病原物的侵染过程

从病原物与寄主植物感病部位接触侵入，到引起植物表现症状所经历的全部过程，称为侵染程序，简称病程。病程是一个连续的过程，一般分为接触期、侵入期、潜育期和发病期4个阶段。

1）接触期

从病原物同寄主接触到开始入侵之前的一段时间称接触期。接触期能否顺利完成，受到外界各种复杂因素的影响，如大气的温度、湿度、光照，叶面的温湿度及渗出物，由气孔排出的挥发性物质，还有叶面微生物群落对病原物的拮抗作用和刺激作用等因子的影响。病原物必须克服各种不利因素才能侵入到寄主体内。

接触期的长短因病原物种类不同而有差异。病毒、植原体和类病毒的接触和侵入是同时完成的，细菌从接触到侵入几乎是同时完成的。真菌接触期的长短不一，在适宜的环境条件下，从孢子接触到萌发侵入，几小时就可以完成。也有些真菌的接触期长达数月。

2）侵入期

病原物从侵入寄主开始，到与寄主建立寄生关系为止的一段时间，称为侵入期。

⑴侵入途径

①自然孔口侵入　植物上的自然孔口包括气孔、水孔、皮孔、芽眼、柱头、蜜腺，其中皮孔和气孔是最重要的。部分寄生性较强的细菌（如假单胞杆菌、黄单胞杆菌）、某些真菌和少数线虫是从自然孔口侵入。

②伤口侵入　植物表面的碰伤、擦伤、雹伤、剪锯伤、嫁接伤等机械损伤，虫伤、冻伤、日灼、病伤等自然伤，叶痕、果柄痕、枯芽、裂果等生长伤都可能成为病原物的侵入途径。其中病毒、类病毒、植原体只能从不导致细胞死亡的微小伤口侵入或通过昆虫刺吸所致的伤口侵入；寄生性较弱的细菌（如野杆菌、欧氏杆菌）、兼生真菌、内寄生植物线虫多从伤口侵入。

③直接侵入　真菌的孢子萌发后，可借助芽管的机械压力或酶的分解能力，直接穿透植物的角质层或表皮层而侵入植物体内，寄生性种子植物以胚根直接穿透枝干皮层，少数植物线虫以口针从表皮直接侵入。

⑵侵入所需时间和数量

病原物侵入所需时间一般很短，病毒、类病毒、植原体和部分细菌接触即可侵入，真菌需经过萌发、产生芽管等过程，一般需要几小时。侵入所需的个体数量在不同病原物之间差异很大，有些真菌、细菌、线虫等可以借助单个接种体侵染，有些则需要一定数量的个体才能成功侵染。

⑶侵入与环境条件的关系

病原物能否顺利的侵入寄主，取决于是否有适宜的环境条件。环境条件既对寄主植物的抗病性有一定影响，同时也影响着病原物的侵入活动。环境条件中，影响最大的因素是湿度和温度。大多数真菌孢子的萌发，细菌及游动孢子的游动与繁殖，都必须在水滴中进行。适宜的温度可以促进真菌孢子的萌发，并缩短入侵所需的时间。此外，光照、营养物质对病原物的侵入也有一定影响。

3)潜育期

从病原物与寄主建立寄生关系开始，到寄主表现明显症状为止的一段时期，称为潜育期。潜育期是病原物在寄主植物体内生长、蔓延、扩展和获得营养物质与水分的时期，也是病原物与寄主进行激烈斗争和相互适应的时期，病原物只有克服了寄主的反抗力，建立起稳定的寄生关系，症状才逐渐表现出来。

各种病害潜育期长短不同，这与病原物特性，寄主的生长情况和抵抗力及环境条件有密切关系。有些可长达2年以上，有些仅为几天或几小时。病毒、类病毒、植原体为3～27个月，真菌时间短，常见的叶斑病为7～15d，幼苗立枯病只有几个小时。环境条件中以温度影响最大，在适宜发病的条件下，温度越高，潜育期越短，发病流行越快。如毛白杨锈病13℃以下为18d，15℃～17℃为13d，20℃为7d。

4)发病期

寄主症状出现到病害进一步发展的一段时期称为发病期。在这时期，寄主表现各种病状和病征。病征的出现一般就是再侵染病原的出现，如果病征产生得稠密，标志着大量病原物存在，病害就有大发生的可能。发病期是病原物大量繁殖、扩展危害的时期，许多病害症状不仅表现在病原物侵入和蔓延的部位，有时还可以影响到其他部位，甚至引起整株的死亡。在湿度较大的条件下，大多数真菌和细菌引起的病害扩展速率快，并在病部产生大量的繁殖体或营养体，造成病害的大面积流行。

2.5.4 病害的侵染循环

侵染循环是指病害从植物的前一个生长季节开始发病到下一个生长季节再度发病的过程。主要包括以下三个环节:

1)病原物的初侵染和再侵染

经越冬或越夏后的病原物，在植物开始生长后引起的第一次侵染，称为初侵染。在同一个生长季节里，受到初侵染的病株上产生的病原物，继续传播到其他植株侵染危害，称为再侵染。初侵染一年只发生一次，再侵染一年可发生多次。

在植物病害中，仅有少数病害只有初侵染而无再侵染，这类病害的潜育期较长，在生长季节不会扩大蔓延，严重程度决定于病害越冬后初侵染的数量，如玉米丝黑穗病、黑粉病、梨锈病、寄生性种子植物等，只要消灭初侵染来源，一般就能得到防治。

大部分病害有初侵染，并有多次再侵染，潜育期短，若条件有利，常常连续不断的再侵染发展蔓延扩大危害，引起病害的流行，病害的严重程度决定于初侵染的数量和再侵染的次数，如各种炭疽病、白粉病、黑斑病等，既要采取措施减少和消灭初侵染来源，还要防止其再侵染。

2)病原物的越冬或越夏

病原物的越冬或越夏是指病原物在一定场所度过寄主休眠阶段保存自己的过程。病原物越冬或越夏的场所就是初次侵染的来源。病原物休眠在冬季称为越冬，休眠在夏季称为越夏。在这段时间里，病原物多数不活动。掌握了病原物在什么场所度过严冬或盛暑后，便可设法采取各种措施加以控制，以减少侵染来源，避免或减轻下个生长季节病害的发生。病原物越冬或越夏的场所有以下几个方面:

(1)田间病株

病原物可以在多年生、二年生或一年生的寄主植物上越冬越夏。绝大多数病原菌都在病枝干、病根、病芽组织内潜伏越冬。柑橘溃疡病和各种炭疽病都是以菌丝体或细菌个体在病组织中越冬，到下一个生长季节时，田间病株上的病原物恢复生长，并侵染植物形成新的病害出现。有些病毒可在栽培或野生的中间寄主上越冬越夏。对许多园林植物来说保护地的病株也是病原物越冬的场所。因此，及时消除病株是防止发病的重要措施之一。

(2)种子和其他繁殖材料

许多病原物可以在种子、苗木、接穗及繁殖材料(块根、块茎、鳞茎、球茎)上越冬，成为初侵染源。种子带菌一般是收割时混杂在种子间、或附着在种子表面、或以菌丝潜伏在种皮内、或以孢子及孢子器附着在种子表面。此外，还可以随繁殖材料的调运传入新区。因此，选用无病的繁殖材料和种植前进行种子接穗消毒及苗木处理极为重要。带有病原物的种子和其他繁殖材料在播种或移栽后即可在田间形成发病中心。

(3)病株残体

病株残体包括枯枝、落叶、烂皮、落花、落果、死根，对病原物起到一定的保护作用，增强其对恶劣环境的抵抗力，又提供了营养条件，作为形成繁殖体的能源，次年春天产生大量孢子成为初侵染来源。当残体分解和腐烂后其中的病原物往往也逐渐死亡和消失。因此，深耕翻土、合理轮作、处理病株残体、改变环境条件，是消灭土壤中病原物的重要措施。

(4)土壤和有机肥

土传病害或植物根部病害，土壤是最重要或唯一的侵染来源，真菌以厚垣孢子、菌核、菌索等在土壤中休眠越冬，有的可存活数年之久；有些以腐生方式在土壤中存活(腐霉菌、丝核菌)。细菌不会存活多久，残体分解后就会死亡。病原物可随同病株残体混入有机肥中，如作物秸秆、谷糠、枯枝落叶、杂草等残体都是堆肥、垫圈和沤肥的好材料，病菌常随各种残体混入肥料越冬越夏。有机肥在未充分腐熟的情况下，即可成为多种病害的侵染来源。或用病残体做饲料，不少病原物的休眠孢子通过牲畜的消化道后仍保持侵染能力。因此对越冬场所加以控制或消灭是防治中争取主动的有力措施，收集并烧毁带病枯枝落叶或深埋，肥料必须充分腐熟后才能使用，避免用带菌病株作生饲料喂牲畜。

(5)昆虫及其他传播媒介

昆虫及其他介体是病毒和细菌等病原物的传播介体，也是这些病原物的越冬场所，及时防虫即可减轻病害发生。

3)病原物的传播

在越冬或越夏场所的病原物必须经过一定的途径才能传播到寄主植物上，引起初侵染和再侵染，病原物的传播是侵染循环各个环节联系的纽带，包括从有病部位或植株上传到无病的部位或植株上，从有病地区传到无病地区，通过传播，植物病害得到扩展蔓延和流行。每种病原物都有一定的传播方式，可分为主动传播和被动传播两种。

(1)主动传播

主动传播是靠病原物自身的活动进行传播。如线虫在土壤和寄主上蠕动传播；部分能产生游动孢子的真菌和有鞭毛的细菌可在水中游动传播；真菌的菌丝、菌索能在土壤中或寄主上生长蔓延；菟丝子通过茎蔓的生长而扩展等。这种传播方式有利于病原物主动接触寄主，但传播的距离和范围是极有限的，仅对病原物的传播起一定的辅助作用。

⑵被动传播

绝大多数病原物都是依靠外界动力包括自然因素和人为因素而被动传播的。自然因素如借助风、雨、流水、昆虫的传播。人类在从事农事活动和农产品、种苗运输过程中，可携带病原物作远距离传播，造成病区扩大和新区的形成。被动传播主要有以下几种：

①气流传播　最常发生的一种传播方式。真菌孢子数量多，体小质轻，最适合气流传播。病原物的传播距离不等于病菌侵染的有效距离，大部分孢子在传播途中死亡，活孢子若遇不到合适的感病寄主和适宜的环境条件，也不能侵染。但气流传播一般覆盖面积大，常易引起病害的流行。此外，附着在土壤或病组织的细菌、病毒、线虫和寄生性种子植物的极小种子也可以随风传播。

②水流传播　雨水和流水可将混在胶质物中的真菌孢子和细菌得以溶化分散，并随水流、雨滴飞溅、雨露流淌、灌溉水、雨水流动来传播，雨水还可以将空中悬浮或移动的孢子打落在植物体上。但传播距离不及气流传播远。

③昆虫及其他动物传播　危害植物的害虫种类多，数量大，也是多种病害的传播媒介。在携带病原物危害植物的同时接到所造成的伤口中。病毒、植原体、类病毒、真菌、细菌、线虫都可以借助昆虫传播，尤其以蚜虫、叶蝉、飞虱、木虱传播多。鸟类可传播寄生性种子植物。

④人为传播　通过农事操作（施肥、灌溉、播种、移栽、修剪、嫁接、整枝、打杈、脱粒等）、种苗及繁殖材料和农产品、包装材料的远距离调运可造成病害的远距离传播。由于人类活动的内容范围很广，受自然条件或地理因素的限制很小，因此人为因素传播病害的危害性最大。

2.5.5 植物病害的流行

植物病害在一个时期或一个地区大面积发生，造成经济上的严重损失，称为病害的流行。病害的侵染过程反映了个体发病规律，病害流行则反映了群体发病规律，它是病害预测预报和大面积防治的理论基础。

1）病害流行的条件

⑴大量易于感病的寄主植物

大面积单一种植感病品种是病害流行的先决条件。感病寄主植物的数量和分布是病害是否流行和流行程度轻重的基本因素。感病寄主群体越大，分布越广，病害流行的范围越大，危害越重。尤其是大面积种植同一感病品种，即品种单一化，会造成病害流行的潜在威胁，易引起病害的流行。

⑵大量致病力强的病原物

只有初侵染无再侵染的病害，病原物越冬或越夏的最初数量，对病害的流行起着决定性的作用。对于具有再侵染能力的病原物，如果有大量休眠体过冬，当遇到适宜的环境，使初侵染和早期的几次再侵染能够顺利进行，而且病程短，重复再侵染的次数多，就能迅速地积累大量的病原物，引起病害的广泛传播和流行。在一个生长季节，病原物的连续侵染可使病原物迅速积累，感病植物的长期连作、病株及残体不加以清除或处理不当，均有利于病原物的大量积累。从外地传入的新病害由于栽培区的寄主植物对其缺乏适应能力，从而表现出极强的侵染力，常造成病害的流行。园林植物调拨十分频繁，要十分警惕新病害的发生。

⑶适宜病害大量发生的环境条件

在前两个因素具备的前提下，病害能否流行，在很大程度上取决于环境条件是否适宜病害的流行。环境条件主要是气候条件、栽培条件和土壤条件，其中以气候条件最为重要，它包括温度、湿度、光照等。湿度又比温度的影响更大。大多数病原物一定要在适宜湿度条件下，才能容易繁殖、传播和侵入。往往雨水多的年份，常引起许多病害的流行。此外，栽培条件、种植密度、水肥管理、土壤理化性状、土壤微生物群落与局部地区病害流行也有密切关系。尤其园林植物保护地栽培面积的扩大，园林植物复种指数提高，使病原物及传播介体有了更好的越冬场所，初侵染来源大大增加。

2）植物病害流行的类型

根据病原物的性状和病害侵染循环的不同，植物病害流行的类型可分为以下两种类型。

⑴单循环病害

单循环病害是指在病害循环中只有初侵染而没有再侵染，或者虽有再侵染但作用很小的病害。此类病害多为种传或土传的全株性或系统性病害，其自然传播距离较近。病原物可产生抗逆性强的休眠体越冬，越冬率较高，较稳定。寄主的感病期较短，潜伏期长，在病原物侵入阶段易受环境条件影响，侵入成功后受环境条件影响小。此类病害在一个生长季节中菌量增长幅度虽然不大，但能够逐年积累，稳定增长，若干年后将导致较大的流行，因而也称为“积年流行病害”。

⑵多循环病害

多循环病害是指在一个生长季节中病原物能够连续繁殖多代，从而发生多次再侵染的病害。这类病害绝大多数是局部侵染的，多为植株地上部分的叶斑病类。寄主的感病期长，病害的潜育期短。病原物的增殖率高，但其寿命不长，对环境条件敏感，在不利条件下迅速死亡。病原物越冬率低而不稳定，越冬后存活的菌量(初始菌量)不高。多循环病害在有利的环境条件下增长率很高，病害数量增幅大，具有明显的由少到多、由点到面的发展过程，可以在一个生长季节内完成菌量积累，造成病害的严重流行，因而又称为“单年流行病害”。

任务2.6　园林植物病害的诊断

任务分析：园林植物病害的种类很多，各种不同病害的发生规律和防治方法都不一样，病害诊断的目的是查明植物发病的原因，确定病原的种类，再根据病原特征和发病规律对症下药，及时有效地进行防治。通过本任务的学习，要求学生熟悉植物病害诊断的程序，掌握植物病害诊断的方法；能准确识别和诊断园林植物常见病害。

任务实施的相关知识

2.6.1 园林植物病害诊断的程序

1）田间观察与症状识别

田间现场诊断，实地进行调查了解。观察田间病害分布情况，病害发生与当地气候、地势、肥水、农药的关系。

首先要区别是伤害还是病害，再区别是侵染性病害还是非侵染性病害。然后仔细观察病害发生的范围、病状类型、有无病征出现，根据典型症状，准确诊断、识别其致病原因。如病毒病虽无病征，但有花叶、丛矮等明显病状，容易识别。

但是，有些病害由于受时间和条件限制，其症状特点不够明显，难以鉴别，必须进行连续观察或人工保湿培养，用显微镜检查病原物或进行传毒接种鉴定。

2）室内病原鉴定

对于某种病害的鉴定，仅用肉眼对症状的观察并不能确诊。由于不同的病原可产生相似症状，病害的症状也可因寄主和外界条件而有变化。可借助扩大镜、显微镜或保温保湿培养等不同手段，对病原物做进一步鉴定。对于新发生的病害或疑难病害，必须进行人工诱发试验，使健康的植株产生相同的症状。

2.6.2 园林植物病害诊断的方法

1）非侵染性病害的诊断

非侵染性病害是由于受不良环境条件所致引起的，与气候、地势、土质、施肥、灌溉、喷药等有关。根据症状表现，可针对性进行治疗，植株病态可消失并恢复正常。一般通过田间观察、考察环境条件、栽培管理措施，必要时分析土壤的 pH 值、植物所含的营养元素、有毒物质等。

非侵染性病害往往具有以下特点：病害在田间分布具有规律性，一般比较均匀，往往同时大面积成片发生，表现同一症状。病害不传染，没有中心病株，没有从点到面的扩展过程，没有逐步侵染扩散的现象。只有病状，无病征，常造成变色、枯死、落花、落果、畸形、生长不良等现象。除了灼伤和药害，通常会全株发病，与环境条件、栽培管理措施等密切相关。

2）侵染性病害的诊断

侵染性病害往往具有以下特点：具有传染性，在田间发生时，一般呈分散状分布，具有明显的由点到面，即由一个发病中心逐渐向四周扩大的发展过程。有些病害在田间的扩展与某些昆虫有联系。地方性常见病害的严重发生往往与当年的气候条件、植物品种的抗性丧失和布局有关。

(1)真菌性病害的诊断

大多数真菌性病害，一般到发病后期在发病部位都会产生病征，它们是真菌的繁殖体，如各种颜色的霉状物、粉状物、锈状物、粒状物、菌核、菌索、伞状物等。根据病状特点，结合病征的出现，用扩大镜观察病部病征类型，确定病害种类。如果病部表面病征不明显，可将病组织用清水洗净后，经保温保湿培养，使病部长出菌体后制成临时玻片，用显微镜观察病原形态。

(2)细菌性病害的诊断

细菌性病害的症状主要有斑点、条斑、溃疡、萎蔫、腐烂及畸形等类型。病斑多表现为急性坏死型，多数叶斑受叶脉限制呈多角形或近圆形，病斑初期呈半透明水渍状，边缘常有褪绿的黄晕圈。细菌性病害出现的有些病状与真菌病害相似，容易混淆，有时不能作为诊断的主要依据，但多数细菌病害有一个共同特点，即在发病后期，当气候潮湿时，从病部的气孔、水孔、皮孔及伤口处溢出细菌的黏状物，干后成黄色胶粒状物或灰白色菌膜。

由于植物细菌病害的种类很多，单凭症状诊断是不够的，还需要检查病组织中是否有细菌存在。简易的检查方法是：

①产生各种叶斑或叶枯型的细菌病害　切取小块病健交界处的组织制成玻片，在显微镜下观察，如在切口处有云雾状细菌溢出，说明是细菌性病害。

②萎蔫型细菌病害　可剖开病茎，即见维管束变褐色，或切断病茎，用手挤压，出现混浊的液体为细菌性病害。利用这个特点可与真菌性枯萎病区别。也可将病组织洗净后，剪下一小段，在盛有水的瓶里插入病茎或在保湿条件下经一段时间，从切口处有混浊的菌脓溢出。

③腐烂型细菌病害　一个重要的特点是腐烂的组织黏滑且有臭味。对于疑难的细菌病害和新的病害，必须进行分离、培养和接种试验来作出正确诊断。

(3)病毒病的诊断

病毒病害只有病状没有病征，常引起花叶、黄化、丛枝、矮化、畸形、坏死等病状；病状以叶片和幼嫩的枝梢表现最明显，病株常从个别分枝顶端开始，逐渐扩展到其他部位；感病植株多为全株性发病，少数为局部性发病；田间病株多是分散、零星发生，无规律性。如果是接触侵染或昆虫传播的病毒，分布较集中。

病毒病的症状有些类似于非侵染性病害，诊断时要仔细观察和调查，必要时还需采用汁液摩擦接种、嫁接传染或昆虫传毒等接种试验，以证实其传染性，这是诊断病毒病的常用方法。

(4)植物线虫病害的诊断

线虫多数引起植物地下部分发病，病害是缓慢的衰退症状，很少有急性发病。通常表现的症状为病部产生虫瘿、肿瘤、茎叶畸形、叶尖干枯、须根丛生及植株生长衰弱，类似营养缺乏症状。

鉴定时，可剖切虫瘿或肿瘤部分，用针挑取线虫制片或用清水浸渍病组织，或做病组织切片镜检。有些植物线虫不产生虫瘿和根结，可通过漏斗分离法或叶片染色法检查，根据线虫的形态特征、寄主范围等确定分类地位。必要时可用虫瘿、病株种子、病田土壤等进行人工接种。

(5)寄生性种子植物的诊断

形态与寄主植物有明显区别，很容易诊断。

2.6.3 园林植物病害诊断时的注意事项

1)症状的稳定性和复杂性

植物病害的症状虽有一定的稳定性，但还表现有一定的变异性和复杂性，即病害发生在初期和后期症状往往不同。由于生长环境和栽培管理的不同，症状的表现也不相同，例如腐烂在潮湿环境下为湿腐，在气候干燥时为干腐。有时不同的病原物在同一寄主上也表现出相似的症状，如缺素症往往与病毒、类病毒、植原体引起的病害症状形似。寄主不同生育期、不同发病部位也会表现不同症状，不同的寄主上症状也不相同，若不仔细观察，常得不到正确的结论。

2)病原菌与腐生菌的混淆

许多植物的病部，往往检查到多种病原菌。如柑桔溃疡病常在老病斑上有霉状物，并非真正的病原菌；植物在生病以后，往往容易被腐生菌着生其上，诊断时要取新鲜的病组织进行检查，避免造成混淆和误诊。

3)病害与虫害、伤害的区别

病害与虫害、伤害的主要区别在于前者有病变过程，但也有例外的。如蚜虫在嫩叶上危害后引起叶片皱缩，应注意区分。

4）侵染性病害与非侵染性病害的混淆

侵染性病害中的病毒病与非侵染性病害的症状类似，必须通过调查、鉴定、接种等途径加以诊断。

相关技能训练

实训10　园林植物病害的诊断

1. 实训目的

结合生产实际，通过对当地园林植物发病情况的观察与诊断，逐步掌握各类园林植物病害的发生情况及诊断要点，熟悉病害诊断的一般程序，了解植物病害诊断的复杂性和必要性，为植物病害的调查研究和防治提供依据。

2. 实训材料和用具

材料：田间各类侵染性病害与非侵染性病害现场、记录本、相关参考书籍等。

用具：显微镜、载玻片、盖玻片、培养皿、放大镜等常规用具。

3. 实训内容与方法

1）非侵染性病害的诊断

田间观察，了解是否是环境条件、栽培管理等因素引起的症状，对初步判断为非侵染性的病害，用放大镜仔细检查病部表面，或将表面消毒的病组织经保湿保温培养，检查有无病征，非侵染性病害没有病征。结合地形、地势、土质、施肥、灌溉等环境条件，了解发病前后一段时间气候因子的变化和相关的农事操作，分析园林植物所含的营养元素及土壤酸碱度、有毒物质等的影响，必要时可进行营养诊断和治疗试验、温湿度等环境影响试验，以明确病原。

2）侵染性病害的诊断

(1)真菌性病害诊断

真菌引起的病害几乎包括了所有的病害症状类型。除了具有明显的病状外，真菌病害的主要标志是在被害部位或早或迟都会出现病征，如各种颜色的霉状物、粉状物、锈状物、颗粒状物等，一般根据这些症状特点，就可初步诊断为真菌病害。由于不同的病原真菌可以引起相似的症状，所以病害诊断应以病原物的鉴定为依据。对病部不容易产生病征的真菌病害，可取植物的发病部位用清水洗净后，放在保湿器中置20℃～23℃的条件下培养1～2d后，再做检查和鉴定。必要时进一步进行人工接种试验。

(2)细菌病害诊断

田间观察时若发现其症状是坏死、溃疡、萎蔫、穿孔、腐烂、畸形等，但其共同的特点是植物的发病部位在气候潮湿时从病部的气孔、水孔、皮孔及伤口处有大量黏稠状菌脓溢出，可以判断为细菌性病害，这是诊断细菌病害的主要依据。若菌脓不明显，可切取小块病健交界处的部分组织，放在载玻片的水滴中，盖上盖玻片，用手指压盖玻片，将病组织中的菌脓压出病组织外，然后将载玻片对光检查，看病组织的切口处有无大量菌脓呈云雾状溢出，这是区别细菌病害与其他病害的简单方法。

(3)病毒病害诊断

植物病毒病的特点是有病状没有病征，常引起花叶、黄化、条纹、畸形、坏死等特异性病状，田间比较容易识别，但有时常与一些非侵染性病害相混淆，因此诊断时应注意病害在田间的分布。发病与地势、土壤、施肥、传毒昆虫等有关，症状特点及其是否有从点到面的传染现象等进行诊断。当不能诊断时，要采用汁液摩擦方法进行接种试验。

(4)线虫病害诊断

线虫病害主要诱发植物生长迟缓、植株矮小、色泽失常等现象，并常伴有茎叶扭曲、枯死斑点，以及虫瘿、叶瘿和根结瘿瘤等的形成。通过对有病组织的观察、解剖镜检或用漏斗分离等方法可以查到线虫，从而进行正确的诊断。

(5)寄生性种子植物诊断

寄生性种子植物比较简单，不论是全寄生还是半寄生性种子植物均与寄主植物有明显的形态区别。

4. 实训作业

1）填写田间常见园林植物病害诊断记录表。

表2－4　田间常见园林植物病害诊断记录表

寄主植物名称	病害名称	病害症状

2）园林植物病害诊断有哪些程序？诊断中应注意哪些问题？

复习思考题

一、名词解释

园林植物病害；病理程序；病害症状；病原物的寄生性；病原物的致病性；病害流行；侵染过程；侵染循环

二、填空题

1. 园林植物感病后，按发病顺序，首先是________，继而是________，最后是________。

2. 园林植物病害常见的病状类型有________、________、________、________、________等。

3. 园林植物病害常见的病征类型有________、________、________、________、________等。

4. 感病植物在外部形态上发生的病变特征称为________。

5. 病原物在寄主植物发病部位产生的繁殖体和营养体等结构称为________。

6. 真菌的营养体是________，真菌的繁殖体是________。

7. 闭囊壳外________的形态和闭囊壳内________是白粉菌分类的依据。

8. 典型的锈菌生活史可分为5个阶段，顺序产生5种类型的孢子，即________、________、________、________和________。

9. 细菌以________方式进行繁殖，在26℃～36℃的适宜条件下，大约________min增殖1次。

10. 病毒结构简单，由________和________组成。

11. 根据寄生性种子植物对寄主植物的依赖程度，分为________和________。

12. 病程可以划分为 ________、________、________ 和 ________ 4 个时期。

13. 病原物传播的主要途径是 ________、________、________ 和 ________ 传播。

14. 病原物越冬或越夏的场所有 ________、________、________、________、________ 等。

15. 园林植物病害的流行需要 ________、________ 和 ________ 3 大条件。

三、选择题

1. 判断受害植物是否发生了病害，主要是根据是否具有(　　)。
A. 病理程序　　B. 病状　　C. 病原物　　D. 病症

2. 不属于园林植物病害的是(　　)。
A. 杨树烂皮病　　B. 丁香白粉病　　C. 郁金香碎色病　　D. 丁香花叶病

3. 非侵染性病害是因环境条件不适宜所致，属于非侵染性病害的是(　　)。
A. 植物缺素症、冻害、毛白杨锈病　　B. 杨树腐烂病、螨类病害
C. 动物咬伤、机械损伤、菟丝子　　D. 害虫刺伤，风害

4. 真菌的繁殖方式为(　　)。
A. 裂殖　　B. 复制　　C. 二均分裂　　D. 无性和有性

5. 接合菌亚门真菌无性繁殖产生的孢子是(　　)。
A. 接合孢子　　B. 孢囊孢子　　C. 游动孢子　　D. 分生孢子

6. 子囊菌有性阶段产生(　　)。
A. 游动孢子　　B. 卵孢子　　C. 孢囊孢子　　D. 子囊孢子

7. 植物细菌病害的病征是(　　)。
A. 菌脓状物　　B. 霉状物　　C. 粉状物　　D. 粒状物

8. 植物病原细菌都为(　　)。
A. 球状　　B. 螺旋状　　C. 杆状　　D. 短杆状

9. 病毒侵入寄主植物的途径为(　　)。
A. 自然孔口　　B. 伤口侵入　　C. 直接侵入

10. (　　)常引起贮藏期种实、球根、鳞茎等器官腐烂发霉。
A. 白锈菌　　B. 子囊菌　　C. 毛霉菌和根霉菌　　D. 黑粉菌和锈菌

11. 白粉菌、锈菌、病毒等是一类活养生物，它们的营养方式是(　　)。
A. 专性寄生　　B. 腐生　　C. 自养　　D. 兼性寄生

12. 任何植物病害的侵染循环，至少有(　　)。
A. 一个侵染过程，即初侵染　　B. 两个侵染过程，即初侵染和再侵染
C. 多个侵染过程，即一次初侵染和多次再侵染　　D. 两次初侵染

四、问答题

1. 植物病害有哪些病状和病征？
2. 比较真菌病害、细菌病害和病毒病害在侵入途径、传播方式和越冬场所上的异同。
3. 植物病原真菌有哪些类群？各类群有何主要特征？其致病特点如何？
4. 哪些因素可以引起园林植物的非侵染性病害？
5. 如何区分侵染性病害和非侵染性病害？
6. 植物病害流行必须具备哪些基本条件？

◇ 项目3 园林植物病虫害田间调查及标本制作

【知识目标】

●掌握园林植物病虫害的调查及取样方法。

●掌握调查数据的统计方法。

●掌握园林植物病虫害的预测预报技术。

●掌握园林植物昆虫标本的采集与制作方法。

●掌握园林植物病害标本的采集与制作方法。

【技能目标】

●能编写园林植物病虫害调查报告。

●会园林植物病虫害的预测预报。

●会制作各类昆虫的针插标本、浸渍标本和生活史标本。

●会制作病害的干制标本和浸渍标本。

●能熟练配制各类标本保存液。

任务3.1 园林植物病虫害田间调查

任务分析:开展植物病虫害调查是获取某一区域病虫害发生与危害程度的关键。病虫害调查一般分为普查和专题调查。普查是对某一地区植物病虫害的种类、发生时间、危害程度、防治情况的调查。专题调查是对普查中发现的重要病虫害进行针对性调查。通过本任务的学习,要求学生掌握病虫害的调查及取样方法、调查数据的统计方法及病虫害的预测预报技术;能编写园林植物病虫害调查报告。

任务实施的相关知识

3.1.1 园林植物病虫害的田间调查

1)调查目的

园林植物病虫害调查的目的,是为了及时准确地掌握病虫发生种类、数量、分布、面积、危害程度、发生发展规律和防治效果的重要手段。田间调查记录、积累的资料是分析病虫发生情况、估计病虫危害损失、病虫害预测预报和制定病虫防治方案的科学依据。

2）调查方法

园林植物病虫害调查可分为普查和专题调查，普查主要是了解某一地区植物病虫害的种类、分布及危害等情况，记载的项目不必很细；而专题调查是在普查的基础上，选择重要的病虫害，进行深入细致的调查，要求调查次数多，记载准确详细，以便进行深入分析。调查方法可分为准备工作、踏查、样地调查、调查资料的统计与整理。

⑴准备工作

在调查工作开始之前，应先收集被调查地区的自然地理概况、经济状况；拟定调查计划、切实可行的调查方法；设计好调查用表，准备好调查所用仪器、工具等。

⑵踏查

踏查又称概况调查或线路调查，是在较大范围内（地区、省、花圃、苗圃）进行的普遍调查。目的是要查明病虫害种类、数量、分布、危害程度、危害面积、蔓延趋势和导致病虫害发生的一般原因。

踏查时可沿人行道或自选路线进行，尽可能通过调查地区的不同植物地块及有代表性的不同状况的地段。每条路线之间的距离一般在100～300m之间。采用目测法边走边查，踏查时应注意线路两侧30m范围内各项因子的变化，绘制主要病虫害分布草图并填写踏查记录表（表3－1）。

表3－1 园林植物病虫害踏查记录表

<table>
<tr><td colspan="6">调查日期</td><td colspan="4">调查地点</td></tr>
<tr><td colspan="6">绿地概括</td><td colspan="4">卫生情况</td></tr>
<tr><td colspan="6">调查总面积</td><td colspan="4">被害总面积</td></tr>
<tr><td rowspan="2">树种</td><td rowspan="2">被害面积</td><td rowspan="2">病虫种类</td><td rowspan="2">危害部位</td><td rowspan="2">危害程度</td><td rowspan="2">分布状况</td><td colspan="3">天敌调查</td><td rowspan="2">备注</td></tr>
<tr><td>寄主情况</td><td>天敌种类</td><td>数量及寄生率</td></tr>
<tr><td></td><td></td><td></td><td></td><td></td><td></td><td></td><td></td><td></td><td></td></tr>
</table>

其中，绿地概况的调查包括花木组成、地形地势、管理状况等；病虫的分布状况分单株分布（单株发生病虫害）、簇状分布（被害株3～10株成团）、团状分布（被害株面积大小呈块状分布）、片状分布（被害面积达50～100m^2）、大片分布（被害面积超过100m^2）。危害程度常分轻微、中等、严重3级记载，分别用“＋”、“＋＋”、“＋＋＋”符号表示。分级标准常因病虫种类的不同而异（表3－2）。

表3-2 危害程度划分标准表

危害部位		轻微(+)	中等(++)	严重(+++)
种实(个)	虫害	5%以下	6%~15%	16%以上
	病害	10%以下	15%~25%	26%以上
叶部(片)	虫害	15%以下	15%~30%	31%以上
	病害	10%以下	15%~25%	26%以上
枝梢(梢)	虫害	10%以下	10%~25%	26%以上
	病害	15%以下	15%~25%	26%以上
根部和枝干(株)	虫害	5%以下	5%~10%	11%以上
	病害	10%以下	11%~25%	26%以上

(3)样地调查

样地调查又称详细调查或标准地调查。它是在踏查的基础上，对主要的、危害较重的病虫种类，设立样地进行调查，目的是精确了解和掌握病虫害数量、危害程度，并对病虫害的发生环境因素作进一步的分析与研究。

①抽样方法　在大面积调查病虫害时，不可能对所有植株进行全面调查，一般要选有代表性的样地，从中取出一定的样点抽查，用部分来估算总体的情况。抽样要有代表性，应根据被调查田地的大小、植物特点，选取一定数量的样地。$1m^2$ 为一个样地，样地面积一般占调查总面积的0.1%~0.5%，苗圃及花圃地应适当增加。

②虫害调查　在样地确定后，选取一定数量的样株，逐株调查其虫口数，最后统计虫口密度和有虫株率。虫口密度是指单位面积或单个植株上害虫的平均数量，它表示害虫发生的严重程度;有虫株率指有虫株数占调查总株数的百分比，它表示害虫在绿地内分布的均匀程度。计算公式分别为：

$$\text{虫口密度(头/㎡)}=\frac{\text{调查总活虫数}}{\text{调查总面积}}$$

$$\text{单株虫口密度}=\frac{\text{调查总活虫数}}{\text{调查总株数}}$$

$$\text{有虫株率}=\frac{\text{有虫株数}}{\text{调查总株数}}\times 100\%$$

地下害虫调查　在苗圃或绿地上进行地下害虫调查时，多采用对角线式或棋盘式取样。样坑大小为0.5m×0.5m或1m×1m，样坑深度根据季节、虫种和调查目的而定。如调查地下害虫种类和数量时，可按预定深度挖;如调查地下害虫的垂直分布，应分层挖，一般按0~5cm、5~15cm、15~30cm、30~45cm、45~60cm等不同层次分别进行调查并填写表3-3。

表3-3 苗圃、绿地地下害虫调查表

调查日期	调查地点	土壤植被情况	样坑号	样坑深度	害虫名称	虫期	害虫数量	调查株数	被害株数	被害率(%)	备注

蛀干害虫调查　在发生蛀干害虫的绿地中，选有树50株以上的样地，分别调查健康木、

衰弱木、濒死木和枯立木各占的百分率(表3－4)。

表3－4　园林绿地蛀干害虫调查表

调查日期	调查地点	样地号	总株数	健康木		虫害木						害虫名称	备注
				株数	百分比(%)	衰弱木		濒死木		枯立木			
						株数	百分比(%)	株数	百分比(%)	株数	百分比(%)		

为了查明虫害程度，再从受害木中选3～5株伐倒，量其树高、胸径，从干基至树梢剥一条10cm宽的树皮，分别记载各部位出现的害虫种类。再在树干南北方向及上、中、下部截取20×50cm的样方，查明害虫种类、数量、虫态，并统计每平方米和单株虫口密度(表3－5)。

表3－5　园林绿地蛀干害虫危害程度调查表

样树号	样树概况			害虫名称	虫口密度(头/m^2)				其他
	树高	胸径	年龄		成虫	幼虫	蛹	虫道	

枝梢害虫调查　调查危害幼嫩枝梢的害虫时，可选有50株以上的样地，逐株统计健康株数、主梢健壮侧梢受害株数和主侧梢均受害株数。从被害株中选出5～10株，查清虫种、虫口数、虫态和危害情况。对于虫体小、数量多、定居在嫩梢上的害虫，如蚜、蚧等，可在标准木的上、中、下部各选取样枝，截取10cm长的样枝段，查清虫口密度，最后求出平均每10cm样枝段的虫口密度(表3－6、表3－7)。

表3－6　园林绿地枝梢害虫调查表(一)

调查日期	调查地点	样地号	调查株数	被害株数	被害率(%)	危害情况			害虫名称及虫态	备注
						主梢健壮，侧梢受害株数	主、侧梢均受害株数	主梢受害、侧梢健壮株数		

表3－7　园林绿地枝梢害虫调查表(二)

调查日期	调查地点	样地号	样株调查									备注
			样数号	树高	胸径或根径	树龄	总梢数	被害梢数	被害率(%)	虫口密度(头/株)或(头/10cm)	害虫名称	

食叶害虫调查　在有食叶害虫危害的绿地内选取样地，调查主要害虫种类、虫期、数量和危害情况等，样地面积可随机酌定。如样地内株数过多，可采用对角线法或隔行法，选标准木10～20株进行调查。若样株矮小(一般不超2m)，可全株统计害虫数量。若树木高大，不便于统计时，可分别于树冠上、中、下部及不同方位取样枝进行调查。落叶和表土层中越冬幼虫和蛹、茧的虫口密度调查，可在样树下树冠较发达的一面树冠投影范围内，设置0.5×2m样方(0.5m一边靠树干)，统计20cm土深内主要害虫虫口密度(表3－8)。

表3－8　园林绿地食叶害虫调查表

调查日期	调查地点	样地号	绿地概况	害虫名称及主要虫态	样树号	害虫数量						危害情况	备注
						健康	死亡	被寄生	其他	总计	虫口密度(头/株)或(头/m^2)		

③病害调查　在踏查的基础上选取样地，调查园林植物的发病率和病情指数。一般全株性病害，如病毒病、枯萎病、根腐病或细菌性青枯病等或被害后损失很大的病害，采用发病率表示，其余病害以发病率、病情指数来表示危害程度。

发病率是指感病株数占调查总株数的百分比，它只能表明病害发生的普遍性，不能表明病害的严重程度。因此，在病害调查时，除统计发病率外，还应统计病情指数。

$$发病率=\frac{感病株数}{调查总株数}\times 100\%$$

病情指数又称感病指数，表明病害发生的普遍性、严重性。常用于植株局部受害，且各株受害程度不同的病害。测定方法是先将样地内的植株按病情分为健康、轻、中、重、枯死等若干等级，并以数值0、1、2、3、4等分别代表这些等级，统计出各等级株数后，按下列公式计算：

$$病情指数=\frac{\sum(病害级别代表值\times 该级样本数)}{最高级代表值\times 调查总样本数}\times 100$$

调查时，可从现场采集标本，按病情轻重排列，划分等级。也可参考已有的分级标准，酌情划分使用。现将有关病害的分级标准列表如下(表3－9、表3－10)，供参考。

表3－9　枝、叶、果病害分级标准

级别	代表值	分级标准
1	0	健康
2	1	1/4以下枝、叶、果感病
3	2	1/4～1/2枝、叶、果感病
4	3	1/2～3/4枝、叶、果感病
5	4	3/4以上枝、叶、果感病

表3－10　杆部病害分级标准

级别	代表值	分级标准
1	0	健康
2	1	病斑的横向长度占树干周长的1/5以下
3	2	病斑的横向长度占树干周长的1/5～3/5
4	3	病斑的横向长度占树干周长的3/5以上
5	4	全部感病或死亡

苗木病害调查　在苗床上设置大小为1m^2的样方，样方数量以不少于被害面积的0.3%为宜。在样方上对苗木进行全部统计或对角线取样统计，分别记录健康、感病、枯死苗木的数量(表3－11)。

表3-11 苗木病害调查表

调查日期	调查地点	样方号	品种	病害名称	不同状况苗木数量				发病率(%)	死亡率(%)	备注
					健康	感病	枯死	合计			

枝干病害调查 在发生枝干病害的绿地中，选取不少于100株的地段作样地。调查时，除统计发病率外，还要计算病情指数(表3-12)。

表3-12 枝干病害调查表

调查日期	调查地点	样方号	品种	病害名称	总株数	发病株数	发病率(%)	病害分级					感病指数	备注
								1	2	3	4	5		

叶部病害调查 按照病害的分布情况和被害程度，在样方中选取5~10%的样株，每株调查100~200个叶片。被调查的叶片应从不同部位选取(表3-13)。

表3-13 叶部病害调查表

调查日期	调查地点	样方号	品种	病害名称	总叶数	病叶数	发病率(%)	病害分级					感病指数	备注
								1	2	3	4	5		

3.1.2 园林植物病虫害调查资料的统计

1)调查资料的统计

调查所获得的一系列数据必须经过整理统计，才能大体说明病虫害的数量和造成的危害情况。

2)调查资料的整理

(1)鉴定害虫名称和病害种类。

(2)根据不同病虫害的具体情况和要求，汇总、统计调查资料和数据，进一步分析病虫害大发生的原因。

(3)进行调查资料的装订、归档，以及病虫标本的整理、制作和保存。

3)调查报告

(1)调查地区概况 包括自然地理环境、社会经济状况、绿地概况、园林植物生产和管理情况、以往园林植物病虫害发生情况、曾采取的防治方法等。

(2)调查成果的综述 包括所调查的园林植物主要病虫害的种类、危害程度和分布范围，主要病虫害的发生特点、分布区域、分布规律，进一步分析归纳病虫害发生的原因及发展趋势。

(3)综合上述所调查区域的自然概括和生产情况，以及病虫害的种类和危害特点，制定病虫害综合防治方案及全面管理的措施及建议。

(4)附上调查地区园林植物病虫害名录、天敌名录、主要病虫害发生面积及分布图等。

3.1.3 园林植物病虫害预测预报

园林植物病虫害的发生发展是有一定的规律，认识和掌握其规律，就能够根据现在的变动情况来推测未来的发展趋势，为及时、有效的防治病虫害赢得时间，以保护园林植物正常的生长发育。所以病虫害预测预报是实现“预防为主，综合治理”方针，正确组织指导防治工作的基础。

1)病虫害预测预报的类型

(1)发生期预测

预测病虫的发生和危害时间，以便确定防治适期，常将病虫出现的时间分为始见期、始盛期、高峰期、盛末期和终见期。

(2)发生量预测

预测某一时期内病害的流行程度或害虫单位面积的发生数量，以判断危害程度，决定是否需要防治以及需要防治的范围和面积。病害预测结果可用具体的发病数量(发病率、严重度、病情指数等)作定量的表达。

(3)分布预测

预测病虫可能的分布区域或发生的面积，对迁飞性害虫和流行性病害还包括预测其蔓延扩展的方向和范围，以做好防治准备，及时把病虫消灭于蔓延之前。

(4)危害程度预测

预测害虫的危害程度是在发生期和发生量等的预测基础上，结合植物的品种布局和生长发育特性，特别是感病、感虫品种的种植比例，以及易受病虫危害的生育期与病虫盛发期的吻合程度等，同时结合气象资料的分析，预测预报对象发生的轻重及危害程度，可分为小发生、中等偏轻发生、中等发生、中等偏重发生和大发生5级。危害程度预测可作为划分防治对象、确定防治次数以及防治方法的依据。

2)病虫预测的期限

按预测期限的长短可分为短期预报、中期预报和长期预报。

(1)短期测报　短期测报对病害来说是预测某病害于发病前几天乃至十几天流行的可能性;对害虫来说是根据某害虫前1~2个虫态的发生时期和数量预测后1~2个虫态的发生时期和数量，期限仅在1个世代或半年之内。

(2)中期预测　中期预测对病害来说是预测某病害于发病前1~2个月内流行的情况;对害虫来说是根据上1世代的发生情况，预测下1世代的发生情况，期限随虫种而异，1年发生1代的虫种为1年，1年发生几代的则为1个月或1个季度。

(3)长期预测　长期预测对病害来说是预测某病害发病前半年流行的可能性;对害虫来说是预测相隔2个世代以上，期限1年以上甚至3~5年。

3)病虫害预测预报的方法

(1)虫害的预测

①发生期预测　发生期预测就是对某种害虫的某一虫态出现的时间进行预测。害虫发生时期因地方不同而不同，即使是同种害虫，在同一地区也常随气候条件而有所不同，所以准确预测害虫的发生期可以减少防治工作的盲目性，提高防治效果。发生期预测常用的方法有2种:

物候预测法　物候是指自然界各种生物现象出现的季节性规律。害虫某个虫态的出现期往往与其他生物的某个发育阶段同时出现，物候预测法就是利用这种关系，以植物的发育阶段为指示物，对害虫某一虫态或发育阶段的出现期进行预测。

期距预测法　昆虫从前一个虫期发育到后一个虫期，或从前一个世代发育到后一世代，都要经历一定的天数，这个天数就是期距。只要知道了期距就可以推算后一个虫态或世代的发生期。

②发生量预测　根据某一害虫的虫源基数、形态特征或其他指标，预测害虫未来数量变化的方法。发生量预测常用的方法有3种：

环境因子法　以气象因子的动态变化为依据，根据一年中气象因素的变化规律和当年某种害虫的发生情况，结合该种害虫多年数量变化与气象因子的相关规律，对害虫的数量发生进行预测预报。

害虫基数法　根据前一代某种害虫的虫口基数情况，预测该害虫下一代发生数量多少的方法。

形态指标法　有些环境条件对昆虫的影响可以通过昆虫的外部形态特征表现出来，如虫态的变化、雌雄比例等，可以依据这些内外部形态上的变化，对该昆虫未来发生量进行预测。

⑵病害的预测

病害的预测方法和依据因不同病害的流行规律而异。病害的预测方法可分为2种：

①数理统计预测法　即在多年试验、调查等实测的基础上，采用数理统计学回归分析的方法，找出影响病害流行的各种主要因素，即寄主植物的感病性、病原物的数量和致病力、环境条件(特别是气温、湿度、土壤状况等)、管理措施等因素与病害流行之间的数量关系。在回归方程中，上述某个因素(或多个因素)为自变量，流行程度为因变量。建立回归预测式后，输入自变量调查数据就可预测病害发生情况。

②实验生态生物学预测法　这种预测法是运用生态学、生物学和生理学的方法，通过预测圃观察、绿地调查、孢子捕捉和人工培养等手段，来预测病害的发生期、发生量及危害程度的一种方法。此法较繁琐，但准确性高，仍是目前病害预测常用的方法。

预测圃观察　在某病流行地区，栽植一定数量的感病植物或固定一块圃地，经常观察病害的发生发展情况，这就是预测圃观察。根据预测圃植物发病情况，可推测田间病害发生期，便于及时组织防治。

绿地调查　就是在绿地内选有代表性的地段进行定点、定株和定期调查，了解病害的发生情况，分析病害发生的条件。这样，对病害未来发生情况做出准确的估计。

孢子捕捉　季节性比较强，并靠气流传播的病害，如锈病、白粉病可用孢子捕捉法预测病害发生情况。做法是在病害发生前，用一定大小的玻片，涂上一层凡士林，放在容易接受孢子的地方，迎风放或平放于一定高度，定期取回镜检计数，进行统计分析，就能推测病害发生时期和发生程度。

人工培养　在病害发生前，将容易感病或可疑的有病部分进行保湿培养，逐日观察记载发病情况，统计已显症状的发病组织所占有的百分数，就可以预测在自然情况下病害可能发生的情况。

相关技能训练

实训11　园林植物主要害虫田间调查和短期预测

1. 实训目的

掌握不同类型园林植物害虫的调查方法，能对当地园林植物害虫种类、发生规律、危害程度进行全面调查，结合天气情况及害虫的发生情况作出害虫发生情况的预测。

2. 实训材料和用具

发生园林植物害虫的田块、卷尺、挖掘工具、剪枝工具、计数器、镊子、放大镜、记录本、铅笔等。

3. 实训内容与方法

1）害虫调查

(1)选择当地1～2种主要害虫为调查对象，根据调查目的拟定调查计划，采用适当的调查方法。

(2)了解调查田块的环境条件、栽培管理情况，以前害虫的发生情况等。

(3)分别对叶部害虫、枝梢害虫、枝干害虫、地下害虫、种实害虫开展调查，重点调查害虫种类、害虫分布规律、虫口密度、有虫株率等。注意对不同危害部位采用不同取样方法。

(4)得出调查结论，明确主要害虫种类及危害级别。

2）害虫预测

在1～2种主要害虫的田间调查基础上，根据害虫出现的时期、发生数量、危害轻重，结合天气情况及害虫的发育情况，推断其发展趋势，并进行发生期、发生量的预测。

4. 实训作业

预测当地1～2种园林植物主要害虫的发生期、发生量以及发生趋势，并说明预测依据。

实训12　园林植物主要病害田间调查与统计

1. 实训目的

通过实训，掌握园林植物病害田间调查的方法，在调查中了解园林植物病害种类、危害情况、分布区域及发生规律，学会整理、计算调查资料数据。

2. 实训材料和用具

发生园林植物病害的田块、放大镜、尺子、记录本、铅笔等，病害调查记载表，调查病害的分级标准等。

3. 实训内容与方法

1）选点取样

选择病害较多、发病盛期的某一田块。根据调查目的对该田块采用适合的方法取样（取样部位可以是整株、叶片、茎杆等），进行一般性调查，记录该地区园林植物病害种类、病害分布情况和发病程度等。由于实验有一定难度，实验量较大，学生将分为几个小组，每小组对一种病害进行调查，然后小组间进行综合，得出该地区园林植物主要病害的发病总体情况，具体内容可根据当时、当地情况而定。

2）病害调查

(1)根据病害种类或类型拟定调查计划，采用适当的调查方法和记载标准，结合当地园林植物生产现状，搜集相关调查资料。

(2)分别对叶部病害、枝干病害、苗木病害开展调查，重点调查病害的种类、发病规律。

(3)得出园林植物病害调查结论，明确主要病害种类及危害程度，确定目前应该加以重视的病害种类。

3）数据统计

对田间调查所获得的数据资料进行分类汇总，根据发病率、病情指数的公式，对调查数据进行整理，计算出病害发生的病情指数及发病率。

4. 实训作业

调查当地1～2种主要病害，写一份调查报告，内容包括调查目的、时间、地点、绿地概况、植物种类、发病部位、病害名称、取样方法、发病率、病情指数等。

任务3.2 园林植物病虫害标本采集与制作

任务分析：采集和制作昆虫标本是从事昆虫研究的基本技术。由于各种昆虫的生活方式和栖息环境不同，其活动能力和行为千差万别，因此必须要有丰富的昆虫生物学知识，才能有效的进行昆虫标本采集和制作。病害标本是植物病害症状及其分布的最好实物性记载，有了植物病害标本才能进行病害的鉴定和有关病原的研究。不同的病害，症状出现的部位也不同，所以采集时一定要加以区别。通过本任务的学习，要求学生掌握病虫害标本的采集与制作方法；能制作昆虫的针插标本、浸渍标本和生活史标本；能制作病害的干制标本和浸渍标本。

任务实施的相关知识

3.2.1 园林植物病害标本的采集与制作方法

1）病害标本的采集

(1)病害标本采集的用具

①标本夹　用以采集、翻晒和压制各种含水分不多枝叶病害标本的用具，由2块对称的木制栅状板和1条细绳组成。

②标本纸　选用吸水力强的纸张，如麻纸、草纸或旧报纸，可较快吸除枝叶标本内的水分。

③采集箱　采集较大或易损坏的组织，如果实、木质根茎，或在田间来不及压制的标本时用。

④其他　剪枝剪、小刀、手锯、放大镜、纸袋、塑料袋、记录本和标签等。

(2)各类标本的采集方法

①叶部病害　将病叶连同小枝一同采下，易于卷曲的叶子，应随采随压，或用小塑料袋装好封上口，或用湿布包好。对于孢子容易散落的锈菌、黑粉菌等，最好用纸包好，先放进采集箱，以免沾污其他病害标本。

②果实病害　病果可采摘后放入采集箱中，柔软多汁或腐烂的果实宜用纸包裹放入采集

箱中。

③枝干病害　木质化枝条不易损坏，采取比较方便。枝干过于粗大，可锯取一部分。寄生性种子植物应连同寄主一同采集。如果草体长在枝干上，则连同寄主或寄主的一部分一同采下。

④根部病害　有的病原菌由根部侵入，应把根部挖出来切取一段，放入采集箱中。

⑶采集要求

①标本要有典型性　病征是鉴定真菌、细菌等病害的重要依据，采集的标本应具有典型的症状，真菌病害标本应带有成熟子实体。

②标本要完整　完整的病害标本应包括不同时期、不同部位的典型症状。有些病害在叶、果和枝梢等部位表现不同症状，因此，都应采集。真菌病害的无性阶段和有性阶段应在不同时期进行采集。

③对于不认识的寄主植物　对于不认识的寄主植物应将枝、叶、花及果实等一并采回，以便鉴定。

④采集时应进行必要的记载　标本记载内容应包括寄主名称、标本编号、采集地点、采集日期、采集人姓名、病害危害情况等。标本要随即挂标签，以免错乱。

2）病害标本的制作

⑴干制标本的制作

①标本压制　对植物茎、叶等含水较少的病害标本，如豆科植物的病叶、茎等标本，应随采随压或需经过整理后立即压制，以保持标本原形；对含水量大、叶片较厚、不易失水的病害标本，如甘蓝、白菜等的叶片标本，应经过1～2d自然散失一些水分后，在叶片将要卷曲但还未卷曲时再进行压制；茎或枝条过粗或叶片过多的标本，应先将枝条劈去一半或去掉部分叶片再进行压制，以防标本因受压不均匀或叶片重叠过多而变形；有些需要全株采集的标本，可将其折成“N”或“V”字形后压制。压制标本时，应附有用铅笔记录的寄主和编号的临时标签。

②标本干燥　将需要压制的标本分层放在标本夹中，一层标本，一层吸水纸。一般每层放吸水纸3～4张，多汁或较厚的标本可多加几张，以利于吸收标本中的水分，每个标本夹总厚度以10cm左右为宜，夹好标本后用绳扎紧。干制标本干燥越快，标本保持原色的效果越好。为使其尽快干燥并避免发霉变质，标本夹应放在阳光充足，通风干燥处自然干燥，同时要勤换标本纸，一般是前3～4d每天至少更换1次干燥的标本纸，以后视标本的干燥情况每2～3d换1次，直到标本彻底干燥为止。在换纸时，要特别注意不要混用已经污染了的纸张，同时要注意保留临时标签。第1次换纸时，标本柔软，可对标本进行整理，使其保持一定的形态。对于完全干燥的标本，要小心移动，以防破碎。

除了自然干燥外，必要时也可进行人工加温快速干燥。对于含水量高的标本，可放在30℃～45℃烘箱中加温烘干；对于某些容易变黑的叶片标本，可平放在有阳光照射的热砂中，使其迅速干燥，以达到保持原色的目的。

⑵浸渍标本的制作

对采集到的果实、块根或担子菌的子实体等多汁病害标本，为了保持标本原有的形状和色泽，必须采用浸渍法制作标本。浸渍液种类很多，常根据浸渍标本的色泽和浸渍的目的进行选择。常用的浸渍液有以下几种：

①防腐浸渍液　仅能防腐而无保色作用，不要求保色的标本，洗净后直接浸于5%福尔马林浸渍液中。其配方是福尔马林50ml，95%酒精300ml，水2000ml，混合配制。

②醋酸铜浸渍液　将醋酸铜结晶逐渐加到50%的醋酸溶液中至溶液饱和为止(每1000ml约加15g)，然后将饱和液加水稀释3～4倍后使用。溶液稀释浓度因标本的颜色深浅而不同，浅色的标本用较稀的稀释液，深色的标本用较浓的稀释液。将稀释后的溶液加热至沸腾，投入标本，标本的绿色最初会褪去，经3～4min至绿色恢复后将标本取出，用清水漂净，保存于5%的福尔马林中或压制成干燥标本。

③硫酸铜浸渍液　将标本浸在5%的硫酸铜溶液中6～24h，取出用清水漂洗3～4h，然后保存于亚硫酸溶液中。亚硫酸溶液的配制，可用含5%～6%二氧化硫的亚硫酸溶液45ml，加水1000ml，或以浓硫酸20ml，加在1000ml水中，然后加入16g亚硫酸钠配成。

3.2.2 园林植物昆虫标本的采集与制作方法

1)昆虫标本的采集

(1)采集昆虫的主要工具

①捕虫网　捕虫网是采集昆虫常用的工具，按其用途、结构可分为捕网、扫网和水网3种，均由网框、网袋和网柄3部分组成(图3－1)。捕网主要用来采集善飞的昆虫，网要轻便，不兜风，并能迅速、准确地从网中取出已捕昆虫。扫网是用来扫捕杂草或植物丛中的昆虫，因而网袋要用较结实的白布或亚麻布等制作，网袋的底端可开一小孔，使用时用细绳扎紧或套一个透明的塑料管，便于取虫的方便。水网是用来采集水生昆虫的，网袋常用透水良好的铜纱或尼龙筛网等制作。

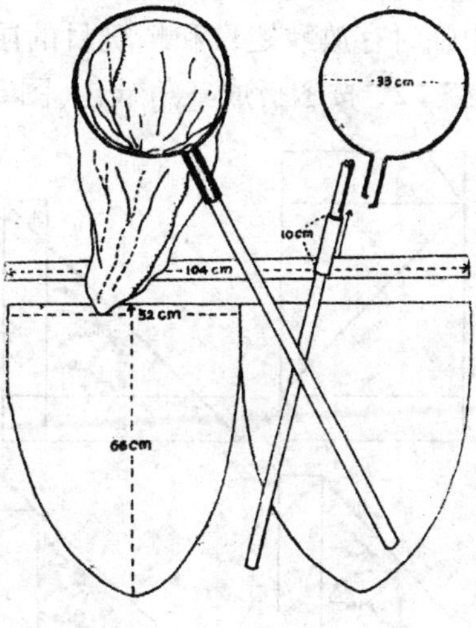

图3－1　捕虫网的构造

②毒瓶　毒瓶是盛有剧毒药品的杀虫工具，用来迅速杀死采集的昆虫。一般选用密封性能好、开启方便、透明的玻璃或塑料广口瓶制作而成。毒瓶最下层放氰化钾或氰化钠毒剂，厚5～10mm，上铺一层锯末或其他替代品，一般为10～15mm，压平后再在上面加一层石膏粉，2～3mm即可，稍加震动使石膏摊平，再滴上几滴清水，以湿透石膏为准，待石膏变硬后，上铺一层吸水纸，以保持瓶内清洁。

毒瓶不能用来杀死软体的幼虫；为避免昆虫垂死挣扎、互相碰撞，可在毒瓶中放一些细长的纸条；另外，鳞翅目昆虫被毒杀后，应立即取出，放入三角纸包。

氰化物为剧毒物质，在制作或使用时应特别注意安全；破损的毒瓶要深埋处理。也可用棉球蘸上乙醚、氯仿或敌敌畏等置于瓶内，上用带孔的硬纸板或泡沫塑料隔开，制成临时用毒瓶，这类药物挥发快，作用时间短，要适时加药。

③吸虫管　用来采集身体脆弱不易拿取的微小昆虫，如飞虱、蓟马、蚜虫等。用一个直径为40mm、长为130mm的有底玻璃管，配上一个有2个孔的软木塞，孔中各插1根细玻璃管，其中一根玻璃管的外端，接上胶皮管并安上吸气球，瓶内的一端包上纱布，避免小虫被吸进吸气球；另一根玻璃管长些并弯成直角，使用时对准要采集的小虫，按动吸气球形成气流将小虫吸入管中(图3-2)。

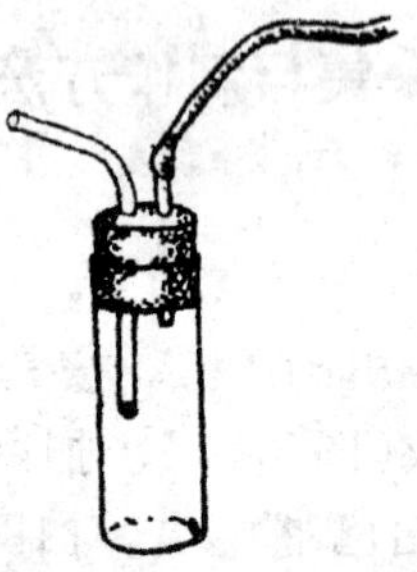

图3-2　吸虫管

④指形管　用来保存幼虫或已毒死的小虫。指形管要配以合适的软木塞或橡皮塞，大小可根据需要选用。也可用废弃的抗菌素类小瓶代替使用。

⑤三角纸包　用来采集途中临时存放鳞翅目和蜻蜓目的昆虫。选用半透明、吸水性能好的长方形薄纸，裁成长宽之比为3∶2，按图折成三角纸包(图3-3)。大小可根据需要而定。

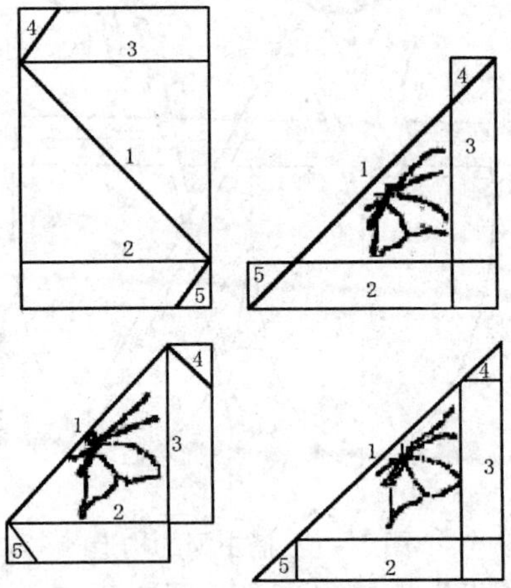

图3-3　三角纸包

⑥活虫采集盒　用来盛放需带回饲养的活虫。可用铁皮、铝等制成，盖上装一块透气的铜纱和一带活盖的孔(图3-4)。

图 3－4　活虫采集盒

⑦采集袋　用于盛装毒瓶、指形管、放大镜、镊子、剪刀、三角纸包等小用具的特制挂包，采集袋内有许多大小不一的袋格，具体形式可按要求自行设计。

⑧其他用具　如采集具有趋光性昆虫的诱虫灯、诱集具有趋化性昆虫的诱蛾器等。此外，镊子、小刀、枝剪、手锯、手持扩大镜、毛笔、铅笔、记录本等都是必不可少的用品。

⑵采集昆虫的时间

因昆虫的种类和习性不同，采集时间也不相同。由于昆虫的发生期与寄主植物的生长季节大致相符，所以凡是植物生长的季节，都能采到昆虫。在我国北方地区，每年 4 月份就可以采到一些昆虫，6～9 月为盛期，易于采集，10 月份以后则减少。在我国华南亚热带地区终年可以采集昆虫。

一天之间采集的时间也要根据不同的昆虫种类而定。日出性昆虫，应在白天采集，多自上午 10 点至下午 3 点是最活跃的时间。夜出性昆虫在黄昏或夜间才能采集到。一般来说，温暖晴朗的天气易采到昆虫，而阴冷有风的天气，昆虫大多蛰伏不动，不易采到。

⑶采集昆虫的注意事项

①一件好的昆虫标本个体应完好无损，在鉴定昆虫种类时才能准确无误，因此在采集时应耐心细致，特别对于小型昆虫和易损坏的鳞翅目成虫。

②昆虫的各个虫态及危害状都要采到，这样才能对昆虫的形态特征和危害情况在整体上进行认识，特别是制作昆虫的生活史标本，不能缺少任何一个虫态或危害状。

③每种昆虫都应采集一定的数量，以保证昆虫标本后期制作的质量和数量。

④采集昆虫时应做简单的记载，如寄主植物的种类、被害状、采集时间、采集地点等，必要时可编号，以保证制作标本时标签内容的准确和完整。

2）昆虫标本的制作

为了使昆虫标本长久保存，以备观察、研究、教学和展览，应根据所采昆虫的形态构造特点和生长发育时期等，采用适当的方法制作成各种形式的标本。

⑴昆虫标本的制作工具

①昆虫针　由不锈钢制成，顶端有一小针帽，用于支撑和固定昆虫虫体和标签。按昆虫针的粗细、长短，可分为 00、0、1、2、3、4、5 七种型号，号数越大针越粗。1～5 号针的长度均为 39mm，00 号针没有针帽，00、0 号长度为 1 号针的 1/3，用来制作微小型昆虫（图 3－5）。

图3－5　昆虫针

②展翅板　用于伸展蝶、蛾、蜻蜓等昆虫翅的主要工具。制作展翅板的材料多采用量轻较软的木料制成。展翅板底部是一整块木板，上面装有两块木板，略微向内倾斜，其中一块木板可活动，以便调节板间缝隙的宽度，两板中间缝隙的底部铺有软木条或泡沫塑料条。目前多用泡沫板来代替，注意厚度要在20mm左右，中央刻一沟槽即成(图3－6)。

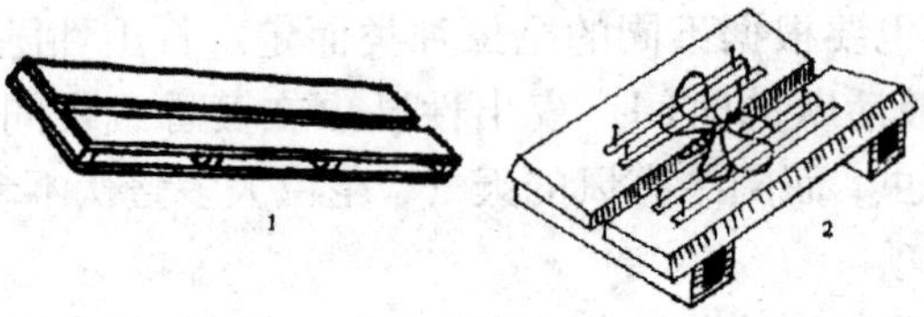

图3－6　展翅板

1. 未放标本　2. 已放标本

③整姿台　用于整理昆虫附肢的姿势。用松软木材或硬泡沫板做成，长280mm，宽150mm，厚20mm，板子的两头各钉上一块高30mm、宽20mm的木条做支柱，板上面有许多小孔，小孔的粗细以昆虫针可以自由穿插即可。现多用厚约20mm的泡沫板代替。

④还软器　用于软化已经干燥昆虫标本的一种玻璃器皿。使用时，在容器底部铺上一层湿沙，并加几滴石炭酸，防止生霉。在瓷隔板上放置需要还软的标本，加盖密封，几天后干燥的标本即可软化(图3－7)。

图3－7　还软器

⑤三级台　可使昆虫标本、标签在昆虫针上的高度一致，保存方便，整体美观。可用木料或塑料做成，长75mm，宽30mm，高24mm，分为三级，每级高8mm，中间有一小孔(图3－8)。

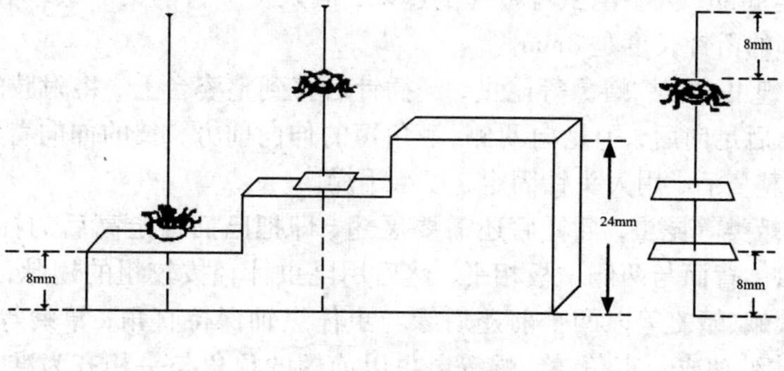

图 3-8 三级台

⑥三角台纸 用来黏放小型昆虫标本。用硬的白纸，剪成宽 3mm、高 12mm 的小三角形，或宽 4mm、长 12mm 的长方形纸片。

⑦其他工具 此外还需要镊子、剪刀、大头针、透明光滑纸条、黏虫胶或白乳胶等。

(2)昆虫标本的制作方法

①干制标本的制作

插针标本 根据虫体大小，选用适当型号的昆虫针。对于体型中等的夜蛾类昆虫，一般选用 3 号针，天蛾等大型昆虫一般用 4 号或 5 号针；体型较小的叶蝉、蝽、小型蝶蛾类则用 1 号或 2 号。昆虫针插入后应与虫体纵轴垂直，针插部位随昆虫种类而异。鳞翅目、蜻蜓目、同翅目从中胸背板正中插入，穿透中足中央；双翅目、膜翅目昆虫从中胸中央偏右地方插针；蝗虫、蝼蛄等从前胸背板的后部背中线偏右的地方针插；半翅目昆虫针插在中胸小盾片中央略微偏右的地方；鞘翅目昆虫针插在右鞘翅基部距翅缝不远的地方(图 3-9)。微小昆虫，如跳甲、米象、飞虱等，可将 00 号针的尖端插入虫体腹面，再将针的另一端用镊子刺入昆虫针上的三角台纸，或者直接在昆虫针上的三角台纸的尖端黏上黏虫胶，将虫体的右侧面黏在上面，三角台纸尖端应朝左方。

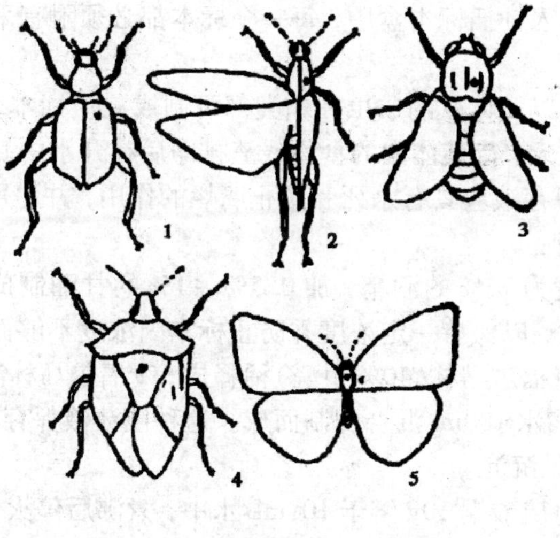

图 3-9 各种昆虫的针插部位

1. 鞘翅目 2. 直翅目 3. 膜翅目 4. 半翅目 5. 鳞翅目

标本的定高 插针后，用三级台调整虫体在针上的高度，中小型昆虫可直接从三级台的最高级小孔中插至底部，大型昆虫可将针倒过来，放入三级台的第一级小孔中，使虫体背部紧贴台面，其上部的留针长度是8mm。

整姿　甲虫、蝗虫、蝼蛄、蝽象等昆虫，经插针后移到整姿台上，将附肢的姿势加以整理。通常是前足向前，后足向后，中足向两侧；触角短的伸向前方，长的伸向背侧面，使之对称、整齐、自然美观。整姿后，用大头针固定，以待干燥。

展翅　蝶类、蛾类等昆虫，插针后还需要展翅，即把已插针定高后的标本移到展翅板的槽内软木上，使虫体背面与两侧木板相平，然后用昆虫针轻拔较粗的翅脉，或用扁平镊子将前翅夹住前拉，蝶蛾、蜻蜓等以两个前翅后缘与虫体纵轴保持直角，草蛉等脉翅目昆虫则以后翅的前缘与虫体纵轴成一直角；蜂、蝇等昆虫以前翅的顶角与头相齐为准。后翅左右对称、压于前翅后缘下，再用透明光滑纸条压住翅并以大头针固定。把昆虫的头摆正，触角平伸前侧方，腹部易下垂的种类，可用硬纸片或虫针交叉支持在腹部下面，或展翅前将腹部侧膜区剪一小口，取出内脏，塞入脱脂棉再针插整姿保存(图3-10)。

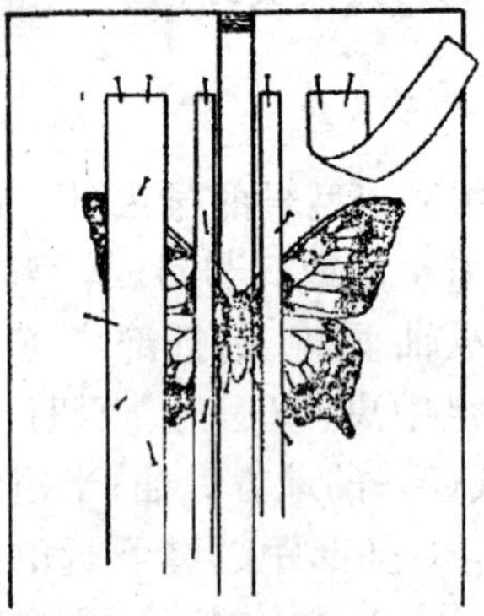

图3-10　昆虫展翅方法

装盒　将标本取出，插上采集标签，再用三级台给采集标签定高，其高度为三级台第二级的高度，然后将标本插入针插标本盒中，每一个标本都必须附有采集标签。

②浸渍标本的制作

昆虫的卵、幼虫、蛹，以及体软的成虫和螨类都可制成浸渍标本。活的昆虫，特别是幼虫在浸渍前，应饥饿一至数天，待其体内的食物残渣排净后在开水中煮一下，使虫体伸直稍硬，再投入浸渍液内保存。保存液应具有杀死和防止腐烂的作用，并尽可能保持昆虫原有的体形和色泽。常用的保存液有：

酒精保存液　用浓度为75%的酒精，加0.5%~1%的甘油制成。酒精浸渍液在浸渍标本半个月后，应更换一次，以保持一定浓度并防止标本因浓度不够而变黑。

福尔马林保存液　将福尔马林(40%甲醛)稀释成5%福尔马林液，再用冰醋酸5ml、白糖5g、5%福尔马林5ml、蒸馏水100ml混合配制而成。这种浸渍液保存标本效果很好，标本一般不收缩、不变黑，保存液无沉淀。

绿色幼虫保存液　将硫酸铜10g溶于100mL水中，煮沸后停火，投入幼虫。投入后有褪色现象，直到恢复绿色时，立即取出用清水洗净，浸入5%福尔马林溶液中保存。

黄色幼虫保存液　氯仿3mL、冰醋酸1mL、无水酒精6mL混合而成。先用此液浸渍24h，然后移入70%酒精液中保存。

③生活史标本的制作

将前面用各种方法制成的标本，按照昆虫的发育顺序，即卵、幼虫（若虫）的各龄、蛹、成虫的雌虫和雄虫及成虫和幼虫（若虫）的危害状，安放在一个标本盒内，在标本盒的左下角放置标签即可。

相关技能训练

实训13 园林植物昆虫标本的采集与制作

1. 实训目的

掌握昆虫标本的采集与制作方法。

2. 实训材料和用具

采集用具：捕虫网、吸虫管、毒瓶、指形管、三角纸包、采集盒、采集袋、镊子、枝剪等。

制作用具：昆虫针、三级台、展翅板、整姿台、三角台纸、黏虫胶、还软器，以及镊子、剪刀、大头针、透明纸条等。

3. 实训内容与方法

1）昆虫标本的采集

(1)网捕　主要用来捕捉能飞善跳的昆虫。对于能飞的昆虫，可用捕网迎头捕捉或从旁掠取，并立即摆动网柄，将网袋下部连同昆虫一并甩到网框上。如果捕到大型蝶蛾，可由网外用手捏压胸部，使之失去活动能力，然后放入毒瓶或直接包于三角纸袋中；如果捕获的是一些中小型昆虫，可抖动网袋，使虫集中于网底部，放入毒瓶中，待虫毒死后再取出分捡，装入指形管中。栖息于草丛或灌木丛中的昆虫，要用扫网边走边扫捕。

(2)振落　摇动或敲打植株、树枝，昆虫假死坠地或吐丝下垂，再加以捕捉；或受惊起飞，暴露了目标，便于网捕。

(3)搜索　仔细搜索昆虫活动的痕迹，如植物被害状、昆虫分泌物、粪便等，特别要注意在朽木中、树皮下、树洞中、枯枝落叶下、植物花果中、砖石下、泥土中和动物粪便中仔细搜索。

(4)诱集　利用昆虫的趋性和栖息场所等习性来诱集昆虫，如灯光诱集（黑光灯诱虫）、食物诱集（糖醋酒液诱虫）、色板诱集（黄色黏虫板诱蚜）和潜所诱集（草把、树枝把诱集夜蛾成虫）等。

2）昆虫标本的制作

(1)干制标本制作

按插针、调整高度、整姿、展翅及装盒等程序制作。

(2)浸渍标本制作

昆虫的卵、幼虫、蛹、以及体软的成虫和螨类都可制成浸渍标本。活的昆虫，特别是幼虫在浸渍前，要饥饿一至数天，然后放在开水中煮一下，使虫体伸直稍硬，再投入浸渍液内保存。

(3)生活史标本制作

把昆虫一生发育顺序，即卵、幼虫的各龄期（若虫）、蛹及成虫（雌成虫和雄成虫）及危害状，装在一个标本盒内，并放上标签。

4. 实训作业

1）每人采集制作昆虫干制标本10～15种，制作浸渍标本、生活史标本各2种。

2）每人写一份昆虫标本采集、制作的总结报告。

实训14 园林植物病害标本的采集与制作

1. 实训目的

通过实训，掌握病害标本的采集与制作方法，熟悉当地常见园林植物病害种类和症状特点。

2. 实训材料和用具

采集用具：采集箱、放大镜、标本夹、吸水纸、小刀、枝剪、手锯、塑料袋、小纸袋、标签、铅笔和记录本等。

制作用具：玻璃瓶、标本缸、量筒、醋酸铜、硫酸铜、95%乙醇等。

3. 实训内容与方法

1）标本采集

⑴采集的标本症状要典型，不仅要采集某一发病部位的典型症状，而且要采集不同时期、不同部位的典型症状；真菌病害应采集有子实体的做标本。

⑵每份标本的病害种类力求单一，不能有多种病害并存，以便正确鉴定和使用。

⑶采集时应注意标本的完整，避免损坏；对不认识的植物，应注意分别采集枝、叶、花和果等部分。

⑷在采集标本时，应同时进行记录，包括寄主名称、采集日期和地点，采集人姓名，主要发生情况和必要的生态因子。

2）标本制作

⑴干制标本的制作

对茎、叶等含水较少的标本，可分层夹于标本夹内的吸水纸中压制。标本纸每层约3～4张，然后将标本夹捆紧放于室内通风干燥处。标本应尽快干燥，干燥越快，保持原色效果越好。在压制过程中，必须勤换纸、勤翻动，防止标本发霉变色，特别是在高温高湿天气下。通常在制作的前几天，每天要换纸1～2次，此时由于标本变软，应注意整理使其美观又便于观察，以后每2～3d换一次纸，直到标本彻底干燥为止。较大枝干和坚果类病害标本以及高等担子菌的子实体，可直接晒干、烘干或风干。肉质多水的病害标本，应迅速晒干或放在30℃～45℃的烘箱内烘干。另外，对于某些容易变黑的叶片标本，可平放在有阳光照射的热砂中，使其迅速干燥，以达到保持原色的目的。

⑵浸渍标本的制作

一些不适于干制的病害标本，如幼苗、嫩枝叶、果实、块根或担子菌的子实体等，为了保持标本原有的形状、色泽等，可放在装有浸渍液的标本瓶内。

4. 实训作业

1）每人采集、制作园林植物病害干制标本10～15件，制作浸渍标本1～2件。

2）每人写1份园林植物病害标本采集制作的总结报告。

复习思考题

一、名词解释

普查； 专题调查； 发生期预测； 物候

二、填空题

1. 病虫害调查一般分为________和________两类，________是有针对性的重点调查。
2. 病虫害危害程度可分为________、________和________。
3. 病虫害的分布状态有________、________、________、________和________5种。
4. 病虫害预测预报按期限分为________、________和________。
5. 病害的预测，常用的方法有________和________2种。
6. 捕虫网按照结构和用途不同，分为________、________和________3种。
7. 昆虫标本的采集方法主要有________、________、________和________4种。
8. 病害浸渍标本常用的保存液有________、________、________和________4种。

三、问答题

1. 园林植物病虫害调查的内容有哪些？
2. 简述病虫害预报的主要途径。
3. 毒瓶制作过程中应注意哪些问题？
4. 采集昆虫标本时应注意哪些问题？
5. 采集病害标本时应注意哪些问题？

◇ 项目4　园林植物病虫害防治策略及措施

【知识目标】

●了解病虫害综合治理的概念和原则。

●掌握园林植物病虫害的各种防治措施。

●掌握常用农药的剂型和施用方法。

●掌握农药的合理使用原则。

●掌握农药的稀释计算。

【技能目标】

●会制定园林植物病虫害综合防治方案。

●能根据病虫害的发生情况合理应用各种防治措施并组织实施。

●会农药的稀释计算。

任务4.1　园林植物病虫害综合治理

任务分析:有机合成农药的应用,使防治病虫害的效果成倍提高,但经过长期大量使用,产生了农药残留、污染环境和病虫抗药性等问题,引起了全世界的关注。1967年,联合国粮农组织(FAO)在"有害生物综合防治"专家组会议上明确了综合治理的概念,随后发展为有害生物综合治理。通过本任务的学习,要求学生熟悉综合治理的概念、特点及原则;能将园林植物病虫害防治的各种方法有机结合起来,从调节生态系统中各组分的相对量出发来控制有害生物的危害。

任务实施的相关知识

4.1.1 综合治理的概念和特点

1)综合治理的概念

园林植物病虫害综合治理的概念是从"有害生物综合治理"引申来的。联合国粮农组织有害生物综合治理专家组对综合治理(简称IPM)下了如下定义:病虫害综合治理是一种防治方案,它能控制病虫害的发生,避免相互矛盾,尽量发挥有机的调和作用,保持经济允许水平之下的防治体系。

病虫害综合治理是对病虫害进行科学管理的体系。它从园林生态系的总体出发,根据病虫害与环境之间的相互关系，充分发挥自然因素的控制作用，因地制宜，协调应用各种必要措施，将病虫害的危害控制在经济损失允许水平之下，以获得最佳的经济效益、生态效益和社会效益，达到“经济、安全、简便、有效”的准则。

2）综合治理的特点

⑴预防为主是综合治理的指导思想，从生产全局和生态总体出发，强调利用自然界对病虫害的控制因素，创造不利于病虫害发生发展的条件，以达到控制病虫害发生的目的。

⑵合理运用各种防治方法，使其相互协调，取长补短，它不是许多防治方法的机械拼凑和综合，而是在综合考虑各种因素的基础上，确定最佳防治方案。综合治理并不排斥化学防治，但尽量避免杀伤天敌和污染环境。

⑶综合治理并非以“消灭”病虫为准则，而是把病虫害造成的损失控制在经济允许之下。

⑷综合治理并不是降低防治要求，而是获得最佳的经济效益、生态效益和社会效益，达到安全、经济、有效、简便的准则。

4.1.2 综合治理的原则

1）生态学原则

园林植物、病虫、天敌三者之间相互依存，相互制约。当它们共同生活在一个环境中时，它们的发生、消长、生存又与这个环境的状态关系极为密切。这些生物与环境共同构成一个生态系统。综合治理就是在园林植物播种、育苗、移栽和管理的过程中，有针对性地调节和操纵生态系统中某些组成部分，以创造一个有利于植物及病虫天敌的生存，而不利于病虫发生发展的环境条件，从而预防或减少病虫害的发生与危害。

2）安全的原则

生态系统的各组成部分关系密切，既要针对不同的防治对象，又要考虑对整个生态系统造成的影响，灵活、协调地选用一种或几种有效的防治措施。如生产管理技术、病虫天敌的保护和利用、物理机械防治、化学防治等措施，各项措施协调运用，取长补短，既控制了病虫的危害，又保护了人、畜、天敌和植物的安全。

3）保护环境、促进生态平衡，有利于自然控制的原则

园林植物病虫害的综合治理并不排除化学农药的使用，而是要从病虫、植物、天敌、环境之间的自然关系出发，科学的选择及合理的使用农药，特别要选择高效、无毒或低毒、污染轻、有选择性的农药，防止对人、畜造成毒害，减少对环境的污染，充分保护和利用天敌，逐步加强自然控制的各个因素，不断增强自然控制力。

4）经济效益的原则

防治病虫的目的是为了控制病虫害的危害，使其危害程度不足以造成经济损失，因而经济允许水平（经济阈值）是综合治理的一个重要概念。根据经济允许水平确定防治指标，当病虫危害程度低于防治指标时，可不防治；否则，必须掌握有利时机，及时防治。

4.1.3 综合治理的工作程序

1）综合治理方案的制定

⑴首先要调查病虫种类，确定主要防治对象以及需要保护利用的重要天敌类群。

⑵测定主要防治对象种群密度与危害损失的关系，确定科学的、简便易行的经济阈值（或

防治指标)。

(3)研究主要防治对象和主要天敌的生物学特性、发生规律、相互作用与各种环境因子之间的关系，明确病虫种群数量变动规律，提出控制危害的方法。

(4)在进行单项防治方法试验的基础上，提出综合治理的措施组合，要力求符合“安全、有效、经济、简便”的原则，先进行试验，再示范验证后予以推广。

(5)在此基础上根据科学研究不断提供的新信息和方法及推广过程中所获得的经验，再进一步改进和完善治理体系，使 IPM 从单一植物上的单种病虫、多种病虫水平，向整个生态系统中的多种病虫的水平发展。

2)综合治理方案的主要类型

(1)以一种主要病虫为对象，进行综合治理。如针对白粉病，采取铲除越冬菌源、喷药保护和加强栽培管理等综合治理措施。

(2)以一种植物所发生的主要病虫为对象，进行综合治理。如在温室大棚的特殊环境下，非洲菊上多种病害发生，针对这一情况，制定综合治理方案。

(3)以整个地块为对象，综合考虑各种生物因素，制定综合治理措施。如对某个地区的绿地为对象，制定各种主要园林植物的重点病虫的综合治理方案，并将其纳入整个园林植物生产管理及整个生态环境管理体系中去，进行科学系统的管理。

相关技能训练

实训 15　编制病虫害防治方案

1. 实训目标

熟悉园林植物病虫害发生发展规律及各种防治方法在综合防治中的作用，能根据气候条件、栽培方式、主要病虫害发生趋势等编制病虫害防治方案。

2. 实训用具和材料

园林植物生产基本情况，如品种特点(抗病、抗虫性等)、前茬植物、气候条件、土壤肥力、施肥水平、灌溉条件和田间管理措施等;园林植物主要病虫害的种类、分布、发生规律和天敌情况等。

3. 实训内容与方法

1)编制病虫防治方案的依据和原则

病虫防治方案编制时，要以当地气候条件、栽培方式和近年来病虫害的发生记录为依据，与其他栽培管理措施相结合，尽量保护和加强自然控制因素，强调多种防治方法的有机协调，优先选用生物防治与栽培防治措施，有效控制病虫危害。要全面考虑经济、社会和生态效益及技术上的可行性。

2)编制病虫防治方案的步骤

(1)确定病虫害及需要保护利用的天敌　了解田间生物群落的组成机构、病虫种类及数量。确定主要病虫害和次要病虫害及需要保护利用的重要天敌类群。

(2)确定防治病虫的适期　分析自然因素、耕作制度、植物布局和生态环境等控制病虫的作用因子，明确病虫数量变动规律和防治适期。

(3)组建防治病虫的技术体系　各种防治措施的作用，协调运用合适的防治措施，组建压低关键性病虫平衡位置的技术体系。选择的防治措施应符合“安全、有效、经济、简易”的原则，尽量降低成本投入，提高经济效益。

3）编制病虫防治方案的内容和要求

⑴标题　根据当地病虫害的发生情况，以解决生产实际问题为目标，选择一种园林植物为对象，对危害这种园林植物的病虫进行防治方案编制，如“月季主要病虫害防治方案编制”，或一种主要病虫害为对象，进行防治方案的编制，如“月季霜霉病防治方案编制”。

⑵前言　概述本防治方案编制的依据和原则，以及相关病虫害的发生情况及发展趋势。

⑶正文　根据园林植物及主要病虫害发生特点，按照编制防治方案的依据和原则，从实际出发，量力而行，统筹整合各种具体防治措施，制订全年各时期的病虫害防治计划和具体要求。

4. 实训作业

根据当地地理、气候、栽培品种、种植方式的具体情况，制订一份园林植物病虫害防治方案。要求目的明确，符合实际，内容具体，层次清晰，具有可操作性。

任务 4.2　园林植物病虫害的防治措施

任务分析：园林植物病虫害的防治方法很多，每种方法各有其优点和局限性，依靠某一种措施往往不能达到防治目的，有时还会引起一些不良反应。园林植物病虫害综合治理是一个系统工程，即从生态学出发，在整个园林植物生产、栽植及养护管理过程中，要有计划地应用和改善栽植养护技术，调节生态环境，预防病虫害的发生，降低发生程度，不使其超出危害标准的要求。通过本任务的学习，要求学生掌握植物检疫、园林技术防治、生物防治、物理机械防治和化学防治措施；能根据园林植物的受害表现，采取相应的防治措施，进行病虫害防治。

任务实施的相关知识

4.2.1 植物检疫

植物检疫也称法规防治，是指一个国家或地方政府颁布法令，设立专门机构，对国外输入或国内输出，以及在国内地区之间调运的种子、苗木及农产品等进行检疫，禁止或限制危险性病、虫、杂草等人为的传入或传出，或者传入后为限制其继续扩展所采取的一系列措施。

1）植物检疫的必要性

在自然情况下，病虫虽然可以通过气流等自然动力和自身活动扩散，不断扩大其分布范围，但这种能力是有限的。再加上有高山、海洋、沙漠等天然障碍的阻隔，所以病虫的分布有一定的地域局限性。

但是，现代交通运输的发达，使病虫分布的地域性很容易被突破。一旦借助人为因素的传播，就可以附着在种子、苗木、接穗、插条及其他植物产品上跨越这些天然屏障，由一个地区传到另一个地区或由一个国家传播到另一个国家。当这些病虫离开了原产地，到达一个新的地区后，原来制约病虫发生发展的一些环境因素被打破，条件适宜时，就会迅速扩展蔓延，猖獗成灾，造成严重的经济损失。历史上这样的经验教训很多：榆树枯萎病最初仅在欧洲个别地区流行，以后扩散到欧洲许多国家和北美，造成榆树大量死亡；又如松材线虫病、松突圆蚧给我国松树生产造成了极大的威胁。因而为了防止危险性病虫的传播，各国政府都制定了检疫法令，设立了检疫机构，进行植物病虫的检疫。

2）植物检疫的任务

植物检疫的任务主要有以下3个方面：

⑴禁止危险性病、虫及杂草随着植物及其产品由国外输入到国内或由国内输出到国外。

⑵将国内局部地区已发生的危险性病、虫及杂草封锁在一定范围内，并采取各种有效措施，逐步将其清除。

⑶当危险性病、虫及杂草传入新的地区时，立即采取紧急措施，就地消灭。

随着我国对外贸易的发展，园林产品的交流也日益频繁，危险性病、虫及杂草的传播机会也越来越大，检疫工作的任务愈加繁重。因此必须严格执行检疫法规，高度重视植物检疫工作，切实做到“既不引祸入境，也不染灾于人”，以促进对外贸易，维护国际信誉。

3）植物检疫的主要措施

⑴对外检疫和对内检疫

对外检疫又称国际检疫，是国家在对外港口、国际机场及国际交通要道等场所设立检疫机构，对进出口货物、旅客携带的植物及邮件等进行检查。该措施的主要目的是防止危险性病、虫及杂草随着植物及产品由国外输入或国内输出。出口检疫工作也可在产地设立机构进行检验。

对内检疫又称国内检疫，是由各省、自治区、直辖市检疫机关，会同交通运输、邮电、供销及其他有关部门根据检疫条例，对所调运的植物及其产品进行检验和处理，将在国内局部地区已经发生的危险性病、虫及杂草进行封锁，采取措施并予以清除，防止传到无病区。我国对内检疫主要以产地检疫为主，道路检疫为辅。

⑵划定疫区和保护区

有检疫对象发生的地区划为疫区，对疫区要严加控制，禁止检疫对象传出，并采取积极措施，加以消灭。未发生检疫对象，但有可能传播进检疫对象的地区划定为保护区，对保护区要严防检疫对象传入，充分做好预防工作。如作为保护区不到疫区引苗木、切花、球根、种子等，必须引种时，要严格作好检验及消毒处理工作。

⑶检疫对象的确定

确定检疫对象的原则有3条：一是国内尚未发生或局部发生的；二是危害严重，一旦传入可能给植物生产造成重大损失，并且防治又比较困难的；三是可借助人为活动传播的，即随同植物材料、种子、苗木和所附泥土以及包装材料等传播的；四是根据交往国所提供的检疫对象名单。

4）植物检疫的程序

⑴产地检疫

产地检疫是指在植物生长和检疫性有害生物发生期间，由植物检疫人员到植物及其产品的产地所进行的检疫。具体程序是：生产、经营应施检疫的植物及其产品的单位或个人，在生产期间或者调运之前向当地植物检疫机构申请产地检疫，然后由植物检疫机构指派检疫员到现场进行检疫。检疫人员应根据不同检疫对象的生物学特性，在病害发生盛期或末期、害虫危害高峰期或某一虫态发生高峰期进行。对种子园、母树林和采种基地也可在收获期、种实入库前进行。一年中调查次数不少于2次。对于检验合格的和除害处理后复检合格的发给《产地检疫合格证》;对复检后仍不合格的，不签发《产地检疫合格证》，发给《检疫处理通知单》。《产地检疫合格证》有效期为6个月。在有效期内调运时，不再检疫，凭《产地检疫合格证》直接换取《植物检疫证书》。

(2)调运检疫

调运检疫是指植物及其产品在调出原产地之前、运输途中、到达新的种植或使用地点之后，根据国家或地方政府颁布的植物检疫法规，由专门的植物检疫机构，对应施检疫的植物及其产品所采取的检疫和严格的检疫处理措施。调运检疫是国内植物检疫工作的核心，也是防止危险性病虫随植物及其产品在国内人为传播的关键。根据调运植物及其产品的方向，调运检疫分为调出检疫和调入检疫。调运检疫的程序包括报验、现场检查或室内检验、检疫处理和签发证书四个环节。

调运植物及其产品的单位或个人，在货物调出前到当地植物检疫机构或指定的检疫机构报验，要填写报验单。调入单位有检疫要求的，还要提交调入地植物检疫机构签发的植物检疫要求书。对受检的植物及其产品，除依法可直接签发检疫证书之外，都要经过现场检查或室内检验。发现植物检疫性有害生物或其他应检有害生物的，调出单位或个人应按《检疫处理通知单》的要求作检疫处理，经复查合格后放行。植物检疫机构应从受理调运检疫申请之日起，于15日内实施检疫并核发检疫单证。情况特殊的经省级林业主管部门批准，可延长15天。凡是属于应检物品范围内的植物及其产品，必须在取得植物检疫证书以后方可调出。从外地调入的植物及其产品，由调入地植物检疫机构验证或复检。

4.2.2 园林技术防治

园林技术防治是根据病虫发生条件与园林植物栽培管理措施之间的相互关系，有目的地创造出有利于园林植物生长发育，而不利于病虫发生的生态环境，从而达到直接和间接抑制病虫的目的，是病虫综合防治的基础。

1)选育抗病虫品种

选育抗病虫品种是利用基因工程、杂交引种、选种、物理或化学的方法使植物产生抗性，避免或减轻病虫危害的重要措施，特别对那些还没有其他有效防治措施的病虫害，选用抗病虫品种是非常重要的。我国植物资源丰富，为抗病虫品种的选育提供了大量的种质，因而培育抗性品种前景广阔。

2)培育优质苗木

许多病虫害是依靠种子、苗木及其他无性繁殖材料来传播的，因而通过一定的措施，培育无病虫的健壮种苗，可有效控制该类病虫害的发生。

(1)苗圃地的选择及处理

应选择土壤疏松、排水良好、通风透光及无病虫危害的场所作为苗圃地。在栽植前进行深耕改土，土壤耕翻后经过暴晒、土壤消毒，可消灭部分病虫害。盆钵育苗时应注意盆钵、基质的消毒。对基质的消毒可用40%的甲醛溶液稀释50倍，均匀洒布在土壤内，再用塑料薄膜覆盖，约2周后取走覆盖物，将土壤翻动耙松后再进行播种或移栽。

(2)无病株采种

园林植物的许多病害是通过种苗传播的，如仙客来病毒病是由种子传播的，菊花白锈病是由芽传播的。只有从健康母株上采种，才能得到无病种苗，避免或减轻该类病害的发生。在选用种苗时，应尽量选用无病虫害、生长健壮的种苗，以减少和降低病虫的危害。

(3)组织脱毒育苗

园林植物中病毒病发生普遍而且严重，许多种苗都带有病毒，利用组培技术进行脱毒处理，对于防治病毒病十分奏效。如脱毒香石竹苗、脱毒兰花苗应用已非常成功。

3）栽培措施

(1)合理轮作

连作往往会加重植物病害的发生，尤其是土传病害，如温室中香石竹多年连作时，会加重镰刀菌枯萎病的发生，实行轮作可减轻该病害的发生。轮作时间视具体病害而定，如鸡冠花褐斑病实行2年以上轮作即有效，而胞囊线虫病则需较长时间，一般情况下需实行3～4年以上轮作。

(2)合理布局

合理布局可以阻止病虫害扩展蔓延或交叉侵染，降低某些病虫害暴发的风险性。例如，秋白菜避免与早白菜、萝卜、甘蓝等邻作，可减轻蚜虫和病毒病的发生；夏季停种或压缩种植十字花科蔬菜，可破坏小菜蛾、菜青虫等多种害虫的食物链；日光温室秋冬茬种植芹菜、油菜、生菜等，有助于切断温室白粉虱等害虫的生活史。

(3)科学间作

不同作物实行合理的间作，往往可以控制或减轻某些病虫害的发生。例如，用辣椒与玉米等高秆作物间作，高秆作物能给辣椒遮阳，又可阻碍蚜虫的迁飞，对辣椒日灼病和病毒病有较好的防治效果；甘蓝和白菜等十字花科蔬菜间作莴苣、番茄或薄荷，后者放出的刺激性气味可使到十字花科蔬菜上产卵的菜粉蝶避而远之；洋葱和胡萝卜间作，它们各自发出的气味可以驱逐相互的害虫。

4）管理措施

(1)加强肥水管理

合理的肥水管理不但能使植物健壮生长，而且能增强植物的抗病虫能力。施用有机肥时，应充分腐熟且无异味，以免污染环境，影响观赏。施用无机肥时，氮、磷、钾等营养成分的比例要合理，防止施肥过量或出现缺素症。如偏施氮肥，造成花木的徒长，降低其抗病虫性能，往往导致白粉病、锈病、叶斑病等的发生；适量的增加磷、钾肥，能提高寄主的抗病性，是防止某些病害的有利措施。

浇水方式、浇水量、浇水时间等都影响着病虫害的发生。喷灌和“滋”水等方式往往容易引起叶部病害的发生，最好采用沟灌、滴灌或沿盆钵边缘浇水；浇水量要适宜，水分过多易烂根，水分过少则易使植物因缺水而生长不良，出现各种生理性病害或加重侵染性病害的发生；多雨季节要及时排水；浇水时间最好选择晴天的上午，以便及时降低叶片表面的湿度，减少病原菌的侵入；收获前不宜大量浇水，以免推迟球茎等器官的成熟，或窖藏时因含水量大，造成烂窖等事故。

(2)合理修剪

合理修剪、整枝不仅可以增强树势、使花叶并茂，还可以减少病虫危害。例如，对于天牛、透翅蛾等钻蛀性害虫以及袋蛾、刺蛾等食叶害虫，均可采用修剪虫枝等进行防治；对于介壳虫、粉虱等害虫，则通过修剪、整枝达到通风透光的目的，从而抑制此类害虫的危害。秋、冬季节结合修枝，剪去有病枝条，从而减少来年病害的初侵染源，例如月季枝枯病、白粉病以及阔叶树腐烂病等。对于修剪下来的枝条，应及时清除。

⑶改善环境条件

改善环境条件主要是指调节栽培地的温度和湿度，尤其是温室大棚内要经常通风透气，降低湿度，以减轻灰霉病、霜霉病等常见病害的发生。冬季温室的温度要适宜，不要忽冷忽热，否则，各种花木往往因生长环境欠佳，导致各种生理性病害及侵染性病害的发生。

⑷及时除草

除草不仅可以保持地力，减少土壤水分的蒸发，促进植物健壮生长，提高抗逆能力，还可以清除许多病虫的发源地及潜伏场所。如马齿苋、繁缕等杂草是唐菖蒲花叶病的中间寄主，铲除杂草可以起到减轻病害的作用。

⑸清洁田园

在园林植物生长季节，要及时摘除有病虫的枝叶，以免病虫害在田间扩大蔓延。园林植物采收后，遗留在田间的残株败叶是多种害虫和病原物越冬和繁殖的场所，及时清除病残体，对减少田间病源和虫源基数有重要作用。

5）适时采收与合理贮藏

许多果品和花卉的球茎、鳞茎等器官，在采收和贮藏过程中造成伤口的多少以及贮藏期间的温、湿度等条件，都会直接影响贮藏期病害的发生和程度。干燥不利于病原物的活动，许多果品，如枣和核桃等可以干燥保存。

4.2.3 生物防治

利用生物及其代谢产物来控制病虫害的方法称为生物防治。从保护生态环境和可持续发展的角度讲，生物防治是园林植物病虫害综合防治的重要组成部分。

1）天敌昆虫的利用

利用天敌昆虫防治害虫是生物防治中应用最广、最多的方法。按取食害虫的方式将天敌昆虫分为捕食性天敌昆虫和寄生性天敌昆虫。

⑴捕食性天敌昆虫

专以其他昆虫或小动物为食物的昆虫，称为捕食性天敌昆虫，其个体一般较被捕食者大，成、幼虫（若虫）食性相同，均营自由生活。捕食性天敌昆虫种类很多，分属于18个目，近200个科，其中以螳螂、猎蝽、花蝽、步甲、瓢虫、草蛉、食蚜蝇、食虫虻、蚂蚁、胡蜂等最为常见。

⑵寄生性天敌昆虫

寄生性天敌昆虫分属于5个目，近90个科，主要包括寄生蜂和寄生蝇，可寄生于害虫卵、幼虫及蛹的体内或体外。常见的类群有姬蜂、小茧蜂、蚜茧蜂、土蜂、肿腿蜂、黑卵蜂及小蜂类和寄蝇类。

2）病原微生物的利用

⑴病原真菌

在昆虫的致病微生物中，由真菌侵染引起的最多，约占60%以上。昆虫病原真菌以孢子或菌丝主动穿过体壁侵入虫体内，以虫体各种组织和体液为营养繁殖大量菌丝，破坏虫体组织，或产生毒素导致昆虫死亡。菌丝体产生的孢子，随风或水流在昆虫群体内进行再侵染。感病昆虫常出现食欲减退，虫体萎缩，死后虫体僵硬，体表布满菌丝和孢子，所以一般又把昆虫真菌病称为硬化病或僵化病。目前，应用较为广泛的是白僵菌，可有效控制鳞翅目、同翅目、膜翅目、直翅目等的害虫。

(2)病原细菌

昆虫病原细菌的种类也很多，在害虫防治中应用较多的是芽孢杆菌属和芽孢梭菌属。病原细菌主要通过消化道侵入昆虫体内，导致败血症，或者由于细菌产生的毒素破坏昆虫的一些器官组织，使昆虫死亡。被细菌感染的昆虫，食欲减退，口腔和肛门具黏性排泄物，死后体色加深，虫体迅速腐败变形、软化、组织溃烂、有恶臭味，通称软化病。目前，我国生产上应用最多的昆虫病原细菌是苏云金杆菌，它是从德国苏云金的地中海粉螟幼虫体中分离得到的，现在已知的苏云金杆菌有32个变种，对包括鳞翅目、膜翅目、直翅目、双翅目和鞘翅目的32个科的182种昆虫有着不同的致病力，尤其对鳞翅目幼虫有特效。

(3)病原病毒

利用昆虫病毒防治农林害虫的研究起步较晚，但发展十分迅速。昆虫感染病毒后，行动迟缓、食欲减退，体色变淡或呈油光，虫体多卧于或悬挂在叶片及植株表面，后期流出大量液体，但无臭味，体表无丝状物。昆虫病毒的专化性极强，一般一种病毒只寄生一种害虫，不存在污染与公害问题；在自然界中可以长期保存，反复感染，有的还可遗传感染，从而造成害虫流行病。但是，昆虫病毒的杀虫范围太窄，这是其最大的缺点。

(4)以菌治病

某些微生物在生长发育过程中能分泌一些抗菌物质，抑制其他微生物的生长，这种现象称颉抗作用。利用有颉抗作用的微生物来防治植物病害，有的已获得成功。如利用哈氏木霉菌防治茉莉花白绢病病原，又如菌根菌可分泌萜烯类物质，对许多根部病害有很好的防治效果。目前，以菌治病多用于土壤传播的病害。

(5)以菌治草

在自然界中，各种杂草和植物一样，在一定环境条件下都能感染一定的病害。利用真菌来防治杂草是整个以菌治草中最有前途的一类。我国利用"鲁保一号"真菌防治菟丝子是以菌治草成功的例子之一。"鲁保一号"是一种毛盘孢真菌，在菟丝子发生期间，每1hm^{2}施用8000～15000g，对菟丝子的防治效果可达到90%以上。

3）蜘蛛和捕食螨的利用

蜘蛛种类多、数量大、繁殖快、食性广、适应性强、迁移性小等优点，是众多害虫的一类重要天敌，主要捕食各种飞虱、叶蝉、叶螨、蚜虫、蝗蝻、鳞翅目昆虫的卵、幼虫及其他昆虫等。例如，蜘蛛对于控制南方观赏茶树（金花茶、山茶）上的茶小绿叶蝉起着重要的作用。

许多捕食性螨是植食性螨类的重要天敌。国内研究较多的是植绥螨，其种类多，分布广，可捕食果树、豆类、棉花、茶叶、蔬菜等多种植物上的多种害螨。例如，捕食螨对酢浆草岩螨、柑橘红蜘蛛等螨类有较强的控制力。

4.2.4 物理机械防治

利用简单的器械以及物理因素（如光、温度、热能、放射能等）来防治病虫害的方法称为物理机械防治。

1）捕杀法

利用人工或简单器械捕捉或直接消灭害虫的方法称为捕杀法。捕杀法适合于具有群集性、假死性或其他明显易于捕捉的害虫。例如金龟子、象甲的成虫具有假死性，可在清晨或傍晚将其震落杀死；榆蓝叶甲的幼虫老熟时群集于树皮缝、树疤或枝杈下方等处化蛹，此时可人工捕杀；冬季修剪时，剪去黄刺蛾茧，刮出舞毒蛾卵块等；在生长季节也可结合苗圃日常管理，人工捏杀卷叶蛾虫苞、摘除虫卵、捕捉天牛成虫等，发动群众于清晨到苗圃捕捉地老虎以及利用简单器具钩杀天牛幼虫等，都是行之有效的措施。

2）阻隔法

人为设置各种障碍，以切断病虫害的侵害途径，这种方法称为阻隔法。

⑴涂环法

对有上、下树习性的幼虫（如松毛虫、杨毒蛾），可在树干上涂毒环或涂胶环，从而触杀或阻隔幼虫。

⑵挖障碍沟

对不能迁飞只能靠爬行扩散的害虫，为阻止其迁移危害，可在未受害区周围挖沟，害虫坠落沟中后予以消灭。对紫色根腐病、白腐病等借助菌索蔓延传播的根部病害，在受害植株周围挖沟能阻隔病菌菌索的蔓延，挖沟规格为宽30cm、深40cm，两壁要光滑垂直。

⑶设障碍物

有的害虫雌成虫无翅，只能爬到树上产卵；有的害虫幼虫有下树越冬的习性，对这类害虫，可在其上树前或幼虫下树前，在树干基部设置障碍物阻止其成虫上树产卵或阻止幼虫下树越冬。例如，在树干上绑塑料布或在干基周围培土堆，制成光滑的陡面。山东枣产区总结出人工防治枣尺蠖的“尺蠖防治五步曲”，即“一涂、二挖、三绑、四撒、五堆”，可有效控制枣尺蠖上树。

⑷覆盖薄膜或盖草

许多叶部病害的病原物是在病残体上越冬的，花木栽培地早春覆膜或盖草可大幅度地减少叶部病害的发生。因为薄膜或盖草对病原物的传播起了机械阻隔作用，而且覆膜后土壤温度、湿度提高，加速了病残体的腐烂，减少了侵染来源。如芍药地覆膜后，芍药叶斑病大幅减少。

⑸纱网阻隔

在温室及各种塑料拱棚内，采用40～60目的纱网覆罩，不仅可以隔绝蚜虫、叶蝉、粉虱、蓟马、斑潜蝇等害虫的危害，还能有效减轻病毒病的侵染。

3）诱杀法

利用害虫的趋性，人为设置器械或其他诱物来诱杀害虫的方法称为诱杀法。利用此法还可以预测害虫的发生动态。常见的诱杀方法有：

⑴灯光诱杀

利用害虫的趋光性，人为设置灯光来诱杀害虫的方法称为灯光诱杀。目前生产上所用的光源主要是黑光灯。黑光灯是一种能辐射出360nm紫外线的低气压汞气灯。而大多数害虫的视觉神经对波长330～400nm的紫外线特别敏感，具有较强的趋性，因而诱虫效果很好。

安置黑光灯时应以安全、经济、简便为原则。黑光灯诱虫时间一般在5～9月份进行。黑光灯要设置在空旷处，选择闷热、无风、无雨、无月光的夜晚开灯，诱集效果最好，一般以晚上21:00～22:00时诱虫最好。

(2)毒饵诱杀

利用害虫的趋化性，在其所喜欢的食物中掺入适量毒剂，制成各种毒饵来诱杀害虫的方法。例如，防治蝼蛄、蟋蟀等地下害虫，可用麦麸、谷糠、玉米等谷物炒香作饵料，掺入适量敌百虫或辛硫磷等药剂，制成毒饵来诱杀。

(3)饵木诱杀

许多蛀干害虫，如天牛、小蠹虫、象甲、吉丁甲等喜欢在新伐倒树木上产卵繁殖，因而可在这些害虫的繁殖期，人为放置一些木段，供其产卵，待卵全部孵化后，及时进行剥皮处理，以消灭其中的害虫。

(4)植物诱杀

利用害虫对某些植物有特殊的嗜食习性，人为种植或采集此种植物诱集捕杀害虫的方法。例如，种植一串红、灯笼花等叶背多毛植物，可诱杀温室白粉虱；在苗圃周围种植蓖麻，可使金龟甲误食后麻醉，从而集中捕杀。

(5)潜所诱杀

利用害虫在某一时期喜欢某一特殊环境的习性（如越冬潜伏或白天隐蔽），人为设置类似的环境来诱杀害虫的方法称为潜所诱杀。如有些害虫喜欢在树干的树皮缝、翘皮等处产卵或越冬，可在树干基部绑扎草把或麻布片，引诱害虫前来产卵或越冬；在苗圃内堆集新鲜杂草，能诱集地老虎幼虫潜伏草下，然后集中杀灭。

(6)黄板诱杀

利用害虫对颜色的趋性而采用的一种防治方法。将黄色黏胶板设置于花卉栽培区域，可诱黏到大量有翅蚜、白粉虱、美洲斑潜蝇等害虫，其中以在温室保护地内使用时效果较好。

4）高温处理法

任何生物，包括植物病原物、害虫对温度都有一定的忍耐性，超过限度生物就会死亡。害虫和病菌对高温的忍耐力都较差，因此，通过提高温度来杀死病菌或害虫的方法称为高温处理法，简称热处理。

(1)种苗的热处理

一些花木的病虫是靠种子传播的，带毒种子或带虫种子可进行热处理。常用的方法有热水浸种和浸苗。有病虫的苗木可用热风处理，温度为35℃～40℃，处理时间为1～4周；也可用40℃～50℃的温水浸泡，浸泡时间为10min～3h。例如，唐菖蒲球茎在55℃水中浸泡30min，可防治镰刀菌干腐病；用80℃热水浸泡刺槐种子30min后捞出，可杀死种子内小蜂幼虫，不影响种子发芽率。

(2)土壤的热处理

土壤蒸汽消毒在温室和苗床上均可普遍应用。通常用90℃～100℃热蒸汽处理土壤30min，即可杀灭土壤中的绝大部分病原物。如土壤蒸汽处理可大幅度降低香石竹镰刀菌枯萎病、菊花枯萎病及地下害虫的发生程度。在发达国家，蒸汽热处理已成为常规管理。

利用太阳能对土壤进行热处理也是有效的防治措施。在7～8月份将土壤摊平，南北向做垄，浇水并覆盖塑料薄膜，在覆盖期间要保证有10～15d的晴天，耕层温度可高达60℃～70℃，基本上能杀死土壤中的有害生物。温室大棚中的土壤也可照此法处理，当夏季花木搬出温室后，将门窗全部关闭并在土壤表面覆膜，能较彻底地消灭温室中的病虫害。

5)辐射法

近几年来，随着物理学的发展，生物物理也有了相应的发展。因此，应用新的物理学成就来防治病虫，也就具有了愈加广阔的前景。如原子能、超声波、紫外线、红外线、激光、高频电流等，正普遍应用于生物物理范畴，其中很多成果正在病虫害防治中得到应用。

4.2.5 化学防治

化学防治是指用化学农药来防治病、虫、杂草的方法。它具有收效快、防治效果好、使用方法简单、受季节限制较小、适合于大面积使用等优点。但也有着明显的缺点，化学防治的缺点概括起来可称为“三 R 问题”，即抗药性、再猖獗及农药残留。

1)农药的分类

农药的分类方法很多，根据防治对象，大致可分为杀虫剂、杀菌剂、杀螨剂、杀线虫剂、除草剂、杀鼠剂等。

(1)杀虫剂　用于防治害虫的药剂叫杀虫剂。按作用方式和进入虫体的途径可分为：

①胃毒剂　通过消化系统进入虫体内，使害虫中毒死亡的药剂，如敌百虫。适合于防治咀嚼式口器的害虫。

②触杀剂　通过接触害虫体壁渗入体腔和血液中，使害虫中毒死亡的药剂。如大多数有机磷杀虫剂、拟除虫菊酯类杀虫剂。

③熏蒸剂　药剂以气体分子状态充斥其作用空间，通过害虫的呼吸系统进入虫体，使害虫中毒死亡的药剂。如磷化铝、溴甲烷等。熏蒸剂应在密闭条件下使用效果才好。

④内吸剂　通过植物根、茎、叶的吸收，在植物体内输导、残留或产生代谢产物，害虫在取食植物组织或汁液时，使害虫中毒死亡的药剂。如乐果、吡虫啉等。

⑤特异性杀虫剂　忌避剂，如驱蚊油、樟脑；拒食剂，如拒食胺；绝育剂，如噻替派、六磷胺等；昆虫生长调节剂，如灭幼脲等。这类杀虫剂本身并无多大毒性，而是以其特殊的性能作用于昆虫，一般将这些药剂称为特异性杀虫剂。

实际上杀虫剂的杀虫作用并不完全是单一的，多数杀虫剂往往兼具几种杀虫作用，例如敌敌畏具有触杀、胃毒、熏蒸三种作用，但以触杀作用为主。在选择使用农药时，应注意选用其主要的杀虫作用。

(2)杀菌剂　用来防治植物病害的药剂。按作用方式可分为：

①保护剂　在病原物侵入寄主之前，喷布于寄主表面，以保护寄主免受危害，如波尔多液、代森锌等。

②治疗剂　在病原物侵入寄主后，用来处理寄主，以减轻或阻止病原物危害的药剂，如多菌灵、三唑酮等。

(3)杀螨剂　用来防治植食性螨类的药剂叫杀螨剂，如三氯杀螨醇、克螨特等。有不少杀虫剂也具有兼治螨类的作用，如灭扫利等。

(4)杀线虫剂　用来防治植物线虫病的药剂，如克线磷、克线丹、威百亩等。

(5)除草剂　用来防除杂草和有害植物的药剂。按除草剂的选择性能分为：

①选择性除草剂　施用后有选择的毒杀某些种类的植物，而对另一些植物无毒或毒性很低的药剂，如2,4－D 丁酯可防除阔叶杂草，而对禾本科杂草无效。

②灭生性除草剂　施用后在植物间无选择性或选择性较差，能杀伤所有植物，如百草

枯、草甘膦等。

⑹杀鼠剂　用来防治鼠类的药剂，如敌鼠、大隆等。大多数杀鼠剂主要依靠胃毒作用，一般采用毒饵施药。

另外，农药按化学成分不同可分为：无机农药，指用矿物原料经加工而成的农药，如波尔多液等；有机农药，指由有机物合成的农药，如敌敌畏、三唑酮、甲基托布津等；植物性农药，指用天然植物制成的农药，如烟草、鱼藤、除虫菊等；微生物农药，指用微生物或其代谢产物制成的农药，如白僵菌、青虫菌、Bt乳剂等。

2）农药的剂型和使用方法

⑴农药的剂型

工厂生产出来的农药，未经加工成剂的称为原药。除少数品种外，大多数原药不能直接使用，原因是原药大多是蜡质固体或脂溶性液体，其分散性能差，而且原药含量高，生产上单位面积用量极少，要想均匀分散很困难。因此，必须把原药加工成各种制剂即剂型，以提高农药的分散性，改善理化性状，才能应用于生产。常见的农药剂型有：

①粉剂　由原药加一定量的填充物，经机械加工粉碎后混合制成的粉状制剂。粉剂主要用于喷粉、拌种、毒饵和土壤处理等，但不能用来喷雾使用，否则易产生药害。粉剂要随用随买，不宜久贮，以防失效。由于粉剂附着力差，药效和持效不如可湿性粉剂和乳油，而且在喷粉中易飘移损失和污染环境，从而限制了该剂型的使用。

②可湿性粉剂　由原药、填充剂和湿润剂经机械粉碎混合加工制成的粉状制剂。可湿性粉剂主要用于喷雾，也可用于制作毒土、毒饵等，但不宜直接喷粉使用。其持效期较粉剂持久，附着力也较粉剂强。

③乳油　由原药、溶剂和乳化剂相互溶解而成的透明油状液体。乳油加水稀释可自行乳化，分散成为不透明的乳状液。因含有表面活性很强的乳化剂，所以它的湿润性、展着性、附着力、渗透性和持效期，都优于同等浓度的粉剂和可湿性粉剂。乳油加水稀释后，主要用于喷雾，也可用来拌种、浸苗、涂抹等。

④可溶性粉剂　用水溶性固体原药加水溶性填料及少量助溶剂制成的粉末状物，使用时按比例兑水即可进行喷雾使用。可溶性粉剂中有效成分含量一般较高，药效一般高于可湿性粉剂，与乳油接近。

⑤颗粒剂　由原药、辅助剂和载体经过一定的加工工艺制成的粒径大小比较均匀的松散粒状固体剂型。颗粒剂为直接施用的剂型，主要用于土壤内根施、穴施、土壤处理等。颗粒剂具有持效期长、使用方便、对环境污染小、对植物和天敌安全等优点。特别是通过加工手段使一些高毒农药低毒化，并可控制农药释放速度，延长持效期。

⑥烟剂　由原药加燃烧剂、氧化剂、消燃剂和引芯制成。点燃后，原药受热气化上升到空气中，再遇冷而凝结成飘浮的微粒作用于空间，适用于防治高大林木、温室大棚和仓库等密闭空间内的有害生物。

⑦水剂　将水溶性原药直接溶于水中而制成的制剂。用时加水稀释到所需浓度即可使用。该制剂含大量水，长期贮存易分解失效。

⑧油剂　以低挥发性油做溶剂，加少量助溶剂制成的一种制剂，有效成分一般在20%～50%。用于弥雾或超低容量喷雾。使用时不用稀释，不能兑水使用。每公顷用量一般为750～2250ml。

除上述介绍的剂型外，还有熏蒸剂、缓释剂、悬浮剂、毒笔、胶囊剂、片剂等。随着农药加工技术的不断进步，各种新的制剂被陆续开发利用。如微乳剂、固体乳油、悬浮乳剂、可流动粉剂、飘浮颗粒剂、微胶囊剂，泡腾片剂等。

⑵农药的使用方法

由于农药的加工剂型、防治对象不同，使用方法也不同，常用的农药使用方法有以下几种：

①喷粉法　利用喷粉器械所产生的风力把粉粒吹散，使粉粒覆盖在植物表面，以达到预期的防治效果。喷粉法的优点是工效高，使用方便，不受水源限制，适合于封闭的温室大棚以及郁闭度高的森林和果园。适宜作喷粉的剂型为低浓度的粉剂，如1.5%乐果粉剂，2%敌百虫粉剂等。

②喷雾法　利用喷雾机具将药液均匀的喷布于防治对象及被保护的寄主植物上，是目前生产上应用最广泛的一种方法。适宜作喷雾的剂型有可湿性粉剂、乳油、水剂等。

③土壤处理法　将农药与细土拌匀，撒于地面或与种子混播，用于防治病虫、杂草及线虫的施药方法。撒于地面的毒土要湿润，与种子混播的毒土要松散干燥。药土的配合比例，因农药种类而不同。

④种苗处理法　用药粉或药液混拌种子，或用药液浸渍种子，或苗木栽植前用药液蘸根等均属种苗处理。主要用于防治种苗带菌或土壤传播的病害，以及地下害虫的一种施药方法。

⑤熏蒸法　利用熏蒸剂或易挥发的药剂来防治有害生物的方法，一般应在密闭条件下进行。主要用于防治温室大棚、仓库、蛀干害虫和种苗上的病虫。例如对已蛀入木质部的天牛幼虫可用竹签端部缠上药棉，再蘸上熏蒸剂制成毒扦，插入新鲜排粪孔熏杀枝干内部的幼虫，或用注射器向虫孔内注入敌敌畏等熏蒸剂，外面用湿泥封口。

⑥毒谷、毒饵法　利用害虫喜食的饵料与农药混合制成，引诱害虫前来取食，产生胃毒作用将害虫毒杀而死。常用的饵料有麦麸、米糠、豆饼、谷子、高粱、玉米等。主要用于防治蝼蛄、地老虎、蟋蟀等地下害虫。

⑦涂抹法　将具有内吸作用的药剂配成高浓度药液，涂在植物幼嫩部分，或将树干刮去老皮露出韧皮部后涂药，让药液随植物体运输到各个部位，用来防治植物上的害虫和茎杆上病害的方法。

⑧注射、打孔法　用注射机或注射器将内吸性药剂注入树干内部，使其在树体内传导运输而杀死害虫的方法称为注射法。例如，将药剂稀释2～3倍，可用于防治天牛、木蠹蛾等。

总之，农药的使用方法很多，在使用农药时可根据农药的性能及有害生物的特点灵活运用。

3）农药的浓度和稀释

⑴药剂浓度表示法

目前我国在生产上常用的药剂浓度表示法有倍数法、百分比浓度法（%）、百万分浓度法（摩尔浓度法）及波美度法。

①倍数法　倍数法是指药液（药粉）中稀释剂（水或填料）的用量为原药剂用量的多少倍或是药剂稀释多少倍的表示法，此种表示法在生产上最常用。生产上往往忽略农药和水的比重差异，即把农药的比重看作1。稀释倍数越大，误差越小。生产上通常采用内比法和外比法2种配法。用于稀释100倍（含100）以下时用内比法，即稀释时要扣除原药剂所占的1份。如稀释10倍液，即用原药剂1份加水9份。用于稀释100倍以上时用外比法，计算稀释量时不扣除原药剂所占的1份。如稀释1000倍液，即可用原药剂1份加水1000份。

②百分比浓度(%)　百分比浓度是指100份药剂中含有多少份药剂的有效成分。例如20%速灭杀丁乳油，表示100份这种乳油中含有20份速灭杀丁的有效成分。百分浓度又分为质量百分浓度和容量百分浓度两种。固体与固体之间或固体与液体之间，常用质量百分浓度，液体与液体之间常用容量百分浓度。

③百万分浓度(10^{-6})　百万分浓度是指100万份药剂中含有多少份药剂的有效成分。一般植物生长调节剂常用此浓度表示法。

④波美度　波美度是用波美比重计插入溶液中直接测得的度数，来表示该溶液浓度的方法。以°Be(Baume的缩写)的符号表示，读作波美度。石硫合剂就是用波美度来表示浓度的。

(2)农药的稀释与计算

①按有效成分计算

原药剂浓度×原药剂重量(容积)=稀释药剂浓度×稀释药剂重量(容积)

A:求稀释药剂重量

计算100倍以下时:

稀释药剂重量=[原药剂重量×(原药剂浓度-稀释药剂浓度)]÷稀释药剂浓度

例:用50%福美砷可湿性粉剂5kg，配成2%稀释液，需加水多少?

计算:5×(50%-2%)÷2%=120(kg)

计算100倍以上时:

稀释药剂重量=(原药剂重量×原药剂浓度)÷稀释药剂浓度

例:用l00ml 80%敌敌畏乳油稀释成0.05%浓度，需加水多少?

计算:100×80%÷0.05%=160(kg)

B:求用药量

原药剂重量=(稀释药剂重量×稀释药剂浓度)÷原药剂浓度

例:要配制0.5%氧化乐果药液1 000ml，求40%氧化乐果乳油用量。

计算:1000×0.5%÷40%=12.5(ml)

②根据稀释倍数计算

稀释倍数=稀释剂用量÷原药剂用量

计算100倍以下时:

稀释药剂重量=原药剂重量×稀释倍数-原药剂重量

例:用40%氧化乐果乳油10ml加水稀释成50倍药液，求稀释液重量。

计算:10×50-10=490(ml)

计算100倍以上时:

稀释药剂重量=原药剂重量×稀释倍数

例:用80%敌敌畏乳油l0ml加水稀释成1 500倍药液，求稀释液重量。

计算:10×1 500=15(kg)

③多种药剂混合后的浓度计算

设第一种药剂浓度为N_1，重量为W_1;第二种药剂浓度为N_2，重量为W_2;……;第n种药剂浓度为Nn，重量为Wn，则

混合药剂浓度(%)=$\sum$Nn·Wn(浓度不带%)/$\sum$Wn

例:将12.5%福美砷可湿性粉剂2kg与12.5%福美锌可湿性粉剂4kg及25%福美双可湿

性粉剂4Kg混合在一起，求混合后药剂的浓度。

计算：(12.5×2+12.5×4+25×4)÷(2+4+4)=17.5%

4）农药的合理使用

合理使用农药，就是从综合治理的角度出发，运用生态学的观点，按照"经济、安全、有效"的原则来使用农药。既要做到用药省、效果好，又要对人、畜安全，不污染环境，不杀伤天敌。

⑴对症下药

农药的种类很多，各种药剂都有一定的性能及防治范围，即使是广谱性农药，也不可能对所有的病虫害都有效，因此在施药前应根据实际情况选择合适的药剂品种，避免盲目用药。例如，防治害虫不能选用杀菌剂而必须选择杀虫剂，防治刺吸式口器害虫不能选用触杀剂而应选择内吸剂。当防治对象有几种农药可选择时，尽可能选用高效、低毒、低残留的农药。

⑵适时用药

在调查和预测预报的基础上，掌握病虫害的发生发展规律，抓住有利时机用药，既可节约用药，又能提高防治效果，而且不易发生药害。对害虫来讲，初龄幼虫期是最佳的防治期，此时害虫抗药性差，天敌数量少，且大多数种类有群居危害的习性，便于集中防治；对于介壳虫一类，一定要在未形成介壳前施药。对于病害，应在发病初期或发病前喷药防治，尤其需要指出保护性杀菌剂必须在病原物接触侵入植物体前使用。施药前还要考虑天气条件，有机磷制剂在温度高时效果好，拟除虫菊酯类在温度低时效果好，辛硫磷见光易分解，宜在傍晚使用。

⑶准确掌握用药量

施用农药时，应准确控制药液浓度、单位面积用药量和用量次数。否则，超量用药，不仅浪费农药、增加成本，而且还易使植物产生药害，甚至造成人畜中毒，导致土壤污染。低于防治需要的用量标准，又达不到防治效果。所以，使用农药时，必须根据实际情况及防治指标，合理确定经济有效的用量，防治效果一般首次检查应达到90%以上。施药次数要根据有害生物的生物学特性和农药的残效期长短，具体问题具体分析，灵活掌握。

⑷交替使用农药

长期使用一种农药防治某种害虫或病菌，易使害虫或病菌产生抗药性，降低防治效果，增加病虫害防治难度。为了提高防治效果，不得不增加施药浓度、单位面积用药量和用量次数，这样反而更加重了抗药性的发展。由于不同类型的药剂对害虫或病菌的作用机制不同，经常轮换使用或交叉使用几种不同类型的农药，可以延缓或避免害虫或病菌抗药性的产生，从而提高防治效果。

⑸合理混用农药

将两种或两种以上对病虫具有不同作用机制的农药混合使用，可以提高防治效果，甚至可以达到同时兼治几种病虫的防治目的。扩大了防治范围，降低了防治成本，延缓害虫和病菌产生抗药性，延长农药品种使用年限。农药之间能否混用，主要取决于农药本身的化学性质。一般混合后药效降低的不能混用；碱性农药不能与酸性农药混合使用；混合后产生化学变化，或混合使用后引起植物药害的不能混用；混合后农药制剂的物理性状出现变化，产生结絮或沉淀现象的不能混用。

⑹采用恰当的施药方法

病虫危害和传播的方式不同，选择施药的方法也不同。例如，防治地老虎、蛴螬、蝼蛄等地下害虫，应考虑采用撒施毒谷、毒饵、毒土、拌种等方法；防治气流传播的病害，就应考虑采用喷雾、撒粉或采用内吸剂拌种等方法；防治种子或土壤传播的病害，则可考虑采用种子处理或土壤处理等方法。农药剂型不同，使用方法也不同，如粉剂不能用于喷雾，可湿性粉剂不宜用于喷粉，烟剂要在密闭条件下使用等。

5）园林常用农药简介

(1)杀虫剂

敌百虫 为高效、低毒、低残留的广谱性杀虫剂。胃毒作用强，兼具触杀作用，对人畜较安全，残效期短。对双翅目、鳞翅目、膜翅目、鞘翅目等多种害虫均有很好的防治效果，但对一些刺吸式口器害虫，如蚧类、蚜虫类效果不佳。常见剂型有90%敌百虫晶体，80%敌百虫可溶性粉剂，5%敌百虫粉剂等。生产上常用90%敌百虫晶体稀释800倍液喷雾。

敌敌畏 为高效、高毒、广谱性杀虫剂。具有触杀、胃毒和强烈的熏蒸作用。对人畜毒性较高。适用于防治园林、温室、茶园、果蔬等方面的害虫。常见剂型有50%、80%乳油。用50%乳油稀释1000~1500倍液喷雾，可防治多种花木上的蚜虫、蝶蛾类幼虫、叶蜂、网蝽、介壳虫若虫、粉虱，但李、梅、杏等植物对敌敌畏较敏感，使用时应注意。

乐果 为高效、低毒、低残留的广谱性杀虫剂，有较强的内吸传导作用，也具有一定的胃毒、触杀作用。对蚜虫、木虱、叶蝉、粉虱、蓟马、蚧类、螨类等刺吸式口器害虫有特效，但梅、李、杏对乐果敏感，浓度过高易产生药害。常见的剂型有20%、40%乳油，1%~3%粉剂及20%的可湿性粉剂。生产上常用40%乐果乳油稀释1000~2000倍液喷雾。

氧化乐果 氧化乐果是乐果的类似物，也是其降解物，是一种广谱性的内吸杀虫、杀螨剂，兼有触杀、胃毒作用。防治对象同乐果。常见剂型有40%乳油、25%超低容量剂等。一般使用浓度为40%的氧化乐果乳油稀释2000倍液喷雾。应当注意该药对蜜蜂有毒，花期应慎用。

马拉硫磷 又名马拉松。是一种低毒广谱性杀虫剂，以触杀作用为主，也具有一定的胃毒及熏蒸作用。对人畜较安全。对蚜虫、介壳虫、蓟马、网蝽、叶蝉以及鳞翅目幼虫均有良好的效果。常见剂型有50%乳油及5%粉剂。常用50%乳油稀释1000~1500倍液喷雾。

甲基异柳磷 具触杀和胃毒作用，残效期为30d左右。对人畜高毒。适于防治蛴螬、蝼蛄、金针虫及线虫等地下害虫。可用于拌种或土壤处理，不适于叶面喷雾，不能与碱性农药混用。常见剂型有20%、40%乳油，20%粉剂。

辛硫磷 为高效、低毒、低残毒的杀虫剂，具胃毒和触杀作用。对鳞翅目幼虫有特效，也可用于防治地下害虫，如蛴螬、蝼蛄、金针虫及植物上的蚜虫、卷叶蛾、尺蛾、粉虱、介壳虫、叶螨等害虫。不能与碱性农药混用。常见剂型有40%、50%乳油，25%微胶囊剂，1.5%颗粒剂等。常用50%辛硫磷乳油稀释1000~2000倍液喷雾。

西维因 低毒、广谱性杀虫剂。具有触杀及胃毒作用，可防治卷叶蛾、潜叶蛾、蓟马、叶蝉、蚜虫等害虫，还可用来防治对有机磷农药产生抗性的一些害虫。常用剂型有25%、50%可湿性粉剂。常用25%可溶性粉剂稀释500~700倍液喷雾。西维因对蜜蜂高毒，故花期不宜使用。

呋喃丹 呋喃丹是一种广谱性杀虫、杀螨及杀线虫剂，具有内吸、胃毒、触杀及熏蒸作用，对鞘翅目、同翅目、半翅目、鳞翅目及螨类等有很好的防治效果。常见剂型有2%、3%和5%颗粒剂。呋喃丹一般施于根际，由根部吸收传导而起杀虫作用。

抗蚜威 又名辟蚜雾，为高效、中毒、低残留的选择性杀蚜剂，具触杀、熏蒸和内吸作用。被植物根部吸收后可向上输导，速效但持效期不长。性状较稳定，在强酸、强碱中煮沸能分解，水溶液遇紫光亦能分解。对蚜虫有高效(除棉蚜外)。常见剂型有50%可湿性粉剂。

巴丹 中等毒性、杀虫谱广、残效期长，胃毒作用强，同时具有触杀和一定的拒食、杀卵作用。可用于防治鳞翅目、鞘翅目、半翅目、双翅目等多种害虫，对鳞翅目幼虫、半翅目害虫特别有效。常见剂型有50%可湿性粉剂、4%颗粒剂。常用50%可湿性粉剂稀释1000~2000倍液喷雾。

杀虫双 对人畜中等毒性。具胃毒、触杀、熏蒸及内吸作用，是一种较安全的杀虫剂。药效期一般7d。常见剂型有25%水剂、3%颗粒剂。可用于防治叶蝉和鳞翅目的食叶性、钻蛀性害虫。常用25%水剂稀释250~300倍液喷雾。杀虫双对家蚕毒性大，在蚕桑区使用要谨慎，以免污染桑叶。

氰戊菊酯 又名杀灭菊酯、速灭杀丁，是我国产量最高的拟除虫菊酯类农药。对人畜中毒。有很强的触杀作用，还有胃毒和驱避作用，击倒力强，杀虫速度快，可用于防治多种农林及花卉害虫，如蚜虫、蓟马、黑刺粉虱、马尾松毛虫等。常见剂型有20%乳油。多用20%乳油稀释3000~4000倍液喷雾。

溴氰菊酯 又名敌杀死。对人畜中毒。以触杀、胃毒为主，有一定的忌避拒食作用，无内吸和熏蒸作用。高剂量能杀灭成虫、幼虫和卵，低剂量可使幼虫拒食或成虫拒绝产卵。可用于防治园林花卉各种蚜虫、潜叶蛾、尺蠖、松毛虫、叶甲、灯蛾、蝶类等鳞翅目、鞘翅目、双翅目、半翅目害虫。常见剂型有2.5%乳油、2.5%可湿性粉剂。一般用2.5%乳油稀释2000~3000倍液喷雾。

氯氰菊酯 又名安绿宝、兴棉宝。是一种高效、中毒、低残留农药。对人畜低毒。对害虫具有较强的触杀和胃毒作用，且有忌避和拒食作用。对鳞翅目食叶害虫及蚜虫、蚧虫、叶蝉类害虫高效。常见剂型有10%、20%乳油。常用10%乳油稀释5000~6000倍液喷雾。

联苯菊酯 又名天王星、虫螨灵。杀虫谱广、作用迅速、持效期长。对人畜中毒，对天敌的杀伤力低于敌敌畏等有机磷类农药，但高于其他菊酯类农药。具有强烈的触杀与胃毒作用，对鳞翅目、鞘翅目、缨翅目及叶蝉、粉虱、瘿螨、叶螨等均有较好的防治效果。常见剂型有10%乳油，10%可湿性粉剂。使用方法为10%乳油稀释5000~6000倍液喷雾。

甲氰菊酯 又名灭扫利。对人畜中毒。具有很强的触杀、驱避和胃毒作用，杀虫范围较广，对鳞翅目幼虫、同翅目、半翅目、鞘翅目等多种害虫有效。常见剂型有10%、20%、30%乳油。常用20%乳油稀释2000~3000倍液喷雾。

氟氯氰菊酯 又名功夫菊酯、百树得。具有极强的胃毒和触杀作用。杀虫作用快，持效长，杀虫谱广，对鳞翅目害虫及蚜虫、叶螨等均有较高的防治效果。常见剂型有5.7%、10%乳油。常用5.7%乳油稀释2000倍液喷雾，可防治食心虫、卷叶蛾、蚜虫、木虱、潜叶蛾等害虫。

灭幼脲 又称灭幼脲Ⅰ号。属低毒杀虫剂，对人畜和天敌安全。具有胃毒和触杀作用，能抑制和破坏昆虫新表皮中几丁质的合成，从而使昆虫不能正常脱皮。田间残效期15~20d，施药后3~4d开始见效。常见剂型有20%悬浮剂，25%可湿性粉剂。用20%悬浮剂稀释2000~3000倍液，可防治松毛虫、天幕毛虫、美国白蛾等鳞翅目幼虫，也可防治木虱。

定虫隆 又名抑太保。是高效、低毒的昆虫几丁质合成抑制剂，具有胃毒作用兼触杀作用。对鳞翅目幼虫有特效，一般施药3~5d后才见效。常见的剂型有5%乳油，一般用5%乳油稀释1000~2000倍液喷雾。

扑虱灵 又名稻虱净。是一种选择性昆虫生长调节剂，对叶蝉、粉虱类害虫有特效。具有胃毒、触杀作用，主要通过抑制害虫几丁质合成使若虫在脱皮过程中死亡。本品具有药效高、残效期长、残留量低和对天敌较安全的特点，主要作用于若虫，具一定杀卵作用，对成虫效果差。常见剂型有25%乳油、25%可湿性粉剂、40%悬浮剂。用25%乳油稀释1000倍液喷雾，可防治飞虱、叶蝉、粉虱和蚧虫等。

磷化铝　该品对人畜剧毒。除对仓库粉螨无效外，对其他多种害虫都有效。常见剂型有56%磷化铝片剂和56%磷化铝粉剂。处理仓库害虫一般片剂6～9g/m³或粉剂4～6g/m³，密闭熏蒸时间因气温而定，12℃～15℃时熏蒸5d，16℃～20℃时熏蒸4d，20℃以上时熏蒸3d即可。熏蒸结束，应通风散气5～6d，毒气即可消失。该品也可制成毒签防治多种天牛幼虫。

吡虫啉　又名蚜虱净，是新型烟碱型超高效、低毒、内吸性杀虫剂，并具较强的触杀和胃毒作用，具有速效、持效期长、对天敌安全等特点，是一种理想的选择性杀虫剂。常见剂型有10%、25%可湿性粉剂，对蚜虫、飞虱、叶蝉等有极好的防治效果。

石油乳剂　是石油、乳化剂和水按比例制成的。具有触杀作用，石油乳剂能在虫体或卵壳上形成油膜，使昆虫及卵窒息死亡。该药剂最早使用的是杀卵剂，供杀卵用的含油量一般在0.2%～2%。一般来说，分子量越大的油，杀虫效力越高，对植物药害也越大。可防治多种蚧虫及昆虫的卵。

(2)杀螨剂

是指专门用来防治害螨的一类选择性的有机化合物。这类药剂性质稳定，可与其他杀虫剂混用，药效期长，对人、畜、植物和天敌都较安全。

三氯杀螨醇　又名开乐散。对螨类有特效，对成螨、若螨和卵有效期长达25d以上。对人畜低毒，对天敌安全。常见剂型有20%乳油。常用20%乳油稀释800～1000倍喷雾。

克螨特　对人畜毒性较低，对天敌无害。为广谱性杀螨剂，具有胃毒和触杀作用，对成螨、若螨效果良好，杀卵效果较差。常见剂型有73%乳油。使用方法为73%乳油稀释3000倍液喷雾。

螨卵酯　又名杀螨酯。对高等动物几乎无毒，对植物安全。主要具触杀作用，对螨卵及幼螨效果极佳，但对成螨防治效果很差。残效期长达3～4周。常见剂型有20%可湿性粉剂。使用方法为20%可湿性粉剂稀释800～1000倍液喷雾。可与各种农药混用。

普特丹　又名三环锡。对人畜低毒，对天敌毒性较低。该药杀螨范围广，对成螨、若螨、幼螨效果都好，但无杀卵作用。常见剂型为50%可湿性粉剂。使用方法为50%可湿性粉剂稀释4000～5000倍液喷雾。

(3)杀菌剂

波尔多液　波尔多液是由硫酸铜和石灰乳配制而成的一种天蓝色的胶状悬液，杀菌的主要成分是碱性硫酸铜。波尔多液是一种良好的植物保护剂，在病原菌侵入前使用才能发挥作用，能防治多种病害，如叶斑病、炭疽病等。波尔多液不能贮存，要随配随用；阴天或露水未干前不喷药，喷药后遇雨必须重喷；桃、李、杏、梅等对铜离子最敏感，生长期间一般不能使用。

石硫合剂　石硫合剂是用生石灰、硫磺粉熬制成的红褐色透明液体，呈强碱性，有臭鸡蛋气味，遇酸易分解。杀菌的有效成分是多硫化钙（CaSn・Sx），其含量与药液比重呈正相关，以波美度（°Be）来表示其浓度。石硫合剂能防治多种病虫害，如白粉病、锈病、红蜘蛛、蚧虫等。花木休眠期一般用3～5°Be，生长季节使用浓度为0.1～0.3°Be。石硫合剂不宜与其他乳剂农药混用，因油会增加石硫合剂对植物的药害；禁忌与容易分解的有机合成农药混用。

代森锌　属于低毒、高效、广谱性的保护剂。对多种霜霉病菌、炭疽病菌等有较强的触杀作用。对人畜低毒，对植物安全。药效期较短，残效期约7d，不能与铜制剂混合使用。可用于防治各种园林植物霜霉病、锈病、炭疽病等。常见剂型有65%、80%可湿性粉剂。常用浓度分别为500倍液和800倍液。

福美双　又名阿锐生、赛欧散。属中毒、高效、低残留和广谱性的保护剂，无内吸作用。对种子传播及土壤传播的病害有较好的杀伤作用，可用来防治苗期立枯病、炭疽病、猝倒病、白粉病、疫病等。常见剂型有50%、70%可湿性粉剂。可以喷雾或土壤处理。喷雾时，50%可湿性粉剂稀释500～800倍液喷雾；土壤处理时，用50%可湿性粉剂100g，处理土壤500kg，做温室苗床处理。

代森锰锌　为一种广谱性保护剂，对于霜霉病、疫病、炭疽病及各种叶斑病有效。对人畜低毒。常见剂型有25%悬浮剂，70%可湿性粉剂。一般使用浓度为25%悬浮剂稀释1000～1500倍液。

甲基托布津　属于低毒、高效、广谱的内吸性杀菌剂，对人、畜、鱼安全。不能与含铜制剂混用，需在阴凉、干燥的地方贮藏。对多种植物病害有预防和治疗作用。残效期5～7d。常见剂型有70%可湿性粉剂，常用浓度为1000～1500倍液。

百菌清　又名达科宁、霜疫净等。属于低毒、广谱、保护性杀菌剂。在植物表面有良好的黏着性，不易受雨水冲刷，一般药效期7～10d。对霜霉病、疫病、炭疽病、灰霉病、锈病、白粉病以及各种叶斑病有较好的防治效果。常见剂型有50%、75%可湿性粉剂，2.5%、10%、30%烟剂，40%悬浮剂。

多菌灵　属于高效、低毒、广谱的内吸性杀菌剂，该药容易被植物根系吸收，可向上运转，残效期长。对植物生长有刺激作用，对温血动物、鱼、蜜蜂安全。常见剂型有50%可湿性粉剂，25%可湿性粉剂，40%悬浮剂。常用50%可湿性粉剂稀释400～1000倍液喷雾。

粉锈宁　又名三唑酮、百理通。是一种高效内吸性杀菌剂，对鱼类、鸟类、蜜蜂和天敌安全。具有广谱、残效期长、用量低的特点。能在植物体内传导，对锈病、白粉病具有预防、治疗作用。常见剂型有15%、25%可湿性粉剂，20%乳油。常用25%可湿性粉剂稀释700～1500倍液喷雾。

五氯硝基苯　五氯硝基苯是保护性杀菌剂，无内吸性，毒性低，残效期长，在高温干燥条件下药效会降低。常用作土壤处理和种子消毒，对立枯病、紫纹羽病、白纹羽病及白绢病等有效，但对镰刀菌无效。常见剂型是40%粉剂。土壤消毒时，用40%粉剂8～9g/m²，拌12.5～15kg细土施于土内。切记不要黏在苗上，以免发生药害。

世高　为一广谱性内吸杀菌剂，具有治疗效果好、持效期长的特点。可用于防治叶斑病、炭疽病、早疫病、白粉病、锈病等。对人畜低毒。常见剂型为10%水分散粒剂。一般使用方法为10%水分散粒剂稀释6000～8000倍喷雾。

农用链霉素　对人畜低毒。常见剂型是15%、20%可湿性粉剂。农用链霉素可防治多种植物细菌性病害，如君子兰细菌性茎腐病、观赏植物的细菌性根癌病、软腐病等。可用于喷雾、注射、涂抹或灌根。喷雾、注射常用浓度为100～400mg/L；灌根常用浓度为1000～2000mg/L。

农抗120　又名抗霉菌素120、120农用抗菌素。是一种高效、广谱、低毒的抗菌素类杀菌剂，对许多病原菌具有强烈的抑制和治疗作用，对花卉白粉病等防效较好。常见剂型有2%、4%水剂。常用4%水剂稀释300～400倍液喷雾。

(4)杀线虫剂

棉隆　属于高效、低毒、广谱性的熏蒸性杀线虫剂，并兼治土壤真菌、地下害虫及杂草。对动物、蜜蜂安全，对鱼毒性中等。易在土壤及其他基质中扩散，杀线虫作用持久。该药使用范围广，能防治多种线虫。常见剂型有98%微粒剂。使用时先进行旋耕整地，浇水保持土壤湿度，每667m^2用98%微粒剂20～30kg，进行沟施或撒施，旋耕机旋耕均匀，盖膜密封20d以上，揭开膜敞气15d后播种。

克线丹　又名硫线磷。属于高毒有机磷杀线虫剂。具触杀作用，无熏蒸作用。药剂被植物体吸收后很快被水解而消失，在植物体内的残留量很少。可有效防治园林植物的根结线虫、短体线虫、穿孔线虫、刺线虫、肾形线虫、螺旋线虫等，对孢囊线虫效果较差。常见剂型有10%、20%颗粒剂。

相关技能训练

实训16　调查某园林绿地病虫害综合防治技术的应用情况

1. 实训目的

通过对某园林绿地病虫害防治技术应用情况的调查，了解各种防治方法的应用情况及各种防治方法的防治效果，并为今后病虫害的防治制定一份合理有效的综合防治方案。

2. 实训材料和用具

园林植物生产基本情况，如品种特点(抗病、抗虫性等)、前茬植物、气候条件、土壤肥力、施肥水平、灌溉条件和田间管理措施等的相关资料。

3. 实训内容与方法

1)调查园林技术防治方法的应用

园林技术防治是根据病虫害发生条件与园林植物栽培管理措施之间的相互关系，创造有利于园林植物生长发育，而不利于病虫害发生的生态环境，从而达到抑制病虫的目的。调查过程中注意询问或观察所种植的园林植物品种是否是抗病虫品种；种植前是否对土壤进行了处理，施用的有机肥是否充分腐熟；种植时是否做到了合理轮作、科学间作等措施；管理过程中水肥是否满足植物的正常生长等。

2)调查物理防治方法的应用

物理防治就是用简单的器械以及物理因素进行病虫害的防治，如人工捕杀、涂毒环或胶环、灯光诱杀、黄板诱杀，以及对种子和土壤进行的热处理等，调查过程中询问或观察是否用到这些方法。

3)调查捕食性和寄生性天敌昆虫的应用

调查天敌昆虫的种类、数量，通过数据资料的整理，了解天敌昆虫在园林植物害虫防治中的作用。

4)调查化学防治方法的应用

调查在病虫害发生过程中，所用到的杀虫剂、杀菌剂等化学药剂的种类、施药的方法、施药的次数，以及防治病虫的效果等。

4. 实训作业

1)通过调查，了解各种防治方法的应用情况。

2）根据当地地理、气候、栽培品种、种植方式的具体情况，制订一份园林植物病虫害综合防治方案。

实训 17　常见农药剂型及性状观察

1. 实训目的

通过对农药外包装观察识别，阅读农药标签和使用说明书，了解当地生产上常见农药的剂型、理化性状特点及质量鉴别的简易方法。

2. 实训材料和用具

材料：当地常见杀虫剂、杀菌剂、杀螨剂、杀线虫剂、除草剂等农药。

用具：口罩、手套、镊子、试管、牛角匙、玻璃棒等。

3. 实训内容与方法

1）观察并阅读农药标签和使用说明书

认真阅读供试农药包装上的标签和使用说明书，了解每一种农药具体的防治对象、使用浓度、使用方法及在使用和保管过程中的注意事项。

2）农药理化性状的简易识别方法

⑴常见农药物理性状的辨别　观察粉剂、可湿性粉剂、乳油、颗粒剂、水剂、悬浮剂、烟剂等剂型在颜色、形态等物理性状上的差异。

⑵乳油质量简易测定　将 2 ~ 3 滴乳油滴入盛有清水的试管中，轻轻震荡，观察油水融合是否良好，稀释液中有无油层漂浮或沉淀，稀释后是否呈半透明或乳白色的乳状液。若出现少许油层，表明乳化性尚好；出现大量油层，乳油被破坏，则不能使用。

⑶粉剂、可湿性粉剂质量的简易鉴别　取少量药粉轻轻撒在水面上，长期浮在水面的为粉剂，在 1 min 内粉粒吸湿下沉，搅动时可产生大量泡沫的为可湿性粉剂。另取少量可湿性粉剂倒入盛有 200ml 水的量筒内，轻轻搅动放置 30min，观察药液的悬浮情况，沉淀越少，可湿性粉剂质量越高。如有较多的粉剂颗粒沉淀，表明质量较差。

4. 实训报告

1）列表记述所观察农药的剂型、物态、颜色、气味等性状特点及主要防治对象。

2）测定 1 ~ 2 种可湿性粉剂及乳油的悬浮性和乳化性，并记述观察结果。

复习思考题

一、名词解释

综合治理；　植物检疫；　农药；　致死中量；　原药；　潜所诱杀；　灯光诱杀

二、填空题

1. 杀虫剂按作用方式分为 ________、________、________和 ________ 4 大类。

2. 物理机械防治常见的措施有 ________、________、________ 和 ________。

3. 昆虫最敏感的光波长范围是________ nm，黑光灯发出的光波长范围是 ________ nm，利用黑光灯诱杀昆虫是利用昆虫的 ________ 性。

4. 蚜虫对________ 光比较敏感，我们在生产上可用________ 诱杀蚜虫。

5. 寄生性天敌是指 ________ 和 ________ 两大类。
6. 常见的杀菌剂有 ________ 和 ________ 两大类。
7. 石硫合剂是用 ________、________ 和 ________ 等熬成的红褐色透明液体。
8. 商品农药的名称一般是由 ________、________ 和 ________ 3 部分组成。

三、选择题

1. 利用糖醋酒液诱杀地老虎是利用昆虫的(　　)。
A. 趋光性　B. 趋化性　C. 趋湿性　D. 趋温性
2. 大多数害虫的视觉神经对波长(　　)特别敏感。
A. 250 – 700nm　B. 330 – 400nm　C. 400 – 700nm　D. 550 – 650nm
3. 使用触杀剂防治害虫的最佳时期是害虫(　　)期。
A. 1 龄　B. 2 龄　C. 3 龄　D. 4 龄
4. 赤眼蜂是(　　)的寄生蜂。
A. 成虫　B. 卵　C. 幼虫　D. 蛹
5. 冬季或早春植物休眠期用石硫合剂防治病虫害常用的使用浓度为(　　)。
A. 3 – 5 波美度　B. 0.2 – 0.3 波美度　C. 0.5 – 0.8 波美度　D. 6 – 8 波美度
6. 下列农药属于生物源杀虫剂的是(　　)。
A. 敌杀死　B. 敌百虫　C. 白僵菌　D. 杀虫双
7. 防治介壳虫等刺吸式口器的害虫一般选用(　　)。
A. 胃毒剂　B. 触杀剂　C. 内吸剂　D. 熏蒸剂
8. 苏云金杆菌是一种生防菌，它属于(　　)。
A. 真菌　B. 线虫　C. 病毒　D. 细菌
9. 可用来喷雾的药剂有(　　)。
A. 粉剂　B. 颗粒剂　C. 乳剂　D. 烟雾剂

四、计算题

1. 用 40% 福美砷可湿性粉剂 10kg 配成 2% 稀释液，需加水多少千克？
2. 用 40% 氧化乐果乳油 30ml 加水稀释成 1500 倍液防治松干蚧，需加水多少千克？
3. 用 90% 敌百虫晶体防治园林害虫，每亩用药 75g，加水 90kg 喷雾，求稀释倍数？

五、问答题

1. 植物检疫的主要任务是什么？
2. 确立植物检疫对象的原则是什么？
3. 简述物理机械防治法的优缺点。
4. 简述杀虫灯的杀虫原理与设置要求。
5. 如何正确合理地使用农药？
6. 农药为什么要混合使用？混合时应注意哪些问题？

项目 5 园林植物害虫及防治技术

【知识目标】

●了解园林植物害虫的种类及危害特点。

●掌握主要食叶害虫的识别特点及防治方法。

●掌握主要吸汁害虫的识别特点及防治方法。

●掌握主要蛀干害虫的识别特点及防治方法。

●掌握主要地下害虫的识别特点及防治方法。

【技能目标】

●能根据园林植物的被害状判断园林植物害虫的种类。

●能正确识别园林植物主要食叶害虫、吸汁害虫、蛀干害虫、地下害虫。

●能根据主要食叶害虫、吸汁害虫、蛀干害虫、地下害虫的发生规律，制定适合当地特点的综合防治方案。

任务 5.1 园林植物食叶害虫及防治技术

任务分析：食叶害虫一般指以咀嚼式口器危害叶片的害虫，在园林植物上最为常见。被害叶片形成缺刻、孔洞，严重时可将叶片吃光，仅留叶柄、枝干或叶片主脉。通过本任务的学习，要求学生熟悉食叶害虫的危害状，掌握主要食叶害虫的种类、形态特征和发生规律；能对园林植物常见食叶害虫进行准确识别和综合防治。

任务实施的相关知识

园林植物食叶害虫的种类繁多，主要有鳞翅目的刺蛾、袋蛾、尺蛾、枯叶蛾、舟蛾、灯蛾、夜蛾、毒蛾、螟蛾、斑蛾及蝶类；鞘翅目的叶甲、金龟子、植食性瓢虫；膜翅目的叶蜂；直翅目的蝗虫等。这类害虫的危害特点有：(1)危害健康的植株，猖獗时能将叶片吃光，削弱树势，为天牛、小蠹虫等蛀干害虫的侵入提供适宜条件；(2)大多数食叶害虫营裸露生活，受环境因子影响大，其虫口密度变动大；(3)多数种类繁殖力强，产卵集中，易爆发成灾，并能主动迁移扩散，扩大危害的范围。

5.1.1 刺蛾类

刺蛾类属鳞翅目，刺蛾科。幼虫俗称“洋辣子”，蛞蝓型，体表具毒刺，触及皮肤，痒痛异常。初孵幼虫群集啃食叶片下表皮、叶肉，残留上表皮及叶脉；稍大时由叶缘向内蚕食，严重时将叶片吃光，仅剩少部分叶片和叶柄。蛹茧常光滑且坚硬。

1）刺蛾类主要害虫

(1)黄刺蛾（*Cnidocampa flavescens* Walker）

①分布与危害　分布很广，全国各地几乎都有分布。食性很杂，初龄幼虫只取食叶肉，4龄后食叶片成缺刻，常将叶片吃光，园林植物受害严重。

②形态特征　成虫体橙黄色。前翅内半部黄色，外半部褐色，翅面有2条斜纹在翅尖汇合，呈倒“V”字形。幼虫头黄褐色，隐藏于前胸下，胸部黄绿色，体背有一哑铃形褐色大斑，各体节背侧有1对枝刺。被蛹，椭圆形，粗大（图5－1）。

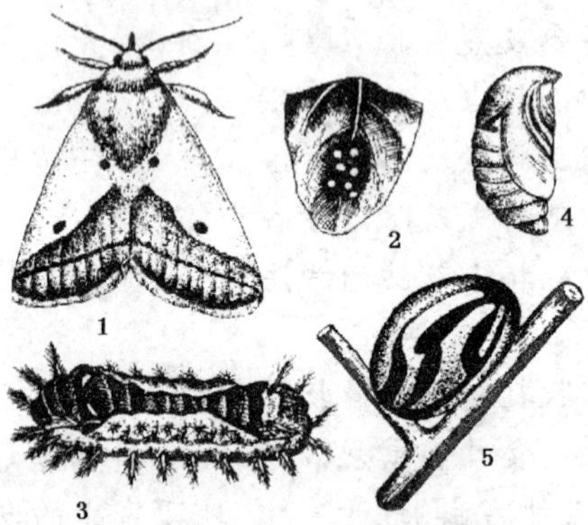

图5－1　黄刺蛾

1.成虫　2.卵　3.幼虫　4.蛹　5.茧

③发生规律及习性　一年发生1～2代。以老熟幼虫在树干枝杈等处结茧越冬，第二年5～6月间化蛹，6月出现成虫，成虫具有趋光性。6月下旬为幼虫危害盛期，初孵幼虫先取食卵壳，后在叶背取食叶肉，4龄后取食全叶。2代区，第2代幼虫在8月中、下旬大量出现。该虫以老熟幼虫吐丝和分泌黏液做茧化蛹越冬。

(2)褐边绿刺蛾（*Latoia consocia* Walker）

①分布与危害　分布广泛，危害大叶黄杨、月季、海棠、桂花、牡丹、山楂、芍药、苹果等多种植物。初龄幼虫取食叶肉，仅留表皮，老龄时将叶片吃成孔洞或缺刻，有时仅留叶柄，植物受害严重。

②形态特征　成虫头、胸及前翅青绿色，前翅基角褐色，后翅及腹部灰褐色。幼虫翠绿色，背线淡蓝色，体背有两排黄色枝刺，腹末具有4个黑绒状刺突。茧黄褐色，坚硬，两端钝平。

③发生规律及习性　各地发生1～3代不等。1代区，越冬幼虫于5月中、下旬开始化蛹，6月上、中旬羽化，6月下旬幼虫开始孵化取食危害，8月危害重，9月以老熟幼虫陆续入土结茧越冬；2～3代区，翌年4～5月越冬幼虫化蛹，6月成虫羽化产卵。各代幼虫发生期分别为6～7月、8～9月。10上旬幼虫陆续老熟，在枝干上或树干基部周围的土中结茧越冬。初孵幼虫有临时群集性。成虫具有趋光性。

2）刺蛾类防治措施

(1)人工防治　注意发现摘除植株上的虫茧、卵块及低龄幼虫群集的叶片，集中处理。翻晒植株根际的土壤，杀死土中结茧越冬的幼虫。

(2)灯光诱集　利用成虫的趋光性，设置黑光灯诱杀成虫。

(3)生物防治　注意保护青蜂、姬蜂、赤眼蜂等天敌昆虫，有条件的地区可繁殖释放。在幼虫低龄期用 Bt 乳剂 300 ~ 500 倍液在潮湿条件下喷雾使用(蚕桑区严禁施用)。

(4)化学防治　幼虫 3 龄以前施药效果好，可喷施 25% 灭幼脲 3 号悬浮剂 1000 ~ 1500 倍液、90% 敌百虫晶体 1200 ~ 1500 倍液、5% 锐劲特悬浮剂 1500 ~ 2500 倍液、2.5% 溴氰菊酯乳油 3000 倍液效果均好。

5.1.2 尺蛾类

尺蛾类属鳞翅目，尺蛾科。因其幼虫的行动姿态而得名，又称“步曲”或“造桥虫”。成虫体细，翅大而薄，飞翔力弱。

1) 尺蛾类主要害虫

(1)丝棉木金星尺蛾(*Calospilos suspecta* Warren)

①分布与危害　我国华北、华南、华东及西北地区均有分布。主要危害丝棉木、大叶黄杨及榆等，其中大叶黄杨受害最重。

②形态特征　翅底银白色，具有大小不等、排列不规则的银灰色斑纹。前翅外缘有连续的淡灰色斑，外横线呈一行淡灰色斑，上端分岔，下端有一黄褐色大斑，翅基有一深黄褐、灰色花斑。腹部金黄色，有 7 ~ 9 行黑点组成的条纹。老熟幼虫体黑色，前胸背板黄色，上有 5 个近方形黑斑，背线、亚背线、气门上线及亚腹线白色，气门线及腹线黄色较宽，胸节及第 6 腹节后各腹节有黄色横条纹(图 5 - 2)。

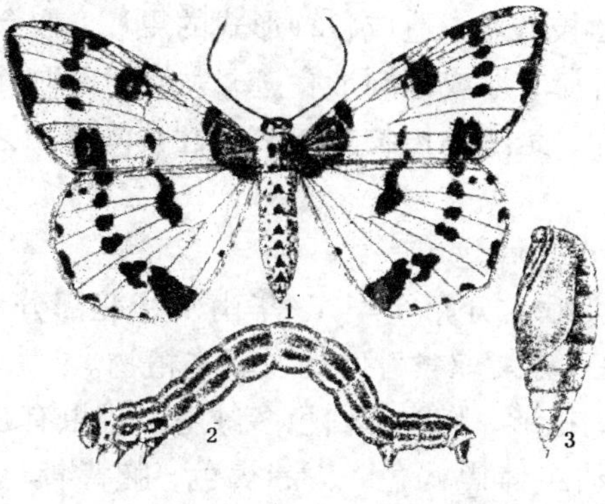

图 5 - 2　丝棉木金星尺蛾

1. 成虫　2. 幼虫　3. 蛹

③发生规律及习性　北京 1 年 2 代，江浙 1 年 4 代，以蛹在土中越冬。5 月成虫羽化。卵多产于叶背、枝干及缝隙。初孵幼虫常群集危害，啃食叶肉，造成缺刻，有吐丝下垂随风转移习性。3、4 代幼虫在 10 月下旬至 11 月中旬入土化蛹越冬。

(2)大造桥虫(*Ascotis selemaria* Schiffermülleret Denis)

①分布与危害　全国各地均有分布。危害锦葵、蔷薇、月季、菊花、一串红、山茶花、泡桐、香樟、水杉、榆等植物。以幼虫取食危害，食量大，暴发性强。

②形态特征　成虫体色变化很大，有黄白、淡黄、淡褐、浅灰褐色。翅上横纹和斑纹均为暗褐色。雌虫触角丝状细长，雄虫触角栉齿状，每节有丛毛。前后翅上的 4 个星斑及内外线为暗褐色，除翅上各线及附近的窄带外，翅底面为白色，另有很多褐色小点。幼虫体色黄绿

至青白色，背线宽，淡青至青绿色，亚背线灰绿至黑色，气门上线深绿色，气门线黄色夹有黑色细纵线，气门下线至腹部末端淡黄绿色。第2、8腹节着生两个较为明显的毛瘤。

③发生规律及习性　长江流域1年4~5代，以蛹在土中越冬，翌年4月份出现成虫。成虫白天潜伏于枝叶间或其他暗处，夜出交尾产卵。卵堆产于枝干、分枝及叶背等处。每个雌虫产卵1000~2000粒。初孵幼虫吐丝随风飘荡。幼虫拟态性强，在被害植物上形似枝条。5~10月间均可见幼虫危害，10~11月入土化蛹越冬。

2)尺蛾类防治措施

(1)人工防治　结合栽培管理，深翻灭蛹或人工挖蛹。平时人工摘除有卵的叶片，刮除树皮缝隙间的卵块。

(2)灯光诱杀　利用黑光灯或频振式杀虫灯诱杀成虫。

(3)生物防治　用核型多角体病毒(10亿个核型多角体病毒/g)可湿性粉剂每亩100g兑水50kg，于第1代幼虫1~2龄高峰期喷雾，或用Bt乳剂300~500倍液喷雾。保护和利用天敌，如寄生蝇、胡蜂、土蜂、姬蜂等。

(4)化学防治　幼虫期应在3龄分散之前，喷洒50%杀螟松乳油、80%敌敌畏乳油、90%敌百虫、50%辛硫磷乳油、50%亚胺硫磷乳油1000~2000倍液，均有良好的效果。

5.1.3 袋蛾类

袋蛾类属鳞翅目，袋蛾科。成虫雌雄异形，雄虫有翅，雌虫无翅，卵产于护囊内，幼虫吐丝作护囊，上面多黏着各种断枝残叶，造成各种形式的虫囊，取食时多把虫体前部伸出袋外，低龄取食表皮及叶肉，留下叶脉，形成近圆形食迹，大龄幼虫取食树叶、嫩枝及幼果，大发生时，几天就能将全树叶片食光，是园林植物主要多食性食叶害虫之一。

1)袋蛾类主要害虫

(1)大袋蛾(*Clania variegata* Snellen)

①分布与危害　又名大蓑蛾。分布于华东、华南及华北部分地区。该虫食性杂，寄主有600余种植物，以阔叶树为主，亦能取食针叶树及草本植物。

②形态特征　雌虫无翅，蛆形，胸腹部白色多绒毛。雄虫有翅，体黑褐色具黑褐色长毛，前翅近前缘有4块透明斑。幼虫体黑褐色，头赤褐色，胸背骨化程度高，具二条棕色斑纹，腹部各节有横纹(图5-3)。

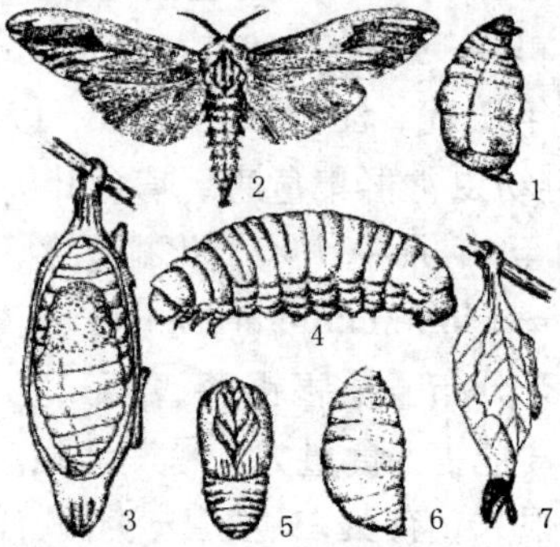

图5-3　大袋蛾

1.雌成虫　2.雄成虫　3.雌袋　4.幼虫　5.雄蛹　6.雌蛹　7.雄袋

③发生规律及习性 1年发生1~2代，以老熟幼虫在枝梢上护囊内越冬，翌年4~5月化蛹，5月中、下旬成虫羽化，将卵产于袋囊内，6月中、下旬幼虫孵化危害，幼虫期在枯叶及小枝织成的袋囊中生活，取食时头及胸部外露，11月幼虫老熟陆续越冬。

(2)白囊袋蛾（*Chalioides kondonis* Matsumura）

①分布与危害 分布于华南、华东、西南的大部分地区。危害多种木本花卉。

②形态特征 雌虫体黄白色。雄虫体淡褐色，有白色长毛。前后翅均透明。幼虫头褐色，有黑色点纹，中后胸背板各分成2块，各块上有深色点纹，腹部黄白色，各节背面两侧都有深色点纹（图5－4）。

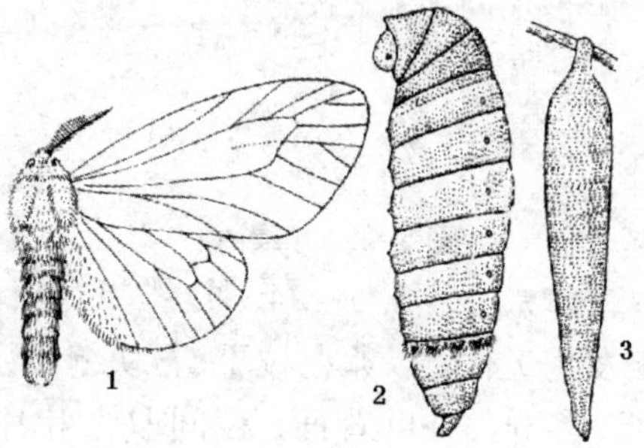

图5－4 白囊袋蛾

1. 成虫 2. 蛹 3. 囊袋

③发生规律及习性 1年发生1代，以低龄幼虫在护囊内越冬，翌春继续危害，在广州地区，4月上旬陆续化蛹，最迟的可延迟至8月中旬化蛹。4月下旬成虫羽化，最迟的可延迟至8月下旬羽化。

2）袋蛾类防治措施

(1)人工防治 冬季和早春摘除越冬虫囊，消灭越冬幼虫。平时结合管理注意摘除护囊。

(2)灯光诱杀 用频振式杀虫灯诱杀雄成虫。

(3)生物防治 用大袋蛾核型多角体病毒（10亿个核型多角体病毒/g）可湿性粉剂每亩100g兑水50kg喷雾。保护和利用寄生蜂、寄生蝇，对人工采摘的护囊放入纱网中，使天敌羽化后飞出，如伞裙追寄绳、黄瘤姬蜂、费氏大腿蜂等。还可利用Bt制剂、杀螟杆菌等生物制剂防治幼虫。

(4)化学防治 幼虫3龄前，用90%敌百虫晶体、50%杀螟松乳油、50%辛硫磷乳油、40%乐斯本乳油、2.5%溴氰菊酯乳油1000~2000倍液喷雾。

5.1.4 毒蛾类

毒蛾类属鳞翅目，毒蛾科。幼虫取食各种果树、林木的叶片和嫩芽，食性杂，食量大，常将叶片、嫩芽吃光，危害严重。

1）毒蛾类主要害虫

(1)舞毒蛾（*Lymantria dispar* Linnaeus）

①分布与危害 全国各地均有分布。可危害杨、柳、榆、樱花、紫荆、紫薇、紫藤、海棠、月季、樱桃、板栗、苹果、云杉、马尾松等500多种植物。

②形态特征 成虫雌雄异型。雄成虫前翅茶褐色，有4条深色波状横带，外缘呈深色带

状，翅中央有一黑点。雌虫前翅黄白色，翅外缘每两条脉纹间有一个黑褐色斑点。老熟幼虫头部黄褐色，正面具“八”字形黑色纹，体背有2纵列突出的毛瘤，前胸至腹部第2节的5对毛瘤为蓝色，腹部第3至第9节的7对毛瘤为红色(图5－5)。

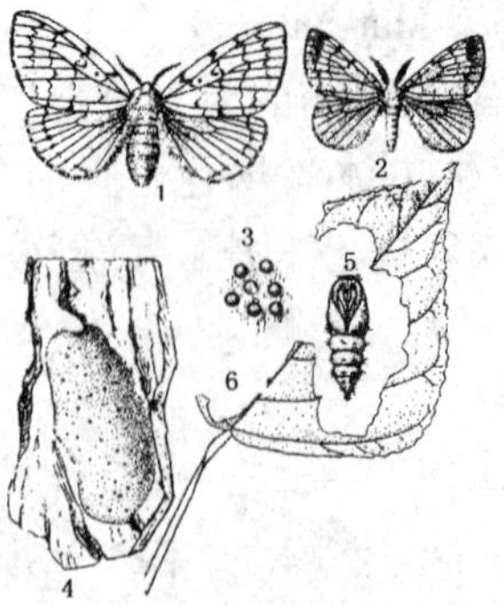

图5－5 舞毒蛾

1.雌成虫 2.雄成虫 3.卵 4.卵块 5.蛹 6.被害状

③发生规律及习性　一年发生1代，以卵在枝干、石块缝隙及建筑物等处越冬，翌年寄主发芽时开始孵化，初孵幼虫白天多群集在叶背面，夜间取食叶片成孔洞，受惊扰后吐丝下垂借风力传播，故又称“秋千毛虫”。2龄后分散取食，白天栖息树杈、树皮缝或树下石块下，傍晚上树取食。6月中下旬老熟幼虫爬至隐蔽处结茧化蛹。成虫7月大量羽化。成虫有趋光性，雄虫活泼，白天飞舞于树冠间。雌虫很少飞舞，释放性外激素引诱雄蛾交尾产卵，卵多产在枝干阴面。

(2)黄尾毒蛾(*Porthesia xanthocampa* Dyar)

①分布与危害　全国各地均有分布，桑区受害重。危害桑、苹果、梨、桃、山楂、悬铃木、海棠、红叶李、枫杨、板栗、杏、李、枣、柿、栗、海棠、樱桃、柳等多种植物。

②形态特征　成虫体白色，复眼黑色。前翅内缘近臀角处有浅黑色斑纹，腹末具棕黄色毛丛。幼虫体黄色，头黑褐色，背线红色，亚背线、气门上线和气门线黑褐色，均断续不连，前胸一对大毛瘤和第9腹节的毛瘤及各节气门下线均为红色，其余各节背面的毛瘤为黑色绒球状，毛瘤上生有长短不一的毒毛(图5－6)。

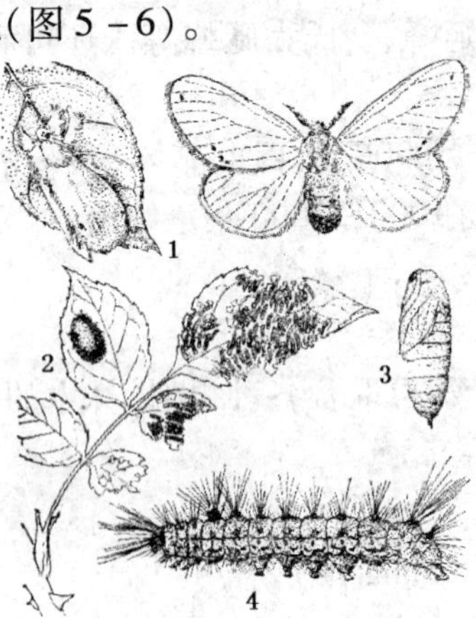

图5－6 黄尾毒蛾

1.成虫 2.卵块 3.蛹 4.幼虫

③发生规律及习性　发生代数因地而异，华北1年1~2代，长江流域1年3~4代，广东1年6代。主要以3龄或4龄幼虫在树杈、树干缝隙及落叶中结茧越冬。翌年4月越冬幼虫破茧活动，危害春芽及叶片。5月化蛹，6月成虫羽化。成虫傍晚活动，夜间产卵于叶背，有趋光性。1、2、3代幼虫危害高峰期主要在6月中旬、8月上中旬和9月上中旬，初孵幼虫群聚取食，4龄后分散活动，具有假死性，受惊扰后吐丝下垂转移。10月上旬前后老熟幼虫开始在树皮裂缝、卷叶内、土块下及杂草中结茧越冬。

2）毒蛾类防治措施

⑴人工防治　冬季和早春人工刮除越冬卵，彻底清扫枯枝落叶。结合日常管理，人工摘除卵块，捕杀幼虫和蛹。

⑵灯光诱杀　成虫盛发期利用黑光灯诱杀成虫。

⑶生物防治　将摘除的虫茧置纱网中使其天敌羽化飞出，保护利用寄生蝇、绒茧蜂等天敌。或用白僵菌（含孢量100亿/g，活孢率90%以上）、舞毒蛾核型多角体病毒（每单位加水3000倍，3龄前使用）、苏云金杆菌1000倍液喷布均可有效防治舞毒蛾危害。

⑷化学防治　幼虫3龄前群集时及时防治，可用25%灭幼脲3号悬浮剂1500倍液，90%敌百虫晶体1000倍液，5%定虫隆乳油1000~2000倍液，80%敌敌畏乳油、50%杀螟松乳油、50%辛硫磷乳油1500倍液，40.7%毒死蜱乳油1000~2000倍液喷雾防治。

5.1.5 夜蛾类

夜蛾类属鳞翅目，夜蛾科。幼虫危害方式多样，有的生活在土内，咬断植物根茎，为重要的地下害虫，有的为钻蛀性害虫，有的种类裸露取食危害。夜蛾食性杂，暴食性强，危害严重。

1）夜蛾类主要害虫

⑴斜纹夜蛾（*Prodenia litura* Fabricius）

①分布与危害　分布广泛。可危害山茶、芒果、木槿、荷花、月季、香石竹、草坪草等多种草本、木本花卉及草坪植物。

②形态特征　成虫体暗褐色，胸部背面有白色丛毛，前翅灰褐色，基部有白线数条，内、外横线白色，呈波浪状，中间有从前缘伸向后缘的3条白色斜纹，所以称斜纹夜蛾；后翅白色透明。幼虫头部黑褐色，胸部土黄色至黑绿色，背线及亚背线橘黄色，中胸至第9腹节在背线内侧每节有半月形或三角形黑斑一对（图5－7）。

图5－7　斜纹夜蛾

1.雄成虫　2.雌成虫　3.卵　4.幼虫　5.蛹

③发生规律及习性　各地一年发生4～8代，世代重叠明显。多数地区以蛹、少数地区以老熟幼虫在土中及杂草上越冬。翌年3月成虫羽化，成虫有较强的趋光性和趋化性，对糖、醋、酒等有很强的趋性。成虫产卵于叶背，初孵幼虫白天潜藏，傍晚群集于叶背取食下表皮和叶肉。2龄末期吐丝下垂，随风转移扩散，5～6龄进入暴食期。6、7月阴湿多雨天气常暴发成灾。华南地区可终年繁殖危害。

(2)银纹夜蛾(*Argyrogramma aganata* Staudinger)

①分布与危害　全国各地广泛分布，危害菊花、大丽花、一串红、海棠、香石竹、美人蕉等多种花卉。

②形态特征　成虫体灰褐色。前翅深褐色，具2条银色横纹，翅中有一显著的"U"形银纹和一个近三角形银斑；后翅暗褐色，有金属光泽。老熟幼虫淡绿色，头胸小，尾节粗，头部绿色，两侧有黑斑；体背有纵行的白色细线6条，位于背中线两侧，体侧具白色纵纹；胸足及腹足皆绿色，第1、2对腹足退化，行走时体背拱曲(图5-8)。

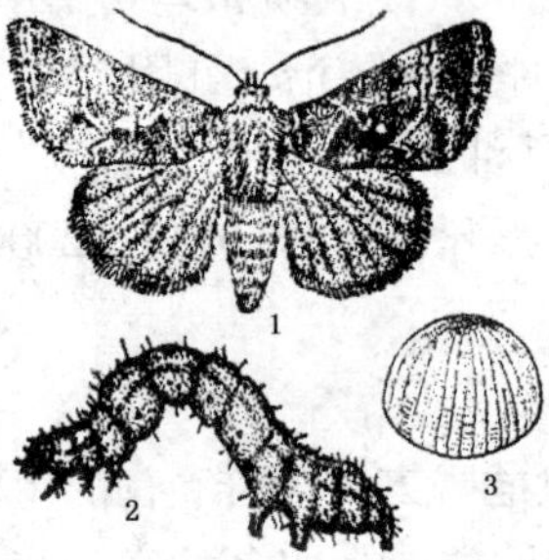

图5-8　银纹夜蛾

1.成虫　2.幼虫　3.卵

③发生规律及习性　我国从北到南每年发生3～7代，世代重叠明显。以蛹在土中越冬，翌年5月成虫羽化，成虫昼伏夜出，有趋光性。卵产于叶背，单粒散产。初孵幼虫在叶背啃食叶肉，残留上表皮，3龄后取食嫩叶成孔洞，有假死习性。幼虫老熟后多在叶背吐丝结茧化蛹。长江流域地区，6月、8月上旬和9月上旬是幼虫主要危害期。10月幼虫老熟后入土化蛹越冬。

2)夜蛾类防治措施

(1)人工防治　冬季深翻消灭入土幼虫及越冬蛹，清除园内杂草；夏季人工摘除卵、蛹及初孵幼虫群集的叶片，利用假死性人工捕杀大龄幼虫。

(2)物理防治　利用成虫的趋光性，在成虫羽化高峰期用黑灯光诱杀成虫；利用成虫对糖醋味的趋性，用糖醋液诱杀成虫。

(3)生物防治　保护和利用天敌，幼虫期喷Bt乳剂或核型多角体病毒制剂。

(4)化学防治　幼虫大发生时，用20%灭幼脲3号胶悬剂500～1000倍液，50%辛硫磷乳油1000倍液，2.5%溴氰菊酯乳油、10%氯氰菊酯乳油、2.5%功夫乳油2000～3000倍液等，喷雾防治。

5.1.6 舟蛾类

舟蛾类属鳞翅目，舟蛾科。幼虫体色鲜艳并具斑纹，背部常有突起，臀足不发达或特化成向外翻缩的枝形尾角，静止时只靠腹足固着，头尾上翘，受惊时不断摆动，形如龙舟，又称为“舟形毛虫”。幼虫大多取食阔叶植物叶片，短期内能将叶片吃光，在森林、防护林、行道树及苗圃中发生严重。

1）舟蛾类主要害虫

⑴杨扇舟蛾（*Clostera anachoreta* Fabricius）

①分布与危害　全国各地均有分布。主要危害杨、柳等植物。

②形态特征　成虫体灰褐色。前翅灰褐色，有4条灰白色横带，顶角处有一暗褐色扇形大斑，外横线外方有3～5个锈红色斑排成一排；内方有一较大的黑斑。老熟幼虫全体密披灰白色长毛，头黑褐色，体背淡黄绿色，两侧有灰褐色宽带。第2、8腹节背面中央有一个枣红色大瘤，两侧各伴有一个白点，每节有环形排列的橙红色小瘤8个（图5－9）。

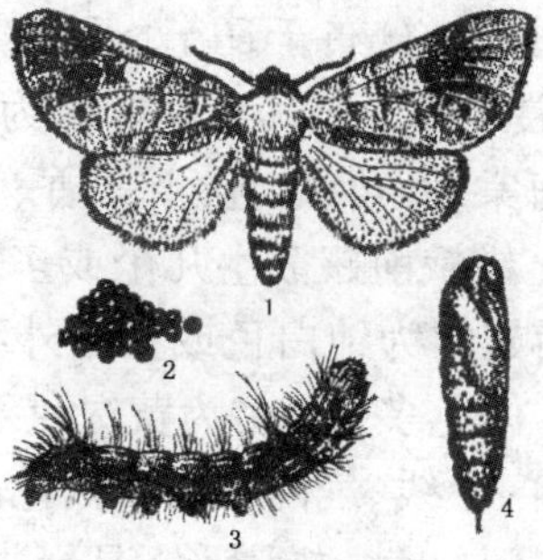

图5－9　杨扇舟蛾

1. 成虫　2. 卵　3. 幼虫　4. 蛹

③发生规律及习性　在我国从北至南年发生2～9代不等，世代重叠明显。以蛹在表土层中、树皮裂缝及枯叶卷苞内越冬。翌年3月成虫羽化，成虫昼伏夜出，趋光性强，多栖息于叶背面。雌虫产卵块于叶背面和嫩枝上。初孵幼虫群集于叶背啃食下表皮及叶肉，2龄后吐丝缀叶成苞，在苞内啃食叶肉，遇惊后吐丝下垂随风转移，3龄后分散取食，逐渐向外扩散危害，严重时可将整株叶片食光。老熟幼虫吐丝缀叶作薄茧化蛹。

⑵槐羽舟蛾（*Pterostoma sinicum* Moore）

①分布与危害　分布于黑龙江、北京、上海、河北、河南、四川、陕西等地。幼虫危害国槐、龙爪槐、紫薇、紫藤、海棠和刺槐等花木。

②形态特征　成虫体长29mm左右，体暗黄褐色，前翅灰黄色，其后缘中部略内凹，翅面有双条红褐色齿状波纹。老熟幼虫体长55mm，体光滑略扁，腹面绿色，腹背部为粉绿色。蛹黑褐色，有光泽，臀刺4个。

③发生规律及习性　华北地区一年发生2～3代，以蛹在土中结茧越冬。翌年4月下旬至5月上旬成虫羽化，有趋光性，卵散产在叶片上，卵期约7d左右。幼虫较迟钝，分散蚕食叶片，随着虫龄增长，常将叶片食光。9月幼虫陆续老熟，下树做茧化蛹越冬。

2）舟蛾类防治措施

⑴人工防治　将着有卵块、幼虫群集的叶片、树枝、虫苞剪除，或振落消灭幼虫。结合松土、施肥等在植株根际周围挖土除蛹，消灭越冬蛹。

⑵灯光诱杀　用频振式杀虫灯诱杀成虫。

⑶生物防治　保护和利用黑卵蜂、赤眼蜂、小茧蜂等天敌，必要时繁殖释放。也可用Bt

乳剂或青虫菌乳剂等微生物制剂喷雾防治。

⑷化学防治　初龄幼虫期及时防治，可喷施50%杀螟松乳油1500倍液、50%辛硫磷乳油2000倍液、2.5%溴氰菊酯乳油3000倍液、5%来福灵乳油4000倍、80%敌敌畏乳油800～1200倍液等。

5.1.7 灯蛾类

灯蛾类属鳞翅目，灯蛾科。因成虫趋光性强，夜间扑灯而得名。幼虫体毛甚多。多为杂食性。

1）灯蛾类主要害虫

⑴美国白蛾（*Hyphantria cunea* Drury）

①分布与危害　是国家检疫对象。分布于辽宁、天津、河北、上海、山东、陕西等地。食性很广，主要危害果树、行道树和观赏树木，尤其以阔叶树为重。对杨、柳、榆、泡桐、五角枫、樱花、白蜡、臭椿、核桃、山楂、樱花、海棠、五角枫、连翘、丁香、爬山虎等很多园林植物造成危害。

②形态特征　成虫体翅白色。雄蛾前翅散生几个或多个褐色斑，亦有的个体无斑，触角双栉齿状。雌蛾前翅通常无斑，后翅常为纯白色或在近外缘处有小黑点，触角锯齿状。老熟幼虫可分为黑头型和红头型两种，体色多变，多为黄绿色至灰黑色。背部两侧线之间有1条灰褐色至灰黑色宽纵带。背线、气门上线、气门下线浅黄色。背部毛瘤黑色，体侧毛瘤多为橙黄色，毛瘤上着生白色长毛丛。气门白色，椭圆形，具黑边（图5－10）。

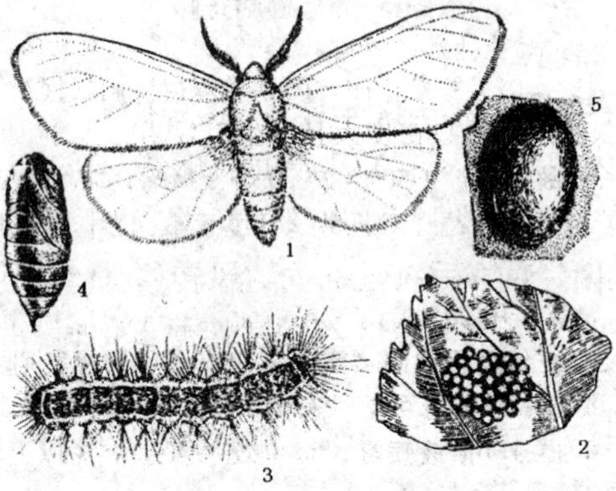

图5－10　美国白蛾

1.成虫　2.卵　3.幼虫　4.蛹　5.茧

③发生规律及习性　在我国一年发生2代。以蛹在老树皮、枯枝落叶和表土层中越冬，翌年5～6月成虫羽化。产卵块于叶背，幼虫孵化几小时后即吐丝拉网，3～4龄时网幕直径达1m以上，有的达3m，从树冠沿树干拉至地面。多数地区幼虫7龄。第1、2代幼虫危害盛期分别在6～7月和8～9月。9月上旬幼虫陆续化蛹越冬。幼虫耐饥饿能力强，有利于远距离传播。各虫态常随木材、苗木、果品、蔬菜、包装物、运输工具等做远距离传播。

⑵人纹污灯蛾（*Spilarctia subcarnea* Walker）

①分布与危害　分布于东北、西北、华东、华南、华北及西南地区。危害芍药、萱草、鸢尾、菊花、月季、木槿等花卉。以幼虫啃食叶肉，稍后分散危害，蚕食叶片，造成叶片残缺不全和孔洞。

②形态特征　成虫体黄白色。雄虫触角短，锯齿状；雌虫触角羽毛状。头、胸黄白色，腹部背面呈红色；前翅黄白色，翅面上有黑点2排，停息时合并成"人"字形，后翅红色或白色，前后翅背面均为淡红色。幼虫体黄褐色，背部有暗绿色线纹，各节有突起，并生有红褐色长毛(图5－11)。

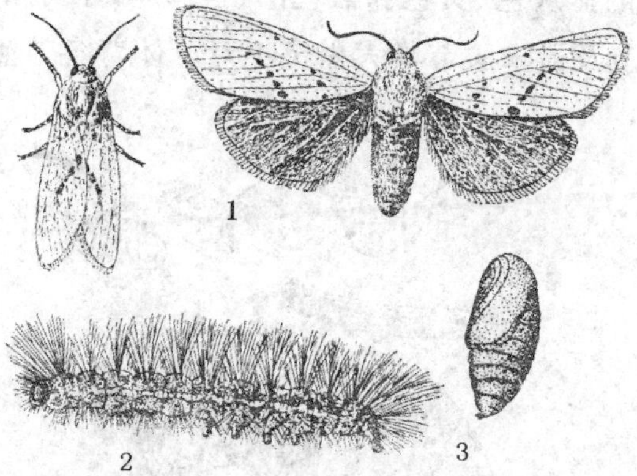

图5－11　人纹污灯蛾

1.成虫　2.幼虫　3.蛹

③发生规律及习性　一年发生2～6代。以蛹在表土层中或枯枝落叶内越冬，翌春4～6月成虫羽化。成虫有趋光性，卵块产于叶背。初孵幼虫群集于叶背啃食叶肉，3龄后分散危害。老熟幼虫有假死性，受振动后即落地。

2)灯蛾类防治措施

⑴加强检疫　对美国白蛾疫区的苗木、接穗及其他有关的植物产品及其包装物、运输工具等必须严格检疫，防止扩散蔓延。

⑵人工防治　冬季翻耕，消灭越冬蛹；冬春刮除带蛹老树皮，扫除落叶；老熟幼虫转移时，在树干周围束草，诱集化蛹，然后解下诱草烧毁。平时注意摘除卵块和幼虫群集的叶片，人工剪除网幕并烧毁。

⑶诱杀成虫　应用性诱剂和频振式杀虫灯诱杀成虫。

⑷生物防治　保护和利用各种天敌，如草蛉、胡蜂、蜘蛛、鸟类等。可繁殖释放白蛾周氏啮小蜂防治美国白蛾效果很好。低龄幼虫期可用苏云金杆菌和核型多角体病毒制剂喷雾防治。

⑸化学防治　在低龄幼虫危害期及时防治，可用25%灭幼脲3号悬浮剂1000～1500倍液、50%杀螟松乳油800～1000倍液、36%克蛾宝乳油1000～2000倍液、90%敌百虫晶体1200～1500倍液等喷雾防治，施药2～3次，注意交替使用。

5.1.8 枯叶蛾类

枯叶蛾类属鳞翅目，枯叶蛾科。体躯粗壮，被厚毛，静止时形似枯叶而得名。幼虫大型多毛，有毒，常统称毛虫。以幼虫危害各种园林植物叶片为主。

1)枯叶蛾类主要害虫

⑴黄褐天幕毛虫(*Malacosoma neustria testacea* Motschulsky)

①分布与危害　分布于东北、华北、华东、中南及西北部分地区。危害柳、榆、槐、樟、白桦、元宝枫、黄杨、女贞、榆叶梅、玫瑰、月季等多种植物。

②形态特征　雄蛾体淡黄色，前翅中央有两条深褐色的细横线，中间的部分色较深，呈褐色宽带。雌蛾体翅褐色，腹部色较深，前翅中央有一条镶有米黄色细边的赤褐色宽横带。雌蛾和雄蛾前后翅缘毛均为褐色或灰白色相间。老熟幼虫头部灰蓝色，顶部有两个黑色圆斑。体侧有鲜艳的蓝灰色、黄色和黑色的横带，体背线为白色，亚背线、侧线橙黄色，气门黑色。第一腹节及最末腹节具大黑斑1对。体背各节生有黑色长毛，侧面生淡褐色长毛（图5-12）。

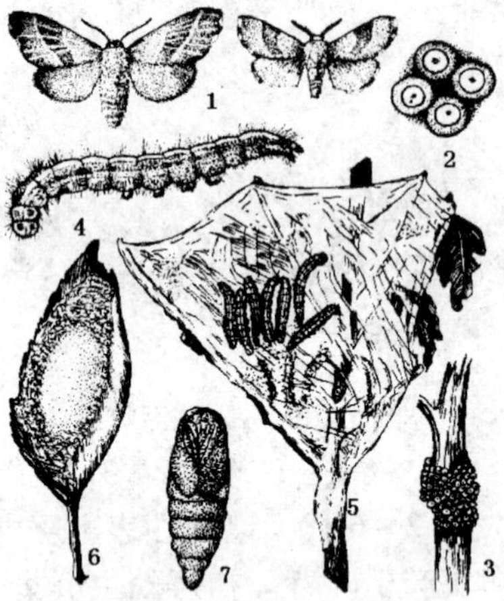

图5-12　黄褐天幕毛虫

1. 成虫　2. 卵　3. 卵块　4. 幼虫　5. 被害状　6. 茧　7. 蛹

③发生规律及习性　一年发生1代，以卵在枝条上越冬，翌年树木发芽时孵化，初孵幼虫群集取食叶片，吐丝拉网成天幕，白天群集在网幕中，晚间出来取食。4龄后食量大增，分散到全树，暴食叶片。5~6月老熟幼虫于叶间或杂草丛中结茧化蛹。7月为成虫盛发期，成虫羽化后即可交尾产卵，卵产于当年生小枝上。幼虫胚胎发育完成后不出卵壳进入越冬。

⑵马尾松毛虫（*Dendrolimus punctatus* Walker）

①分布与危害　各地均有分布。主要危害马尾松，亦危害黑松、湿地松、火炬松等。初龄幼虫群聚危害，松树针叶呈团状卷曲，枯黄；4龄以上食量大增，将叶食尽，形似火烧，严重影响松树生长，甚至枯死。

②形态特征　成虫体灰白、黄褐或灰褐色。前翅有3~4条不显著的波状横纹，近外缘有9个黑斑，翅中央有1个小白斑。幼虫体色有黑白与红黄两种，胸部背面有2丛深蓝色毒毛，腹部各节背面有蓝黑色片状毛，体侧有白色长毛（图5-13）。

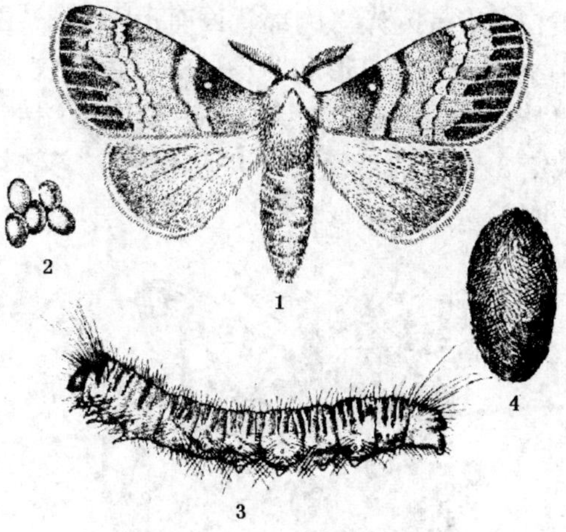

图5－13　马尾松毛虫

1. 成虫　2. 卵　3. 幼虫　4. 茧

③发生规律及习性　各地一年发生2～4代。以幼虫在针叶丛中或树皮缝隙中越冬。长江流域一带越冬幼虫4月中、下旬结茧化蛹，5月上旬羽化产卵，5月中下旬、7月下旬、9月下旬至10月上旬分别为第1、2、3代幼虫孵化期，多以第3代幼虫于11月越冬。成虫具有趋光性，产卵块于松针或小枝上。初孵幼虫取食针叶，1、2龄期幼虫受惊扰后吐丝下垂，借风传播，3、4龄期幼虫分散危害，受惊后掉落。

2）枯叶蛾类防治措施

⑴人工防治　摘除越冬卵块；剪除初龄幼虫网幕，杀死网中幼虫；利用幼虫的假死性，人工捕捉幼虫。

⑵灯光诱杀　利用黑光灯诱杀成虫。

⑶生物防治　保护和利用天敌，将摘除的卵块和捕捉的幼虫置于纱网中，让天敌飞出；林区招引益鸟；在成虫产卵高峰释放松毛虫赤眼蜂，在低龄幼虫期用Bt乳剂300～500倍液或松毛虫杆菌喷雾，大龄幼虫可用核型多角体病毒或每克含孢子50亿～70亿个的白僵菌菌粉50倍液喷雾。

⑷化学防治　幼虫低龄期及时防治，可用90%敌百虫晶体、80%敌敌畏乳油1000倍液、20%杀灭菊酯乳油2000倍液、25%灭幼脲3号悬浮剂1500倍液、5%抑太保乳油2000倍液等喷雾防治。

5.1.9 螟蛾类

螟蛾类属鳞翅目，螟蛾科。该科除少数种类蛀食植物的嫩芽、嫩梢外，大多数种类的幼虫将叶片卷成圆筒状的虫苞，匿居其中取食叶片，轻者使花木失去观赏价值，重者将叶片吃光，造成植株枯萎。

1）螟蛾类主要害虫

⑴棉卷叶螟（*Sylepta derogata* Fabricius）

①分布与危害　全国各地均有分布。主要危害蜀葵、木芙蓉、木槿、梧桐、女贞、木棉、扶桑、海棠等园林植物。幼虫啃食叶肉，留下表皮，吐丝卷叶形成虫苞，常把叶片吃成扫帚状，严重影响观赏价值。

②形态特征　成虫体黄白色，有闪光。胸部背面有12个棕黑色小点排列成4行，第一排中有1毛块。前翅前缘近中央有两个“R”形和“O”形的褐色斑纹，缘毛淡黄色。前后翅的外缘线、亚外缘线、外横线、内横线均为栗褐色波状纹。后翅中室端部有细长棕色环纹。雄蛾尾端基部有1黑色横纹，雌蛾第8腹节的后缘有1黑色横纹。老熟幼虫体绿色，头部棕黑色，胸足黑色，体上有稀疏的长刚毛。蛹纺锤形，红褐色（图5－14）。

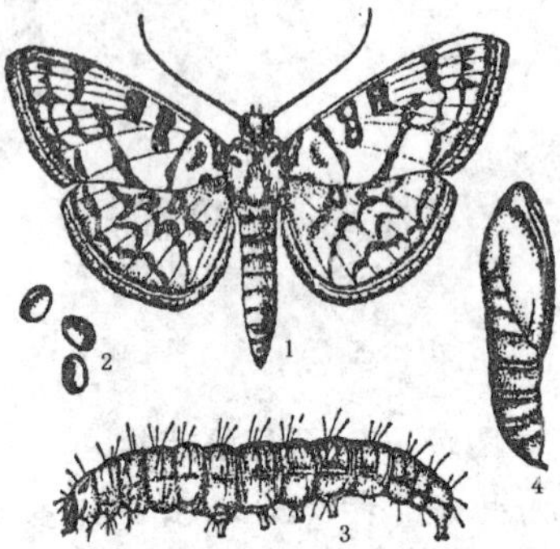

图5－14　棉卷叶螟

1. 成虫　2. 卵　3. 幼虫　4. 蛹

③发生规律及习性　一年发生3～5代。以老熟幼虫在茎秆、落叶、杂草及树皮裂缝中越冬。翌年5月成虫羽化，成虫具有趋光性，卵散产于植株上部叶片背面。6月中旬至7月幼虫孵化，初孵幼虫群集于叶背啃食叶肉，3龄后分散，吐丝将叶片卷成筒状，潜藏其中危害，严重时将叶片吃光。第2、3代幼虫分别于7月下旬、8月底至9月上旬出现，11月以幼虫越冬。

⑵黄杨绢野螟（*Diaphania perspectalis* Walker）

①分布与危害　又名黄杨黑缘螟蛾。全国各地均有分布。幼虫危害大叶黄杨、瓜子黄杨、庐山黄杨、锦熟黄杨、朝鲜黄杨、雀舌黄杨、冬青和卫矛等。此虫具有突发性，轻者影响正常生长，重者叶枯脱落，造成光秃枝，致幼株死亡。

②形态特征　成虫体长23mm，除前翅前缘、外缘、后缘及后翅外缘为黑褐色宽带外，全体大部分被有白色鳞片，有紫红色闪光。在前翅前缘宽带中，有1个新月形白斑。卵长圆形，扁平，排列整齐，不易发现。幼虫老熟时体长40mm，头部黑色，胸、腹黄绿色。背中线深绿色，两侧有黄绿及青灰色横带，各节有明显的黑色瘤状突起，瘤突上着生刚毛。蛹纺锤形，臀刺8根，排成一列，尖端卷曲成钩状（图5－15）。

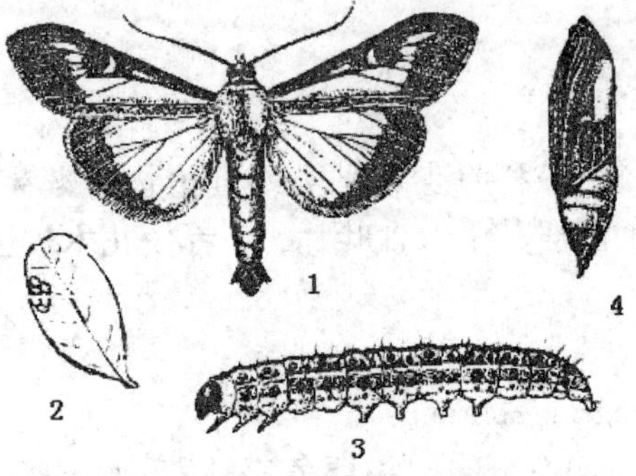

图5－15　黄杨绢野螟

1. 成虫　2. 卵　3. 幼虫　4. 蛹

③发生规律及习性　一年发生3代，以幼虫在缀叶中越冬。翌年3月中旬至4月上旬越冬幼虫活动危害，5月上旬为盛期，5月中旬在缀叶中化蛹，蛹期9d左右。成虫有弱趋光性，昼伏夜出，雌蛾将卵产在叶背面，卵期约7d。幼虫共6龄。第1代在5月上旬至6月上旬，第2代在7月上旬至8月上旬，第3代在7月下旬至9月下旬，以第2代幼虫发生普遍，危害严重。若防治不及时，叶片被蚕食光，植株变黄枯萎。9月下旬幼虫结网缀叶做虫苞，在虫苞内结薄茧越冬。

2）螟蛾类防治措施

⑴人工防治　秋冬彻底清除枯枝落叶及杂草，集中烧毁。幼虫卷叶时，可人工摘除虫苞。

⑵利用黑光灯诱杀成虫。

⑶生物防治　保护和利用天敌，如卵期释放赤眼蜂，幼虫期施用白僵菌等微生物制剂防治。

⑷化学防治　初龄幼虫卷叶前及时防治，可喷洒80%敌敌畏乳油1000倍液、20%杀灭菊酯乳油2000倍液、25%灭幼脲3号悬浮剂1500倍液等药剂防治。

5.1.10 蝶类

蝶类属鳞翅目，锤角亚目。在园林植物上常见的有粉蝶科的菜粉蝶，凤蝶科的柑橘凤蝶、玉带凤蝶，蛱蝶科的茶褐樟蛱蝶等。以幼虫取食植物幼芽及叶片造成危害。

1）蝶类主要害虫

⑴柑橘凤蝶（*Papilio xuthus* Linnaeus）

①分布与危害　全国各地均有发生。危害柑橘、金橘、柠檬、佛手、花椒、菠萝等植物。

②形态特征　成虫体黄色，体背中央有黑色纵带，体侧黄绿色。翅面上有黄黑相间的斑纹。前翅中室有4条放射状斑纹，亚外缘有8个黄色新月形斑。后翅外缘波浪状，具尾突，臀角有一橙黄色圆纹。幼虫黄绿色，后胸有眼状纹及弯曲成马蹄形的细线纹。腹部第1节后缘有1条蓝黑色带状斑，腹部4、5节两侧各有1条黑色斜纹分别延伸至5节和6节背面相交，各体节气门下线处有一白斑。臭腺角橙黄色（图5－16）。

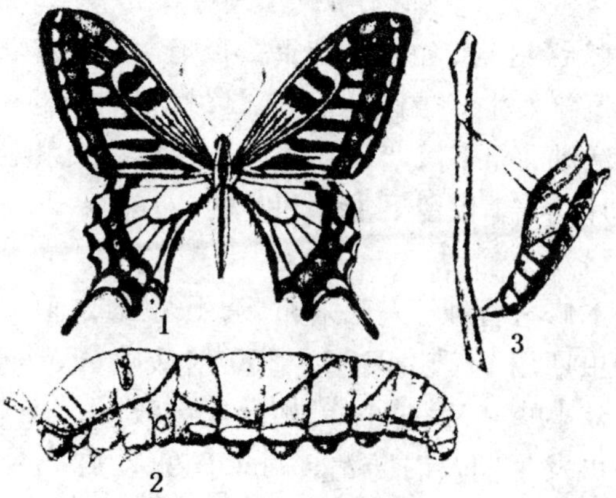

图5－16　柑橘凤蝶

1. 成虫　2. 幼虫　3. 蛹

③发生规律及习性　各地发生代数不一，长江流域及以北地区明显每年发生3代，辽宁、北京1年4～5代，上海5～6代，广西7～8代，长沙8～9代，世代重叠明显。以蛹在枝上、叶背、杂草等隐蔽处越冬。成虫白天活动，卵多散产于叶背。幼虫取食嫩芽、叶片、花，严重

时将叶片吃光，仅留叶脉和叶柄。全年4~10月幼虫持续危害。

(2)菜粉蝶(*Pieris rapae* Linne)

①分布与危害　又名菜青虫。我国各地均有分布。危害羽衣甘蓝、旱金莲、大丽花、花苞菜等。

②形态特征　成虫体灰黑色，胸部密被白色及灰黑色长毛，翅白色。前翅前缘、翅基半部及顶角等处常黑色，翅面上有2块黑斑，前后并列。后翅前缘有1黑斑，翅展开时与前翅后方的黑斑相连接。初孵幼虫灰黄色，后变青绿色，背中线为黄色细线，体表密布黑色瘤状突起，其上着生小细毛(图5-17)。

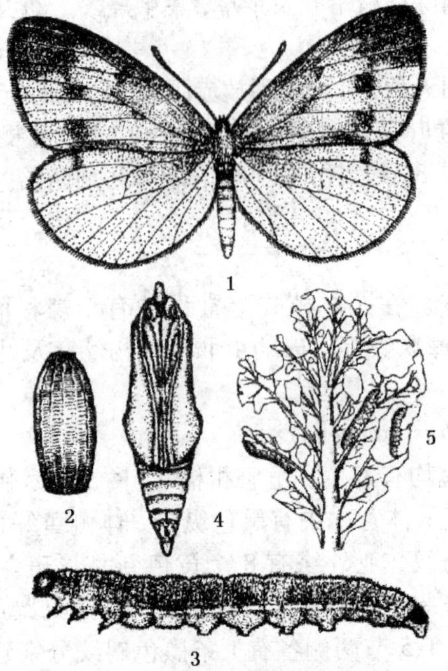

图5-17　菜粉蝶

1.成虫　2.卵　3.幼虫　4.蛹　5.被害状

③发生规律及习性　每年发生代数因地而异。以蛹在向阳的篱笆、屋檐、墙角及杂草或残枝落叶下越冬。成虫白天活动，卵多散产于叶正面。春夏之交和秋季是幼虫主要发生期，防治不及时常将全田植株叶片吃光，仅留下主脉和叶柄。

2)蝶类防治措施

(1)人工防治　结合花木修剪管理，人工采卵、杀死幼虫或蛹体。

(2)生物防治　低龄幼虫期用Bt乳剂300~500倍液喷雾，每隔10~15d喷一次，连续喷2~3次。保护和利用金小蜂、广大腿小蜂、姬蜂等天敌。

(3)化学防治　低龄幼虫发生期及时防治，用25%灭幼脲3号悬浮剂1000~1500倍液、5%抑太保乳油或5%农梦特乳油1000~2000倍液、20%除虫菊酯乳油2000倍、50%杀螟松乳油1000倍液等喷雾防治，注意交替使用。

5.1.11 叶甲类

叶甲类属鞘翅目，叶甲科。因成虫体色艳丽，具很强的金属光泽，所以又有“金花虫”之称。成、幼虫均对植物造成危害。

1）叶甲类主要害虫

⑴榆蓝叶甲（*Pyrrhalta aenescens* Fairmaire）

①分布与危害　又名榆蓝金花虫，榆毛胸萤叶甲，榆绿毛萤叶甲。辽宁、河北、山东、河南、陕西、江苏、甘肃、台湾等地均有分布。以成虫、幼虫取食榆叶，常将叶片吃光。

②形态特征　成虫体长7～8.5mm，近长椭圆形，黄褐色，鞘翅蓝绿色，有金属光泽，头部具一黑斑。前胸背板中央有1黑斑。卵橙黄色，椭圆形。老熟幼虫体长约11mm，长形微扁平，深黄色。体背中央有1条黑色纵纹。头、胸足及腹部所有毛瘤均漆黑色。前胸背板后缘近中部有一对四方形黑斑。蛹污黄色，椭圆形，长7.5mm。

③发生规律及习性　北京地区一年发生2代，均以成虫越冬。翌年4～5月份成虫开始活动，危害叶片，并产卵于叶背。初孵幼虫剥食叶肉，被害部呈网眼状，2龄以后将叶食成孔洞。老熟幼虫于6月中下旬开始爬至树洞、树杈、树皮缝等处群集化蛹。成虫羽化后取食榆叶补充营养。成虫有假死性。越冬成虫死亡率很高，所以第一代危害不太严重。

⑵白杨叶甲（*Chrysomela populi* Linnaeus）

①分布与危害　我国分布于东北、西北、华北及西南等地区，以幼虫及成虫危害多种杨、柳的叶片。

②形态特征　成虫体呈椭圆形，背面隆起，蓝黑色或黑色。前胸背板侧缘微弧形，前缘内陷，肩角外突。鞘翅红色或红褐色，密布点刻，具光泽。小盾片蓝黑色，三角形，后端钝圆。幼虫头黑色，胸腹部白色略带黄色光泽，背中有黑点2列，第2、3节两侧各有1黑色刺状突起（图5－18）。

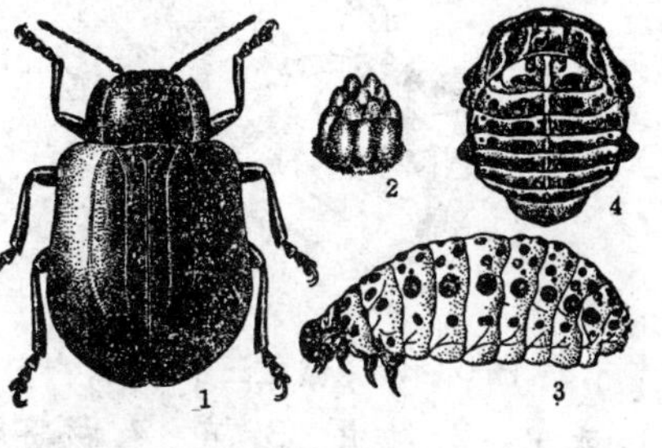

图5－18　白杨叶甲

1.成虫　2.卵　3.幼虫　4.蛹

③发生规律及习性　一年发生1～2代。以成虫在枯枝落叶层、表土层或石缝中越冬。翌年4月下旬至5月上旬活动上树，成虫白天活动，不善飞，喜爬行，具假死性。产卵于叶片上。幼虫群集取食，老熟幼虫在枝、叶上倒悬化蛹。6月下旬第2代成虫出现，成虫潜入落叶、草丛及松土下越夏。8月下旬飞出取食，当年不交尾，10月逐进入越冬。

2）叶甲类防治措施

⑴人工防治　人工震落捕杀成虫或人工摘除卵块。清除墙缝、石砖、落叶、杂草下等处越冬的成虫，减少越冬基数。

⑵生物防治　保护和利用天敌。如寄生蜂、瓢虫和食虫鸟等。

⑶化学防治　各代成虫、幼虫发生期，喷洒80%敌敌畏乳油、90%敌百虫晶体1000倍液，2.5%溴氰菊酯乳油2000～3000倍液，2.5%敌杀死乳油4000～6000倍液均有良好的防治效果。

5.1.12 叶蜂类

叶蜂类属膜翅目。叶蜂幼虫与鳞翅目幼虫相似，但叶蜂幼虫有6～8对腹足，腹足上无趾钩，且仅有一对单眼，可与鳞翅目幼虫相区别。在园林植物上较重要的有三节叶蜂科的蔷薇三节叶蜂、叶蜂科的樟叶蜂等。

1）叶蜂类主要害虫

(1)蔷薇三节叶蜂（*Arge geei* Rohwer）

①分布与危害　又名月季叶蜂、月季锯蜂。分布于华北、华东、华南等地。危害蔷薇、月季、十姐妹、黄刺玫、玫瑰等花卉，以幼虫食叶，严重时可把叶片食光。

②形态特征　成虫体长7.5mm，雌虫头胸部黑色带有光泽，腹部橙黄色，翅黑色半透明。雌虫比雄虫体略小。卵椭圆形，长约1mm，初产淡黄色，孵化前为绿色。幼虫体长18～19mm，1～4龄幼虫微带淡绿色，头部及胸足黑色，5龄幼虫头红褐色，老熟幼虫头橘红色，胸、腹部黄色或橙黄色，胸、腹部各节有3条黑点线，上生短毛。胸足3对、腹足6对（图5－19）。

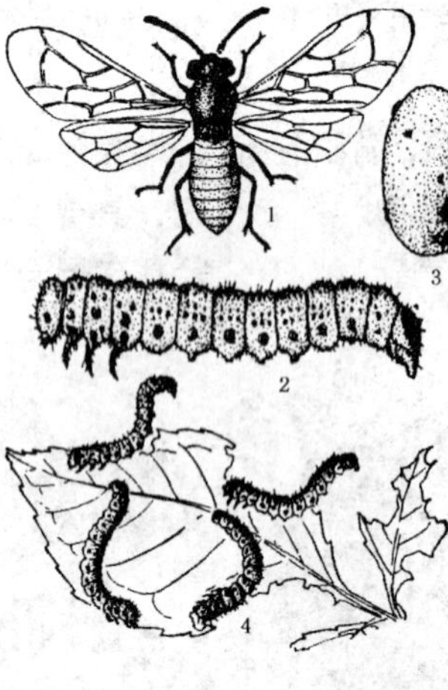

图5－19　蔷薇三节叶蜂

1.成虫　2.幼虫　3.茧　4.被害状

③发生规律及习性　1年1～9代，以老熟幼虫在土中作茧越冬，翌年3月上、中旬化蛹、羽化、交尾和产卵，成虫用产卵管将月季、蔷薇等寄主植物的新梢纵向切开一开口，产卵于其中，使茎部纵裂，并变黑倒折，幼虫孵化后，爬出来危害叶片，初龄幼虫有群集习性，先啃食叶肉，后吞食叶片。

(2)樟叶蜂（*Mesonura rufonota* Rohwer）

①分布与危害　分布于广东、福建、浙江、江西、湖南、广西及四川等地区。此虫年发生代数多，成虫飞翔力强，所以危害期长，危害范围广。它既危害幼苗，也危害林木。

②形态特征　雌虫体长7～10mm，翅展18～20mm；雄虫体长6～8mm，翅展14～16mm。头黑色，触角丝状，共9节，基部两节极短，中胸发达，棕黄色，后缘呈三角形，上有"X"形凹纹。翅膜质透明，脉明晰可见。足浅黄色，腿节（大部分）、后胫和跗节黑褐色。腹部蓝黑色，有光泽。老熟幼虫体长15～18mm，头黑色，体淡绿色，全身多皱纹，胸部及第1～2腹节背面密生黑色小点，胸足黑色间有淡绿色斑纹（图5－20）。

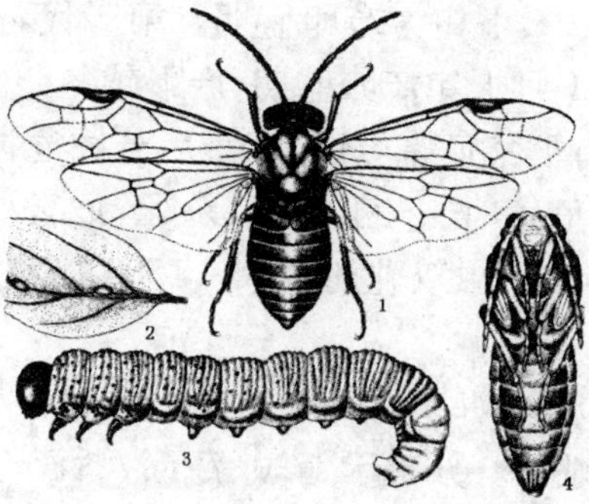

图 5-20　樟叶蜂

1. 成虫　2. 卵　3. 幼虫　4. 蛹

③发生规律及习性　在江西、广东一年发生 1~3 代，浙江、四川为 1~2 代。以老熟幼虫在土内结茧越冬。由于樟叶蜂幼虫在茧内有滞育现象，第 1 代老熟幼虫入土结茧后，有的滞育到次年再继续发育繁殖；有的则正常化蛹，当年继续繁殖后代。因此在同一地区，一年内完成的世代数也不相同。

2）叶蜂类防治措施

⑴冬春季结合土壤翻耕消灭越冬茧。

⑵寻找产卵枝梢、叶片，人工摘除卵梢、卵叶或孵化后尚群集的幼虫。

⑶幼虫危害期喷洒 Bt 乳剂 500 倍液、2.5% 溴氰菊酯乳油 3000 倍液、20% 杀灭菊酯 2000 倍液、25% 灭幼脲 3 号胶悬剂 1500 倍液。

5.1.13 其他食叶害虫

1）短额负蝗（*Atractomorpha sinensis* Bolivar）

⑴分布与危害　又名小尖头蚂蚱，属直翅目蝗科。各省均有分布，可危害大部分草本花卉。

⑵形态特征　成虫体长 21~32mm，体色多变，从淡绿色到褐色和浅黄色都有，并杂有黑色小斑。头部锥形，前翅绿色，后翅基部红色，末端部绿色。初孵若虫体淡绿色，带有白色斑点。触角末节膨大，色较其他节深。复眼黄色。前、中足有紫红色斑点。卵块产于土中，外有黄色胶质（图 5-21）。

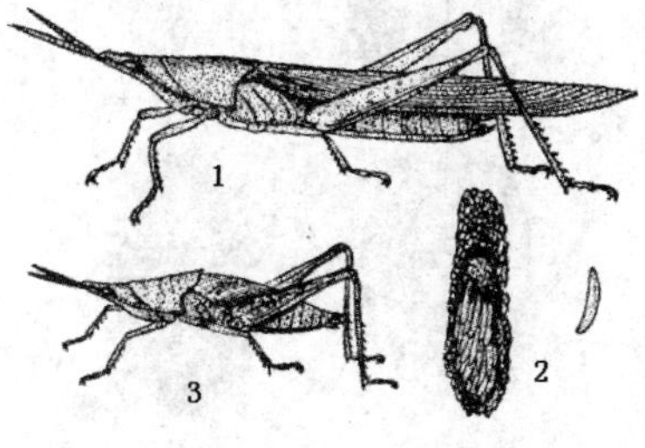

图 5-21　短额负蝗

1. 成虫　　2. 卵　3. 若虫

(3)发生规律及习性　1年2代，以卵越冬。5月上旬开始孵化，6月上旬为孵化盛期。7月上旬第1代成虫开始产卵，7月中、下旬为产卵盛期。第2代若虫7月下旬开始孵化，8月上、中旬为孵化盛期。10下旬至11月上旬产卵盛期，产下越冬卵。成、若虫大量发生时，常将叶片食光，仅留秃枝。初孵若虫有群集危害习性，2龄后分散危害。

(4)防治措施　初龄若虫集中危害时，人工捕捉、杀死；危害严重时可喷50%杀螟松乳油1000倍液，50%马拉硫磷乳油、75%杀虫双乳剂1000~1500倍液，20%速灭杀丁乳油2000倍液喷雾。

2）大叶黄杨斑蛾（*Pryersid sinica* Moore）

(1)分布与危害　属鳞翅目斑蛾科。分布于上海、江苏、浙江、安徽、湖北、山东等地区。危害大叶黄杨、银边黄杨、金边黄杨、扶芳藤、丝绵木等卫矛科植物。

(2)形态特征　成虫头、胸及触角黑褐色。雄蛾触角羽毛状，雌蛾触角栉齿状。胸背及腹部两侧有橙黄色长毛。前翅半透明，翅基1/3为黄色，其余暗灰色。翅脉暗褐色，后翅底色黄色。幼虫体黄绿色，头小，黑褐色。背线、亚背线、气门上线、气门线共7条，黑色。体侧及体背稀生白色细毛。

(3)发生规律及习性　浙江地区一年发生1代，以卵在小枝上越冬，翌年3月中、下旬幼虫孵化。初孵幼虫群集啃食叶肉，2、3龄食叶成缺刻、孔洞，4龄分散危害。幼虫受惊吐丝下垂，借风转移。5月下旬，幼虫老熟后在枯枝落叶和表土层中结茧化蛹越夏。10月至11月成虫羽化，成虫白天活动，夜间潜伏，交尾后产卵块于嫩枝上。

(4)防治措施　结合冬春修剪，剪除着卵枝条；生长期人工捏杀虫苞、捕捉成虫等；冬前在树干基部束草把诱杀幼虫；幼虫危害期喷洒青虫菌500倍液、50%杀螟松乳油和50%辛硫磷乳油1000倍液、2.5%的溴氰菊酯乳油3000倍液等。

3）二十八星瓢虫（*Henosepilachna vigintioctopunctata* Motschulsky）

(1)分布与危害　属鞘翅目瓢甲科。我国大部分地区都有分布。危害三色堇、桂竹香、冬珊瑚及马铃薯、番茄、枸杞等多种植物。成、幼虫在叶背剥食叶肉，仅留表皮，形成半透明的细凹纹，状如箩底。也能将叶吃成孔洞或仅存叶脉。严重时，受害叶片干枯、变褐，全株死亡。

(2)形态特征　成虫体红褐色，半球形。鞘翅生有28个星状斑。老熟幼虫淡黄色，纺锤形，背面隆起，体背各节生有整齐的枝刺，前胸及腹部第8~9节各有枝刺4根，其余各节为6根。枝刺基部有淡黑色斑纹（图5-22）。

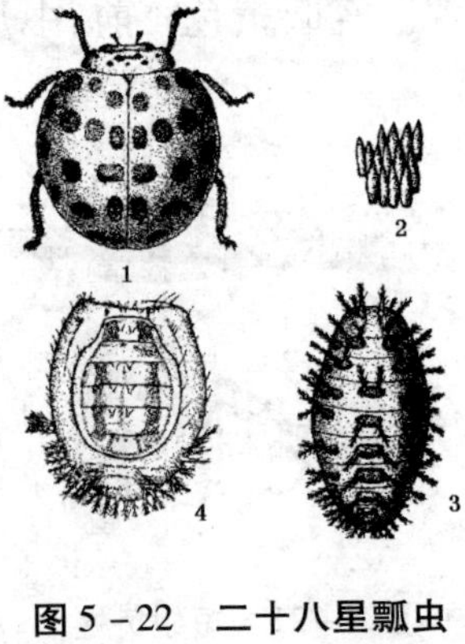

图5-22　二十八星瓢虫

1.成虫　2.卵　3.蛹　4.幼虫

⑶发生规律及习性　一年发生数代，以成虫在土块下、树皮裂缝、杂草丛中越冬。翌年4、5月越冬成虫开始活动。成虫有假死性，卵产于茄科植物叶背及杂草上。成、幼虫均有自相残杀及取食卵的习性。幼虫4龄后老熟，在叶背或茎上化蛹。成虫羽化后于10月上、中旬进入越冬。

⑷防治措施　清除园圃中杂草、土块；人工捕杀成虫和幼虫；成、幼虫发生期喷洒80%敌敌畏乳油和90%敌百虫晶体1000倍液、40.7%乐斯本乳油800倍液、2.5%溴氰菊酯乳油2000～3000倍液等。

5.1.14 软体动物类

软体动物多喜阴湿环境，常在温室大棚、阴雨高湿天气或种植密度大时发生严重。危害园林植物的主要种类有灰巴蜗牛和蛞蝓，均属于软体动物门，腹足纲，柄眼目动物。啃食园林植物的花、芽、嫩茎及果，造成叶片缺刻、孔洞及幼苗倒伏、果实腐烂等。

1)常见种类

⑴灰巴蜗牛

①形态特征　有触角二对，前触角较短，后触角较长，触角顶端有黑眼。贝壳椭圆形，壳顶端尖，螺层增长缓慢，自左向右旋转，第5圈后突然扩大。卵圆形乳白色，直径1～1.5mm。幼贝长约2mm，贝壳淡褐色(图5－23)。

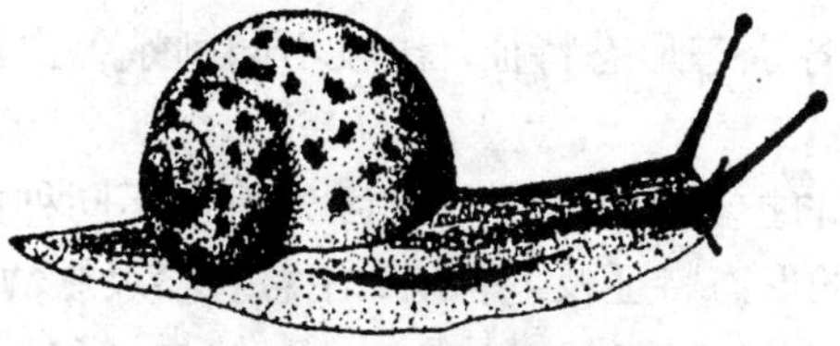

图5－23　灰巴蜗牛

②发生规律及习性　1年发生1代。成贝与幼贝白天在砖块、花盆或叶下栖息，晚间活动取食，阴天也可整天活动取食。成贝产卵于松土内，初孵幼贝群集危害，以后分散。

⑵蛞蝓

①形态特征　蛞蝓体分为头、驱干、足三部分。头上有触角2对，触角顶端有眼。体前端较钝，后端稍尖，腹面较平。体背有2条灰白色纵线。足在身体下方，以明显的环状沟纹将头与驱干分开。足平滑，是肌肉很发达的运动器官。蛞蝓可分泌透明的胶状液体，干后发亮(图5－24)。

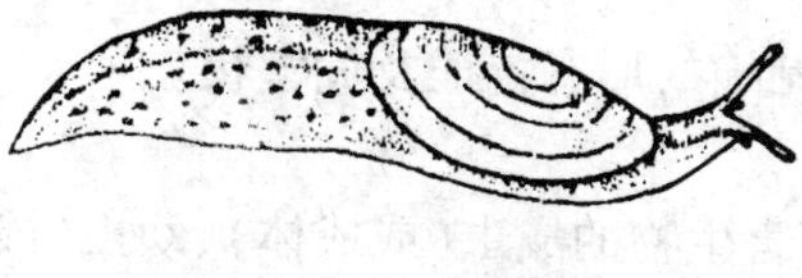

图5－24　蛞蝓

②发生规律及习性　喜温湿环境，畏光。白天隐蔽，夜出活动取食和繁殖。空气及土壤干燥时(土壤含水量低于15%)，可引起大量死亡。最适温度为12℃～20℃之间。温度在25℃时，潜入土隙、花盆及砖石下，30℃以上也会大量死亡。温湿度条件合适时，寿命可达1～3年。

2）软体动物防治措施

(1)人工捕捉　发生量较小时，可人工捡拾，集中杀灭。

(2)使用氨水　用稀释成70～100倍的氨水，于夜间喷洒。

(3)撒石灰粉　用量为75～112.5kg/hm^2。

(4)化学防治　每平方米用8%灭蜗灵颗粒剂1.5g，或用6%密达颗粒剂7.5g，均匀撒施，也可用50%辛硫磷乳油1000倍液喷雾防治。

相关技能训练

实训17　园林植物主要食叶害虫的形态及危害状识别

1.实训目的

通过对园林植物主要食叶害虫形态特征、危害状的标本及田间观察，识别当地食叶害虫主要种类及危害特点。

2.实训材料和用具

材料：对当地发生的食叶害虫，尽可能采集发生期的害虫及危害状标本观察，若有条件可进行田间现场观察。对刺蛾、蓑蛾、尺蛾、毒蛾、叶甲、软体动物等典型的食叶害虫，利用生活史标本及危害状标本进行观察。

用具：体视显微镜、扩大镜、解剖针、培养皿、挂图、彩色图谱或多媒体课件等。

3.实训内容与方法

1）刺蛾　观察不同刺蛾各虫态形态特征，比较不同刺蛾各虫态的形态区别。注意比较初龄幼虫与高龄幼虫的危害状。

2）蓑蛾　观察不同蓑蛾的护囊大小及外形，区分识别不同种类的蓑蛾。

3）尺蛾　观察各种尺蛾的形态特征及危害状，注意观察尺蛾幼虫的行走姿势及拟态现象。

4）夜蛾与舟蛾　观察夜蛾与舟蛾代表种成虫、卵、幼虫、蛹的形态及危害状，重点区别两类幼虫的形态特征。

5）毒蛾、枯叶蛾与灯蛾　观察毒蛾、枯叶蛾与灯蛾代表种成虫、卵、幼虫、蛹的形态特征及危害状，重点区别三类幼虫的形态特征。

6）蝶类及其他鳞翅目食叶害虫　观察凤蝶、粉蝶、蛱蝶、螟蛾、蚕蛾、天蛾、斑蛾等的代表种成虫、卵、幼虫、蛹的形态特征及危害状。

7）叶甲、二十八星瓢虫及其他鞘翅目食叶害虫　观察成虫触角、体形、斑纹等，区别卵、幼虫、蛹的形态特征及危害状。

8）叶蜂、负蝗　观察叶蜂幼虫特征及危害状，叶蜂的翅脉特征，负蝗卵、成虫、若虫形态及危害状。

9）软体动物　观察蜗牛、蛞蝓的形态特征及危害状。

4.实训作业

列表描述所观察害虫或有害生物的成虫（或成体）、幼虫（或若虫、幼体、护囊）的形态特征及危害状。

任务 5.2 园林植物吸汁害虫及防治技术

任务分析:吸汁害虫以刺吸式口器吸食植物汁液造成危害。大部分吸汁害虫虽然个体较小,但一年中的发生代数多。一旦发生,种群数量大,虫口密度高,并能借风力扩散蔓延,危害严重,是园林植物的一类重要害虫。通过本任务的学习,要求学生掌握园林植物主要吸汁害虫的形态特征、发生规律及防治措施,使学生能够在识别不同害虫的基础上把握害虫的发生时期与薄弱环节,制定出有利的防治方案和有效的防治措施。

任务实施的相关知识

园林植物吸汁害虫主要包括同翅目的蚜虫、介壳虫、叶蝉、粉虱、木虱等,半翅目的网蝽、盲蝽等,缨翅目的蓟马等,以及蛛形纲蜱螨目的瘿螨、叶螨等。

吸汁害虫的唾液中含有某些水解酶,甚至还有从寄主植物组织获得的植物激素和毒素,在吸汁过程中将唾液与这些物质注入寄主体内并吸取植物汁液,造成植物营养匮乏,致使受害部位出现黄化、枯斑、缩叶、卷叶、虫瘿或肿瘤等畸形症状,甚至整株枯萎或死亡。有些种类如蚜虫、木虱、飞虱等排泄蜜露,诱发煤污病发生,污染的叶、枝梢等,影响植物的光合作用和观赏效果。有些种类如叶蝉、蚜虫是植物病毒病的重要传播媒介。还有些种类如棉蚜、木虱、粉虱、介壳虫等能大量分泌蜡质,增加了害虫防治的难度。

5.2.1 蚜虫类

蚜虫类属同翅目,蚜总科。危害园林植物的蚜虫种类很多。各类园林植物都遭受蚜虫的危害。蚜虫的直接危害是刺吸汁液,使叶片褪色、卷曲、皱缩,甚至发黄脱落,形成虫瘿等症状。同时排泄蜜露诱发煤污病,其间接危害是传播多种病毒,引起病毒病。

1)蚜虫类主要害虫

(1)桃蚜(*Myzus persicae* Sulzer)

①分布与危害　全国各地均有分布。危害海棠、郁金香、牡丹、百日草、金鱼草、金盏花、樱花、梅花、蜀葵、香石竹、夹竹桃、菊花、大丽花、仙客来、一品红、柑橘、桃、李、杏等300余种花木。成虫和若虫群集在嫩梢和叶背危害,被害叶向背面不规则卷缩,最后干枯脱落,其排泄物诱发煤污病。同时还可传播病毒病。

②形态特征　无翅胎生雌蚜体黄绿色或赤褐色,卵圆形。复眼红色,额瘤显著。腹管圆筒形,细长,有瓦纹。有翅胎生雌蚜与无翅蚜相似。头、胸部黑色,腹部颜色变化大,呈绿色至褐色。腹管与复眼红色,额瘤显著,腹管同无翅型(图5-25)。

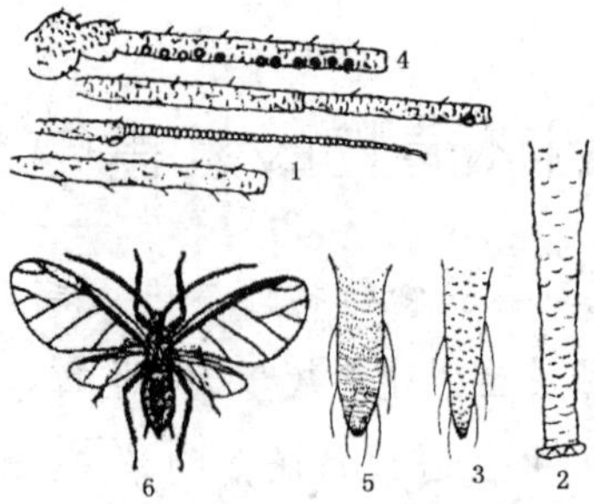

图5-25 桃蚜

无翅孤雌蚜　1.触角　2.腹管　3.尾片

有翅孤雌蚜　4.触角　5.尾片　6.成虫

③发生规律及习性　一年发生10~30多代，生活史较复杂。我国北方地区多数以卵在枝梢、芽腋等缝隙和小枝等处越冬，少数以无翅胎生雌蚜在十字花科植物上越冬。越冬卵次年3月开始孵化危害，5、6月份进入危害盛期，虫口密度急剧增大，不断产生有翅蚜迁飞至草本植物上危害，到晚秋10~11月份产生有翅蚜迁回桃树、樱花等树木，不久产生雌、雄性蚜，交配产卵越冬。

(2)棉蚜（*Aphis gossypii* Glover）

①分布与危害　国内各地均有分布，危害扶桑、木槿、蜀葵、石榴、菊花、夹竹桃、紫叶李、兰花、紫荆等花木。以成虫和若虫群集在嫩梢、花蕾、花和叶背吸食植物汁液，造成叶片皱缩。还可诱发煤污病。

②形态特征　无翅胎生雌蚜体被蜡粉。春、秋季多为深绿至蓝黑色，夏季黄绿色。触角6节，第5节端部有一感觉圈。腹管圆筒形，基部较宽，具瓦状纹。有翅胎生雌蚜体黄色或浅绿色，前胸背板黑色，腹部两侧有3~4对黑斑。触角6节，第3、5、6节着生感觉圈，第3节有成排感觉圈5~8个。腹管同无翅型。

③发生规律及习性　一年发生20余代。以卵在木槿、石榴等越冬寄主植物枝条上越冬，次春3~4月卵孵化为干母并进行孤雌胎生，连续繁殖3~4代。4~5月产生有翅蚜迁到扶桑、菊花、棉花等夏季寄主上危害。晚秋10月间的有翅蚜从夏季寄主迁至越冬寄主，其上产生雌、雄性蚜交配产卵后，以卵越冬。

(3)月季长管蚜（*Macrosiphum rosivorum* Zhang）

①分布与危害　我国东北、华北、华东等地分布，危害月季、蔷薇等，多群集在花蕾间，危害花蕾、新梢和嫩叶。植株受害后，枝梢生长缓慢，花形变小。其排泄物常诱发煤污病。

②形态特征　无翅胎生雌蚜多数黄绿色，少数橙红色。腹管较长，圆筒形，前端呈网眼状，其余具瓦状纹。有翅胎生雌蚜草绿色，腹部各节有缘斑，第8腹节有一个大的带斑（图5-26）。

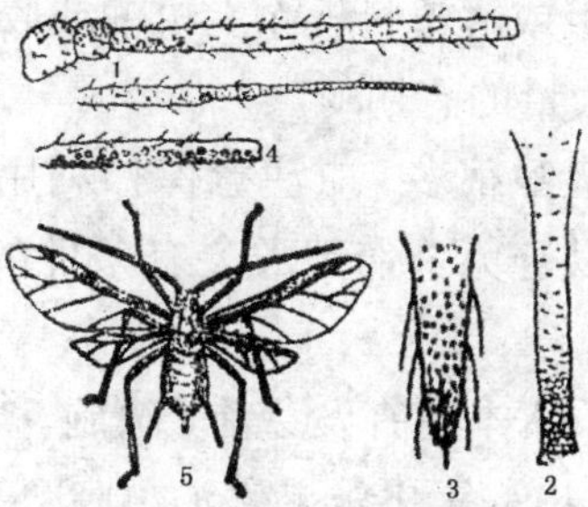

图5－26 月季长管蚜

无翅孤雌蚜 1. 触角 2. 腹管 3. 尾片

有翅孤雌蚜 4. 触角 5. 成虫

③发生规律及习性 一年发生10余代。以成、若蚜在月季、蔷薇的叶芽和叶背越冬。次春4月初开始活动并产生有翅蚜，4月中、下旬至5月份发生数量增多，进入危害盛期。7～8月高温天气致使蚜量减退，9～10月发生量又增多，危害加重。

⑷绣线菊蚜（*Aphis citricola* Van der Goot）

①分布与危害 分布于黑龙江、内蒙古、河北、河南、山东、陕西等地区。危害绣线菊、木瓜、石楠、麻叶绣球、榆叶梅、海棠、樱花、山楂、柑桔、李、杏等多种花卉和果树。以成虫和若虫刺吸幼嫩枝梢和叶片的汁液，被害叶片向背面横卷，严重影响植物新梢生长。

②形态特征 无翅雌蚜体长约1.7mm，体黄或黄绿色，腹管和尾片灰黑色。有翅雌蚜头和胸部黑色，腹管黄色，有黑色斑纹。若蚜黄绿色，腹部肥大，腹管短小（图5－27）。

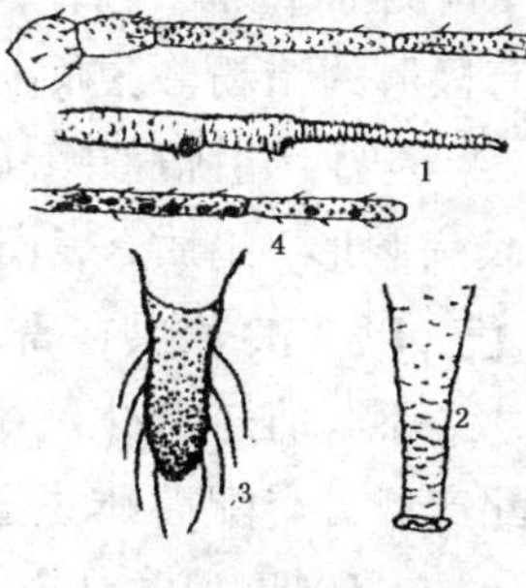

图5－27 绣线菊蚜

无翅孤雌蚜 1. 触角 2. 腹管 3. 尾片

有翅孤雌蚜 4. 触角

③发生规律及习性 一年发生10余代。以卵在枝杈、芽苞及枝条缝隙处越冬。次春3～4月越冬卵孵化为干母，即在越冬寄主上危害，4～5月间在绣线菊的草本植物嫩梢上大量发生，5月下旬开始出现有翅孤雌胎生蚜，并迁飞扩散；6～7月繁殖最快，虫口密度很大，枝梢、叶柄、叶背布满蚜虫，致叶片向叶背横卷，危害严重。8～9月雨季虫口密度下降，10～11月产生性蚜交配产卵越冬。

2）蚜虫类防治措施

⑴注意检疫虫情，进行早期防治 盆栽花卉早期零星发生时，可用毛笔蘸水将蚜虫轻轻刷掉，并及时处理刷下的蚜虫，避免蔓延。木本花卉上的蚜虫，可在早春刮除老树皮及剪除有虫枝条，消灭越冬卵。

⑵物理防治　用黄色的厚纸板或薄塑料板涂上机油或胶液制成黏虫板，于有翅蚜迁飞高峰期置于温室或大棚内，可诱杀大量的有翅蚜。

⑶保护和利用天敌　蚜虫的天敌很多，应注意保护利用，天敌数量多时，不要施用广谱性杀虫剂或尽量不要施用农药，以避免杀伤天敌。有条件的地方，应积极开展人工助迁、人工繁殖释放。

⑷药剂防治　发生严重地区，木本花卉发芽前，喷施5°Be的石硫合剂，以消灭越冬卵和初孵若虫。虫口密度大时可喷施40%氧化乐果乳油1000倍液、10%吡虫啉可湿性粉剂2000倍液、50%辟蚜雾乳油3000倍液、0.26%苦参碱水剂1500~2000倍液或2.5%蚜虱灭乳油1500~2000倍液，均有良好的效果。

5.2.2 介壳虫类

介壳虫类属同翅目，蚧总科。园林植物上的介壳虫种类很多，据估计有700多种。植物的根、茎、叶、果等部位都有不同种类的介壳虫危害。

1)介壳虫类主要害虫

⑴朝鲜球坚蚧(*Didesmococcus koreanus* Borchs)

①分布与危害　分布于东北、华北、西北、华东、华中地区。危害红叶李、杏、桃、樱桃、碧桃、梅花、海棠等，在山桃及杏树上发生尤为普遍。终生吸食植物汁液，寄主枝条上常布满介壳，严重影响花木生长。

②形态特征　雌成虫体近球形，前、侧面下部凹入，后面近垂直。初期介壳质软，黄褐色。后期硬化，红褐至黑褐色，表面有极薄的蜡粉。腹面与树枝接合处有白色蜡粉。雄成虫头胸赤褐，腹部淡黄褐色，前翅发达，半透明，翅脉简单，腹部末端外生殖器两侧各生1条白色蜡质长毛，尾端交配器针状。介壳长扁圆形，蜡质，表面光滑。

③发生规律及习性　一年发生1代，以2龄若虫在寄主枝条上越冬，外覆有蜡质介壳。次春3月开始活动，在枝条上群集危害，不久雌雄分化。雄若虫4月上旬开始分泌蜡质形成介壳并化蛹，4月中旬开始羽化后交配产卵，交配后雌虫迅速膨大成球形。5月中旬前后为产卵盛期。每个雌虫一般产卵1000余粒。卵期7d左右。5月下旬~6月上旬为孵化盛期。初孵若虫分散至枝、叶背危害，落叶前转回枝条上固着，分泌白色蜡质物覆盖虫体背面。10月份进入越冬。

⑵草履蚧(*Drosicha corpulenta* Kuwana)

①分布与危害　分布于东北、华北、华中、华东、西北、广东及广西等地区。危害广玉兰、罗汉松、碧桃、海棠、紫叶李、大叶黄杨、丝棉木、龙爪槐、悬铃木等花木。以成、若虫群集在芽腋、嫩梢、叶片和枝干处吮吸汁液危害，造成植株生长不良，早期落叶。

②形态特征　雌成虫体扁平，椭圆形，赤褐色，被白色蜡粉。腹部背面有横褶皱，似草鞋状。雄成虫紫红色，一对前翅淡黑色。若虫体小，外形与雌成虫相似(图5-28)。

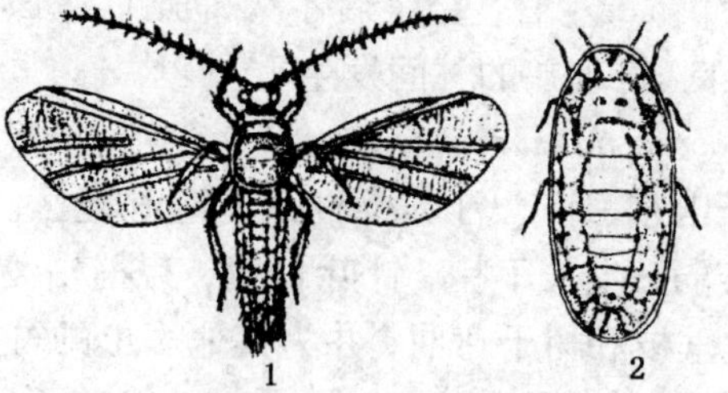

图 5-28　草履蚧

1. 雄成虫　2. 雌成虫

③发生规律及习性　一年发生 1 代。以卵囊在树根附近的土中越冬或越夏。次春越冬卵孵化出若虫于 2 月中旬至 3 月中旬大量出土，多在中午前后上树活动，固定后刺吸危害。4 月中、下旬雄若虫潜伏于树皮裂缝、树干基部、土块下等隐蔽处，分泌白色蜡质薄茧化蛹。5 月上旬羽化为成虫，交尾后雌成虫开始寻找附近疏松的土表或树皮裂缝等处形成卵囊产卵，并以卵越夏越冬。

(3)桑白盾蚧（*Pseudaulacaspis pentagona* Targioni - Tozzetti）

①分布与危害　又名桑白蚧、桑盾蚧、桃白蚧、黄点蚧等。全国各地均有分布。危害桃花、梅花、丁香、棕榈、芙蓉、苏铁、桂花、榆叶梅、木槿、翠菊、玫瑰、芍药、夹竹桃、碧桃、山茶、银杏等多种花木。以雌成虫和若虫群集固着在枝干上吸食汁液，严重时灰白色的介壳密集重叠，导致树势衰弱，枯枝增多，甚至全株死亡。

②形态特征　雌成虫橙黄或橙红色，体扁平卵圆形。雌介壳圆形，略隆起，有螺旋纹，灰白至灰褐色，壳点黄褐色，在介壳中央偏旁。雄成虫橙黄至橙红色，触角退化成瘤状，其上有 1 根粗大的刚毛，1 对前翅灰色，腹部末端交配器针状。雄介壳细长，白色，背面有 3 条纵脊，壳点橙黄色，位于介壳的前端（图 5-29）。

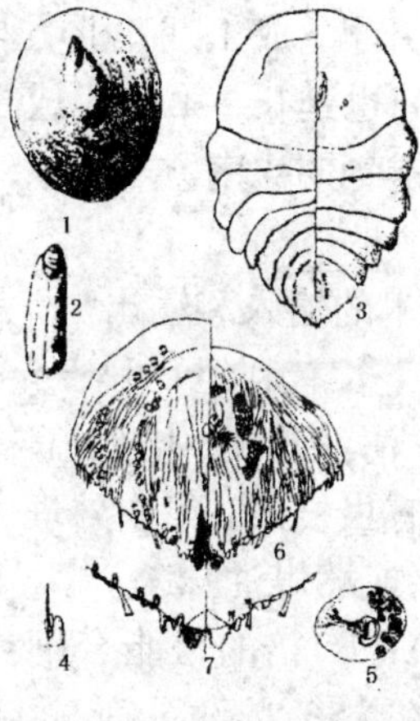

图 5-29　桑白盾蚧

1. 雌介壳　2. 雄介壳　3. 雌虫体　4. 触角　5. 前气门　6. 臀板　7. 臀板末端

③发生规律及习性　不同地区 1 年发生 2～5 代。以受精雌虫在寄主枝条上越冬。次春 3 月越冬雌虫开始吸食汁液，虫体迅速膨大，4 月下旬开始产卵，此时介壳松弛，将卵产在介壳内，雌虫产卵不久后死亡。若虫孵出后从介壳底下各自爬向合适的处所，固着在枝条上吸

食汁液危害。但雄成虫寿命仅1d左右，交尾后不久即死亡。该虫喜阴暗潮湿，多分布于枝条分叉处枝干阴面，通风不良、管理差的林间发生重。

(4)日本松干蚧（*Matsucoccus matsumurae* Kuwana）

①分布与危害　分布于山东、辽宁、江苏、浙江、上海等地区。危害油松、黑松、赤松、马尾松等松树。被害树木树势衰弱，生长不良，针叶枯黄，芽梢枯萎，后期树皮常卷曲翘裂。幼树严重被害后，易发生软化垂枝和树干弯曲，并为其他病虫的寄生创造了有利条件。

②形态特征　雌虫体卵圆形，橙褐色，体壁柔韧，体节不明显。头端较窄，腹端肥大。第2~7腹节背面有圆形背疤排成横列。触角念珠状，黑色单眼1对。雄虫头、胸部黑褐色，腹部淡褐色。触角丝状，紫黑色复眼大而突出。前翅发达，膜质半透明，翅面有明显的羽状纹，后翅退化为平衡棒。腹部第7节背面有1个马蹄形的硬片，其上生有10余根柱状管腺，分泌白色长蜡丝。腹部末端交尾器呈钩状，向腹面弯曲（图5－30）。

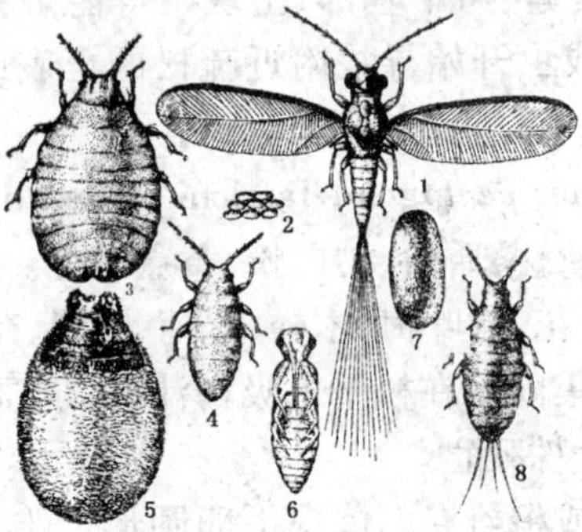

图5－30　日本松干蚧

1.雄成虫　2.卵　3.雌成虫　4.3龄雄若虫　5.卵囊　6.雄蛹　7.茧　8.1龄初孵若虫

③发生规律及习性　在发生地1年发生2代，以1龄若虫越冬（或越夏）。发生时期因气候不同而有差异。南方早春气温回升早，成虫期比北方早1个多月。而南方夏季高温天气持续时间长，第一代1龄若虫越夏时间也延长，第一代成虫期比北方晚1个多月。北方秋季气温下降的早，第二代1龄若虫进入越冬期比南方早。

2）介壳虫类防治措施

(1)加强植物检疫　禁止有虫苗木的输入和输出。

(2)加强养护管理　创造对植物生长有利但不利于介壳虫发生的园林生态环境。如种植抗虫品种，实行轮作，合理灌溉施肥，清洁花圃，增强植株的自然抗虫力；合理密植，改善通风、透光条件；冬、春季结合修剪，剪除有虫枝条，集中处理，减少越冬虫口基数；介壳虫少量发生时，可用软刷、破布或竹片轻轻清除或蘸煤油抹杀。

(3)药剂防治　冬季喷施1次10~15倍的松脂合剂或40~50倍的机油乳剂；开春植物发芽前，喷施3~5°Be石硫合剂或3%~5%柴油乳剂，可消灭大量越冬虫源。初孵幼虫期，用50%西维因可湿性粉剂500倍液或50%辛硫磷乳油1000倍液喷施树根周围的土面，防治出土活动上树的介壳虫。植物生长期严重发生时，用40%乐斯本乳油300倍液、40%氧化乐果乳油800~1000倍液、40%速扑杀乳油300倍液、2.5%功夫乳油3000倍液、20%灭扫利乳油4000倍液等，每隔7~10d喷1次，共喷2~3次。还可用内吸杀虫剂进行灌根或用树大夫防虫注干液注茎，也有很好的防治效果。

⑷保护利用天敌　介壳虫类的天敌种类很多，在园林中种植蜜源植物增加天敌数量、保护繁殖益鸟或饲养释放天敌。天敌数量较多时，不使用药剂或尽可能不使用广谱性杀虫剂，避免杀伤天敌，充分发挥自然控制因素来防治害虫。

5.2.3 蝉类

蝉类属同翅目，蝉亚目。危害园林植物的蝉类害虫主要有蝉科的蚱蝉、叶蝉科的大青叶蝉、小绿叶蝉和蜡蝉科的斑衣蜡蝉等。

1）蝉类主要害虫

⑴大青叶蝉（*Cicadella viridis* Linnaeus）

①分布与危害　全国广泛分布。危害木芙蓉、杜鹃、梅、李、樱花、海棠、梧桐、扁柏、桧柏、杨、柳、刺槐、桑等多种植物。成、若虫刺吸植物汁液危害，受害叶片呈现小白斑，枝条枯死，影响生长发育，而且还能传播病毒病。

②形态特征　成虫体青绿色，头部正面淡褐色，单眼间有两个对称的小黑斑，复眼绿色。前胸背板淡黄绿色，后半部深青绿色，小盾片淡黄绿色。前翅绿色带有青蓝色泽，前缘淡白，端部透明。后翅烟黑色，半透明。腹部背面蓝黑色，胸、腹部腹面及足为橙黄色。若虫共5龄，体黄绿色，3龄后出现翅芽（图5－31）。

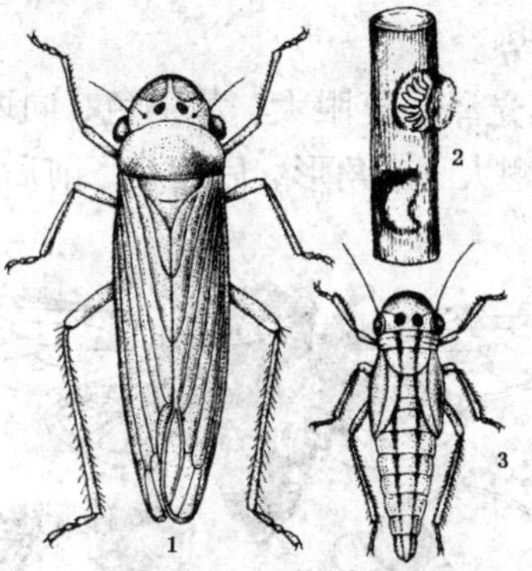

图5－31　大青叶蝉

1.成虫　2.卵块　3.若虫

③发生规律及习性　1年发生2～6代，以卵在枝条的皮层内越冬。翌年3月下旬越冬卵开始孵化，初孵若虫喜群聚取食，若遇惊扰便斜行或横行，或由叶面逃至叶背，或立即跳跃而逃。5月下旬第1代成虫羽化，第2代成虫发生在7～8月间，9～11月第3代成虫出现。10月中旬开始在枝条上产卵。产卵时以产卵器刺破枝条表皮呈半月形伤口，将卵产于其中，排列整齐。成虫喜在潮湿背风处栖息，有很强的趋光性。

⑵小绿叶蝉（*Empoasca flavescens* Fabricius）

①分布与危害　分布普遍。危害桃花、梅花、樱花、红叶李、柑橘、苹果等果树花木。成、若虫栖息于叶片背面刺吸汁液危害，被害叶初期呈黄白色斑点，后扩大连成片，严重时全叶苍白早期脱落。

②形态特征　成虫体黄绿色至绿色。头部略呈三角形。复眼灰褐色，无单眼。前胸背板、小盾片浅鲜绿色，常具白色斑点。前翅绿色，半透明，有光泽；后翅无色透明。若虫草绿

色，具翅芽(图5－32)。

图5－32　小绿叶蝉

③发生规律及习性　年发生世代数因地而异，黄河流域每年4～6代，江苏、浙江9～11代，江西11代，福建11～12代，广东12～13代，世代重叠明显。以成虫在落叶、杂草或树皮缝隙中越冬。次春气温高于10℃时越冬成虫开始活动，3月上旬至4月下旬成虫产卵，卵多产在新梢或叶片主脉内，是产卵危害盛期。初孵若虫在叶背危害，3龄长出翅芽，善爬善跳，喜横走。全年在5月下旬至6月中旬和10月中旬至11月中旬是两个危害高峰期。

(3)黑蚱蝉(*Cruptotympana atrata* Fabricius)

①分布与危害　分布广泛，危害桃花、樱花、山楂、杨、李、榆、柳等多种花木。成虫刺吸枝条汁液危害，卵产于1年生枝条的木质部，产卵部位以上嫩梢枯死。幼虫在地下刺吸植物根部汁液危害，严重削弱树木生长势。

②形态特征　成虫体黑色具光泽。复眼大，黄褐色，向两侧突出。单眼黄褐色。中胸背部有“X”形隆起，呈红褐色。前翅大，三角形，后翅小，前后翅膜质透明，翅脉明显，黄褐色(图5－33)。

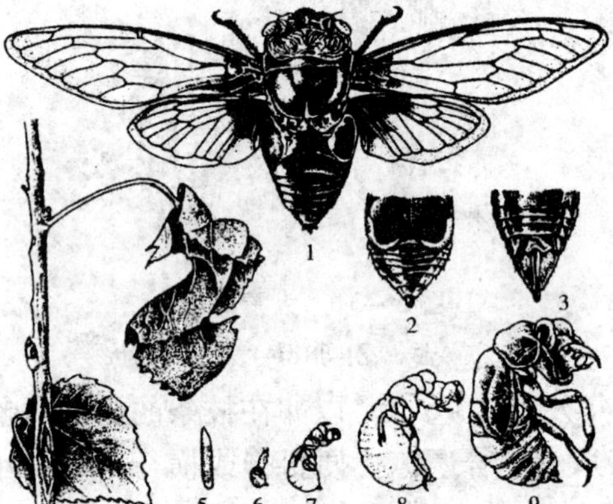

图5－33　蚱蝉

1. 成虫　2. 雌虫腹面观　3. 雄虫腹面观　4. 被害状　5. 卵　6～9. 若虫

③发生规律及习性　4年或5年发生1代。以若虫在土中或以卵在枝条内越冬。成虫6～9月发生，8月为产卵盛期，卵产于当年生枝条木质部。第二年6月若虫孵化落地，钻入土中刺吸植物根部，秋后转入土层深处越冬，春暖上移继续危害，数年后老熟若虫出土爬树木枝干上，夜间陆续羽化出成虫。

(4)斑衣蜡蝉(*Lycorma delicatula* White)

①分布与危害　全国广泛分布。危害臭椿、合欢、珍珠梅、女贞、爬山虎、海棠、碧桃、黄杨、

梧桐等花木。以成虫、若虫群集在叶背、嫩梢上刺吸汁液，造成叶片、嫩梢萎缩畸形等。栖息时头翘起，其排泄物常引发煤污病，严重影响植株的生长和发育。

②形态特征　成虫体被有蜡粉，灰褐色。前翅革质，基部约三分之二为淡褐色，翅面散生 20 个左右的黑点；端部约三分之一为深褐色。后翅膜质，基部鲜红色，具有 7 ~ 8 个黑点，端部黑色。1 ~ 3 龄若虫体蓝黑色，上面具有许多小白点，4 龄若虫体红色鲜艳，上有黑色斑纹和白点（图 5 – 34）。

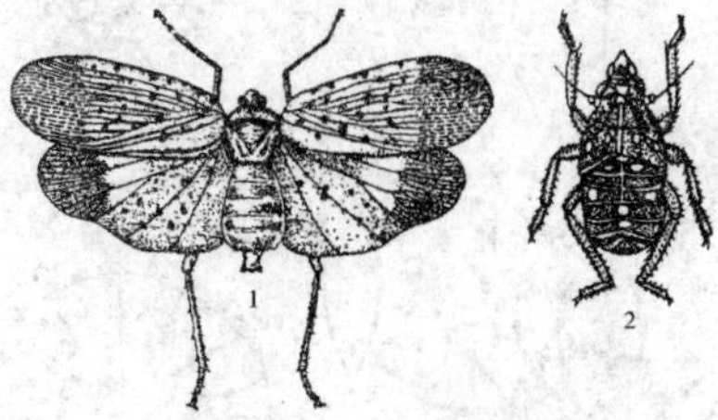

图 5 – 34　斑衣蜡蝉

1. 成虫　2. 若虫

③发生规律及习性　一年发生 1 代。以卵在树干或附近建筑物上越冬。第二年 4 月中下旬若虫孵化危害，5 月为若虫危害盛期。6 月中、下旬至 7 月上旬羽化为成虫，8 月中旬开始交尾产卵，卵块多产在背风向阳的枝干上，卵块排列整齐，覆盖蜡粉。温暖少雪的冬季有利于卵块越冬。成、若虫活泼，善于跳跃，但飞翔力较弱，都有群集习性。

2）蝉类防治措施

⑴人工防治　清除花木周围的杂草；结合修剪，剪除有产卵伤痕的枝条，刮除树干上的卵块，并集中烧毁；必要时人工捕捉灭虫。

⑵灯光诱杀　在成虫发生期用黑光灯诱杀，可消灭大量成虫。

⑶生物防治　保护和利用天敌，大发生时可繁殖释放天敌。

⑷药剂防治　成、若虫危害盛期，喷洒 40% 氧化乐果乳油 1000 倍液、10% 吡虫啉可湿性粉剂 2000 ~ 2500 倍液、3% 啶虫脒乳油 1000 ~ 2000 倍液、20% 速灭杀丁乳油 3000 倍液等。对根部危害的若虫，可于若虫入土前在树干或树干基部附近地面喷施残效期长的触杀剂，能起到好的防治效果。

5.2.4 粉虱类

粉虱类属同翅目，粉虱科。体微小，雌雄均有翅，翅短而圆，膜质，翅脉极少，前后翅相似，后翅略小。体翅均有白色蜡粉，故称粉虱。

1）粉虱类主要害虫

⑴温室白粉虱（*Trialeurodes vaporariorum* Wesr – Wood）

①分布与危害　广泛分布于露地和温室当中，危害严重。危害菊花、杜鹃、倒挂金钟、月季、天竺葵、牡丹、扶桑、大丽花、一品红、绣球等多种花卉。以成虫和若虫吸取植物汁液危害，使叶片褪色、变黄、萎蔫，传播多种植物病毒，并分泌大量蜜露，污染果实和叶片，诱发煤污病。

②形态特征　成虫体淡黄白色，翅面覆盖白色蜡粉。翅膜质均匀，翅脉简单，前翅自基部有一长一短的翅脉，后翅仅一条翅脉。若虫体长椭圆形，淡绿色或黄绿色，体表有长短不一的蜡丝，两根尾须稍长。4 龄若虫又称为伪蛹，椭圆形，初期体扁平，后逐渐加厚呈蛋糕

状，中央略高，为黄褐色，体背有长短不齐的蜡丝，体侧有刺(图5－35)。

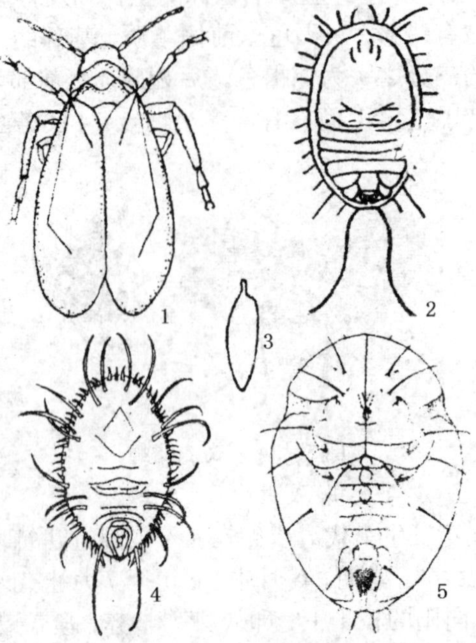

图5－35　温室白粉虱

1. 成虫　2. 若虫　3. 卵　4. 伪蛹正面　5. 伪蛹背面

③发生规律及习性　一年发生10余代，在温室内终年繁殖危害。卵量大，繁殖快，世代重叠明显。营两性生殖或孤雌生殖。成虫具有群集性和趋光性，对黄色和嫩绿色也有趋性，喜群集在植物上部嫩叶背面取食、产卵。若虫孵化后群集在嫩叶背面刺吸汁液。温室白粉虱的种群数量，由春至秋持续发展，到秋季数量最多，集中危害瓜类、豆类和茄果类蔬菜。在北方由于温室和露地蔬菜生产紧密衔接和相互交替栽培，有利于温室白粉虱周年发生，危害严重。除在温室等保护地发生危害外，对露地栽培植物危害也很严重。在自然条件下不同地区的越冬虫态不同，一般以卵或成虫在杂草中越冬。

(2)烟粉虱(*Bemisia tabaci* Gennadius)

①分布与危害　国内除东北三省、内蒙古、宁夏、甘肃、西藏和贵州未发现外，其他各地均有报道。危害一品红、蜀葵、扶桑、木槿、秋海棠、万寿菊、夹竹桃、南天竹等500多种植物。成、若虫均可危害，害状复杂。造成植物叶片萎缩，植株黄化、枯萎；果实不成熟及农产品品质降低等危害。

②形态特征　成虫体淡黄白色，翅膜质，翅面覆盖白色蜡粉。前翅仅有一条翅脉，不分叉。若虫椭圆形，有多对体毛，体缘分泌蜡质，固着危害。蛹壳边缘扁，很少有蜡质物分泌。

③发生规律及习性　在热带和亚热带地区，1年可发生11～15代，在温带地区露地每年可发生4～6代，世代重叠明显。成虫多在叶背面产卵，不规则散产。1龄若虫找到合适部位便固着不动直到羽化为成虫。成虫对黄色有趋性。

2)粉虱类防治措施

(1)人工防治　清除大棚和温室周围环境的杂草，苗木进入温室和大棚前应注意检查，避免将粉虱带入，使保护地远离虫源。改善园林植物栽培条件，适度修剪，保持通风透光，避免形成郁闭环境，以减少粉虱类的发生。

⑵物理防治　可用黄色黏虫板，振动植物枝条，利用白粉虱成虫的趋黄性诱杀成虫。

⑶保护和利用天敌　如丽蚜小蜂、中华草蛉等应注意保护和利用。释放丽蚜小蜂防治温室白粉虱，寄生率可达80%以上。

⑷药剂防治　保护地白粉虱大发生时，可用80%敌敌畏熏杀成虫，每立方米用药1ml，用水稀释1～2倍，雾化喷洒到温室和大棚中采光较多的过道和墙壁上。每周熏杀1次，连续5～7次，熏杀时注意封闭门窗。还可用25%扑虱灵可湿性粉剂、2.5%溴氰菊酯乳油2000倍液，或1.8%阿维菌素乳油4000倍液，或2%蚜虱净可湿性粉剂2500倍液，或0.25%苦参碱水剂1500倍液，进行喷雾防治。施药2～3次，注意叶背施药。

5.2.5 木虱类

木虱类属同翅目，木虱科。体小型，形状如小蝉，善跳能飞。

1）木虱类主要害虫

⑴梧桐木虱（*Thysanogyna limbata* Enderlein）

①分布与危害　国内分布于北京、陕西、河北、河南、山东、江苏、浙江、安徽、福建、贵州等地区。主要危害梧桐、楸树、梓树。以成虫和若虫群集于嫩梢及叶背，吸食汁液，尤以幼树受害最重；若虫分泌的白色棉絮状蜡质物覆盖叶面，影响植物正常光合作用和呼吸作用，其分泌物常招致霉菌寄生。危害严重时，树叶早落，枝梢干枯，表皮粗糙脆弱，易风折。发生期分泌白色蜡丝，布满树体、叶面，随风飘扬，严重污染周围环境，影响园林景观。

②形态特征　成虫体黄绿色，具褐斑。复眼赤褐色。触角黄色，最后2节黑色。前胸背板拱起，前后缘黑褐色。足淡黄色，跗节暗褐色，爪黑色。翅无色透明，翅脉茶黄色。腹部背板浅黄色。雄虫个体较雌虫小（图5－36）。

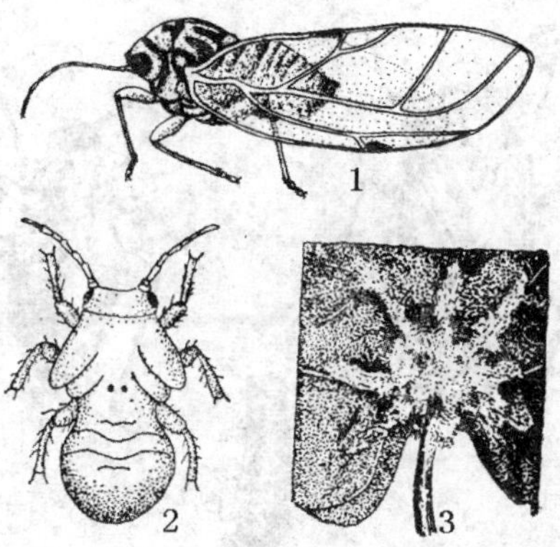

图5－36　梧桐木虱

1.成虫　2.若虫　3.被害状

③发生规律及习性　一年发生2代，以卵在枝叶上越冬。翌年4月底5月初越冬卵陆续孵化。于6月上、中旬开始羽化为成虫，下旬为羽化盛期。第2代若虫发生期在7月中旬，8月上、中旬陆续羽化，下旬开始产卵越冬。此虫发生极不整齐，同一时期有不同的虫态。若虫潜藏于其分泌的白色蜡质絮状物中，刚羽化的成虫栖息在絮状分泌物中，1～2d后移至无

分泌物处继续吸食汁液。成虫总是爬行，善跳跃，很少飞翔，如受惊扰，即跳跃它处。成虫需补充营养，待性成熟后，才能进行交尾产卵。卵产于主枝阴面靠近主干处，或于侧枝下方接近主枝处，或主侧枝表皮粗糙处，或叶背及叶柄着生处。成虫和若虫均有群集性。

2)木虱类防治措施

(1)人工防治　结合冬季修剪，剪除着卵枝条，来春剪除有虫枝条及多余的侧枝。

(2)生物防治　注意保护和利用瓢虫、草蛉、食蚜蝇及寄生蜂等天敌。

(3)药剂防治　可用白涂剂涂抹树干，或用65%肥皂矿物油乳稀释至8倍液喷洒于树干、枝条，消灭过冬卵。若虫大量发生期喷洒2%蚜虱净可湿性粉剂2000～3000倍液，或2.5%吡虫啉可湿性粉剂1000倍液，或1.8%阿维菌素乳油4000倍液，3%莫比朗乳油1000～2000倍液，施药2～3次。

5.2.6 蝽类

蝽类属半翅目，以刺吸式口器危害植物的叶片、花、果实等，但不同种类危害症状不同。

1)蝽类主要害虫

(1)绿盲蝽(*Lygocoris lucorμm* (Meyer－Dur.))

①分布与危害　属半翅目，盲蝽科。国内分布普遍，是黄河流域、长江流域棉花上危害的优势种。除危害棉花外，还可危害扶桑、月季、木槿、海棠、紫薇、山茶、菊花、一串红以及豆类、瓜类、十字花科蔬菜等多种植物。成、若虫刺吸植株嫩叶、顶芽、花蕾的汁液，叶片受害出现黑色坏死斑，后形成孔洞，叶片皱缩不平。腋芽、生长点受害造成腋芽丛生，影响发叶，幼蕾受害后渗出黄褐色汁液，逐干枯或脱落。

②形态特征　成虫体较扁平，黄绿色。复眼突出，红褐色。触角4节，丝状。前胸背板深绿色，上有许多小黑点。小盾片三角形微突，黄绿色，中央具1浅纵纹。前翅膜片半透明暗灰色，其余部分绿色(图5－37)。

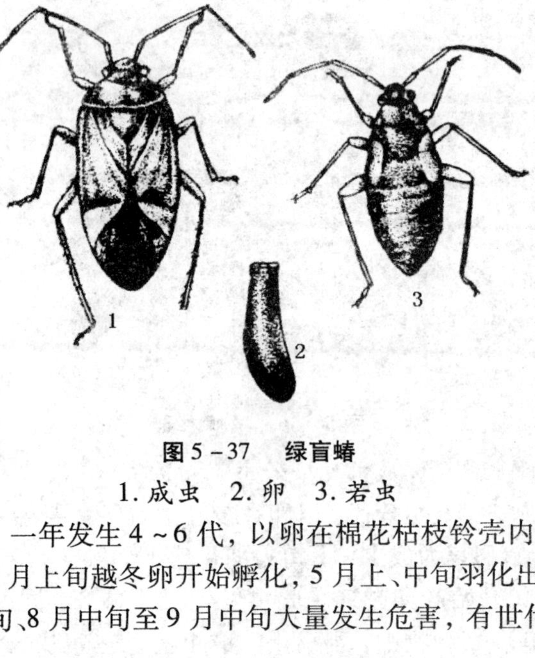

图5－37　绿盲蝽

1.成虫　2.卵　3.若虫

③发生规律及习性　一年发生4～6代，以卵在棉花枯枝铃壳内或苜蓿、木槿、果树皮等植物组织中越冬。翌春4月上旬越冬卵开始孵化，5月上、中旬羽化出成虫。第2、3、4代成虫分别于6月上旬、7月中旬、8月中旬至9月中旬大量发生危害，有世代重叠现象。成、若虫白

天潜伏，夜间爬至嫩叶、芽和幼蕾上刺吸汁液危害。成虫善飞翔，卵产于月季等植物嫩茎皮层组织中。

⑵梨网蝽(*Stephanitis nashi* Esaki et Takeya)

①分布与危害　属半翅目，网蝽科。分布很广，危害月季、桃、梨、海棠、杜鹃、梅花、樱花、茶花等多种花木。成、若虫在叶背吸食汁液，被害叶正面形成苍白点，叶片背面有褐色斑点状虫粪及分泌物，使整个叶背呈锈黄色，受害严重时，叶片枯黄脱落。

②形态特征　成虫体扁平，暗褐色。前胸两侧向外突出呈翼状。胸部背板与翅均有网状纹。前翅合叠，其上黑斑构成"X"形斑纹(图5－38)。

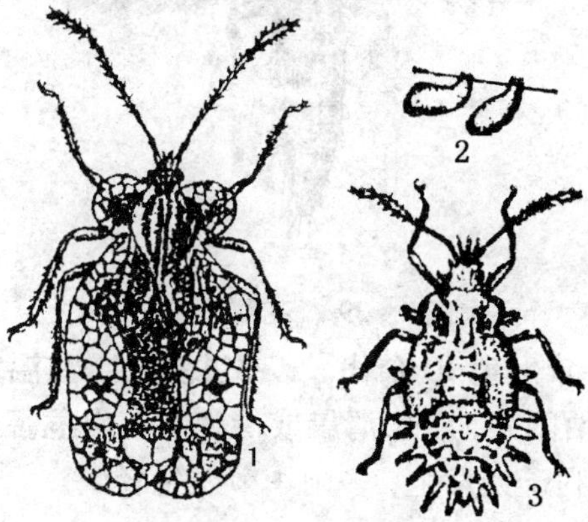

图5－38　梨网蝽

1.成虫　2.卵　3.若虫

③发生规律及习性　年发生代数各地3~6代不等，华北3~4代，华中和华南5~6代。以成虫在枯枝落叶、翘皮缝、杂草及土石缝中越冬。次春4月上、中旬越冬成虫活动，4月下旬开始产卵。卵产在叶背叶脉两侧的组织内，卵上附有黄褐色胶状物。若虫孵出后群集在叶背主脉两侧危害。5月下旬卵孵化出现若虫，6月中旬第1代成虫大量发生，有世代重叠现象。7~8月危害最盛，10月中旬以后成虫陆续寻找适宜场所越冬。

2)蝽类防治措施

⑴人工防治　冬、春彻底清除园圃及周围环境中的杂草、落叶，集中烧毁，可大大压低虫源减轻来年危害；成虫产卵盛期，木本植物树干绑草诱集成虫产卵，后集中处理。

⑵保护利用寄生蜂、草蛉、捕食性蜘蛛等天敌。

⑶药剂防治　危害盛期，喷洒50%马拉硫磷乳油或40%乐果乳油1000~1500倍液、50%敌敌畏乳油或90%敌百虫800~1000倍液、2.5%敌杀死(溴氰菊酯)乳油或2.5%功夫乳油3000倍液、1.8%阿维菌素乳油4000倍液、3%莫比朗乳油1000~2000倍液等。

5.2.7 蓟马类

蓟马类属缨翅目，蓟马科。种类很多，食性较杂，多为植食性。成、若虫以锉吸式口器刮破植物表皮，口针插入组织内吸食汁液，造成坏死、畸形症状，还可传播病毒病。

1)蓟马类主要害虫

⑴花蓟马(*Frankliniella intonsa* Trybom)

①分布与危害　全国各地均有分布。危害月季、蜀葵、菊花、大丽花、凤仙花、三叶草、扶桑、香石竹等多种花卉。成、若虫多群集在花内，锉吸汁液，也危害叶、芽、嫩梢等处。花卉受害后，常出现银灰色条形或片状斑纹，叶片卷缩枯黄，影响花卉的观赏价值。

②形态特征　成虫体小，雌虫黄褐色，雄虫黄白色。两对翅为缨翅，前翅上有两行均匀排列的脉鬃，上脉鬃19~22根，下脉鬃15~17根(图5-39)。

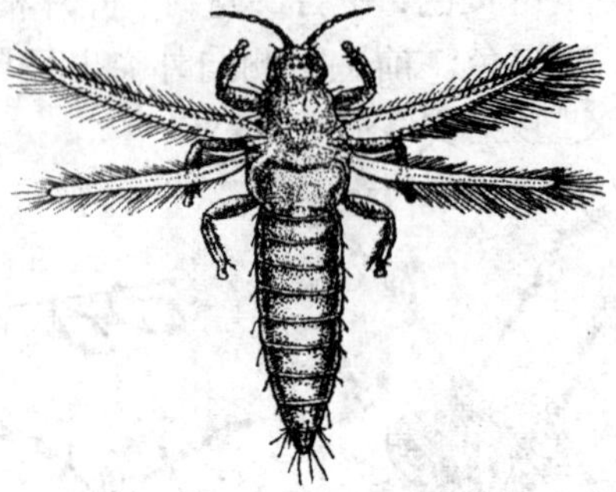

图5-39　花蓟马成虫

③发生规律及习性　一年发生10余代。以成虫越冬，在温室内冬季高温可连续发生危害。成虫有较强的趋化性，怕阳光，多于清晨或傍晚在花内危害。卵产在花瓣、花丝、花柄及叶片等组织中。高温干旱有利于大发生，多雨季节发生轻。

(2)烟蓟马(*Thrips tabaci* Lindeman)

①分布与危害　我国主要分布于华北、华南、西北、西南等地区。危害菊花、梅花、香石竹、大丽花等多种花木。成、若虫多在叶柄、叶背锉吸汁液危害，花、芽也可受害，被害叶片常出现灰白色条纹或斑块，叶片卷缩枯死。

②形态特征　成虫体小，淡褐色或黄褐色。两对翅均为缨翅，前翅灰色，翅缘有均匀排列的脉鬃。

③发生规律及习性　一年发生6~10代。以成虫或若虫在土缝中、杂草间、枯枝落叶中越冬。次春3~4月开始活动，5月中、下旬危害最盛。成虫和若虫多于早晚或阴天爬至叶面取食活动。干旱少雨，有利于其发生，高温高湿对其发生不利。

2)蓟马类防治措施

(1)人工防治　清除园圃及周围环境中的杂草、土块、枯枝落叶，减少越冬基数;害虫发生期结合修剪，摘除有虫叶片。

(2)蓟马的天敌很多，注意保护和利用。

(3)药剂防治　害虫发生初期，可喷洒2.5%吡虫啉可湿性粉剂1000倍液，或1.8%阿维菌素乳油4000倍液，或3%莫比朗乳油1000~2000倍液等。盆栽花卉可埋施15%铁灭克颗粒剂，20cm左右口径的花盆用药2~3粒。

5.2.8 螨类

螨类属蛛形纲，蜱螨目，俗称红蜘蛛。整个身体分为颚体和躯体两部分。种类多，危害广，多数以叶片危害为主，受害叶片表面出现许多灰白色的小点，失绿，失水，影响光合作用，导致生长缓慢甚至停止，严重时落叶枯死。

1）螨类主要种类

(1)朱砂叶螨（*Tetranychus cinnabarinus* Boisduval）

①分布与危害　朱砂叶螨又名棉红蜘蛛，属叶螨科。在我国各地均有发生。可危害菊花、香石竹、月季、桂花、一串红、鸡冠花、蜀葵、木槿、桃树等多种植物。以成、若螨在叶背吸取汁液。受害植物叶面初现灰白色小点，后扩展到全叶，严重时叶片卷曲、干枯脱落。

②形态特征　雌成螨体锈红色至紫红色，螨体两侧常有长条形块状深褐色斑纹，斑纹从头胸部开始一直延伸到腹部后端，体末端卵圆形。雄成螨体绿色或橙黄色，较雌螨略小，体后部尖削。卵圆形，初产乳白色，后期呈乳黄色，产于丝网上。若螨椭圆形，体色较深，体侧有明显的块状斑纹，足4对（图5－40）。

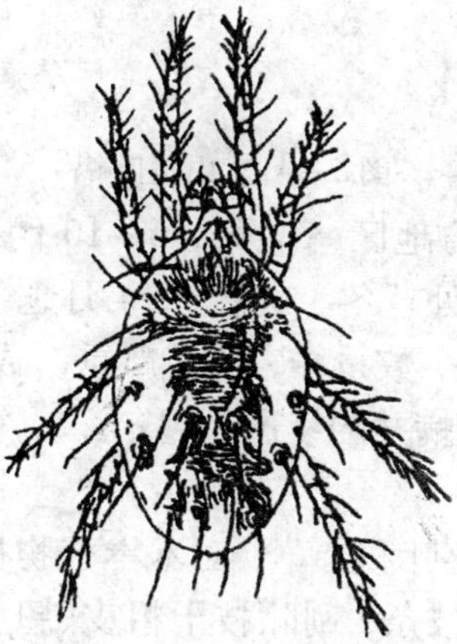

图5－40　朱砂叶螨

③发生规律及习性　一年发生代数因地而异，每年可发生12～20代。在北方，主要以雌螨在树皮裂缝、土块下、杂草根际、落叶等处越冬；在南方以成螨、若螨、卵在寄主植物及杂草上越冬。次春3月下旬雌螨出蛰活动，在寄主上转移取食危害并产卵。卵多产于叶背叶脉两侧或丝网下。高温干燥有利于其发生；降雨，特别是暴雨，可起到冲刷致死的作用。

(2)山楂叶螨（*Tetranychus viennensis* Zacher）

①分布与危害　属叶螨科。分布广泛。危害西府海棠、碧桃、樱花、锦葵、榆叶梅、苹果、梨、山楂、李、杏等多种植物。在叶背吸食汁液并吐丝结网危害，受害叶片出现失绿斑点，严重时叶片枯黄，早期脱落。

②形态特征　雌成螨卵圆形，有冬、夏型之分，冬型鲜红色，夏型暗红色。雄成螨体末端尖削，近菱形，橙黄色。卵圆球形，春季卵呈橙黄色，夏季卵呈黄白色。若螨近圆球形，前期为淡绿色，后期翠绿色，4对足（图5－41）。

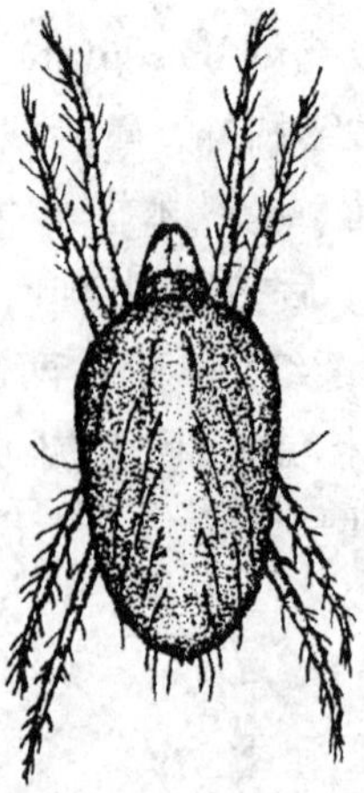

图5－41　山楂叶螨

③发生规律及习性　我国北方地区一年发生6～10代，以受精雌成螨在枝干、翘皮裂缝、树根周围土缝、落叶及杂草根部等处越冬。次春3～4月越冬成螨出蛰活动，危害植物幼嫩组织。7、8月高温少雨条件下繁殖快，数量多，危害严重。成螨常群集叶背危害，有吐丝拉网习性。9～10月开始出现受精雌成螨并陆续进入越冬。

2）螨类防治措施

(1)人工防治　冬前清除枯枝落叶和杂草，对木本植物树干束草，诱集成螨越冬，早春前集中处理。结合修剪，剪除病、虫枝条，刮除枝干粗皮、翘皮，减少越冬场所。对花圃地，要勤锄草，结合翻耕整地，销毁枯枝落叶，有条件的花圃冬季灌水，以消灭越冬害螨。

(2)生物防治　叶螨天敌很多，注意保护瓢虫、草蛉、花蝽、捕食螨等天敌。

(3)药剂防治　叶螨越冬的虫口基数直接关系到翌年的虫口密度，因而必须做好有关防治工作，以杜绝虫源。对木本植物，刮除粗皮、翘皮，结合修剪，剪除病、虫枝条，越冬量大时可喷3～5°Be的石硫合剂，杀灭在枝干上越冬的成螨；亦可树干束草，诱集越冬雌螨，来春收集烧毁。生长期发生严重时，可喷施5%尼索朗乳油2000倍液、73%克螨特乳油3000～4000倍液、20%灭扫利乳油3000倍液、1.8%阿维菌素乳油4000倍液等。

相关技能训练

实训18　园林植物主要吸汁害虫的形态及危害状识别

1.实训目的

通过对园林植物主要吸汁害虫形态特征、危害状的标本及田间观察，识别当地吸汁害虫的主要种类、危害方式与特点。

2.实训材料和用具

材料：对当地发生的吸汁害虫，尽可能采集发生期的害虫及危害状标本观察，若有条件可进行田间现场观察。对棉蚜、桃蚜、斑衣蜡蝉、吹绵蚧、朝鲜球坚蚧、桑白蚧、朱砂叶螨、梧桐木虱、温室白粉虱、梨网蝽、烟蓟马等典型的吸汁害虫，利用生活史标本及危害状标本进行观察。

用具:体视显微镜、解剖针、镊子、载玻片、培养皿、记录本、挂图、彩色图谱或多媒体课件等。

3. 实训内容与方法

1)蚜虫类形态观察　用体视显微镜观察新鲜的蚜虫标本，注意观察体色、蜡粉及触角上的感觉器，腹管和尾片的形态等。观察有翅蚜翅脉的构造特点，注意几种蚜虫在危害状上的区别。

2)蝉类形态观察　识别大青叶蝉、斑衣蜡蝉、黑蚱蝉等标本，注意体型大小、颜色、翅脉等处的区别。

3)蚧类形态观察　识别吹绵蚧、草履蚧、桑白蚧、矢尖蚧的形态特征，注意体型及雌雄介壳特点。

4)螨类形态观察　识别朱砂叶螨、山楂叶螨的新鲜标本或玻片标本，观察体形、颜色、背毛数目等。

5)梧桐木虱形态观察　注意体型大小、体表的棉絮状蜡粉和腹部末端形状。

6)粉虱类观察　识别温室白粉虱、烟粉虱，注意观察体型大小、颜色，身体表面蜡粉，前翅翅脉形状。

7)蝽类形态观察　观察绿盲蝽体型大小、前翅革区和膜区的颜色，前胸背板形状;梨网蝽的体型大小，前胸背板边缘是否向外突出，翅脉是否呈网状。

8)当地主要园林植物吸汁害虫发生情况调查　分小组用踏查法进行发生情况普查，并采集危害状标本，带回室内进行种类鉴定。

4. 实训作业

1)列表比较几种蚜虫形态及危害状特征。

2)列表区别常见园林植物上的介壳虫。

3)制作园林植物蚜虫及螨类的玻片标本。

任务 5.3　园林植物蛀干害虫及防治技术

任务分析:蛀干害虫是指以幼虫或成虫钻蛀植物的枝干、茎、嫩梢以及花蕾、花朵、果实、种子等的各种害虫。蛀干害虫生活隐蔽，除成虫期进行补充营养、寻找配偶和繁殖场所等活动时较易发现外，其余时期均隐蔽在植物体内进行危害。等到受害植物表现出凋萎、枯黄等症状时，已接近死亡，难以恢复生机，故此类害虫危害性很大。通过本任务的学习，要求学生掌握园林植物蛀干害虫的常见种类、危害特点及发生规律等;能对园林植物常见蛀干害虫进行准确识别和综合防治。

任务实施的相关知识

园林植物蛀干害虫种类较多，主要包括鞘翅目的天牛类、象甲类、吉丁虫类、小蠹虫类，鳞翅目的木蠹蛾类、透翅蛾类、螟蛾类，膜翅目的茎蜂类等。对园林植物的生长发育造成较大程度的危害，甚至造成成株成片的死亡。

蛀干害虫的危害特点有:(1)生活隐蔽。除成虫期营裸露生活外，其他各虫态均在韧皮部、木质部营隐蔽生活。害虫危害初期不易被发现，一旦出现明显被害症状，则已失去防治的有利时机。(2)虫口稳定。蛀干害虫大多生活在植物组织内，受环境条件影响小，天敌相对少，虫口密度相对稳定。(3)危害严重。蛀干害虫蛀食韧皮部、木质部等，影响输导系统传递养分、水分，导致树势衰弱或死亡，一旦受侵害后，植株很难恢复生机。

蛀干害虫的发生与园林植物的养护管理有着密切的关系。适地适树，加强养护管理，合理修剪，适时灌水与施肥，促使植物健康生长，是预防蛀干害虫大发生的根本途径。

5.3.1 天牛类

天牛类属鞘翅目，天牛科。种类繁多，是园林植物重要的蛀干害虫，常见种类有星天牛、桑天牛、桃红颈天牛、光肩星天牛、黄斑星天牛、双条合欢天牛、菊小筒天牛等。以幼虫钻蛀植物茎干，在韧皮部和木质部形成蛀道危害，发生很普遍。

1)天牛类主要害虫

(1)星天牛(*Anoplophora chinensis* Forster)

①分布与危害　又名白星天牛、柑橘天牛。分布很广，几乎遍及全国。食性很杂，可以危害杨、柳、榆、刺槐、悬铃木、柑橘、樱花、无花果、桑、合欢、核桃、苹果、梨、樱桃、枇杷、柑橘、乌桕等树木。成虫啃食枝干嫩皮，幼虫主要钻蛀成年树的主干基部和主根，破坏树体养分和水分的输送，使树势衰弱。并排出粪便，造成枝干千孔百洞，影响材质和观赏价值，被害严重的树易被风吹折枯死。

②形态特征　成虫体长27~41mm，体漆黑色有光泽。触角12节，雄虫触角超过体长，雌虫触角则稍短于体长。触角第1、2节黑色，其他各节基部有蓝灰色毛环，端部黑色。前胸背板两侧有尖锐粗大的刺突。鞘翅黑色，上面约有20个大小不等的白色毛斑，不规则排列，大致排成5横行，鞘翅基部密布黑色小颗粒。卵长椭圆形，长5~6mm，初产时白色，后渐变为灰褐色至黄白色。老熟幼虫体长45~67mm，乳白色至淡黄色，头部褐色，胸足退化消失，中胸腹面、后胸及腹部第1~7节背面和腹面均具有移动器。蛹纺锤形，长30~38mm，乳白色至黄白色，羽化前变成黄褐色至黑色。

③发生规律及习性　南方1年1代，北方2年1代，以幼虫在被害枝干或主根内越冬。翌年3月以后幼虫开始活动，4月下旬至5月上旬羽化，羽化后并不立即飞出，而是在蛹室内停留5~8d后飞出，5~6月为羽化盛期。成虫啃食枝条嫩皮或取食叶片补充营养。产卵时先咬一个“T”形或“八”字形刻槽，卵多产于树干基部和主侧枝下部，以树干基部向上10cm以内为多，每一个刻槽产1粒卵，产卵后分泌一种胶状物质封口。每个雌虫产卵23~32粒。初孵幼虫先在刻槽附近向下蛀食于表皮与木质部之间，形成不规则的扁平虫道，虫道内充满虫粪。1~2个月后才向木质部蛀食，初直入，形成横向蛀道，到2~3cm深度后转而向上，并向树干外开通气孔，从中排出粪便。此时，在被害树干基部周围的地上常见成堆的虫粪，很容易察觉。正常的虫道与树干平行，很少弯曲或斜行。11月初开始越冬。

(2)桑天牛(*Apriona germari* Hope)

①分布与危害　又名黄河天牛、铁炮虫。我国南北各地均有发生，广泛分布于辽宁、河北、山东、安徽、江苏、浙江、江西、湖南、广东、广西、四川、福建、台湾等地。可危害桑、杨、柳、榆、枫杨、油桐、山核桃、柑橘、枇杷、苹果、梨、枣、海棠、樱花、无花果等多种园林植物。幼虫蛀食枝干木质部，成虫啃食嫩枝皮层，树木受害严重时常整枝、整株枯死。

②形态特征　成虫体长26～51mm，体和鞘翅黑色，密被黄褐色绒毛。头顶隆起，中央有纵沟。前胸背板有横行皱纹，两侧中央各有一个刺状突起。鞘翅基部密布褐色颗粒状小点，鞘翅端部有刺状突起。卵扁平，长5～7mm，长椭圆形，一端细长，略弯曲，黄白色。老熟幼虫体长约60mm，圆筒形，乳白色，头小，隐入前胸，前胸特别大。蛹长约50mm，纺锤形，淡黄色(图5－42)。

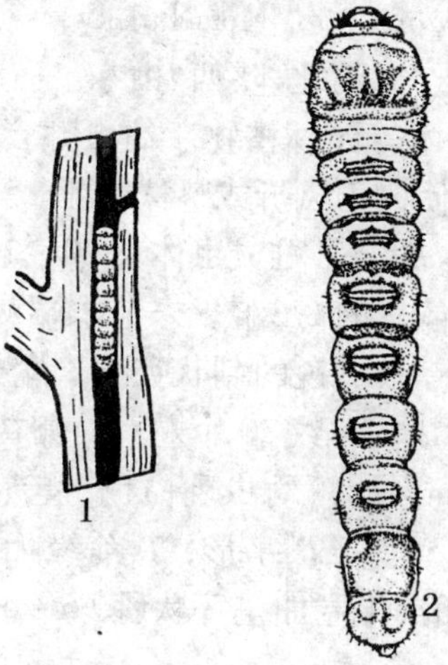

图5－42　桑天牛

1. 幼虫危害状　2. 幼虫

③发生规律及习性　南方1年1代或2年1代，北方2～3年1代，以成熟幼虫在树干孔道中越冬。2～3年1代时，幼虫期长达2年，至第2年6月初化蛹，下旬羽化，7月上、中旬开始产卵，下旬孵化。1年1代地区，越冬幼虫5月上旬化蛹，下旬羽化，6月上旬产卵，中旬孵化。成虫一般夜间活动，有假死性，喜食新枝树皮、嫩叶及嫩芽，最喜啃食桑科植物，被害伤痕边缘残留绒毛状纤维物。卵多产在直径10～30mm粗的1年生枝条上。先咬破树皮和木质部，产卵刻槽呈"U"形，然后产入1粒卵，产卵后用黏液封闭槽口。1头雌虫可产卵100多粒。初孵幼虫蛀入木质部，顺着枝干自上而下蛀食，每隔一定距离咬一排粪孔，排出粪便和木屑。以后排粪孔的间距越来越大，蛀道长而直，排粪孔可达15～19个，幼虫在最后一个排粪孔的下面。化蛹时，头朝上方，以木屑填塞蛀道上、下两端。

(3)桃红颈天牛(*Aromia bungii* Faldermann)

①分布与危害　主要危害蔷薇科桃属植物，如桃、杏、李、梅、樱桃等。以幼虫蛀食主干、主枝的皮层与木质部，隔一定距离向外蛀1排粪孔，被害部位的蛀孔外有大量虫粪，致使树势衰弱或枯死。

②形态特征　成虫体长28～37mm，体黑色，有光泽，触角丝状，超过体长。前胸中部棕红色或全黑，背面具瘤状突起4个，两侧各有1尖锐刺突。鞘翅基部宽于胸部，后端略狭，表面光滑。卵乳白色，长1.8mm，长椭圆形。幼虫体长42～50mm，黄白色，前胸背板宽，长方形，前缘黄褐色，中间色淡，有3条纵纹。蛹长26～36mm，淡黄白色，羽化前变为黑色。

③发生规律及习性　华北地区2～3年1代，以各龄幼虫在蛀道内越冬。寄主植物萌发后开始危害，5～8月出现成虫。成虫羽化后在蛀道内停留3～5d，白天10时～15时在树干和枝条上活动、栖息。卵多产于距离地面1.2m以内的主干、主枝的皮缝里，以35cm处居多，

每个雌虫产卵量170多粒，卵期7～9d。幼虫孵化后蛀入皮层，随虫体增长逐渐蛀入皮下韧皮部与木质部之间危害，长到30mm以后才蛀入木质部危害，多由上向下蛀食成弯曲的隧道，隔一定距离向外蛀一通气排粪孔；有的可以蛀食到主根分叉处，深达35cm。幼虫期长达23～35个月，经过2或3个冬天后老熟，在蛀道末端先蛀羽化孔但不咬穿，用分泌物黏结木屑作室化蛹。

(4)光肩星天牛(*Anoplophora glabripennis* Motschulsky)

①分布与危害　分布于辽宁、吉林、河北、陕西、山东、河南、安徽、江苏、浙江、湖北、广西、甘肃等地。危害杨、柳、榆、槭、悬铃木等园林植物。幼虫蛀食树干，成虫啃食嫩枝、树皮及嫩叶。受害树木的木质部被蛀空，致使树干风折或整株枯死。最喜欢寄生在杨、柳和槭树上。

②形态特征　雌成虫体长22～35mm，雄成虫体长20～29mm。触角鞭状，自第3节开始各节基部呈灰蓝色，雌虫触角约为体长的1.3倍，末节末端灰白色，雄虫触角约为体长的2.5倍，末节末端黑色。前胸两侧各有一较尖锐的刺状突起。鞘翅基部光滑，无颗粒状突起。翅面上各有大小不同的由白色绒毛组成的斑纹20个左右。卵初为乳白色，将孵化时黄色，长椭圆形，两端稍弯曲，长5.5～7.0mm。初孵幼虫乳白色，老熟幼虫略带黄色，体长约50mm，前胸大而长，背板后半部颜色较深，呈“凸”字形，其前缘无深色细边。蛹乳白色至黄白色，长30～37mm，附肢颜色较浅，触角前端卷曲呈环状(图5－43)。

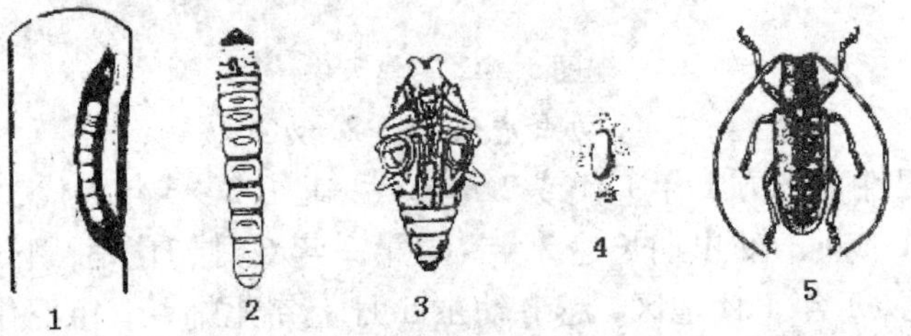

图5－43　光肩星天牛

1.被害状　2.幼虫　3.蛹　4.卵　5.成虫

③发生规律及习性　1年1代或2年1代。以卵、卵壳内发育完全的幼虫、幼虫和蛹越冬。成虫羽化后在蛹室内停留7d左右，然后咬10mm左右的羽化孔飞出。6月中旬至7月上旬为羽化盛期。成虫飞翔能力不强，趋光性弱，白天活动，取食被害植物的嫩枝、树皮补充营养，产卵前成虫在树体上咬一椭圆形刻槽，然后将卵产在韧皮部和木质部之间，每1刻槽产卵1粒，产卵后分泌胶状物堵住产卵孔。每个雌虫产卵30粒左右。从树的根际到直径4mm粗的枝条上均有刻槽分布，但主要集中在树杈和萌生枝条上。树皮刻槽并不全部产卵，空槽无胶状物堵孔，易区别。秋后产的卵少数滞育到第二年才孵化。幼虫孵化后取食腐坏的韧皮部，排出褐色粪便和蛀屑；3龄末或4龄幼虫蛀入木质部，排出白色木丝，起初隧道横向稍有弯曲，然后向上。

2)天牛类防治措施

(1)增强树势　适地适树，采取以预防为主的综合治理措施，加强树势管理，合理修剪，及时清除园内枯木，加强检查，及时修补树洞，伐除受害严重的树木，减少虫源。

(2)加强植物检疫　在调运可能携带危险性天牛的苗木、插条、原木时一定要加强植物检疫，防止人为传播扩散。

⑶人工防治　利用成虫飞翔力不强和具有假死性的特点，人工捕杀成虫；寻找产卵刻槽，用锤击、手剥等方法消灭其中的卵；用铁丝钩杀幼虫，特别是当年新孵化后不久的小幼虫；许多天牛的成虫具有趋光性，可用黑光灯进行诱杀；树干 80cm 以下涂白，可有效防止成虫产卵；在公园或风景区用饵木引诱成虫产卵，集中处理饵木。

⑷保护和利用天敌　如人工招引啄木鸟，利用天牛肿腿蜂、啮小蜂等。

⑸化学防治　幼虫危害期，先用镊子或嫁接刀等将有新鲜虫粪排出的排粪孔清理干净，然后塞入磷化铝片剂或磷化锌毒签，并用泥堵死其他排粪孔；或注射 80% 敌敌畏乳油、50% 杀螟松乳油 50 倍液；或在树干基部刮去表皮，用 40% 氧化乐果原液涂环；或用 50% 辛硫磷乳油等内吸性药剂 100 ~ 200 倍液喷施受害树干。

5.3.2 吉丁虫类

吉丁虫类属鞘翅目，吉丁甲科。成虫生活在木本植物上，产卵于树皮缝内。幼虫大多蛀食树木枝干皮层，被害处有流胶，蛀道大多宽而扁，严重时能使树皮爆裂，故名“爆皮虫”、“溜皮虫”，有的生活在草本植物的茎内，少数潜叶或形成虫瘿。

1）吉丁虫类主要害虫

⑴六星吉丁虫（*Chrysobothris affinis* Fabr.）

①分布与危害　分布于辽宁、天津、河南、江苏、浙江、上海等地。危害重阳木、悬铃木、枫杨、五角枫、梅花、樱花等园林植物。幼虫蛀食皮层和木质部，虫道内布满虫粪、蛀屑，严重时可造成整株死亡。

②形态特征　成虫体长 10 ~ 13mm，茶褐色，有金属光泽。鞘翅不光滑，两边各有 3 个等距离排列的金绿色或黄白色稍凹陷的圆斑。卵乳白色，椭圆形。老熟幼虫体长 30mm 左右，扁平，乳白色。头小，前胸特别膨大，中央有黄褐色“人”字形纹。蛹长 10 ~ 13mm，椭圆形，两端略尖，初为乳白色，以后颜色加深（图 5 - 44）。

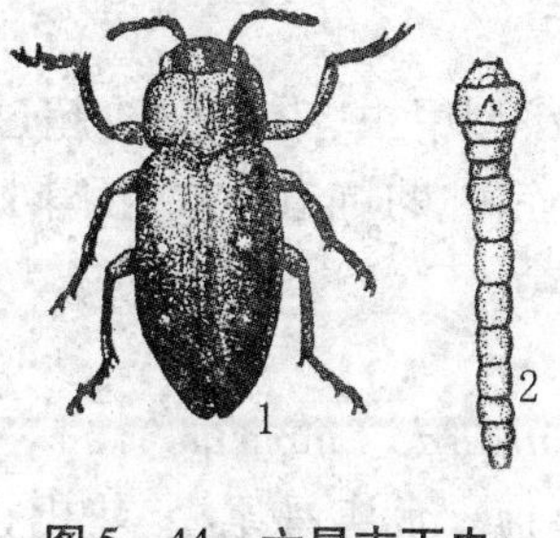

图 5 - 44　六星吉丁虫

1. 成虫　2. 幼虫

③发生规律及习性　1 年 1 代，以幼虫在蛀道内越冬。成虫于 5 月中旬开始出现，羽化盛期在 6 ~ 7 月，成虫在晨露未干前较为迟钝，有假死性，取食嫩皮、幼叶补充营养，多在皮层缝隙间产卵。幼虫孵化后串食皮层，使树皮外表呈红褐色，树皮干裂翘起，韧皮部全部被破坏，其中充满由红褐色粉末黏结成的块状虫粪。幼虫由上向下蛀食，隧道长达 20cm 左右。有时整株树木已死亡，幼虫仍在其中活动蛀食。9 月下旬进入木质部，之前先咬一新月形羽化孔，孔口由虫粪堵塞，不易发现。翌年羽化成虫咬破虫粪孔飞出。

(2)柳吉丁虫(*Meliboeus cerskyi* Obenberger)

①分布与危害　主要分布在华北地区。危害柳属，尤其是新植和衰弱的幼树。幼虫在树皮下盘旋蛀食，使养分不能正常输送，危害严重时导致整株死亡。

②形态特征　成虫体长5mm左右，体狭长，紫铜色，有金属光泽。鞘翅末端圆钝，后翅银灰色。卵为椭圆形，稍扁，初乳白色，后颜色加深。幼虫体长11mm，乳白色，扁平细长，前胸背板发达，中央隆起，中部有一淡褐色"人"字形痕纹，腹末有1对尾刺。蛹长7mm左右，乳白色，纺锤形。

③发生规律及习性　北京1年1代，以幼虫在被害树木1cm左右深的木质部里越冬。翌年4月幼虫开始活动危害，6月上旬老熟幼虫在隧道末端造月牙形蛹室化蛹。7月上旬大量成虫羽化，并在枝干上交尾、产卵，每处产1粒卵。成虫有假死性。幼虫孵化后蛀食皮层，被害处变黑，并流出红褐色胶状液，几天后在黑褐色的虫斑上出现圆形小鳞片翘起。随着幼虫长大，在皮层下木质部表面蛀成长而扁平的浅槽，把虫粪和木屑堵塞在槽内，到秋季入木质部越冬。

2)吉丁虫类防治措施

(1)加强植物检疫　防止吉丁虫的卵、幼虫、蛹等随苗木的调运传播蔓延。

(2)加强养护管理　对园林树木尤其是新栽植的树木应及时补充水分，使之生长旺盛，保持树干光滑，杜绝成虫产卵或抑制卵的孵化；成虫羽化前及时清除枯枝、死树或被害枝条，并集中烧毁，以减少虫源。

(3)人工捕杀　刮出树皮中的卵、幼虫；成虫发生期，于清晨震树捕杀；5月于成虫产卵盛期前，对树干涂白，阻止产卵或杀卵。

(4)化学防治　在成虫羽化期前后，用80%敌敌畏乳油1000倍液或10%溴氰菊酯乳油2000倍液喷涂树干，毒杀成虫和幼虫，防止成虫飞出。

5.3.3 小蠹类

小蠹类属鞘翅目，小蠹科，为小型甲虫，体长很少超过9mm。大多数种类生活在树皮下，有的种类蛀入木质部。不同的种类钻蛀的坑道形式也不同。危害园林植物的小蠹类主要有松纵坑切梢小蠹、柏肤小蠹等。

1)小蠹类主要害虫

(1)松纵坑切梢小蠹(*Tomius piniperda* Linnaeus)

①分布与危害　分布于南北各地。危害马尾松、华山松、油松、樟子松、赤松、黑松等松属树木。成虫蛀害松树嫩梢，被害梢头枯黄，遇风易脱落，如同切梢一样，故得名。幼虫在树干韧皮部内蛀食，影响生长和结实，甚至使树木死亡。

②形态特征　成虫体长3.5~4.5mm，椭圆形，全体黑褐色或褐色，具光泽，并密布刻点和灰黄色绒毛。前胸背板近梯形，前窄后宽。鞘翅红棕色，端部褐色，长度约等于宽度的3倍。其上有由刻点组成的6条行列，行列间有粒状突起。从内缘起第1、2列间向下凹下，粒状突起和茸毛消失。卵淡白色，椭圆形。幼虫体长5~6mm，乳白色，头黄色，口器褐色，体粗，多皱纹，微弯曲。蛹长15mm，白色，腹部末端腹面有1对向两侧伸出的针状突起(图5-45)。

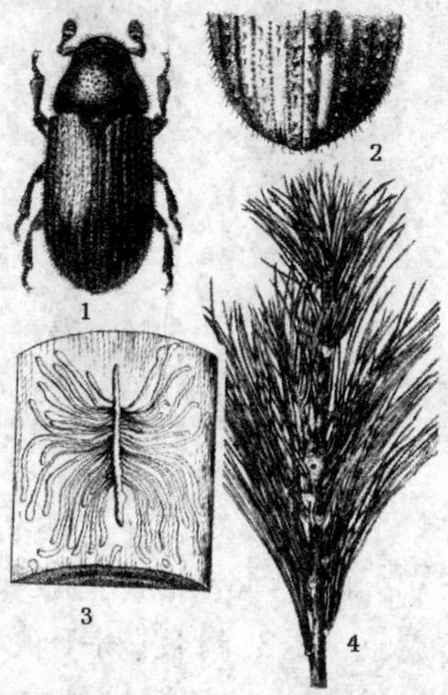

图 5－45　松纵坑切梢小蠹

1. 成虫　2. 成虫鞘翅末端　3. 树干内的蛀道　4. 树梢被害状

③发生规律及习性　1 年 1 代，以成虫越冬。南方成虫在被害枝梢内越冬，北方成虫在树干基部开凿很短的越冬坑或干基周围的土中越冬，越冬坑常被枯草覆盖。在东北，越冬成虫翌年 3 月下旬至 4 月中旬离开越冬处，侵入松枝梢头进行补充营养，以后在衰弱树、风倒树、新伐倒树上筑坑、交配、产卵。在杭州，卵于 4 月中旬孵化，5 月中旬化蛹，5 月下旬至 6 月上旬出现新成虫，侵入去年生的嫩梢髓部补充营养。成虫在梢枝上蛀入一定距离后退出，另蛀新坑。在 1 个枝梢上侵入孔可多达 14 个。产卵时先由雌成虫咬侵入孔，再咬食交配室，继而雄成虫侵入交尾，然后雌成虫再咬食与树干平行的母坑道，将卵产在坑道两侧。每个雌虫产卵 70 多粒，最多可达 140 粒，产卵期长达 80 天，因此幼虫期很不整齐。幼虫孵化后，在母坑道两侧横向蛀食，形成与树干垂直的子坑道。幼虫老熟后在子坑道末端化蛹。该虫蛀食的母坑道为单纵坑，在树皮下层，微微触及边材，一般长 5～6cm。子坑道排列在母坑道的两侧，长而弯曲，通常 10～15 条，开始与母坑道垂直，后略呈纵向伸展。

⑵柏肤小蠹(*Phloeosinus aubei* Perris)

①分布与危害　又名侧柏小蠹虫。分布于北京、河北、河南、山东、陕西、甘肃、四川、台湾等地。危害侧柏、桧柏、龙柏、柳杉等树木。成虫补充营养期间危害枝梢，常将枝梢蛀空，被咬断的枝梢落于地面，严重时在树下能见到成堆的断枝梢，影响树形及树势，严重时植株死亡。

②形态特征　成虫体长 2.1～3.0mm，赤褐色或黑褐色，无光泽，密被刻点及灰色细毛。头小，藏于前胸下。前胸背板宽大于长，前缘呈圆形。鞘翅上各具 9 条纵沟纹。卵圆球形，白色。幼虫老熟时体长 2.5～3.5mm，弯曲，乳白色，头部淡褐色。蛹乳白色，长 2.5～3.0mm(图 5－46)。

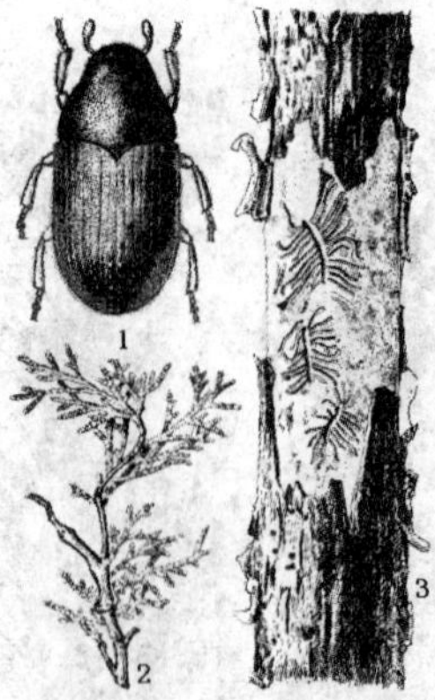

图5-46　柏肤小蠹

1.成虫　2、3.树枝、树干被害状

③发生规律及习性　1年1代，以成虫在柏树枝梢内越冬。翌年3~4月陆续飞出，雌虫寻找生长势弱的侧柏或桧柏蛀圆形孔侵入，雄虫跟踪进入，共同蛀母坑道。母坑道通常与被害枝干平行。交尾后雌虫沿坑道两侧产卵。4月中旬出现初孵幼虫，并在树皮和木质部之间向坑道两侧呈放射状蛀食危害。5月中、下旬老熟幼虫在子坑道末端咬出一个蛹室化蛹。6月上旬成虫开始羽化外出，蛀食健康柏树的枝梢。10月中旬后，成虫开始越冬。该虫蛀食的母坑道为单纵坑，长2~5cm，坑道位于韧皮部与边材之间，侵入孔位于母坑道的中部。子坑道长3~4cm，自母坑道两侧水平伸出，然后向上下扩展。

2）小蠹类防治措施

(1)加强检疫　对于调运的苗木加强检疫，发现虫株及时处理。

(2)加强园林养护管理　加强抚育管理，适时、合理的修枝、间伐，改善园内卫生状况，增强树势，提高树木本身的抗虫能力。疏除被害枝干，及时运出园外，并对害虫进行剥皮处理，减少虫源。

(3)饵木诱杀　于早春或晚秋在受害树木附近放置开始衰弱的松、柏枝条或松木、柏木段，引诱成虫潜入，然后集中消灭。也可利用柏树提取液，采取黏胶式诱捕器诱杀成虫。

(4)生物防治　利用土耳其扁谷盗、绿僵菌等进行防治。

(5)化学防治　于成虫羽化盛期或越冬成虫出蛰盛期，在树体上喷洒80%敌敌畏乳油1000倍液、50%辛硫磷乳油1000倍液、20%氰戊菊酯乳油2000倍液、20%甲氰菊酯乳油3000倍液等药剂。有干基越冬习性的成虫于早春3月下旬在干基周围撒施氧化乐果、辛硫磷等粉剂，然后在干基培土，土层厚度为4~5cm，杀虫率达90%以上。

5.3.4 象甲类

象甲类属鞘翅目，象甲科。成虫头部延伸成象鼻状或鸟喙状，触角膝状弯曲，端部数节膨大成锤状。幼虫白色，体肥大而弯曲呈“C”形，头部发达，无足。幼虫和成虫均为植食性。幼虫隐栖在植物组织内，钻蛀茎部、根部，也能危害种子、果实、叶片。

1）象甲类主要害虫

(1)臭椿沟眶象（*Eucryptorrhynchus brandti* Harold）

①分布与危害　分布于东北、华北、华中、华东等地。主要危害臭椿、千头椿。幼虫蛀食枝

干韧皮部和木质部，影响树木生长，严重时可致树木枯死，木材被蛀后材质大大降低。

②形态特征 成虫体长约11mm，黑色。前胸背板几乎全部为白色。鞘翅坚硬而厚，刻点粗大而密，鞘翅肩部略突出。卵长圆形，黄白色。幼虫体长约15mm，乳白色。蛹为裸蛹，黄白色(图5－47)。

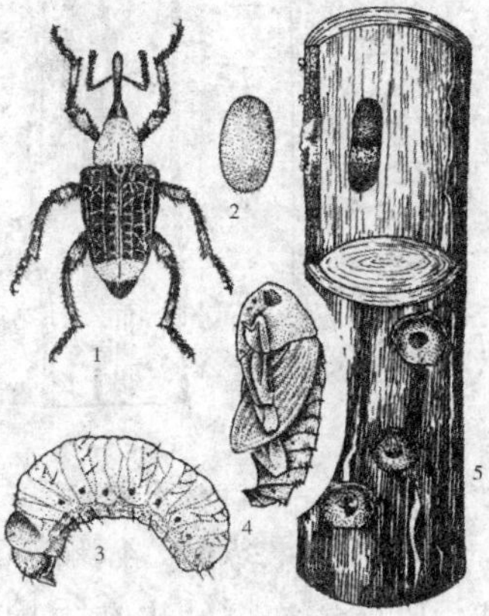

图5－47 臭椿沟眶象

1.成虫 2.卵 3.幼虫 4.蛹 5.被害状

③发生规律及习性 1年2代，以幼虫或成虫在树干内或土中越冬。翌年5月越冬幼虫化蛹，6～7月成虫羽化，7月为羽化盛期。该虫发生很不整齐，以成虫在树干周围土中越冬的出土较早。成虫取食嫩梢、叶片和叶柄补充营养，有假死性。产卵前先咬破树皮，将卵产入后用喙将其推入树皮内层。第1代幼虫5月中旬开始孵化，8月末开始孵化第2代幼虫。幼虫先咬食皮层，后钻入木质部危害，蛀孔为圆形，老熟幼虫在坑内化蛹。

⑵杨干象(*Cryptorrhynchus lapathi* Linnaeus)

①分布与危害 分布于东北、内蒙古、河北、陕西、山西、甘肃、新疆、台湾等地。危害杨、柳、桦等园林树木。为杨树的毁灭性害虫，被列为植物检疫对象。

②形态特征 成虫体长8～10mm，长椭圆形，黑褐色，全体密被灰褐色鳞片，其间散生白色鳞片。喙弯曲，表面密布刻点。前胸背板宽大于长，两侧近圆形，前段极窄，鞘翅于后端的1/3处向后倾斜，逐渐缢缩成一个三角区。雌虫臀板末端尖，雄虫臀板末端圆形。卵乳白色，椭圆形。老熟幼虫体长约9mm，乳白色，疏生黄色短毛，头部黄褐色，臀部弯曲，略呈马蹄形，侧板及腹板隆起。蛹长8～9mm，乳白色，腹部背面散生许多小刺，在前胸背板上有数个突出的刺(图5－48)。

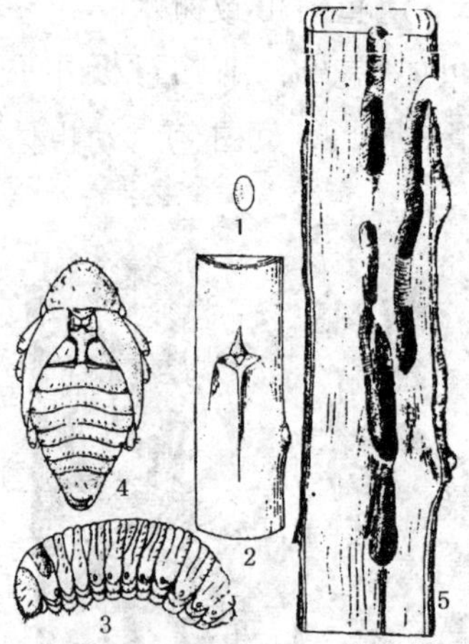

图5-48 杨干象

1. 卵 2. 产卵孔 3. 幼虫 4. 蛹 5. 被害状

③发生规律及习性 1年1代，以卵或初孵幼虫在木栓层中越冬。翌年4月中旬越冬幼虫开始活动，越冬卵也相继孵化。幼虫先在蛰伏处取食木栓层，然后深入韧皮部和木质部之间围绕树干蛀成环形坑道。幼虫蛀食初期，由针眼状小孔排出红褐色丝状排泄物，并渗出树液，虫道处表皮颜色变深，呈油渍状，微凹陷。随树木的生长，被害处表皮形成一圈圈刀砍状裂口，使树体失水干枯，易遭风折。5月下旬钻入木质部化蛹。成虫盛发期为7月中旬，取食嫩枝或叶片补充营养，造成被害枝干上有无数针眼状小孔，残留的叶片表皮呈网眼状。成虫具假死性。产卵前先咬一产卵孔，然后将1粒卵产下，再用黑色分泌物将孔口堵好。卵多产在3年生以上的幼树或枝条中的叶痕或裂皮缝处的木栓层中。

2）象甲类防治措施

⑴加强植物检疫 严禁调入、调出带虫苗木，防止其传播蔓延。

⑵清洁田园 及时伐除受害严重的树木，清除枯死枝干，剪除有虫瘿或被害枝条，减少虫源。

⑶人工捕杀 利用成虫多在树干上活动、不善于飞翔、有假死性等习性进行捕杀。

⑷生物防治 保护啄木鸟、蟾蜍、青蛙等天敌。

⑸化学防治 成虫羽化期，喷洒2.5%溴氰菊酯乳油2000~2500倍液、50%辛硫磷乳油1000倍液等，或用灭幼脲油胶悬剂超低量喷雾，使成虫不育或卵不孵化；幼虫期，向被害处注射80%敌敌畏乳油50倍液，并在被害处涂抹药泥（药液+黄土），也可用灭幼脲缓释膏油剂点涂排泄孔毒杀幼虫。

5.3.5 木蠹蛾类

木蠹蛾类属鳞翅目，木蠹蛾科。以幼虫蛀害树干和枝梢，是园林植物的重要蛀干害虫。

1）木蠹蛾类主要害虫

⑴芳香木蠹蛾东方亚种(*Cossus cossus orientalis* Gaede)

①分布与危害　分布于东北、华北和西北等地。主要危害杨、柳、榆、槐、刺槐、丁香、核桃及一些蔷薇科果树等。幼虫常数头或数十头蛀入枝干和根颈的木质部，形成不规则的坑道，破坏树木生理机能，造成机械损伤，轻者树势衰弱，枯梢风折，重者树皮环剥，甚至整株死亡。

②形态特征　成虫体灰褐色，粗壮。雌虫体长30～37 mm，雄虫体长22～36mm。触角单栉齿状。头顶毛丛和鳞片鲜黄色。前翅散布许多黑褐色横纹。腹部粗壮多毛。卵长1.18～1.6mm，椭圆形，灰褐色。老熟幼虫体长56～80mm，头部黑色，背部紫红色，体侧较背部色稍淡，腹面为黄色或淡红色。蛹红棕色或黑棕色，雌蛹长30.4～45.5mm，雄蛹长26.0～37.4mm(图5－49)。

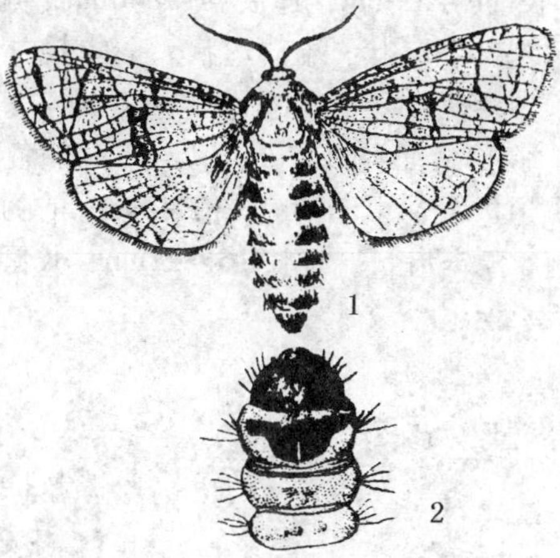

图5－49　芳香木蠹蛾东方亚种

1.成虫　2.幼虫头及前胸

③发生规律及习性　2年1代，第1年以幼虫在树干内越冬，第2年幼虫老熟后从树于排粪孔爬出，坠落在土内作薄茧越冬。成虫4月下旬开始羽化，5月上、中旬为羽化盛期，多在白天羽化，趋光性弱。卵成堆产于树干基部的树皮裂缝、伤口、枝杈或旧虫孔处。初孵幼虫喜群居，多在韧皮部与木质部之间及边材部蛀成不规则的隧道，造成树皮剥离，随后蛀入木质部。被害枝干上常见幼虫排出的粪堆，白色或赤褐色。至9月中、下旬幼虫越冬，第2年继续危害至秋末入土结茧越冬。

⑵小线角木蠹蛾(*Holcocerus insularis* Staudinger)

①分布与危害　全国均有分布，主要分布在北京、天津、河北、山东、江苏、安徽、江西、福建、湖南、辽宁、吉林、黑龙江、内蒙古、陕西、宁夏等地。危害国槐、龙爪槐、山楂、海棠、银杏、白玉兰、丁香、樱花、榆叶梅等园林树木。幼虫蛀食枝干木质部，几十头甚至几百头群居于蛀道内，被害树木千疮百孔，造成风折枝干、树皮环剥，甚至整株死亡。

②形态特征　成虫体长22mm左右，翅展50mm左右。体灰褐色，触角线状。翅面上密布许多黑色短线纹。卵黑褐色，椭圆形，表面有网纹。幼虫老熟后体长35mm，体背鲜红色，腹面黄白色，腹部节间乳黄色，前胸背板有斜“B”形深色斑。蛹为被蛹，褐色，体稍向腹面弯曲。

③发生规律及习性　2 年 1 代(跨 3 个年头)，以幼虫在枝干蛀道内越冬。翌年 3 月幼虫开始活动，可见有新虫粪和木屑排出，粪粒木渣黏连在一起呈棉絮状，悬挂在排粪孔周围。幼虫化蛹时间很不整齐，5 月下旬至 8 月上旬为化蛹期，蛹期约 20d 左右。6 ~ 8 月为成虫发生期，成虫羽化时，蛹壳半露在羽化孔外。成虫有趋光性，日伏夜出。雌虫喜欢将卵产在树皮裂缝或各种伤疤处，卵呈块状。每个雌虫平均产卵 200 粒左右。卵期约 15d，幼虫孵化后，在附近爬行，成群蛀入树皮，直至木质部危害。每年 3 ~ 11 月为幼虫危害期，幼龄幼虫与老龄幼虫均在树内蛀道内越冬。一般伤口多的树木、衰弱树、孤立树受害较重。

(3)咖啡木蠹蛾(*Zeuzera coffeae* Neitner)

①分布与危害　又名咖啡豹蠹蛾。分布于广东、广西、福建、台湾、江西、江苏、浙江、山东、湖南、四川、河南等地。危害石榴、月季、樱花、山茶、木槿、紫荆、核桃、苹果、梨、桃、柿、刺槐、香椿等园林树木。

②形态特征　雌成虫体长 11 ~ 15mm，翅展 40 ~ 46mm，触角丝状;雄成虫体长 18 ~ 20mm，翅展 33 ~ 36mm，触角基部羽毛状，端部丝状。全体灰白色，胸部背面有 3 对近圆形的蓝黑色斑纹。前翅灰白色，散生大小不等的蓝黑色短斜斑点。后翅外缘有 8 个蓝黑斑点，中部有 1 个较大的铜色斑点。腹部背面各节有 3 条纵纹，两侧各有 1 圆斑。卵长圆形，棕褐色，呈块状紧密黏结在枯枝虫道内。幼虫赤褐色，长 30mm，前胸背板基部有 1 黑褐色近长方形斑块，后缘有 2 列黑色小齿，象锯齿状。蛹长 16 ~27mm，长圆筒形，赤褐色，背面有锯齿状横带，尾端有短刺(图 5 -50)。

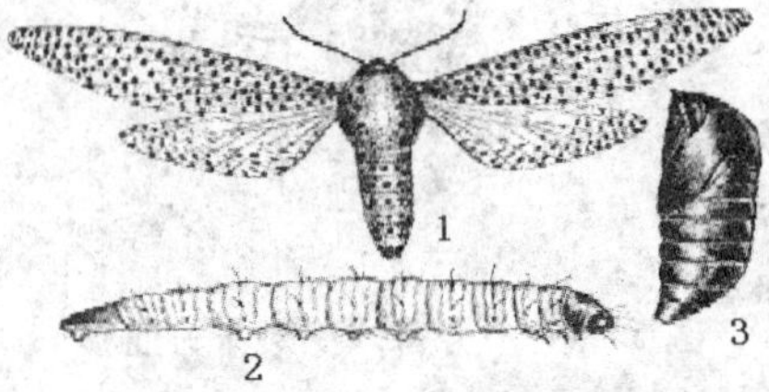

图 5 -50　咖啡木蠹蛾

1. 成虫　2. 幼虫　3. 蛹

③发生规律及习性　1 年 1 代，以幼虫在枝条内越冬。翌年 3、4 月树叶萌发时，从越冬枝条内钻出，转入新枝条危害，多从枝条基部蛀入，先在木质部与韧皮部之间围绕枝条咬 1 蛀环，然后沿髓部向上蛀隧道，隔不远向外开一个排粪孔，排出粪便，粪粒长圆形，光滑不易碎。被害枝条上部不久即枯萎，遇风易从蛀环处折断，幼虫则另转枝危害。5 月上旬幼虫开始成熟，在隧道内吐丝缀碎屑堵塞两端，并向外开一羽化孔，即进行化蛹。5 月中旬成虫开始羽化，并将大半蛹壳带出孔外，长久不掉，容易识别。少数成虫 8 月仍有出现。成虫夜晚活动，有趋光性。卵产于新梢上或芽腋处，单粒散产。

2)木蠹蛾类防治措施

(1)加强植物检疫　调运苗木要严格检疫，以免扩大危害。

(2)人工防治　结合冬季修剪，刮除树皮裂缝处的卵块，及时剪除被害枝梢、枯死的带虫枝条或伐除枯死树木，并集中烧毁。

(3)诱杀成虫　成虫羽化期利用黑光灯或性信息素诱杀成虫 。

⑷生物防治　保护和利用天敌，如姬蜂、寄生蝇、蜥蜴、燕、啄木鸟、白僵菌和病原线虫等。

⑸药剂防治　幼虫孵化后未侵入树干前向树干喷施 2.5% 溴氰菊酯乳油 2000 倍液、20% 杀灭菊酯乳油 3000 倍液等，每隔 10～15d 喷 1 次，毒杀初孵幼虫；对已蛀入枝干深处的幼虫，可用 80% 敌敌畏乳油 100 倍液、50% 马拉硫磷乳油 100 倍液、20% 杀灭菊酯乳油 100～300 倍液注入虫孔内。

5.3.6 透翅蛾类

透翅蛾类属鳞翅目，透翅蛾科。以幼虫蛀食茎干、枝条，形成肿瘤。

1）透翅蛾类主要害虫

⑴白杨透翅蛾（*Paranthrene tabaniformis* Rottenberg）

①分布与危害　分布于东北、华北、西北、华东、西南等地。危害加拿大杨、银白杨、新疆杨、毛白杨、青杨、小叶杨等各种杨树及旱柳、垂柳、黄柳等，其中以毛白杨、银白杨受害最重。以幼虫钻蛀树干和顶芽，抑制顶芽生长，徒生侧枝，形成秃梢。蛀入树干后，被害组织增生形成瘤状虫瘿，易造成枯萎或风折，尤其苗木被害形成虫瘿后损失较大，并可随苗木传播到栽植区。

②形态特征　成虫外形似胡蜂，体长 11～20mm，翅展 22～38mm。体青黑色，头胸间有 1 圈橙黄色鳞片，头顶有 1 束黄褐色毛簇，其余密布黄白色鳞片。触角近棍棒状。前翅狭长，黑褐色，中室及后缘略透明。后翅扇形，透明，缘毛灰褐色。腹部圆筒形，青黑色，有 5 条橙黄色鳞片环带。卵椭圆形，黑色，上有灰白色不规则多角形刻纹。老熟幼虫体长 30～33mm，圆筒形。初龄幼虫淡红色，老熟后乳黄色。蛹长 12～23mm，纺锤形，褐色（图 5－51）。

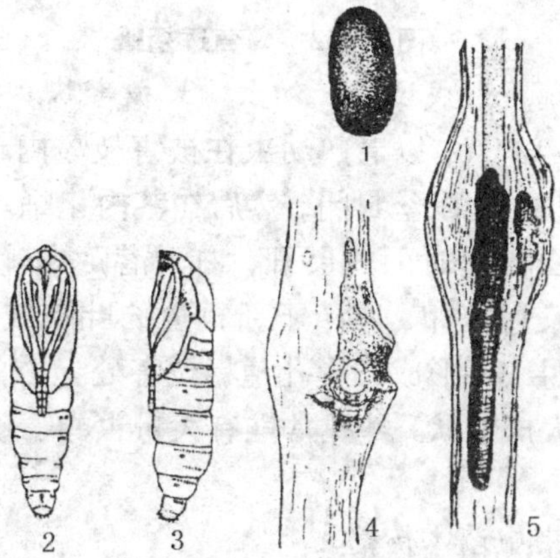

图 5－51　白杨透翅蛾

1. 卵　2. 蛹　3. 蛹的侧面　4、5. 被害状

③发生规律及习性　1 年 1 代。以 3～5 龄幼虫在被害枝干隧道内越冬。翌年 4 月开始活动取食，5 月中旬开始化蛹，6 月初开始羽化。羽化时蛹皮有 2/3 伸出化蛹孔外，并遗留在孔外经久不掉，极易识别。成虫白天活动，飞翔能力很强，极为迅速，无趋光性，夜晚静止于枝叶不动。卵多产于 1～2 年生幼树的叶脉、叶柄基部、有绒毛枝干上、旧虫孔内或树干缝隙内，每次 1 粒。卵期约 10d，幼虫孵化后爬行迅速，寻找适宜的侵入部位，多从伤口、旧孔道蛀入。幼虫侵入后第 2d 就可以看到粪便和碎屑排出。幼虫一般不转移，只有当被害处枯萎、

折断而不能生存时，才重新选择适宜部位侵入。9月下旬～10月初，幼虫停止取食，在虫道末端吐丝作薄茧越冬。

⑵葡萄透翅蛾（*Paranthrene regalis* Rottenberg）

①分布与危害　分布于山东、河南、陕西、内蒙古、吉林、四川、江苏、浙江、上海、安徽、江西等地。以幼虫蛀食葡萄枝蔓，被害部位逐渐膨大，致使叶片发黄，果实脱落，被蛀食的枝蔓易折断枯死。

②形态特征　成虫体长18～20mm，翅展30～36mm。体黑褐色，略有金属光泽。头顶、下唇须的前半部、颈部、后胸两侧均为黄色。前翅赤褐色，前缘及翅脉黑色，后翅透明，中室外缘横脉橙色，明显粗于其他脉。腹部背面有3条黄色横带，以第4节的最宽，第6节的次之，第5节的最细。雄虫腹部末端左右各有1束长毛丛。卵椭圆形，紫褐色，略扁平。幼虫老熟后体长35～40mm，略呈圆筒形，头部红褐色，胸腹部黄白色，老熟时紫红色。前胸背板有倒“八”字形纹。蛹长18mm，红褐色。腹部第2～6节背面有两行刺，第7～8节背面有一行刺（图5－52）。

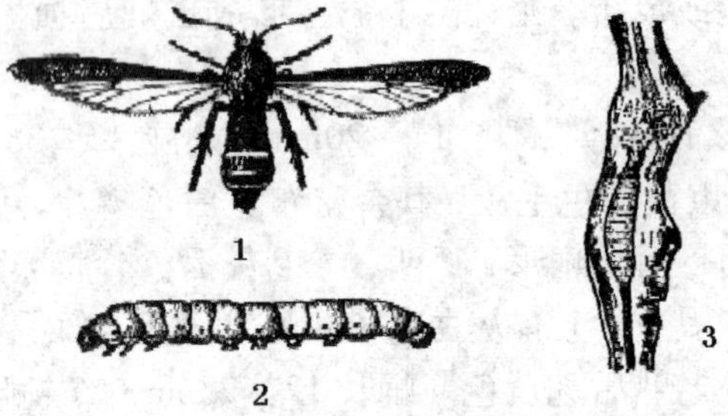

图5－52　葡萄透翅蛾

1. 成虫　2. 幼虫　3. 被害状

③发生规律及习性　1年1代，以老熟幼虫在被害枝蔓内越冬。翌年4～5月化蛹，化蛹前在茎内侧咬成1个圆形羽化孔，以丝封闭，然后在茎内化蛹。5～6月成虫羽化，羽化时蛹壳有2/3露于羽化孔外。成虫静止时两翅展开，白天潜藏在叶片背面及草丛中，夜间活动，有趋光性。羽化后1～2d即交尾产卵，卵产于新梢上的叶腋或嫩茎上。卵期10d，幼虫孵化后多从叶柄基部蛀入嫩茎内蛀食，形成长形孔道，被害处上方的枝条枯死，嫩茎食空后转移到粗茎中蛀食，被害处常膨大成瘤状，蛀孔常堆有大量虫粪。幼虫老熟后于10月开始越冬。

2）透翅蛾类防治措施

⑴严格植物检疫　防治带虫苗木传播。

⑵消灭越冬幼虫　结合修剪，将受害严重的、藏有幼虫的枝条剪除，或用刀将虫瘿剖开，杀死幼虫。6～7月要经常检查嫩梢，发现有虫粪或枯萎的枝条及时剪除，如果被害枝条较多，不宜全部剪除时，可用铁丝从蛀孔处刺入，杀死初龄幼虫。

⑶诱杀成虫　性引诱剂诱杀雄虫，效果显著。有趋光性的透翅蛾可用黑光灯诱杀。

⑷化学防治　从蛀孔注射80%敌敌畏乳油20～30倍液，或用棉球蘸敌敌畏原液塞入孔口。也可用50%杀螟松乳油、50%磷胺乳油20～60倍液在被害处1～2cm范围内涂抹成环状药带，毒杀幼虫。

5.3.7 螟蛾类

螟蛾类属鳞翅目，螟蛾科，幼虫危害。

1）螟蛾类主要害虫

(1)大丽花螟蛾（*Ostrinia furnacalis* Guenee）

①分布与危害　又称亚洲玉米螟、大丽菊螟。分布广泛，国内除了西藏、青海未见报道外，其他各地均有发生。食性杂，在花卉中主要钻蛀大丽花、菊花等。幼虫钻蛀茎部，受害严重时，植株几乎不能开花。

②形态特征　成虫体长13～15mm，翅展25～35mm，黄褐色。雌虫体粗壮，前翅鲜黄色具有两条鲜明波纹。雄虫体瘦，翅色比雌虫稍深，翅面波纹为暗褐色。后翅灰白色或灰褐色，具有两条不明显的波纹。卵扁椭圆形，卵块呈鱼鳞状排列，初产为乳白色，后变为黄色。老熟幼虫圆筒形，头红褐色，体背呈淡红褐色，具有暗色纵纹3条。蛹纺锤形，黄褐色至赤褐色。

③发生规律及习性　1年发生2～3代，以幼虫在大丽花茎干内和粮食作物秸秆内越冬。次年5月下旬化蛹，5月底羽化为成虫，在花叶及叶基部产卵，6月上、中旬幼虫孵化，在花叶和叶柄基部钻入茎内危害，钻入孔附近黑色，孔外黏有黑色虫粪，受害植株上部萎蔫死亡。第2、3代幼虫分别在7月下旬和8月下旬发生，10月底幼虫越冬。

(2)松梢螟（*Dioryctria splendidella* Herrich－schaeffer）

①分布与危害　又名松梢斑螟。全国各地均有分布。危害油松、华山松、马尾松、黄山松、黑松、赤松、云南松、加勒比松、火炬松、湿地松等多种松属树木。以幼虫钻蛀主梢及侧梢，顶梢被害后引起侧枝丛生，树冠呈扫帚状，严重影响树木的生长和树形。幼虫还蛀食球果，影响种子产量，也危害幼树的树干。尤以6～10年生的幼龄苗木受害严重。

②形态特征　成虫体长10～16mm，翅展20～30mm，体灰褐色。前翅深灰褐色，翅中间有1明显的肾形大白斑，翅面上有3条灰白色波状横纹，1条位于白斑和外缘之间，另2条位于白斑和翅基之间；后缘近横线内有黄斑，外缘近缘毛处有1条直的黑色横带。后翅灰白色，无斑纹。卵近圆形，黄白色，近孵化时暗赤色。老熟幼虫体长约25mm，头部及前胸背板红褐色，体浅褐色或浅绿色，各体节上有成对明显的黑褐色毛瘤，其上各有白色短刚毛1根。蛹红褐色，腹末有波状钝齿，其上生有钩状臀棘3对。

③发生规律及习性　代数因地而异，吉林1年1代，辽宁、北京、河南1年2代，南京1年2～3代，广西1年3代，广东1年4～5代。以幼虫在被害枝梢的蛀道内或枝干伤口皮下及球果内越冬。翌年3月底至4月初开始危害，蛀食被害枝梢，一部分越冬幼虫转移到新梢上危害。5月上中旬开始化蛹，下旬开始羽化。成虫有趋光性，昼伏夜出。卵散产于嫩梢针叶、叶鞘基部、球果以及树皮伤口处。6月中旬幼虫孵化，爬行迅速，蛀入新梢髓部后先往尖端蛀食危害，到顶端后再往下蛀食，被害梢枯黄弯垂。老熟幼虫在虫道内化蛹。8月下旬第1代成虫羽化，9月下旬第2代幼虫孵化危害。一般6～10年的幼树受害较重。

2）螟蛾类防治措施

(1)人工防治　结合冬季修剪，剪除带虫枝后集中烧毁。在生长季节检查带虫粪或萎蔫的枝梢，及时剪除，消灭虫体。

(2)诱杀成虫　在成虫羽化期用黑光灯诱杀。

(3)保护天敌　赤眼蜂、长距茧蜂、啄木鸟等。

(4)药剂防治　在幼虫孵化期至幼龄幼虫期喷施 40% 氧化乐果乳油、50% 杀螟松乳油 1000 倍液或 25% 西维因可湿性粉剂 2000 倍液。也可用注射器向蛀孔内注入 80% 敌敌畏乳油 100 倍液，并封闭孔口。

相关技能训练

实训 20　园林植物主要蛀干害虫的形态及危害状识别

1. 实训目的

了解园林植物主要蛀干害虫的种类，识别其形态特征及危害状，为蛀干害虫的防治奠定基础。

2. 实训材料和用具

材料：桑天牛、星天牛、桃红颈天牛、光肩星天牛、芳香木蠹蛾东方亚种、小线角木蠹蛾、合欢吉丁虫、柏肤小蠹、白杨透翅蛾、松梢螟等的针插标本、浸渍标本、生活史标本、被害状标本。

用具：解剖镜、放大镜、镊子、解剖针、培养皿、挂图、彩色图谱或多媒体课件等。

3. 实训内容与方法

1）观察天牛类，如桑天牛、星天牛、桃红颈天牛、光肩星天牛等害虫的形态特征，危害部位及危害状。

2）观察小蠹虫类，如柏肤小蠹等害虫的形态特征，及坑道系统的特点。

3）观察吉丁虫类、象甲类，如合欢吉丁虫、臭椿沟眶象等害虫的形态特征及危害状。

4）观察鳞翅目主要蛀干害虫，如芳香木蠹蛾东方亚种、小线角木蠹蛾、白杨透翅蛾、松梢螟等的形态特征及危害状。

4. 实训作业

1）简述各类蛀干害虫的危害特点。

2）绘制一种蛀干害虫成虫背面观图。

任务 5.4　园林植物地下害虫及防治技术

任务分析：地下害虫又称根部害虫，在苗圃和一二年生的园林植物中，常常危害幼苗、幼树根部或近地面部分。通过本任务的学习，要求学生掌握园林植物地下害虫的主要种类、形态特征、危害状及发生规律；能对园林植物常见地下害虫进行准确识别和综合防治。

任务实施的相关知识

园林植物主要地下害虫包括鳞翅目的地老虎，鞘翅目的蛴螬（金龟子幼虫）、金针虫，直翅目的蟋蟀、蝼蛄，等翅目的白蚁等。它们具有如下特点：(1)分布广，全国各地均有发生；(2)

寄主种类多、适应性强。各种花卉、作物、果树、林木、蔬菜、牧草等播下的种子和幼苗均可危害;⑶危害时间长。在植物的整个生长季节几乎均能危害;⑷不易防治，地下害虫潜伏于土中危害，不易被发现，防治难度大。

5.4.1 金龟甲类

金龟甲类属鞘翅目，金龟甲总科。幼虫称蛴螬，栖息在土壤中，取食萌发的林木种子，造成缺苗;咬食幼苗的根或茎部，轻者造成地上部叶发黄，影响幼苗生长，重者将根茎处皮层环食，使植株死亡。由于蛴螬口器上颚较坚硬，故咬断部位呈刀切状。成虫也可吞食花、叶、芽和嫩茎，喜食豆科植物。不同虫种，其地理分布、危害特点和发生规律均不相同;同一种类在不同地区的发生规律也有差异;同一地区也有几个种类混合发生，给防治带来一定难度。

1)金龟甲类主要害虫

⑴华北大黑鳃金龟(*Holotrichia oblita* Faldermann)

①分布与危害　分布于东北、华北、西北等省区。成虫取食杨、柳、榆、桑、核桃、苹果、刺槐、栎等多种果树和林木叶片，幼虫危害阔、针叶树根部及幼苗。

②形态特征　成虫体长16~21mm，长椭圆形，初羽化时红褐色，后变成黑色或黑褐色，有光泽。前胸背板宽约为长的2倍，前缘角较钝，后缘几乎成直角。鞘翅上散布刻点，每一鞘翅上有3条纵隆起线。前足胫节外侧有3个齿，中、后足胫节末端有端距2根。卵椭圆形，白色，有光泽。幼虫体肥大，弯曲成“C”字形，大多白色，有的黄白色，体壁较柔软，多皱。头部红褐色，坚硬。离蛹，从最初的白色逐渐变成黄色到红褐色(图5-53)。

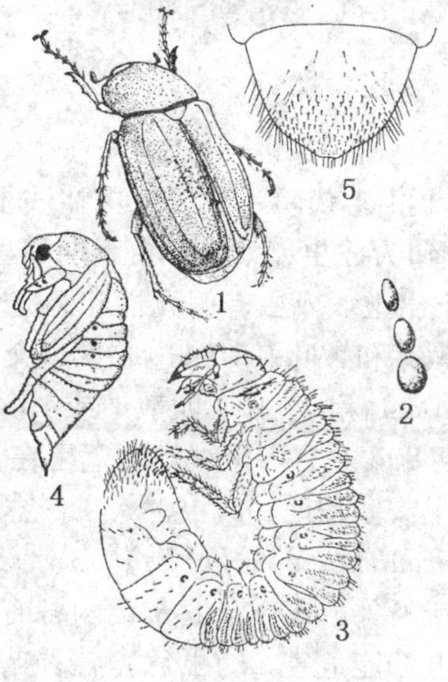

图5-53　华北大黑鳃金龟

1.成虫　2.卵　3.幼虫　4.蛹　5.幼虫臀节腹面

③发生规律及习性　东北、华北2年1代。东北地区，在50~140cm土层中越冬的幼虫于次年5月上、中旬上移表土层，常啃断幼苗根部、嫩茎，引起苗木枯黄甚至死亡。危害时，常沿垄向而成条状移动。幼虫活动受温湿度影响很大，地温20℃时取食最活跃，温度下降时又向地层深处迁移。土壤含水量18%时最适宜幼虫生存。幼虫共3龄，于7~8月间在深约

30cm 的土中筑室化蛹，蛹期 15d 左右。成虫羽化后即在原土室中越冬。越冬成虫在 4 月中、下旬出土活动，日平均气温 15 ~ 18℃、晴天无风时最适宜出土。5 月中旬至 7 月下旬为活动盛期。多在黄昏后活动，啃食叶片、嫩芽。幼虫边取食边交尾，具有多次交尾、分批产卵的习性。成虫有假死性和趋光性。卵散产于 10 ~ 15cm 深的湿润土壤中。

⑵黑绒鳃金龟（*Maladera orientalis* Motschulsky）

①分布与危害　分布于东北、华北、西北，南到湖南、福建等地，是我国各地最常见的金龟子优势种之一。以东北、华北地区受害较重。食性杂，主要以成虫危害苗圃内的杨、柳、榆、苹果及落叶松等的叶、花、芽，幼虫可危害各种苗木根部。

②形态特征　成虫体长 7 ~ 8mm，卵圆形，前狭后宽，雄虫略小于雌虫。初羽化为褐色，后渐转黑褐色以至黑色，体表具丝绒般光泽。前胸背板宽为长的 2 倍，鞘翅具黑绒毛，有光泽，密被细刻点，每侧鞘翅各有 10 列刻点。前足胫节外侧生有 2 齿，内侧有一刺。后足胫节有 2 枚端距。卵椭圆形，乳白色、光滑。幼虫头部黄褐色，胴部乳白色，多褶皱，被有黄褐色细毛。蛹黄褐色（图 5 – 54）。

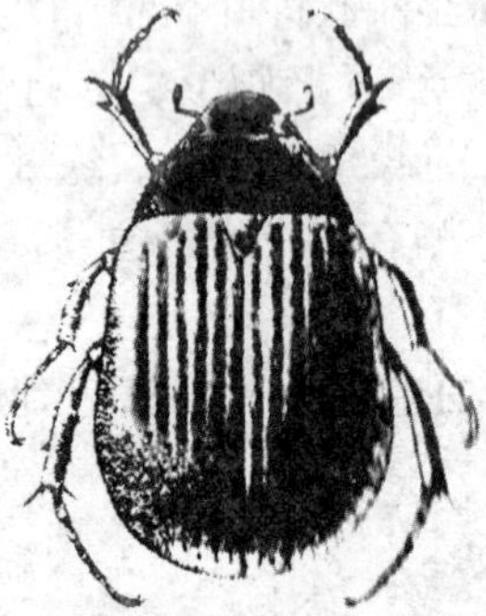

图 5 – 54　黑绒鳃金龟

③发生规律及习性　北方 1 年 1 代。一般以成虫在浅土层或落叶层下越冬。翌年 4 月中旬出土活动，4 月末至 6 月上旬为成虫盛发期，在此期间可连续出现几个高峰。有雨后集中出土的习性，降雨量大有利于出土。成虫有假死性和趋光性。飞翔力强，昼伏夜出，傍晚喜群集于苹果等阔叶树上取食嫩芽和嫩叶。雌虫边取食边交尾，交尾盛期在 5 月中旬，共交尾 10d 左右，雌虫产卵于 10 ~ 20cm 深的土中，卵散产或 10 余粒集于一处。幼虫共 3 龄，以腐殖质及少量嫩根为食，幼虫期 80d 左右。黑绒鳃金龟喜在干旱地块生活，最适宜土壤含水量在 15% 以下，另外还喜欢沙土或沙荒地。成虫喜欢在寄主多的地方群居危害。

⑶铜绿丽金龟（*Anomala corpulenta* Motschulsky）

①分布与危害　除西藏和新疆外，其分布遍布全国各省，但以气候较湿润且果树、林木多的地区发生较多。幼虫和成虫都能危害，幼虫危害各种苗木根部，成虫危害各种针、阔叶树的叶片。

②形态特征　成虫体长 18 ~ 21mm，铜绿色，有光泽。前胸背板侧缘黄色，鞘翅上有栗色反光。头、胸部和腹面暗黄褐色，前胸背板前缘明显凹进，前缘角突出。足的基节和腿节黄色，余部均为深褐色而带枣红色有光泽；前足胫节外侧生有 2 齿，中、后足胫节外侧生有 2 排小齿，有爪 2 个。卵略呈球形，初为白色，后渐变为淡黄色。老熟幼虫体长 30 ~ 33mm，肛门“一”字形，其前方中央有 2 列针状刚毛。蛹长椭圆形，淡黄色（图 5 – 55）。

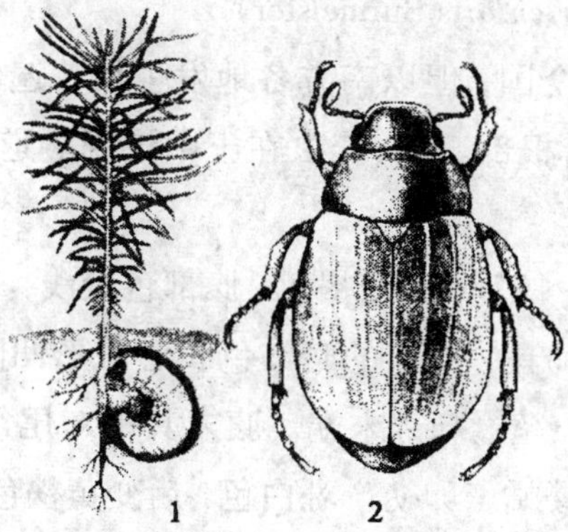

图 5－55　铜绿丽金龟

1. 幼虫及危害状　2. 成虫

③发生规律及习性　1 年发生 1 代，以 3 龄幼虫或少数 2 龄幼虫在土中越冬，次年 4 月份在 14～26cm 土中化蛹。成虫一般在 5 月中旬或 6 月中旬始见，盛期在 6～8 月间。成虫适宜活动气温为 25℃以上，相对湿度在 70%～80%，低温和降雨天气很少活动。成虫昼伏夜出，盛发期白天亦可外出取食，食性杂，食量大。有假死性和强烈的趋光性，对黑光灯尤其敏感。成虫有多次交尾习性。卵散产于 6～16cm 深的土中，平均产卵 4 粒左右。卵期 10d，土壤含水量 10%～15%，土温在 25℃时最适宜幼虫孵化。幼虫一般出现在 8 月份，9 月份变为 3 龄，一般在清晨和黄昏从土中爬至表层，咬食苗木近地面茎部、主根和侧根。

2）金龟甲类防治措施

⑴园林技术防治　苗圃地必须使用充分腐熟的有机肥，冬季翻耕将越冬虫翻至土表冻死；利用蛴螬不耐水淹的特点，适时进行冬灌或秋灌，可减轻其危害；有些金龟甲成虫嗜食蓖麻叶，饱食后麻痹中毒，甚至死亡，可在金龟甲发生地带种植蓖麻作为诱杀带，有一定效果。

⑵人工捕杀　利用成虫的假死性，在成虫盛发期，人工振落捕杀。

⑶灯光诱杀　利用大多数金龟甲成虫有趋光性的特点，可设置黑光灯进行诱杀。

⑷化学防治　用 50% 辛硫磷乳油 175ml 加水 3～5 倍，喷布在 375～450kg 的细土中制成毒土，播种前撒施在苗床或施入沟中，可预防害虫发生；苗木生长期发现幼虫危害，可用 50% 辛硫磷乳油 1000～1500 倍液灌注苗木根际，或用 16% 的氨水 1 份兑水 12 份，于树围 10cm 处开沟灌浇，施后覆土，既施肥又起到杀虫作用；成虫发生量大时，可在危害期用 75% 辛硫磷乳油、50% 马拉硫磷乳油、40% 乐果乳油 1000～2000 倍液进行喷雾，或在成虫出土初期用 50% 辛硫磷颗粒剂 15～30kg/ha 进行地面施药。

5.4.2 蝼蛄类

蝼蛄类属直翅目，蝼蛄科，俗称土狗、地狗、拉拉蛄等。

1)蝼蛄类主要害虫

(1)东方蝼蛄(*Gryllotalpa orientalis* Burmeister)

①分布与危害　几乎遍及全国，但以南方各地发生较普遍。危害杨、柳、松、柏、海棠、悬铃木、雪松、香石竹、鸢尾等幼苗根部。成、若虫在土中挖掘隧道，咬断苗木根茎，食害种子，造成大片苗木死亡。

②形态特征　成虫体长30~35mm，灰褐色，腹部色较浅，全身密布细毛。头圆锥形，触角丝状。前胸背板卵圆形，中间具一明显的暗红色长心脏形凹陷斑。前翅灰褐色，较短，仅达腹部中部。后翅扇形，较长，超过腹部末端。腹末具1对尾须。前足为开掘足，后足胫节背面内侧有4个距，别于华北蝼蛄。卵初产乳白色，后变黄褐色，孵化前暗紫色(图5-56)。

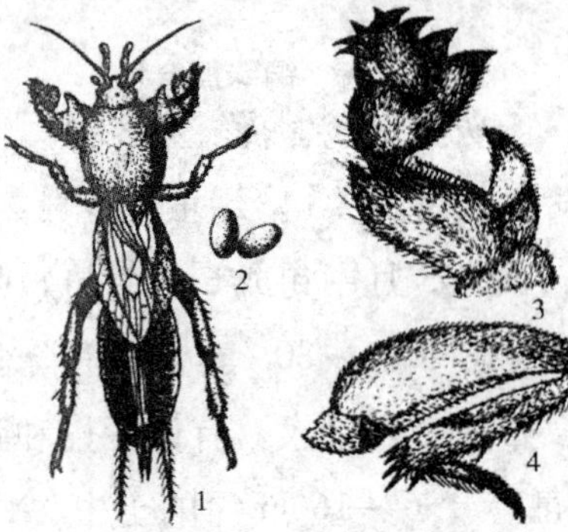

图5-56　东方蝼蛄

1.成虫　2.卵　3.成虫前足　4.成虫后足

③发生规律及习性　东北地区2年1代，华北以南地区1年1代。以成虫或若虫在地下越冬。清明后上升到地表活动，在洞口可顶起一小虚土堆。5月上旬至6月中旬是蝼蛄最活跃的时期，也是第1次危害高峰期。6月下旬至8月下旬，天气炎热，转入地下活动，6~7月为产卵盛期。9月气温下降，再次上升到地表，形成第2次危害高峰，10月中旬以后，陆续钻入深层土中越冬。蝼蛄昼伏夜出，初孵若虫有群集性，怕光、怕风、怕水；具有很强的趋光性；特别喜食香甜物质，尤喜食煮至半熟的谷子，炒香的豆饼或麦麸等；对马粪具有趋性；喜欢在潮湿的土壤中，土温16~20℃，含水在22%~27%最适宜，故春秋两季蝼蛄最活跃，因而有两个危害高峰。

(2)华北蝼蛄(*Gryllotalpa unispina* Sausure)

①分布与危害　全国各地均匀分布，但主要在北方地区，北纬32°以北。危害多种园林植物的花卉、果树及林木，主要咬食植物的地下部分。成、若虫咬食植物幼苗的根和嫩茎，同时由于成、若虫在土下活动开掘隧道，使苗根和上部分离，造成幼苗干枯死亡，致使苗床缺苗断垄。

②形态特征　雌成虫体长45~50mm，雄成虫体长39~45mm，形似东方蝼蛄，但体黄褐至暗褐色，前胸背板中央有一心脏形红色斑点。后足胫节背侧内缘有棘1个或消失。腹部近圆筒形，背面黑褐色，腹面黄褐色。卵初产时黄白色，后变黄褐色，孵化前呈深灰色。

③发生规律及习性　约3年1代，以成虫或8龄以上的若虫在土中越冬。来年3~4月当土温达8℃左右时若虫开始上升危害，4、5月份地面隧道大增即危害盛期；6月下旬~7月

中旬为产卵盛期，初孵若虫最初较集中，后分散活动。成虫虽有趋光性，但体形大飞翔力差，灯下的诱杀率不如东方蝼蛄高。华北蝼蛄在土质疏松的盐碱地、沙壤土地发生较多。

2）蝼蛄类防治措施

⑴灯光诱杀　在成虫盛发期利于黑光灯进行诱杀，闷热天气、雨前的夜晚效果佳。但对华北蝼蛄，因其飞翔力弱，效果略差些。

⑵毒饵诱杀　用80%敌敌畏乳油或50%辛硫磷乳油0.5kg拌入50 kg煮至半熟或炒香的饵料（麦麸、米糠等）中制成毒饵，傍晚均匀撒于苗床上或根际周围毒杀成、若虫。但要注意防止畜、禽误食。

⑶鲜马粪或鲜草诱杀　在苗床的步道上每隔20m挖一小土坑，将马粪、鲜草放入坑内，清晨捕杀，或施药毒杀。

⑷灌药毒杀　在受害植株根际或苗床浇灌50%辛硫磷乳油1000倍液。

5.4.3 地老虎类

地老虎类属鳞翅目，夜蛾科。成虫后翅的 M_2 脉发达，和其他脉一样粗细，中足胫节有刺。其幼虫生活于土中，咬断植物根茎，是重要的地下害虫。

1）地老虎类主要害虫

⑴小地老虎（*Agrotis ypsilon* Rott）

①分布与危害　分布在全国各地，唯长江流域及南部沿海各省最多。危害松、杉、罗汉松苗及菊花、一串红、万寿菊、孔雀草、百日草、鸡冠花、香石竹、金盏菊、羽衣甘蓝等。幼虫危害寄主的幼苗，从近地面咬断植株或咬食未出土幼苗及生长点，使整株死亡，造成缺苗断垄，严重的甚至毁种。

②形态特征　成虫体长18～24mm，前翅暗褐色，肾状纹外有1尖长楔形斑，亚缘线上也有2个尖端向里的楔形斑；后翅灰白色，翅脉及边缘黑褐色，缘毛灰白色。卵半圆球形，表面具纵横隆纹，初产乳白色，后出现红色斑纹，孵化前灰褐色。幼虫体长37～50mm，灰褐色，各节背板上有2对毛片，臀板黄褐色，有深色纵线2条。蛹长约20mm，赤褐色，有光泽，末端有刺2个（图5－57）。

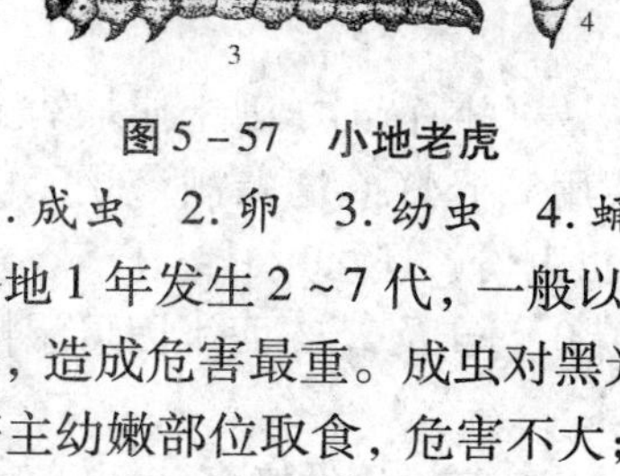

图5－57　小地老虎

1.成虫　2.卵　3.幼虫　4.蛹

③发生规律及习性　全国各地1年发生2～7代，一般以蛹或老熟幼虫越冬。1年中常以第1代幼虫在春季发生数量最多，造成危害最重。成虫对黑光灯及糖醋酒等趋性较强。幼虫共6龄，3龄前在地面、杂草或寄主幼嫩部位取食，危害不大；3龄后昼间潜伏在表土中，夜间

出来危害。老熟幼虫有假死习性，受惊缩成环形。老熟幼虫于土中筑土室化蛹。喜温暖及潮湿的条件，最适发育温区为13℃～25℃，在河流湖泊地区或低洼内涝、雨水充足及常年灌溉地区，如属土质疏松、团粒结构好、保水性强的壤土、黏壤土、沙壤土均适于小地老虎的发生。尤在早春菜田及周缘杂草多，可提供产卵场所；蜜源植物多，可为成虫提供补充营养的情况下，将会形成较大的虫源，发生严重。

(2)黄地老虎(*Agrotis segetum* Schiff.)

①分布与危害　除广东、海南、广西未见报道外，其他省区均有分布。该虫食性广，危害花卉、林木等。1龄幼虫取食叶肉，留下表皮，也可聚于嫩尖取食，咬断嫩尖。3龄幼虫咬断嫩茎，6龄幼虫食量剧增，造成大量断苗、缺株，危害很大。

②形态特征　成虫头部、胸部褐色。触角雌蛾线状，雄蛾双栉齿状。前翅基线、内、外、中横线不明显，肾状纹、环状纹、楔状纹明显，各具黑褐色边。后翅白色，前缘略带黄褐色。卵半球形，初淡黄后渐变黄褐色，孵化前灰褐色。老熟幼虫黄褐色，体表皱纹多，颗粒不明显，头部褐色，中央具黑褐色纵纹1对，气门长卵形，黑色，臀板除末端2根刚毛附近为黄褐色外，几乎全为深褐色，且全布满龟裂状皱纹。蛹初浅黄色，后变黄褐色(图5-58)。

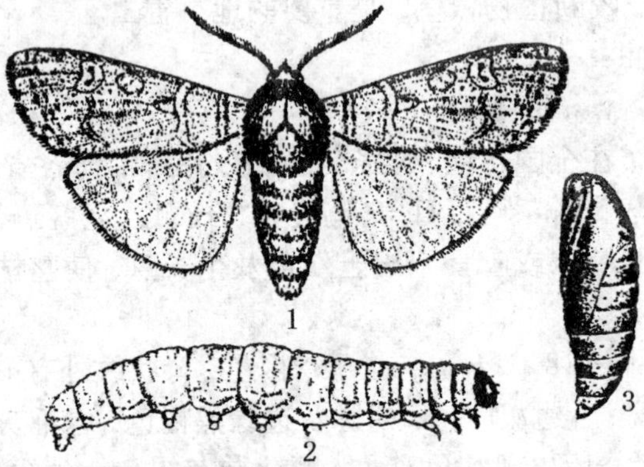

图5-58　黄地老虎

1.成虫　2.幼虫　3.蛹

③发生规律及习性　1年3～4代，以幼虫(少数为蛹)在土中越冬。1年中春秋两季危害，但春季危害重于秋季。一般以4～6龄幼虫在2～15cm深的土层中越冬，以7～10cm最多。翌春3月上旬越冬幼虫开始活动，4月上、中旬在土中作室化蛹，蛹期20～30d。成虫昼伏夜出，具较强趋光性和趋化性。习性与小地老虎相似，幼虫以3龄以后危害最重。

2)地老虎类防治措施

(1)清除杂草　杂草是地老虎产卵的主要场所及幼龄幼虫的食料。在春播幼苗出土前或幼虫1、2龄时除草，可减轻危害。

(2)人工捕杀　清晨巡视苗圃，发现断苗时，刨土捕杀幼虫。

(3)诱杀成虫　在成虫盛发期用黑光灯或糖醋酒液诱杀。糖醋酒液配比为：糖6份、醋3份、白酒1份、水10份、90%敌百虫1份。还可用甘薯1.5kg煮熟捣烂，加少量酵面发酵至带酸味，加等量水调成糊状，再加醋0.5kg及25%西维因可湿性剂50g，盛于盘中，于近黄昏时放于苗圃地。

(4)药剂防治　在播种前或幼苗出土前，用幼嫩多汁新鲜杂草50kg，90%敌百虫晶体0.5kg，加水2.5～5kg，配成毒饵，于傍晚洒于苗床上防治3龄以上幼虫。幼虫危害期，用50%辛硫磷乳油1000倍液、90%敌百虫晶体800倍液、2.5溴氰菊酯乳油3000倍液喷雾。

5.4.4 金针虫类

金针虫类属鞘翅目，叩甲科。其幼虫多为黄褐色，体壁坚硬、光滑，体形似针，故称为“金针虫”，是叩甲类幼虫的统称。

1）金针虫类主要害虫

⑴沟金针虫（*Pleonomus canalicuatus* Faldermann）

①分布与危害　主要分布于河北、山西、山东、河南、陕西、甘肃、青海、内蒙古、辽宁、苏北、鄂北等平原旱作区。危害松柏类、青桐、悬铃木、丁香、元宝枫、海棠及草本植物。幼虫在土中取食播种下的种子、萌出的幼芽、幼苗的根部，致使植物枯萎死亡，造成缺苗断垄，甚至全田毁种。

②形态特征　成虫体形较扁长，深黑色，密被金黄色细毛，头顶有三角形凹陷，鞘翅长约为前胸的4～5倍，腹部可见腹板6节，足浅褐色。卵椭圆形，乳白色。老熟幼虫体长20～30mm，扁长，金黄色，身体细长，圆柱形，略扁，被黄色细毛。蛹长纺锤形，初为浅绿色，后变深（图5－59）。

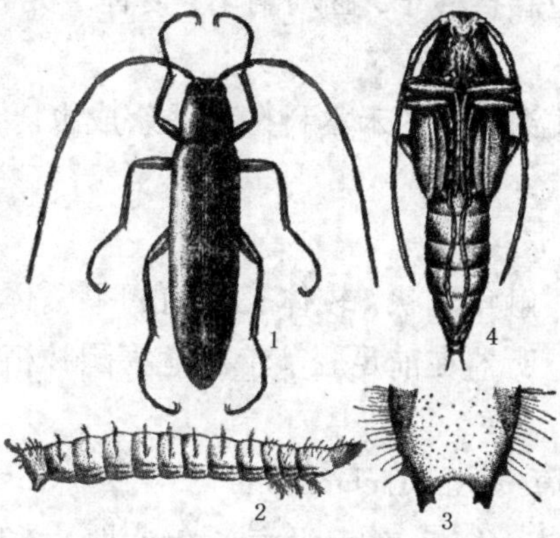

图5－59　沟金针虫

1.成虫　2.幼虫　3.幼虫尾部　4.蛹

③发生规律及习性　2～3年1代，以成虫或幼虫在土中越冬。华北地区越冬成虫翌年3月上旬开始活动，4月上旬为活动盛期。成虫有假死习性，白天静伏土中，晚上活动交尾、产卵，雄虫善飞有趋光性，雌虫无飞翔力，产卵于苗根附近的土中，第3年8月下旬至9月中旬在土中化蛹，蛹期12～20d，9月中、下旬成虫羽化后越冬。沟金针虫随季节在土内上下迁移，6月底表层土温超过24℃时迁入深土层越夏，9月中旬至10月上旬10cm土温约达18℃时又迁到表层危害，11月下旬土温下降后又至深层越冬，翌年2月底至3月上旬土温约达7℃时又上升活动危害。

⑵细胸金针虫（*Agriotes subrittatus* Motschulsky）

①分布及危害　分布于东北、华北、华东和内蒙古、宁夏、甘肃、陕西等地的沿河冲积地、低地及水浇地等多水地带。

②形态特征　成虫体细扁，被灰色短毛，长4～9mm，有光泽，头胸黑褐色，鞘翅、触角、

足红褐色。前胸背板长略大于宽，后缘角伸向后突出如刺。鞘翅长约为头胸部长度的2倍，上有9条纵列刻点，足赤褐色。卵圆形，乳白色。老熟幼虫体长23mm，细长圆筒形，淡黄色有光泽，体背无纵沟，尾节圆锥形，近基部两侧各有1褐色圆斑，背面有4条褐色纵纹。蛹纺锤形，乳白至黄色。

③发生规律及习性　西北、华北、东北等地2年完成1代，越冬的成虫于3月中、下旬出蛰，4月盛发，5月终见。卵始见于4月下旬，8月下旬后羽化的少数成虫，多在避风向阳的隐蔽处越冬。成虫活动能力较强。幼虫耐低温能力强，在河北4月平均气温0℃时即上升到表土层危害，当10cm深处土温达7℃~13℃时危害严重。

2）金针虫类防治措施

(1)园林技术防治　苗圃地精耕细作，通过机械损伤或将虫体翻出土面让鸟类捕食，以降低金针虫虫口密度。加强苗圃管理，避免施用未腐熟的草粪等诱来成虫繁殖。

(2)土壤处理　做床育苗时采用3%呋喃丹颗粒剂10g/m^2施入床面表土层内，或用5%辛硫磷颗粒剂按30~37.5kg/hm^2施入表土层防治。苗木出土或栽植后如发现金针虫危害，可逐行在地面撒施上述毒土后随即用锄掩入苗株附近的表土内。

(3)药剂拌种　用50%1605乳剂100g对水5~10kg，拌种50~100kg。拌种方法，将种子平放在地上，用喷雾器边喷药边翻拌种子，翻动均匀，使种子充分湿润，用麻袋盖上闷种3h，摊开晾干即可播种。

(4)诱杀成虫　用3%亚砷酸钠浸过的禾本科杂草诱杀成虫。

5.4.5 蟋蟀类

蟋蟀类属直翅目，蟋蟀科。触角丝状，较体长。前翅平覆体背，后翅纵折。产卵器针状或矛状。雄虫发音器在前翅上，听器在前足胫节上。危害园林植物的主要是大蟋蟀。

1）蟋蟀类主要害虫

(1)大蟋蟀（*Brachytrupes portentosus* Lichtenstein）

①分布及危害　分布于西南、华南、东南沿海。杂食性，常咬断植物嫩茎，造成严重缺苗、断苗、断梢等现象。

②形态特征　成虫体长30~40mm，体暗色或棕褐色，头部较前胸宽，两复眼间具“Y”字形浅沟，触角比虫体稍长。前胸背板中央1纵线，后足腿节强大，胫节粗，具两排刺，每排有刺4~5枚。尾须长，雌虫产卵器较其他蟋蟀短。卵圆筒形，稍弯曲，浅黄色。若虫与成虫相似，体型较小，黄色或灰褐色（图5-60）。

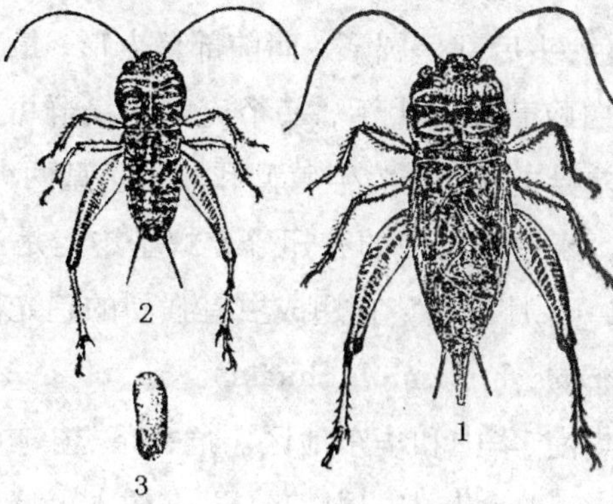

图 5－60　大蟋蟀

1. 成虫　2. 若虫　3. 卵

③发生规律及习性　1 年发生 1 代，以若虫在土穴中越冬。翌年 3 月初若虫活动，出土危害各种苗木和农作物幼苗，5～7 月羽化，6 月间成虫盛发，7～8 月间为交尾盛期，7～10 月产卵，8～10 月孵化。10～11 月若虫仍常出土危害，11 月越冬。该虫昼伏夜出，若虫和成虫都喜欢在疏松的砂土地里营造土穴而居，不群居，一次可产卵 150～200 粒左右。

此虫危害与气候关系密切，如秋旱冬暖有利于幼龄若虫的生长发育，常给苗圃幼苗带来较大灾难，3～6 月间如遇春旱及气温偏高的年份，有利于越冬后的若虫和成虫活动。6～7 月正是成虫交尾产卵前的大量取食期，故常对当时作物和苗木造成严重的危害。

2）蟋蟀类的防治措施

⑴毒饵诱杀　可选用炒香的谷皮、米糠、油渣、麦麸等 50kg，再将 90% 敌百虫 0.5kg 溶于 15kg 水中，或用 40% 氧化乐果 800 倍液拌成毒饵，于傍晚前撒布诱杀。也可在苗圃内每隔 4～5 步堆放禾本科植物鲜叶，堆内放少量毒饵诱杀。

⑵坑诱捕杀　每亩挖 0.3m×0.5m 的坑 3～4 个，坑内放入加上毒饵的新鲜畜粪，再用鲜草覆盖，可以诱集大量蟋蟀成、若虫前来取食，次晨进行捕杀。

⑶人工捕杀　根据洞口有松土的标志，挖掘洞穴，捕杀成、若虫。

5.4.6 白蚁类

白蚁类属等翅目，分土栖、木栖和土木栖 3 类。它除危害房屋、桥梁、枕木、船只、仓库、堤坝等之外，还是园林植物的重要害虫。危害园林植物的白蚁主要有鼻白蚁科的家白蚁和白蚁科的黑翅土白蚁。

1）白蚁类主要害虫

⑴家白蚁（*Coptotermes formosanus* Shiraki）

①分布及危害　分布于我国的广东、广西、安徽、江苏、浙江、福建、台湾、湖南、湖北、四川等省。危害林木时，尤喜在古树名木及行道树内筑巢，使之生长衰弱，甚至枯死。

②形态特征　有翅成虫体长 13.5～15mm，头背面深黄色，胸、腹背面黄褐色，腹部腹面黄色；翅微具淡黄色，前翅鳞明显大于后翅鳞。兵蚁体长 5.3～5.9mm，头及触角浅黄色，上

颚黑褐色，腹部乳白色；头部椭圆形，最宽处在头的中段；囟近于圆形，大而显著。工蚁体长5～5.4mm，头微黄，腹部白色；头后部呈圆形，而前部呈方形，最宽处在触角窝部位。

③发生规律及习性　家白蚁营群体生活，一个庞大的巢群可以包括几十万头白蚁个体，根据它们在形态和机能上的差异，可以分为生殖型和非生殖型两大类。白蚁群体发展到一定阶段，就会产生有翅繁殖蚁。家白蚁巢中的有翅繁殖蚁基本上是当年羽化当年群飞，而且纬度愈低，群飞愈早，一般在4～6月群飞。有翅成虫有强烈的趋光性，此时可用灯光诱杀。

(2)黑翅土白蚁(*Odontotermes formosanus* Shiraki)

①分布及危害　广布于华南、华中和华东地区。危害茶、柏、柑橘等90余种园林植物，还能危及堤坝安全。营巢于土中，取食苗木的根、茎，并在树木上修筑泥被，啃食树皮，亦能从伤口侵入木质部危害。苗木受害后生长不良或整株枯死。

②形态特征　有翅成虫体长12～14mm，头、胸、腹部背面黑褐色，腹面为棕黄色；翅黑褐色，全身覆有浓密的毛；前胸背板略狭于头，前宽后狭，前缘中央无明显的缺刻，后缘中部向前凹入，背板中央有一淡色"十"字形纹，纹的两侧前方各有一椭圆形淡色点；前翅鳞大于后翅鳞。蚁后无翅，腹部特别膨大。蚁王头呈淡红色，全身色泽较深，胸部残留翅鳞。兵蚁体长5～6mm，头暗，深黄色，被稀毛；胸腹部淡黄至灰白，有较密集的毛；头部背面为卵形，长大于宽，最宽处在头的中段，向前端略狭窄；上颚镰刀形，左上颚有一显著的微齿，右上颚有一不明显的微齿。工蚁体长4.6～4.9mm，头黄色，胸腹部灰白色(图5-61)。

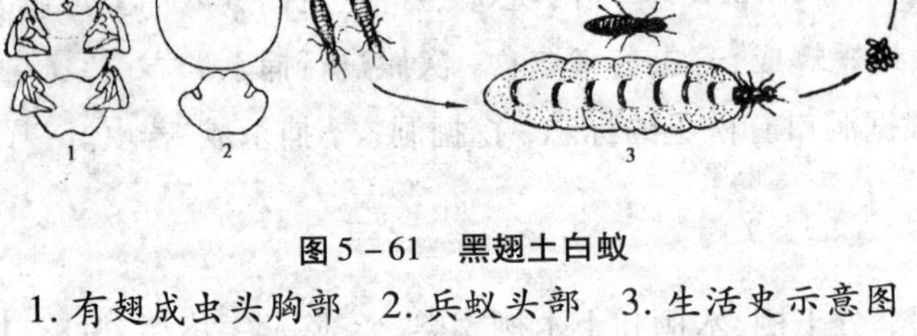

图5-61　黑翅土白蚁

1.有翅成虫头胸部　2.兵蚁头部　3.生活史示意图

③发生规律及习性　有翅成虫于3月出现在巢内，4～6月出现在近蚁巢的地面上。每巢有1群或多群，在羽化孔下有候飞室。候飞室与主巢相距3～8m。气温高于20℃，相对湿度高于85%的雨天，有翅成虫于19时前后分飞，经过分飞后，脱翅的成虫一般成对地钻入地下建立新巢。工蚁食性很杂。黑翅土白蚁的活动有强烈的季节性，在福建、江西、湖南等省，11月下旬开始转入地下活动，12月份除少量工蚁或兵蚁仍在地下活动外，其余全部集中到主巢。次年3月初，气候转暖，开始出土危害。

2)白蚁类防治措施

(1)土壤处理　播种前每公顷用90%敌百虫原药1.5～2.25kg拌入细土375kg中撒于土表，随即翻入土中，耕匀后播种，可以防治白蚁、蝼蛄及蛴螬。

(2)挖巢除蚁　可于3~4月结合蚁路、地形寻挖蚁巢，5~6月细找分群孔挖除蚁巢。

(3)压烟灭蚁　找到通向蚁巢的主道后，将压烟筒的出烟管插入主道，用泥封住道口，以防烟雾外逸，再将杀虫烟剂(如敌敌畏插管烟剂)放入压烟器内点燃，扭紧上盖，烟便从蚁道自然压入巢内。

(4)磷化铝熏蒸　在找到白蚁隧道后，将孔口稍加扩大，然后取一端有节的竹筒，其中装磷化铝6~10片从开口一端压向孔道口，并迅速用泥封住，以防磷化铝气体逸出。

(5)食饵诱杀　在白蚁发生时，于被害处附近，挖1m见方，0.5~0.75m深的土坑，坑内放置甘蔗渣、松木、枯竹片、稻草等白蚁所喜食物作诱饵，上洒以稀薄的红糖水或米汤，上面再盖一层草。过一段时间检查，如发现有白蚁诱来，喷洒灭蚁灵或将白蚁喜食物经1:5的亚砷酸水浸渍后，放在被害处，白蚁食后即回巢死亡。

(6)灯光诱杀　在有翅蚁群飞季节，用灯光进行诱杀。

相关技能训练

实训21　园林植物主要地下害虫的形态及危害状识别

1.实训目的

识别园林植物主要地下害虫的形态及其危害状。

2.实训材料和用具

材料:蝼蛄、地老虎、金龟子、金针虫、蟋蟀等地下害虫各虫态标本，被害状标本及挂图。

用具:扩大镜、挑针等。

3.实训内容与方法

1)蝼蛄形态及危害状观察

肉眼观察蝼蛄成、若虫及卵的形态，比较成、若虫的形态特征，观察蝼蛄类害虫的危害状。

2)金龟子成虫与幼虫形态观察

肉眼观察金龟子成虫及幼虫形态，对照挂图识别其幼虫危害苗木根系、成虫危害叶片后的症状特点。

3)金针虫形态观察

扩大镜观察金针虫成虫与幼虫的形态特征，识别当地主要金针虫种类。

4)地老虎观察

观察小地老虎各虫态的形态特征，对照挂图或被害幼苗识别其危害状。

5)蟋蟀形态观察

观察蟋蟀各虫态的形态特征，对照挂图或被害幼苗识别其危害状。

4.实训作业

列表描述所观察地下害虫各虫态的形态特征及危害状。

复习思考题

一、填空题

1. 黄刺蛾属 ________ 目，________ 科。该虫在辽宁、河北等地1年发生 ________ 代，以 ________ 在枝杈及树干上结茧越冬。

2. 毒蛾类幼虫体多具 ________ 毛，腹部第6~7节背面有 ________，有 ________ 危害的习性。

3. 大袋蛾俗称 ________，其幼虫共 ________ 龄，有喜光性，故多聚集于 ________ 危害。

4. 尺蛾幼虫有 ________ 对腹足，着生于第6和第10节上，因此爬行时常 ________，屈曲前进，犹如量地。

5. 美国白蛾又名 ________，属 ________，________ 科，是世界性 ________ 害虫。

6. 马尾松毛虫在我国每年发生 ________ 代，以 ________ 在 ________ 越冬。

7. 柑橘凤蝶成虫白天活动，卵散产于 ________ 上，初孵幼虫 ________ 色，长大惊扰时即伸出 ________ 释放一种臭味。

8. 叶蜂类幼虫为多足型，除具有3对胸足外，通常有 ________ 对腹足。

9. 抓住介壳虫防治的关键是 ________。

10. 棉蚜一年发生 ________ 代，以 ________ 在 ________ 上越冬。

11. 大青叶蝉1年发生 ________ 代，以 ________ 越冬。

12. 桑盾蚧又名 ________，以 ________ 和 ________ 群集枝干吮吸汁液。

13. 白粉虱成虫一年发生________ 代，以 ________ 越冬。

14. 缨翅目昆虫通称 ________，口器为 ________。

15. 朱砂叶螨又名 ________，北方主要以 ________ 越冬，南方以 ________ 越冬。

16. 白杨透翅蛾在我国北方地区 ________ 年发生 ________ 代，以 ________ 在 ________ 越冬。

17. 星天牛在我国1年发生 ________ 代，以 ________ 在树干内越冬。

18. 吉丁虫属 ________ 目，吉丁甲科，成虫生活于木本植物上，产卵于 ________。

19. 金龟甲类的幼虫通称 ________，危害植物幼苗的根茎部分。

20. 我国常见的2种蝼蛄为 ________ 和 ________。

21. 地老虎类属 ________ 目 ________ 科，主要害虫种类有 ________、________ 和 ________。

22. 白蚁属 ________ 目，分 ________ 栖、________ 栖和 ________ 栖。

二、选择题

1. 下列害虫中(　　)是卷叶或缀叶危害的。

A. 黄刺蛾　　B. 马尾松毛虫　　C. 柑橘凤蝶　　D. 黄杨绢野螟

2. 下列害虫中，成、幼(若)虫都危害植物叶片的有(　　)。

A. 柳蓝叶甲　　B. 铜绿丽金龟　　C. 短额负蝗　　D. 樟叶蜂

3. 以下害虫中以幼虫越冬的有(　　)。

A. 黄杨绢野螟　　B. 黄褐天幕毛虫　　C. 咖啡木蠹蛾　　D. 豆毒蛾

4. 园林植物食叶害虫舞毒蛾的前翅类型是(　　)。

A. 膜翅　　B. 鳞翅　　C. 半鞘翅　　D. 复翅

5. 以老熟幼虫在枝杈处结钙质茧越冬的是(　　)。

A. 黄刺蛾　　B. 青刺蛾　　C. 扁刺蛾　　D. 大袋蛾

6. 以下害虫中卵产在叶片组织内的是(　　)。

A. 麻皮蝽　　B. 杜鹃冠网蝽　　C. 霜天蛾　　D. 柳蓝叶甲

7. 以下昆虫中成虫是食叶害虫，幼虫是天敌昆虫的是(　　)。

A. 铜绿金龟子　　B. 茄二十八星瓢虫　　C. 泥翅象甲　　D. 红头豆芫菁

8. 以下害虫中以幼虫在枝叶中越冬的是(　　)。

A. 黄杨绢野螟　　B. 槐尺蛾　　C. 霜天蛾　　D. 柳蓝叶甲

9. (　　)的成、若虫在叶背刺吸汁液，使叶片正面出现失绿斑点，叶背有虫体分泌和排泄的蝇粪状污物。

A. 杜鹃冠网蝽　　B. 小绿叶蝉　　C. 梧桐木虱　　D. 黑刺粉虱

10. 导致樟树叶片畸形，后期形成紫红色虫瘿的是(　　)。

A. 黑刺粉虱　　B. 樟褐蛱蝶　　C. 樟青凤蝶　　D. 樟木虱

11. 以下害虫中成虫钻蛀梢头的是(　　)。

A. 松纵坑切梢小蠹　　B. 松墨天牛　　C. 星天牛　　D. 金缘吉丁虫

12. 以下害虫中危害时在树干上产生泥被的是(　　)。

A. 黑翅土白蚁　　B. 星天牛　　C. 松纵坑切梢小蠹　　D. 金缘吉丁虫

13. 以下害虫中对糖醋酒液有趋性的是(　　)。

A. 菜粉蝶　　B. 小地老虎　　C. 咖啡木蠹蛾　　D. 樟青凤蝶

14. 小地老虎的卵产在(　　)。

A. 土壤中　　B. 枯枝落叶上　　C. 杂草上　　D. 树皮裂缝中

三、问答题

1. 食叶害虫发生特点如何?
2. 调查本地区常发生的刺蛾种类，说明其危害特点及防治方法。
3. 如何识别大袋蛾、茶袋蛾的护囊特征，并说明袋蛾类的防治方法。
4. 针对美国白蛾在我国的分布与危害特点，谈谈如何开展综合防治工作。
5. 结合本地区常发生的叶甲类及危害特点，说明叶甲类害虫的防治方法。
6. 以樟叶蜂为例说明叶蜂类害虫的危害特点及防治方法。
7. 调查本地区松毛虫种类，描述其形态特征，拟订其综合防治方法。
8. 吸汁类害虫的发生有什么特点?
9. 列表比较园林植物常见蚜虫的形态特征，说明识别特点。
10. 列表比较园林植物常见介壳虫的形态特征，说明识别特点。
11. 木虱类的危害特点是什么? 如何进行综合防治?
12. 简述梨网蝽的危害特点及发生规律。
13. 蛀干害虫的发生特点是什么?
14. 星天牛、桑天牛、桃红颈天牛、光肩星天牛成虫如何区别?
15. 比较葡萄透翅蛾与白杨透翅蛾的受害状，说明透翅蛾类害虫的防治方法。
16. 小蠹虫类害虫的综合防治措施有哪些? 坑道系统是怎样形成的?

17. 为什么说蛀干害虫的防治要建立在栽培措施的基础上？具体怎样应用？
18. 地下害虫的发生有什么特点？
19. 怎样区别华北蝼蛄与东方蝼蛄的成虫？蝼蛄的危害特点有哪些？
20. 如何配制毒饵诱杀蝼蛄和地老虎？
21. 本地区经常发生的金龟子是哪几种？根据其生活习性及发生规律制定防治方案。
22. 针对本校园园林植物害虫发生危害现状，制定一套切实可行的综合防治方案。

项目6 园林植物病害及防治技术

【知识目标】

●了解园林植物各类病害的危害特点。

●掌握园林植物各类病害的识别方法。

●掌握园林植物各类病害的病原种类和发病规律。

●能够根据园林植物各类病害的发病规律制定综合防治方案。

【技能目标】

●能正确识别园林植物各类病害的症状。

●能正确识别园林植物主要病害的病原种类。

●能正确使用各类农药和其他防治手段防治常见园林植物病害。

任务6.1 园林植物叶、花、果病害及防治技术

任务分析:园林植物叶、花、果病害种类繁多，占整个园林植物病害的70%左右。发病后，叶片的斑驳、枯死、变形等，不仅影响观赏效果，而且也影响了植株正常的生长发育，使之生长衰弱。病害严重者，可引起叶片及花果的提前脱落，甚至导致植株死亡。通过本任务的学习，要求学生熟悉各类叶、花、果病害的症状特点，结合病原鉴定，能准确识别病害;熟悉各类叶部病害的发生发展规律，掌握其防治技术。

任务实施的相关知识

一般情况下，叶、花、果病害很少能引起园林植物的死亡，但叶片的斑驳、枯死、变形以及花的提前脱落等，却直接影响了园林植物的观赏价值，尤其对观叶植物的影响更甚。叶、花、果病害的病原主要有真菌、细菌、病毒、支原体、寄生性线虫及一些非侵染性病原，真菌是叶、花、果病害最主要的病原。常见的叶、花、果病害主要有叶斑病、白粉病、锈病、炭疽病、灰霉病、叶畸形及病毒病等。

园林植物叶、花、果病害发生的特点有:(1)症状类型较多，主要有斑点、白粉、锈粉、煤污、灰霉、畸形、变色等，在发病部位多产生霉状物、粉状物、粒状物等;(2)初侵染主要来源于病残体上越冬的病菌菌丝体、子实体或休眠体，再侵染来源单纯，均来自于初侵染所形成的病部。潜育期一般较短，多数在7~15d左右，许多叶部病害在整个生长季节中有多次再侵染。病原

物的传播方式主要是通过气流传播的，有的也可借助雨水、昆虫、人类活动等传播。侵入途径主要有直接侵入、自然孔口侵入和伤口侵入3种;(3)减少侵染来源和喷药保护是防治园林植物叶、花、果病害的主要措施，改善园林植物生长环境是控制病害发生的根本措施。

6.1.1 叶斑病类

叶斑病是叶片组织受病菌的局部侵染，而形成各种类型斑点的一类病害的总称。叶斑病又可分为黑斑病、褐斑病、圆斑病、角斑病、斑枯病、轮斑病等。这类病害的绝大多数，后期往往在病斑上产生各种小颗粒或霉层。叶斑病严重影响叶片的光合作用，并导致叶片的提早脱落，影响植物的生长和观赏效果。

1)叶斑病类主要病害

(1)月季黑斑病

①分布与危害　我国月季栽培地区均有发生，是月季的一种重要病害。该病除危害月季外，还危害蔷薇、黄刺玫、山玫瑰、金樱子、白玉棠等近百种蔷薇属植物及其杂交种。

②症状　病菌主要危害叶片，感病初期叶片上出现褪绿色或紫褐色小点，以后逐渐扩大为圆形或近圆形的斑点，边缘呈不规则的放射状，病部周围组织变黄，病斑上生有黑色小点，即病菌的分生孢子盘，严重时病斑连片，甚至整株叶片全部脱落，成为光秆。在有些月季品种上黄色组织与病原之间有绿色组织，这种现象称为“绿岛”。嫩枝上的病斑为长椭圆形、暗紫红色、稍下陷，花蕾上的病斑多为紫褐色的椭圆形斑(图6-1)。

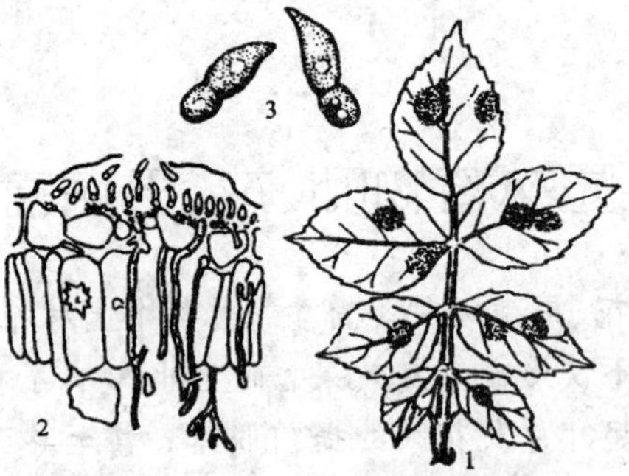

图6-1　月季黑斑病

1.症状　2.分生孢子盘　3.分生孢子

③病原　病原菌为蔷薇放线孢菌[*Actinonema rosa* (Lib) Fr.]，属半知菌亚门、腔孢纲、黑盘孢目、放线孢属。分生孢子盘生于角质层下，盘下有呈放射状分枝的菌丝;分生孢子长卵圆形或椭圆形，无色，双胞，分隔处略缢缩，两个细胞大小不等，直或略弯曲;分生孢子梗很短，无色。

④发病规律　病菌以菌丝体和分生孢子在病枝和病落叶上越冬。翌春4~5月，分生孢子借雨水、灌溉水的喷溅传播，直接从表皮侵入。在长江流域一带，5~6月和8~9月出现两次发病高峰期，在北方一般8~9月发病最重。雨水是该病害流行的主要条件，低洼积水、通风不良、光照不足、肥水不高、卫生状况不佳，均会加重病害的发生。

(2)樱花褐斑病

①分布与危害　樱花褐斑病又称樱花褐斑穿孔病，该病是樱花叶部的一种重要病

害。我国各地区樱花上发生普遍，其中武汉、成都、天津等市发病严重。染病樱花叶片穿孔，不仅影响观赏，而且植株提前落叶，影响其生长发育。该病还侵害樱桃、梅花、桃等核果类观赏树木。

②症状　褐斑病主要危害樱花叶片，有时也侵染嫩梢。发病初期，感病叶面出现针尖大小的斑点，斑点紫褐色，逐渐扩大形成圆形或近圆形斑。病斑褐色至灰白色，病斑边缘紫褐色，直径可达5mm。发病后期病斑上产生灰褐色霉状物，即病原菌的分生孢子及分生孢子梗。最后病斑中部干枯脱落，呈穿孔状，穿孔边缘整齐。发病严重时，叶片布满穿孔，引起落叶（图6－2）。

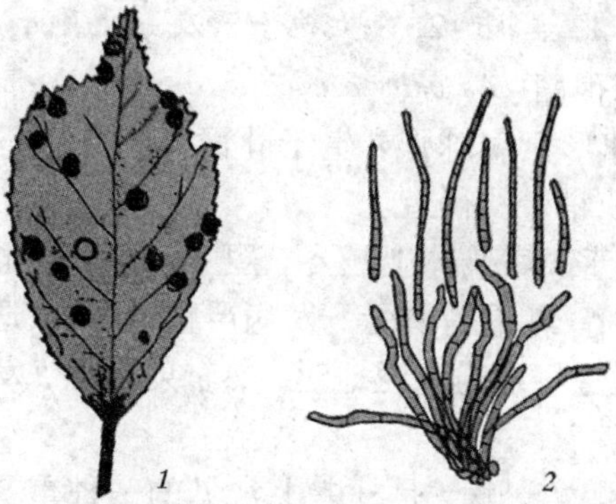

图6－2　樱花褐斑病

1. 症状　2. 分生孢子及分生孢子梗

③病原　病原菌为核果尾孢菌（*Cercospora circumscissa* Sacc.），属于半知菌亚门、丝孢纲、丛梗孢目、尾孢属真菌。分生孢子梗10～16根成束生长，橄榄色，不分枝，直立或弯曲。分生孢子细长，鞭状，倒棍棒形或圆柱形，棕褐色，直立或稍弯。

④发病规律　病原菌在感病植株枝梢病部以菌丝体越冬，或者以子囊壳在病落叶上越冬。第二年春季，产生分生孢子，分生孢子借风雨传播，自气孔侵入寄主。该病通常自树冠下部先发病，逐渐向树冠上部扩展。大风、多雨的年份发病严重；植株栽植过密，病害容易发生；土壤瘠薄，病害发生严重；夏季干旱，树势衰弱发病也重。日本樱花和日本晚樱抗病性弱，发病重。

⑶苏铁白斑病

①分布与危害　分布于吉林、上海、天津、广东、贵州、江苏、湖南、宁夏、新疆等地，白斑病是危害苏铁的主要病害。

②症状　初期仅在叶片正面可见针尖大的淡黄色小点，随着病情发展，病斑逐渐扩大，正、反两面均可看到紫红色或红褐色斑点。后期病斑不规则，一般直径为2～4mm，病斑边缘呈红褐色或紫红色，与叶片健康部分组织界限明显，病斑中央呈灰白色，上生黑色粒状物，即病菌的分生孢子器，病斑多发生在小叶中下部，病斑相互融合形成一段枯斑，使病部叶组织枯死（图6－3）。

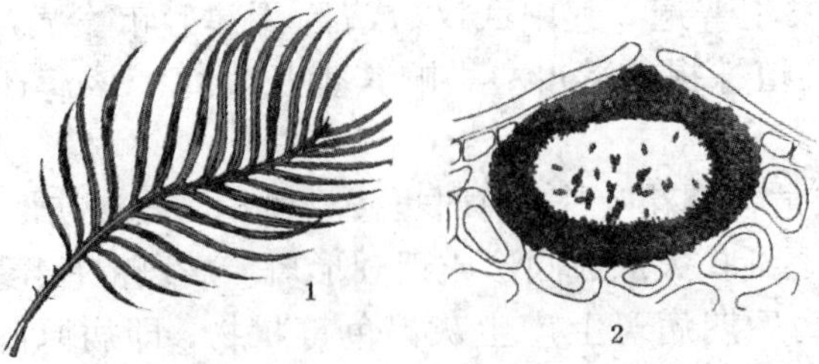

图6－3 苏铁白斑病

1. 症状 2. 分生孢子器及分生孢子

③病原 病原菌为球壳孢菌(*Ascochyta cycadina* Scalia)，属半知菌亚门、腔孢纲、球壳孢目、球壳孢属。分生孢子器球形至扁球形，生于叶面，暗褐色。分生孢子卵形或圆筒形，双胞，隔膜处缢缩或无，无色或稍带浅褐色。

④发病规律 病原菌在苏铁病残体上越冬，翌年产生分生孢子借风、雨传播。在高湿高温、通风透光条件差、土壤贫瘠、黏重等情况下发病严重；发病最适宜温度为22℃～28℃，相对湿度95%以上。盆栽苏铁放置场地为水泥地时，热辐射强烈，发病重。

⑷杜鹃叶斑病

①分布与危害 又名杜鹃角斑病，是杜鹃上常见的一种重要病害。在我国分布很广，安徽、江西、上海、北京、江苏、浙江、辽宁、广东、河北等地均有发生。除危害杜鹃外，还危害满山红，导致叶片枯黄，提早落叶，影响观赏效果。

②症状 病菌主要侵染叶片。发病初期，叶片出现红褐色小斑点，病斑逐渐扩大，由于受叶脉限制，形成不规则的多角形、黑褐色病斑。后期，病斑中央变为灰白色。病斑正面色较深，背面色较浅。在潮湿情况下，叶正面着生许多褐色小霉点，即病菌的分生孢子梗和分生孢子。发病严重时病斑相互连接导致叶片枯黄、早落。

③病原 病原菌为杜鹃尾孢菌(*Cercospora rhodoendri* Guba.)，属半知菌亚门、丝孢纲、丛梗孢目、尾孢属。子座褐色，分生孢子梗淡褐色，束生，顶端膝状，1～4个分隔；分生孢子鞭状，下端平截，上端渐尖，稍弯曲，成熟后隔膜多。

④发病规律 病菌以菌丝体在病叶上或病枝残体上越冬。翌年形成分生孢子，分生孢子借风雨传播，萌发后自伤口侵入。在江西，5月中旬开始发病，8月为发病高峰；在广州，4～7月为发病高峰。温室栽培的杜鹃可常年发病。雨水多、雾多、露水重有利于病害的发生。通风透光不良、管理粗放、土壤黏重、植株生长不良、梅雨和台风加重病害的发生。杜鹃品种不同，抗病性也不同，一般西洋杜鹃较感病。

⑸香石竹叶斑病

①分布与危害 此病亦称香石竹黑斑病、茎腐病，是香石竹上最严重的病害之一。该病在我国北京、上海、浙江、广州、贵州等地均有发生。

②症状 主要发生在叶片和茎上，偶发在蕾和花上。病害多从下部叶片开始，出现淡绿色水渍状的小圆斑，后变紫色，以后随着病斑逐渐扩大，中央发生枯死；病斑圆形、椭圆形或半圆形，直径4～5mm，边缘褐色，中央灰白色。在有些品种中，边缘内有一紫色环。几个病斑愈合在一起会形成大而不规则的死亡圈，最后导致整片叶子死亡。在潮湿条件下，病部出现一层黑色霉状物。茎部的病斑大多发生在节上，开始只在外层组织及茎的一边，后来深入

内部组织甚至造成茎部环割，使其上部的枝叶枯死。花蕾上的病斑圆形，黄褐色水渍状，有时花瓣上也可出现黑褐色病斑和黑色霉层(图6-4)。

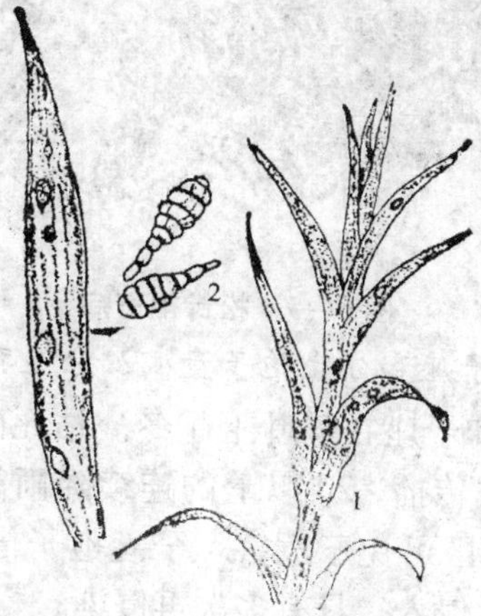

图6-4　香石竹叶斑病

1. 症状　2. 分生孢子

③病原　病原菌为香石竹链格孢菌(*Alternaria dianthi* Stevenset Hall)，属半知菌亚门、丝孢纲、丛梗孢目、链格孢属。分生孢子梗暗褐色，簇生于寄主植物的气孔。分生孢子倒棍棒形，有纵横隔膜，着生于分生孢子梗顶端。

④发病规律　病菌以菌丝体在病株残体上越冬，可存活1年左右。分生孢子借风雨传播，从气孔和伤口侵入植株，潜育期10~60d。不同香石竹品种对病害的反应有差异。温室栽培的香石竹周年发病，露地栽培的发病期为3~11月，但以3~4月梅雨天气和7~9月台风季节为发病盛期，露地栽培比温室栽培发病严重。组培苗比扦插苗抗病。大花、宽叶、草体柔软的品种比花小、叶细长、草体挺硬的品种发病重。

⑹松针褐斑病

①分布与危害　分布于福建、广东、浙江等地，主要危害长叶松、湿地松、火炬松，也危害加勒比松、黑松等多种松树。针叶感病后枯死、脱落，导致树冠稀疏，影响树木生长势和观赏效果。是检疫对象。

②症状　病菌侵害松树的针叶。发病初期，感病针叶产生褪色小段斑，随后段斑中央开始变褐，迅速扩大形成褐色圆形斑点。同一针叶上常多处产生病斑，形成绿、黄、褐相间的斑纹，最后针叶先端枯死。褐色病斑上产生黑色小点状子实体，初埋于寄主表皮下，成熟时逐渐突破表皮外露，成一黑色小颗粒。

③病原　病原菌有性阶段为子囊菌亚门、腔菌纲、座囊菌目、瘤状座囊菌属的[*Scirrhia acicola* (Dearn.) Siggers]。子囊座大小不等，每个子囊座内着生1~18个子囊腔，子囊腔排成1~2或3排；子囊成束排在子囊腔内，无侧丝；子囊双层，外膜顶端厚；子囊孢子双细胞，上大下小，淡褐色，每个细胞内含2个油球。无性阶段为半知菌亚门、腔孢纲、黑盘孢目、褐柱孢属[*Lecanosticta acicola* (Thum.) Syd.]。分生孢子盘位于子座内，褐色；分生孢子梗栅状排列，不分枝；分生孢子圆柱形、黑褐色，多为新月形或不规则弯曲，1~3分隔(图6-5)。

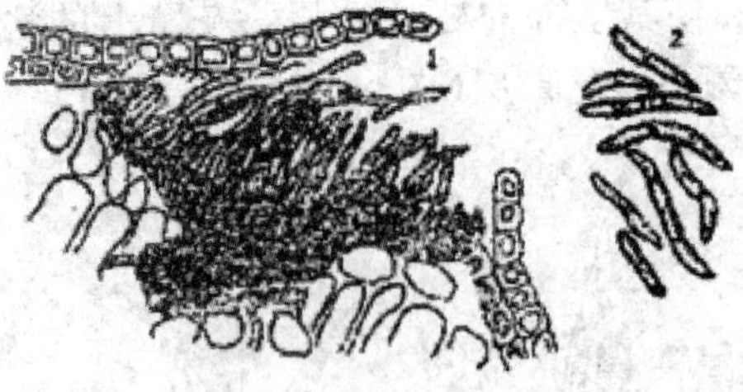

图6－5 松针褐斑病

1. 子座和分生孢子盘 2. 分生孢子

④发病规律 病菌以菌丝和子座在病叶上越冬。枯死的针叶可在树上保留1年或多年不脱落。分生孢子借雨水的飞溅传播，2d以上的连续降雨能造成大量的孢子飞散。常年多雨的地区发病重，常年干旱的地区可免于危害。子囊孢子借气流传播，它是春季的侵染源，但侵染率低。孢子萌发后从气孔侵入。具有多次再侵染。

2）叶斑病类防治措施

⑴加强栽培管理，控制病害发生 适当控制栽植密度，及时修剪，芍药株丛过大要及时进行分株移栽，以利于通风透光；改进灌水方式，采用滴灌、沟灌或沿盆沿浇水，避免喷灌，减少病菌的传播机会。实行轮作；及时更新盆土，防止病菌的积累。增施有机肥、磷肥、钾肥，适当控制氮肥，提高植株抗病能力。

⑵选用抗病品种和健壮苗木 园林植物特别是花卉的栽培品种很多，各栽培品种之间抗病性存在较大差异，在园林植物配置上，可选用抗性品种，避免种植感病品种，可减轻病害的发生。不同培育方式的苗木抗病性也存在差异。如香石竹的组培苗比扦插苗抗病，选用组培苗可减轻叶枯病的发生。

⑶清除侵染来源 彻底清除病株残体及病死植株，并集中烧毁。每年进行一次花盆土消毒。休眠期喷施3～5°Be的石硫合剂，或在早春展叶前喷洒50%多菌灵可湿性粉剂600倍液。

⑷发病期间药剂防治 在发病初期及时喷施杀菌剂，如50%托布津可湿性粉剂1000倍液，或50%退菌特可湿性粉剂1000倍液，或65%代森锌可湿性粉剂800倍液。

⑸加强检疫 松针褐斑病是检疫性病害，要防治病害的蔓延，要严禁从疫区购进松类苗木，也不要向保护区出售松类苗木。

6.1.2 白粉病类

白粉病是植物上发生极为普遍的一种病害。一般多发生在寄主生长的中后期，可侵害叶片、嫩枝、花、花柄和新梢。在叶上初为褪绿斑，继而长出白色菌丝层，并产生白粉状分生孢子，在生长季节进行再侵染，重者可抑制寄主植物生长，叶片不平整，以致卷曲，萎蔫苍白。幼嫩枝梢发育畸形，病芽不展开或产生畸形花，新梢生长停止，使植株失去观赏价值。严重者可导致枝叶干枯，甚至可造成全株死亡。

1）白粉病类主要病害

⑴月季白粉病

①分布与危害 我国凡在月季花栽培区均有分布，其中重庆、西宁、太原、郑州、呼和浩

特、苏州、兰州、沈阳等地发病严重，该病也危害蔷薇、玫瑰、白玉堂等植物。

②症状　主要危害叶片、新梢、花蕾、花梗，使得被害部位表面长出一层白色粉状物（即分生孢子），同时枝梢弯曲，叶片皱缩畸形或卷曲。老叶较抗病，嫩梢和叶柄发病时病斑略肿大，节间缩短，病梢有回枯现象。严重时叶片萎缩干枯，花少而小，严重影响植株生长、开花和观赏。花蕾受害后被满白粉层，逐渐萎缩干枯。受害轻的花蕾开出的花朵呈畸形。幼芽受害不能适时展开，比正常的芽展开晚且生长迟缓（图6－6）。

③病原　病原菌为蔷薇单囊壳菌［*Sphaerotheca pannosa*（Wallr.）Lev.］，属子囊菌亚门、核菌纲、白粉菌目、单囊白粉菌属。子囊短椭圆形或近球形。子囊孢子8个，椭圆形，无色透明。

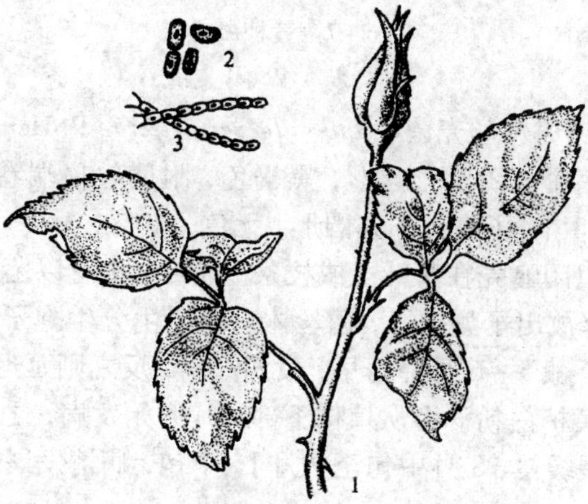

图6－6　月季白粉病

1. 受害枝条　2. 分生孢子　3. 分生孢子串

④发病规律　病菌以菌丝体在病芽上越冬。翌春病芽萌动，病菌随之侵染叶片和新梢。温室栽培，分生孢子能终年不断地繁殖，且耐寒能力强，0℃也不致丧失其活力，因此分生孢子也是重要的初侵染源，能进行初侵染和再侵染。子囊孢子在侵染过程中一般不起作用。该菌生长适温21℃，最高33℃，最低3℃～5℃。分生孢子萌发的最适湿度为97%～99%。露地栽培月季以5～6月和9～10月发病较多，温室栽培可终年发生。栽植过密或偏施、过施氮肥，通风不良或阳光不足易发病。开红花的月季品种不抗病。

⑵黄栌白粉病

①分布与危害　黄栌白粉病是危害黄栌的主要病害之一，该病主要发生在北京、山东、河北、河南、陕西、四川等地，其中北京、西安的黄栌发病最严重。

②症状　病菌主要危害叶片，也危害嫩枝。发病初期，叶片上出现针尖大小的白色粉点，后逐渐扩大成污白色近土黄色的圆形斑，最后出现典型的白粉斑。发病严重时数个病斑相连，整个叶片布满了厚厚的白粉。后期在白色粉层上出现黑至黑褐色的小颗粒即病菌的闭囊壳。叶片褪绿变黄甚至干枯（图6－7）。

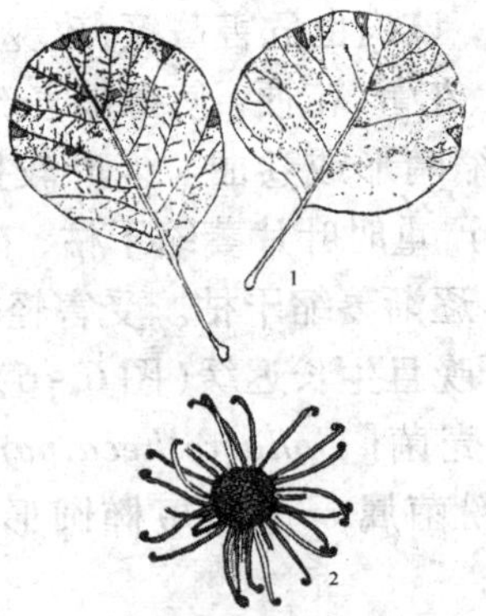

图6-7　黄栌白粉病

1. 症状　2. 闭囊壳

③病原　病原菌为漆树钩丝壳菌(*Uncinula vernieiferae* P. Henn.)，属子囊菌亚门、核菌纲、白粉菌目、钩丝白粉菌属。闭囊壳球形，黑褐色，附属丝顶端卷曲如钩状;子囊卵形至椭圆形，内生子囊孢子5~8个;子囊孢子卵圆形，无色，单胞。

④发病规律　病菌以闭囊壳在落叶上或枝条上越冬，也有以菌丝在病枝上越冬的。翌年夏初，闭囊壳吸水开裂释放出子囊孢子，菌丝体直接产生分生孢子进行初侵染，生长季节以分生孢子进行再侵染。一般5~6月降雨早，发病亦早，反之则延迟。7~8月降雨量的多少，决定当年病害的轻重。黄栌白粉病多从植株下部叶片开始发病，之后逐渐向上蔓延。发病初期至8月上旬，病情发展缓慢，8月中旬至9月上、中旬，病情发展迅速。

(3)瓜叶菊白粉病

①分布与危害　白粉病是瓜叶菊栽培区的一种常见病，我国南北方均有发生。除瓜叶菊外，此病还能危害金盏菊、百日草、非洲菊、菊花、福禄考、蜀葵、秋海棠、一品红、银边翠等多种花卉。

②症状　此病主要危害叶片，严重时也可危害叶柄、嫩茎及花蕾等部位。发病初期，叶面病斑不明显，后呈近圆形或不规则形浅黄色斑块，并覆盖一层白色粉状物;环境适宜时，病斑迅速扩大，连接成边缘不清晰的大片白色粉斑，甚至覆盖全叶。严重感病的植株，叶片和嫩梢扭曲或卷缩、萎蔫，新梢生长停滞，甚至矮化，发育不良，花朵变小，且提早凋谢。病害发展后期，叶面白色粉层变为灰白色或灰褐色，偶尔可见黑色小点(图6-8)。

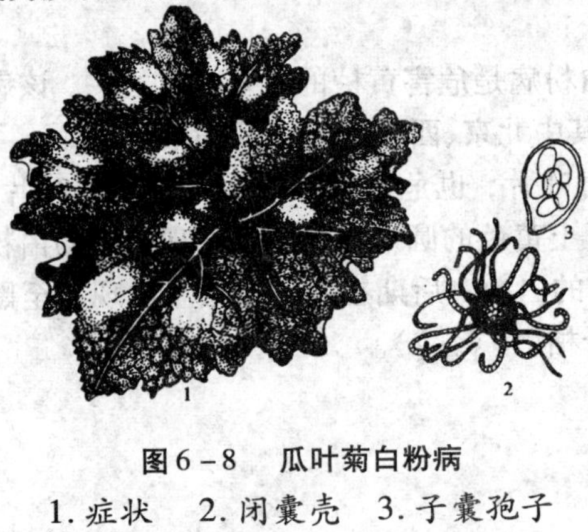

图6-8　瓜叶菊白粉病

1. 症状　2. 闭囊壳　3. 子囊孢子

③病原　病原菌为二孢白粉菌（*Erysiphe eichoracearum* DC），属子囊菌亚门、核菌纲、白粉菌目、白粉菌属。闭囊壳上附属丝多，菌丝状；子囊6~21个，卵形或短椭圆形；子囊孢子2个，少数3个，椭圆形。

④发病规律　病菌以闭囊壳或菌丝体在病叶及其他病残体上越冬。翌春气温回升时，病菌借气流传播，也可通过水珠飞溅传播。当气温在20℃~25℃、湿度较大时侵入寄主，引起发病。因此，浇水过多，通风透光不良，会使病害迅速扩展蔓延，尤其是在开花期间危害较重。当栽培管理不善，造成植株生长衰弱时，发病也严重。该病在瓜叶菊整个生长过程中，只要环境条件适宜，便可不断地侵染危害。在我国南方和北方的温室内，病菌不需越冬而继续侵染危害。

⑷紫薇白粉病

①分布与危害　紫薇白粉病在我国紫薇栽培区普遍发生，发病后常使紫薇叶片枯黄、脱落，直接影响树势和观赏效果。

②症状　该病主要危害紫薇的叶片，嫩叶比老叶易感病，嫩梢和花蕾也能受害。叶片展开后即可受到侵染，发病初期叶片上出现白色圆形病斑，上覆白粉，严重时可连成一片。病叶提前脱落，影响生长。花受侵染后，表面被覆白粉层，花穗畸形，失去观赏价值（图6-9）。

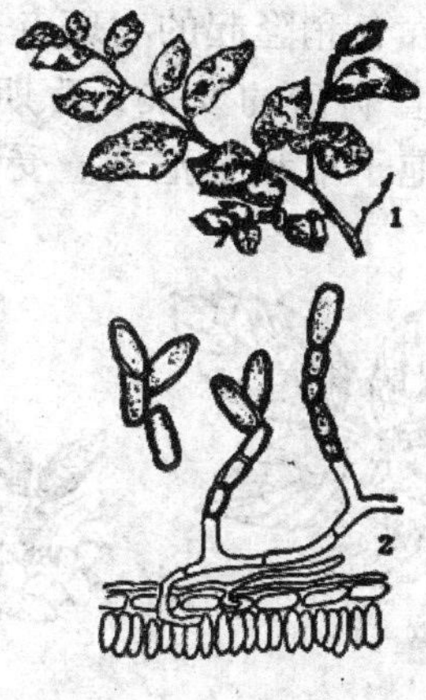

图6-9　紫薇白粉病

1.症状　2.白粉菌分生孢子

③病原　病原菌为南方钩丝壳菌（*Uncinula australiana* Mcalp.），属子囊菌亚门、核菌纲、白粉菌目、钩丝壳属。闭囊壳球形，表面附属丝呈钩状，里边含有多个子囊，子囊孢子椭圆形。

④发病规律　紫薇白粉病是以菌丝体在病芽或以闭囊壳在病残体上越冬，翌年产生分生孢子，借风雨传播，生长季节有多次再侵染。病害一般在5月份开始发生，6月份趋于严重，7~8月份天气炎热时停止或较轻，9~10月份再度严重。下部荫生的枝叶感病重，场地湿冷、闷热、通风透光不良时发病重。

2）白粉病类防治措施

⑴清除侵染来源　秋冬季节结合修剪，剪除病弱枝，清除枯枝落叶，集中烧毁，减少初侵染来源。

⑵加强栽培管理，提高园林植物的抗病性　栽植密度、盆花摆放密度不要过密；温室栽培注意通风透光。适当增施磷、钾肥，合理使用氮肥。灌水最好在晴天的上午进行；灌水方式最好采

用滴灌和喷灌，不要漫灌。生长季节发现少量病叶、病梢时，及时摘除烧毁，防止扩大侵染。

⑶药剂防治　发芽前喷施3～4°Be的石硫合剂(瓜叶菊上禁用)；发病初期喷施15%粉锈宁可湿性粉剂1500～2000倍液、25%敌力脱乳油2500～5000倍液、40%福星乳油8000～10000倍液、45%特克多悬浮液300～800倍液。温室内可用10%粉锈宁烟雾剂熏蒸。

⑷种植抗病品种　选用抗病品种是防治白粉病的重要措施之一。

6.1.3 锈病类

锈病是园林植物病害中较为常见的一种病，全国花木上有80余种锈病，有些危害严重，如玫瑰锈病和美人蕉锈病等。主要危害观赏植物的叶片，引起叶枯和叶片早落、果实畸形、削弱植物生长势，降低观赏植物的产量和观赏性，严重影响植物的生长。

1)锈病类主要病害

⑴玫瑰锈病

①分布与危害　世界性病害。我国主要分布于北京、山东、河南、陕西、安徽、江苏、广东、云南、上海、浙江、吉林等地。危害玫瑰、月季、野玫瑰等园林植物。

②症状　该病主要危害玫瑰的芽、叶片，也危害叶柄、花、果、嫩枝等部位。发病初期，叶片正面出现淡黄色粉状物，反面生有黄色稍隆起的小斑点——锈孢子器，初生于表皮下，成熟后突破表皮散出橘红色粉末，随着病情的发展，后期又出现橘黄色粉堆——夏孢子，秋末叶背出现黑褐色粉状物，即冬孢子堆和冬孢子。受害叶片早期脱落，影响生长和开花(图6－10)。

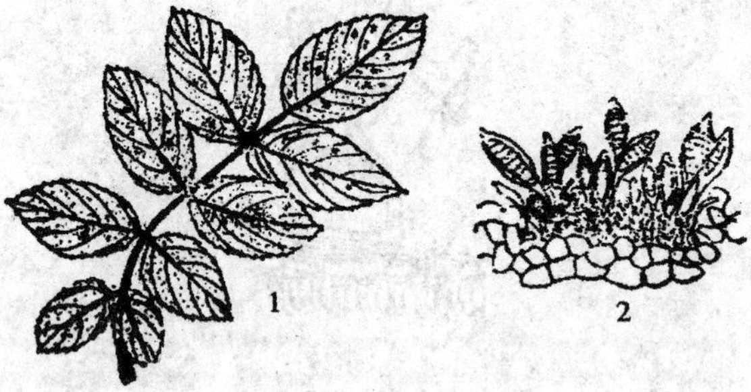

图6－10　玫瑰锈病

1.症状　2.冬孢子堆

③病原　引起玫瑰锈病的病原种类很多，国内已知有3种，均属担子菌亚门、冬孢菌纲、锈菌目、多孢锈菌属(*Phragmidium*)，分别为玫瑰多胞锈菌(*Ph. Rosaerugosae* Kasai)、短尖多胞锈菌[*Ph. mucronatum* (Pers.) Schlecht]和蔷薇多胞锈菌(*Ph*. rosae－multiforae Diet.)。其中短尖多胞锈菌危害大、分布广。锈孢子近球形或椭圆形，淡黄色，有瘤状刺。夏孢子堆橙黄色，夏孢子球形或椭圆形，孢壁密生细刺。冬孢子堆黑色，冬孢子圆筒形，暗褐色，顶端有乳头状突起，孢壁密生无色瘤状突起；孢子柄永存，上部有色，下部无色，显著膨大。

④发病规律　病菌以菌丝体在芽内和以冬孢子在发病部位及枯枝落叶上越冬。翌年玫瑰芽萌发时，冬孢子萌发产生担孢子，侵入植株幼嫩组织，4月下旬出现明显的病芽，在嫩芽、幼叶上呈现出橙黄色粉状物，即锈孢子。5月间玫瑰花含苞待放时开始在叶背出现夏孢子，借风雨传播，进行第1次再侵染。条件适宜时叶背不断产生大量夏孢子，进行多次再侵染。四季温暖、多雨或多雾的地区及年份发病重。

(2)海棠锈病

①分布与危害　分布于东北、华北、西北、华中、华东和西南等地。危害苹果、海棠和桧柏等，是公园、绿地常见病。

②症状　春夏季主要危害贴梗海棠、木瓜海棠、苹果、梨，发病初期叶片正面出现黄绿色小点，后逐渐扩大成橙黄色的油状斑，然后病斑上出现略成轮状的黑色小粒点，即性孢子器。发病后期叶片背面生出黄色须状物，即锈孢子器(俗称羊胡子)。转主寄主为桧柏，秋冬季病菌危害桧柏针叶或小枝，被害部位出现浅黄色斑点，后隆起呈灰褐色豆状的小瘤，初期表面光滑，后膨大，表面粗糙，呈棕褐色，直径0.5~1.0cm，翌春3~4月遇雨破裂，膨大为橙黄色花朵状(或木耳状)。受害严重的桧柏小枝上病瘿成串，造成柏叶枯黄，小枝干枯，甚至整株死亡。在海棠、苹果与桧柏混栽的公园、绿地等处发病严重(图6-11)。

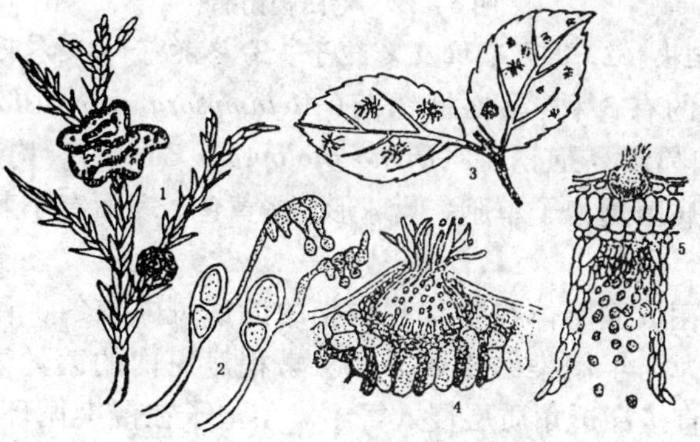

图6-11　海棠锈病

1. 桧柏上的菌瘿　2. 冬孢子萌发　3. 海棠叶上的症状　4. 性孢子器　5. 锈孢子器

③病原　该病的病原菌有2种：山田胶锈菌(*Gymnosporangium yamadai* Miyabe)和梨胶锈菌(*G. haraeanum* Syd.)，均属担子菌亚门、冬孢菌纲、锈菌目、胶锈菌属。锈孢子单胞，椭圆形，冬孢子双胞，有长柄，遇水胶化。

④发病规律　病菌以菌丝体在桧柏枝条上越冬，菌丝可存活多年。翌春3~4月份遇雨，冬孢子萌发产生担孢子，担孢子借风传播到海棠上，约10d后在叶正面产生性孢子器，3周后形成锈孢子器。8~9月锈孢子成熟后随风传播到桧柏上，侵入嫩梢越冬，被害部位出现浅黄色斑点，后隆起呈灰褐色豆状小瘤。此病的发生与雨水关系密切。两种寄主混栽较近、有病菌大量存在、3~4月份雨水较多，是病害大发生的3个主要条件。

(3)毛白杨锈病

①分布与危害　分布广泛，全国各地均有发生。该病主要危害幼苗及幼树。大树上也有发生，但并不造成严重危害。除毛白杨外，其他白杨派的杨树也会发病，但以毛白杨受害最重。

②症状　该病危害植株的芽、叶、叶柄及幼枝等部位。感病冬芽萌动时间一般较健康芽早2~3d，如侵染严重，往往不能正常放叶，未展开的嫩叶被黄色夏孢子粉所覆盖，不久即枯死。感染较轻的冬芽，开放后嫩叶皱缩、加厚、反卷、表面密布夏孢子堆，像一朵黄花。轻微感染的冬芽可正常开放，嫩叶两面仅有少量夏孢子堆。正常芽展出的叶片被害后，感病叶上病斑圆形，针头至黄豆大小，多数散生，以后在叶背面产生黄色粉堆，为病原菌的夏孢子堆。夏孢子堆联合成大块，叶背病部隆起，病叶提早落叶，落地病叶上可见到褐色近圆形或多角形疱状斑，为病原菌的冬孢子堆。叶柄及嫩枝上的病斑椭圆形至梭形(图6-12)。

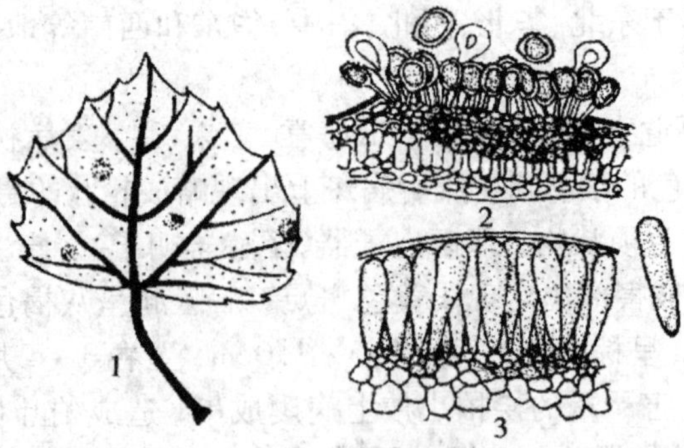

图6-12　毛白杨锈病

1.症状　2.夏孢子堆及夏孢子　3.冬孢子堆及冬孢子

③病原　我国报道的有3种：马格栅锈菌（*Melampsora magnusiana* Wagher）、杨栅锈菌（*M. rostrupii* Wagner）和圆痂夏孢锈菌（*Uredo tholopsora* Cumm），均属担子菌亚门、冬孢菌纲、锈菌目、栅锈菌属。病菌夏孢子单胞，圆球形，橙黄色，表面有小刺；冬孢子单胞，长椭圆形，排成栅栏状。

④发病规律　病原菌以菌丝体在冬芽和枝梢的溃疡斑内越冬。春季，受侵冬芽开放时，形成大量夏孢子堆，成为当年侵染的主要来源。嫩梢病斑内的菌丝体也可越冬形成夏孢子堆。夏孢子萌发后，可直接穿透角质层侵入寄主。冬孢子在侵染循环中无重要作用。2个月以上的老熟叶片一般不受感染。北京地区，4月上旬病芽开始出现，5~6月为发病高峰，7~8月病害平缓，8月下旬以后又形成第二个高峰期。10月下旬以后，病害停止发展。

⑷美人蕉锈病

①分布与危害　分布于海南、深圳、厦门、广州等地，是南方美人蕉常见病害。

②症状　叶片感病初期，正、背两面均可出现黄色水渍状圆形小斑，尤以叶背更明显。以后病斑逐渐扩大，有疱状突起，病斑橙黄色至褐色，直径2~6mm，有些品种边缘出现黄绿色晕环，病斑的疱状突起开裂散生出橘黄色粉状物。冬天病斑上产生深褐色粉状物即为冬孢子堆和冬孢子。严重受害的病叶病斑累累，并可连结成不规则大斑块，造成叶片局部坏死（图6-13）。

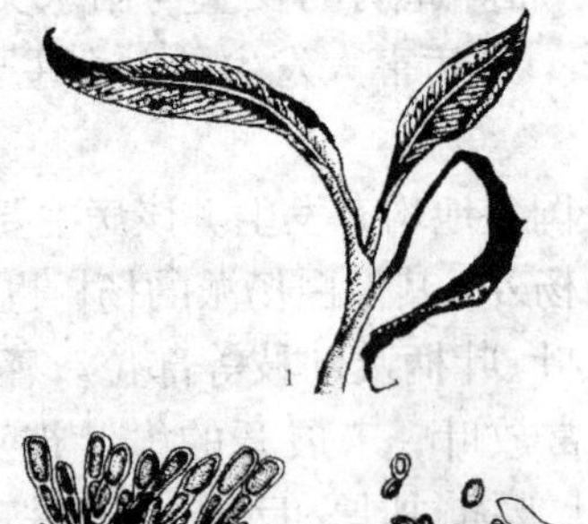

图6-13　美人蕉锈病

1.症状　2.冬孢子堆和冬孢子　3.夏孢子堆和夏孢子

③病原　病原菌为柄锈菌（*Puccinia thaliae* Diet），属担子菌亚门、冬孢菌纲、锈菌目、柄锈菌科、柄锈菌属。夏孢子黄白至橙黄色，长卵形至椭圆形；冬孢子长椭圆形至棍棒形，顶端圆形或略扁平，基部较窄，双细胞在分隔处略收缩、淡黄至黄色。

④发病规律　美人蕉锈病在城市道路两旁和庭园栽植时常见发生，受害叶片黄化，变褐干枯，发病率高达50%。在广州3~4月开始发生，除夏日高温和冬春寒冷干燥的气候发病较轻外，其他凉爽气候病害发生都很严重。病菌通过气流、水溅将夏孢子传至健叶上，孢子萌发、侵入，反复危害。

(5)菊花白锈病

①分布与危害　该病原发地在日本，现在我国发生也较普遍，是温室菊花上的重要病害，造成切花减产。

②症状　主要危害叶片，初期在叶片正面出现淡黄色斑点，相应叶背面出现疱状突起，由白色变为淡褐色至黄褐色，表皮下即为病菌的冬孢子堆。严重时，叶上病斑很多，引起叶片上卷，植株生长逐渐衰弱，甚至枯死（图6－14）。

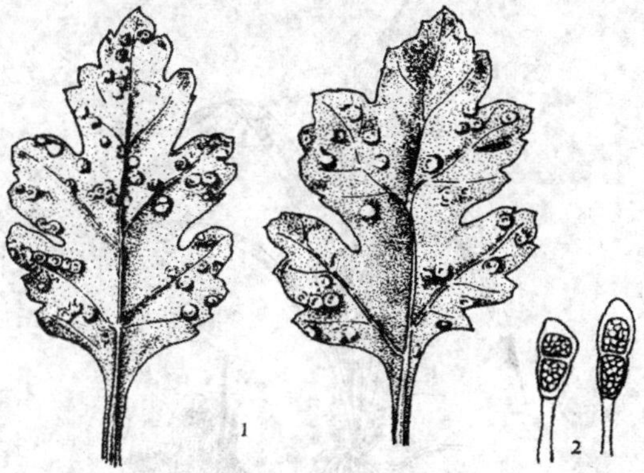

图6－14　菊花白锈病

1.症状　2.冬孢子

③病原　病原菌为菊柄锈菌（*Puccinia horiana* P. Henn.），属担子菌亚门、冬孢菌纲、锈菌目、柄锈菌属。冬孢子堆黄褐色，冬孢子长椭圆形、棍棒形至纺锤形，黄褐色，顶部圆形或尖突，双细胞，分隔处微缢缩，基部狭窄，表面平滑，柄无色至淡黄色，不脱落。

④发病规律　菊花白锈病为低温型，冬孢子12℃~20℃内适于萌发，超过24℃冬孢子很少萌发，多数菊花栽培地在夏季可以自然消灭，但在可越夏地区则可蔓延成灾。此病在内地分布不广，但在台湾和日本是比较重要的病害。露地在秋末，多风雨天气有利于发病。

2）锈病类防治措施

(1)合理配置园林植物　在园林设计及定植时，避免海棠、苹果等与桧柏混栽。并加强栽培管理，提高抗病性。

(2)清除侵染来源　结合园圃清理及修剪，及时将病枝芽、病叶等集中烧毁，以减少病源。

(3)药剂防治　3~4月在桧柏上喷洒1%的石灰倍量式波尔多液，抑制冬孢子堆遇雨膨裂产生担孢子；发病初期喷洒15%粉锈宁可湿性粉剂1000~1500倍液，每10d一次，连喷3~4次；发病期间喷洒12.5%烯唑醇可湿性粉剂3000~6000倍液、10%世高水分散粒剂6000~8000倍液、40%福星可湿性粉剂1500倍液、25%粉锈宁可湿性粉剂1500倍液。

6.1.4 炭疽病类

炭疽病类是园林植物中最常见的一类病害，该病害有潜伏侵染。其主要症状特点是子实体往往呈轮状排列，在潮湿条件下病斑上有粉红色的黏孢子团出现，严重影响观赏性。

1）炭疽病类主要病害

⑴兰花炭疽病

①分布与危害　分布于北京、上海、天津、江苏、广东、云南等地；危害中国兰花、广东万年青等植物。

②症状　叶片上的病斑以叶缘和叶尖较为普遍，少数发生在基部，病斑长圆形、梭形或不规则形，有深褐色不规则线纹数圈，病斑中央灰褐色至灰白色，边缘黑褐色。后期病斑上散生有黑色小点，即分生孢子器。病斑多发生于上中部叶片，果实上的病斑为不规则、长条形黑褐色病斑。病斑的大小、形状因兰花品种不同而有差异。发生严重时，叶片斑痕累累，影响兰花正常的生长及观赏（图6－15）。

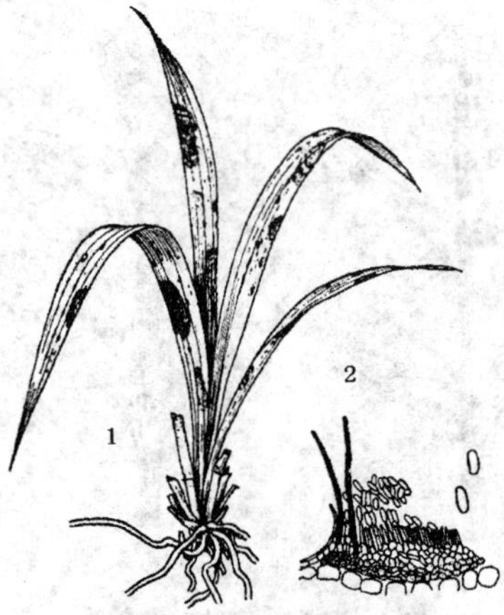

图6－15　兰花炭疽病

1.症状　2.分生孢子盘

③病原　病原菌为兰炭疽菌（*Colletotrichum orchidearum* Allesoh），属半知菌亚门、腔孢纲、黑盘孢目、炭疽菌属。分生孢子盘垫状，小形；刚毛黑色，有数个隔；分生孢子梗短细，不分枝，无色；分生孢子圆筒形，单胞，无色。

④发病规律　病菌以菌丝体及分生孢子盘在病株残体或假鳞茎上越冬。翌年气温回升，兰花展开新叶时，分生孢子进行初侵染。病菌借风雨、昆虫传播，进行多次再侵染。一般自伤口侵入，在嫩叶上可直接侵入，潜育期2～3周。适宜病菌生长的温度为22℃～28℃，空气相对湿度95%以上，土壤pH值5.5～6.0。雨水多、放置过密发病重。每年3～11月均可发病，雨季发病重，老叶4～8月发病，新叶8～11月发病。

⑵樟树炭疽病

①分布与危害　樟树炭疽病是樟树苗木与幼树上的常见病害。我国广东、广西、四川、安徽、福建、江苏、浙江、江西、湖南、台湾等地均有发生。该病还危害阴香、桃花心木等园林树种。常引起苗木、幼树枝条枯死，甚至整株枯死。

②症状　病菌危害枝干、叶片和果实。幼嫩枝干上的病斑开始时圆形或椭圆形，大小不

一，初为紫褐色，渐变黑褐色，病部稍下陷，以后病斑连结融合，若绕枝条一圈，枝条上部变黑干枯，重病株病斑沿主干向下蔓延，最后整株死亡。叶片、果实上的病斑圆形，融合后呈不规则形，暗褐色至黑色，嫩叶皱缩变形。潮湿天气，在病嫩茎、病叶上常看到淡桃红色的点状物，此为病菌的分生孢子盘。春夏之交，病部有时长出球形黑色小点，此为病菌的子囊壳(图6－16)。

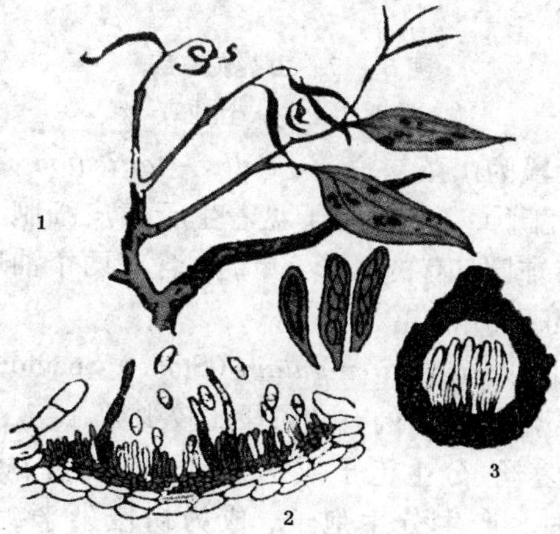

图6－16　樟树炭疽病

1.症状　2.分生孢子盘　3.子囊壳及子囊孢子

③病原　病原菌为围小丛壳菌[*Glomerella cingulata*(Stonem.)Spauld. et Schrenk]，属子囊菌亚门、核菌纲、球壳菌目、小丛壳属。子囊壳球形或扁球形，顶端有孔口；子囊棍棒形，无柄；子囊孢子长椭圆形或梭形无色，稍弯曲。

④发病规律　病菌以菌丝、分生孢子盘或子囊壳在病株枝梢或脱落的病枝、叶果上越冬。第二年春，当气温上升到18℃左右时，病菌产生分生孢子，借风雨传播。遇阴雨天气，空气湿度大时，飘落在枝、叶上的孢子萌发，通过伤口、自然孔口或直接侵入植株组织细胞内，10d左右就会出现病害症状。每年的发病期在5～10月，以7～9月最严重。高温高湿有利于病害的发生；土壤干旱贫瘠加重病害的发生；过渡使用氮肥加重发病；幼树比老树易感病；种植密度适宜，郁闭早发病轻。

⑶山茶炭疽病

①分布与危害　山茶炭疽病是庭园及盆栽山茶上普遍发生的重要病害。我国的四川、江苏、湖南、云南、广州、天津、北京、上海等均有发生，其中福州、昆明等地发生严重。常引起提早落叶、落蕾、落花、落果和枝条回枯，削弱山茶生长势，影响切花产量。

②症状　病菌侵染山茶地上部分的所有器官，主要危害叶片和嫩枝。发病初期，在叶缘或叶尖着生褐色小斑点，扩展后呈半圆形或不规则形病斑，褐色；发病后期病斑中央呈灰白色或浅褐色，斑缘褐色，其上轮生或散生许多红褐色至黑褐色小点粒，即病菌的分生孢子盘，在潮湿条件下，从其上溢出粉红色黏液分生孢子团。枝条发病，多发生在新梢基部，少数发生在中部，在叶柄基部及分枝处有凹陷溃疡病斑，病斑绕枝一周后，其上枝叶枯萎(图6－17)。

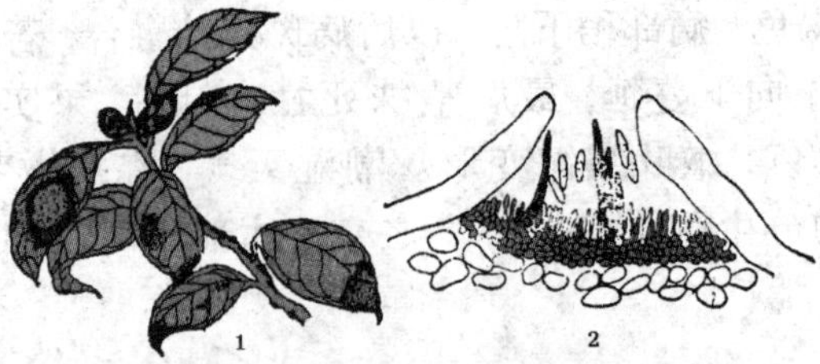

图6－17　山茶炭疽病

1. 症状　2. 分生孢子盘

③病原　病原菌无性阶段为山茶炭疽菌（*Colle－totrichum camelliae* Mass.），属半知菌亚门、腔孢纲、黑盘孢目、炭疽菌属。分生孢子盘着生于表皮细胞下；分生孢子梗无色，棍棒形；分生孢子长圆形，两端略钝圆，有的肾形，单胞，含有两个油球；分生孢子盘内有暗褐色刚毛，刚毛顶端尖锐，有时可见横隔膜。

有性阶段为围小丛壳菌［*Glomerella cingulaia*（Ston.）Spauld et Schtenk.］，属子囊菌亚门、核菌纲、球壳菌目、小丛壳属。病菌的有性阶段比较少见。

④发病规律　病菌以菌丝、分生孢子或子囊孢子在病蕾、病芽、病果、病枝、病叶上越冬。翌年春天温湿度适宜时，产生分生孢子，成为初侵染来源。分生孢子借风雨传播，从伤口和自然孔口侵入。在一个生长季节里有多次再侵染。一年中，一般5～11月都可发病，7～9月为发病高峰。病害发生与温湿度关系密切，平均温度达16.9℃左右，相对湿度86%时，开始发病；温度25℃～30℃，平均相对湿度88%时，出现发病高峰。山茶的不同品种间抗病性有差异。

⑷米兰炭疽病

①分布与危害　米兰炭疽病主要发生在我国南方地区，但由于潜伏侵染以及南兰北调，在北方地区发生日益严重。该病是米兰上一种较为普遍而严重的病害。

②症状　病害主要发生在叶片、叶柄、嫩枝及茎上。发病初期，叶尖或叶缘变褐，逐渐向叶片扩展，病斑边缘明显，当叶柄先发病时，病部变褐，向叶片扩展，使主脉、支脉及整个叶片依次变褐或向下扩展使复叶柄、小枝及茎变褐形成坏死溃疡斑。在发病过程中，叶片及叶柄不断脱落，最后全株叶片落光，枝条干枯而死。在高湿条件下，病部可产生许多带有橘红色黏液的小黑点，为病原菌的分生孢子和分生孢子盘（图6－18）。

图6－18　米兰炭疽病

1. 症状　2. 分生孢子盘

③病原　病原菌有无性态及有性态两种。无性态为胶孢炭疽菌（*Colletotrichum*

gloesporioides Penz.)，属半知菌亚门、腔孢纲、黑盘孢目、炭疽菌属。分生孢子盘褐色或黑色，刚毛少，分生孢子圆筒形，单胞，无色。有性态为围小丛壳菌[*Glomerella cingulata*(Ston.) Spauld et Schtenk.]，罕见，属子囊菌亚门、核菌纲、球壳菌目、小丛壳属。

④发病规律　病菌以菌丝或分生孢子在叶片或病残体内越冬，3 月开始发病，在温湿度适宜条件下，潜伏的菌丝很快产生分生孢子盘和分生孢子，孢子萌发形成附着孢，后形成侵入丝直接侵入寄主，在细胞间生长，潜育期为 7d。分生孢子在生长季节引起多次再侵染。病菌借雨滴(或淋水)、风或昆虫传播，远距离靠苗木传播。气温 25℃～30℃的高湿条件下，利用病害发生发展。

2)炭疽病类防治措施

⑴清除侵染来源　冬季彻底清除病株残体并集中烧毁；发病初期及时摘除病叶，剪除枯枝(应从病斑下 5cm 的健康组织处剪除)，挖除严重感病植株。

⑵加强栽培管理，营造不利于病害发生的环境条件　控制栽植密度或盆花摆放密度，及时修剪，以利于通风透光，降低温度；改进灌水方式，以滴灌取代喷灌；多施磷、钾肥，适当控制氮肥，提高寄主的抗病力。选用抗病品种和健壮苗木。

⑶药剂防治　当新叶展开、新梢抽出后，喷洒 1% 的石灰等量式波尔多液；发病初期喷施 65% 代森锌可湿性粉剂 500 倍液，或 75% 百菌清可湿性粉剂 500～600 倍液，或 70% 甲基托布津可湿性粉剂 800 倍液，或 50% 多菌灵可湿性粉剂 800 倍液，每隔 7～10d 喷 1 次，连续喷 3～4 次，要交替使用不同类型的药剂，也可混合用药。在温室内可以使用 45% 百菌清烟剂，每 667m^2 用药 250g。

6.1.5 煤污病类

煤污病是园林植物上最常见的病害。发病部位的黑色“煤烟层”是煤污病的典型特征。由于叶面布满了黑色“煤烟层”，使叶片的光合作用受到抑制，既削弱植物的生长势，又影响植物的观赏效果。

1)煤污病类主要病害

⑴花木煤污病

①分布与危害　煤污病在南方各省的花木上普遍发生。可危害山茶、米兰、扶桑、木本夜来香、白兰花、蔷薇、夹竹桃、木槿、桂花、玉兰、紫背桂、含笑、紫薇、苏铁、金桔、橡皮树等。发病部位的黑色“煤烟层”削弱植物的生长势，影响观赏效果。

②症状　病菌主要危害植物的叶片，也能危害嫩枝和花器。病菌的种类不同引起的花木煤污病的病状也略有差异，但黑色“煤烟层”是各种花木煤污病的典型特征。

③病原　引起花木煤污病的病原菌种类有多种。常见的病原其有性阶段是子囊菌亚门、核菌纲、小煤炱菌目、小煤炱菌属的小煤炱菌(*Meliola* sp.)和子囊菌亚门、腔菌纲、座囊菌目、煤炱菌属的煤炱菌(*Capnodium* sp.)，其无性阶段是半知菌亚门、丝孢纲、丛梗孢目、烟霉属的散播烟霉(*Fumago vagans* Pers)。煤污病病原菌常见的是无性阶段，其菌丝匍匐于叶面，分生孢子梗暗色，分生孢子顶生或侧生，有纵横隔膜作砖状分隔，暗褐色，常形成孢子链。

④发病规律　病菌以菌丝体、分生孢子、子囊孢子在病部及病落叶上越冬。翌年温度和湿度适宜，叶片及枝条表面有植物的渗出物、蚜虫的蜜露、介壳虫的分泌物时，分生孢子和子囊孢子就可萌发并在其上生长发育。菌丝和分生孢子可由气流、蚜虫、介壳虫等传播，进行再次

侵染。此类病原菌以昆虫的分泌物和植物的渗出物为营养，或以吸器直接从寄主植物表皮细胞中吸取营养。露地栽培的花木，其发病盛期为春秋季节；温室栽培的花木，可周年发生。

2）煤污病类防治措施

(1)加强管理，营造不利于煤污病发生的环境条件　注意花木栽植的密度，防止植物过密，适时修剪、整枝，改善通风及透光条件，以便降低湿度，减轻病害发生。

(2)药剂防治　喷洒杀虫剂防治蚜虫、介壳虫等害虫；在植物休眠季节喷洒3～5°Be 的石硫合剂以杀死越冬的菌源；在发病季节喷施0.3°Be 的石硫合剂，有杀虫治病的效果。

6.1.6 灰霉病类

灰霉病是草本观赏植物上最常见的病害，对温室植物危害大。灰霉病的症状很明显，在潮湿条件下病部会形成显著的灰色霉层。由于病原多，寄主广泛，因此防治困难。

1）灰霉病类主要病害

(1)仙客来灰霉病

①分布与危害　仙客来灰霉病是世界性病害，尤其是温室花卉发病十分普遍，我国仙客来栽培地均有发生。还能危害月季、百合、芍药、扶桑、白兰花、倒挂金钟、樱花等多种园林植物，造成叶、花腐烂，严重时导致植株死亡。

②症状　该病危害仙客来等多种花卉，尤以温室栽培时发病重。叶片、茎、花均可受害。叶片发病时，先由叶缘出现水渍状暗绿色斑纹，后逐渐扩展至全叶，使叶片变褐腐烂，最后全叶褐色干枯；叶柄、花梗、花受害时，发生水渍状腐烂、软化，并产生灰霉层。在湿度较大的情况下，发病部位密生灰色霉层，即病菌的分生孢子梗和分生孢子。发病严重时，叶片枯死，花器腐烂，霉层密布(图6－19)。

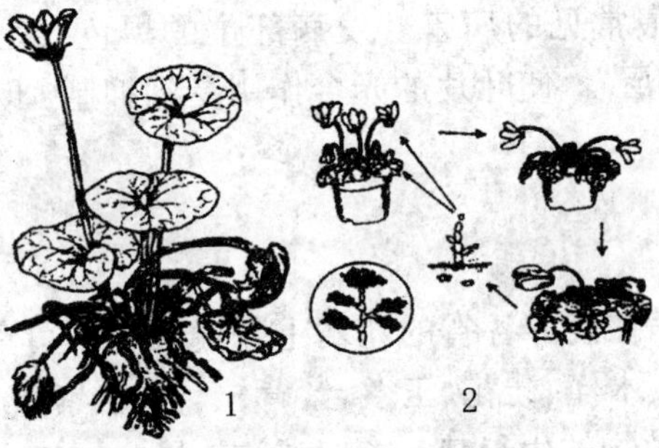

图6－19　仙客来灰霉病

1.症状　2.侵染循环

③病原　病原菌为灰葡萄孢菌(*Botrytis cinerea* Pers. et Fr.)，属半知菌亚门、丝孢纲、丛梗孢目、葡萄孢属。分生孢子梗丛生，有横隔，灰色到褐色，顶端树枝状分叉，分叉末端膨大。分生孢子椭圆形或卵圆形，成葡萄穗状聚生于分生孢子梗上。

④发病规律　病菌以菌核、菌丝或分生孢子随病残体在土壤中越冬。翌年，当气温达20℃，湿度较大时，产生大量分生孢子，借风雨等传播侵染，1年中有两次发病高峰期，即2～4月和7～8月。高温高湿有利于该病发生，在湿度大的温室内该病可常年发生，因而温室内栽培的仙客来易造成重复侵染。土壤黏重、排水不良、光照不足、连作地块易发病。

(2)四季海棠灰霉病

①分布与危害　南方发病较重。主要危害花、花蕾和嫩茎，引起叶片、花冠腐烂，降低观赏价值。该病除危害四季海棠外，还能侵染竹叶海棠和斑叶海棠。

②症状　该病侵害植株的绿色器官。发病初期，叶缘出现褐色至红褐色的水渍状病斑，以后逐渐褪色腐烂，最后整个叶片变黑。花冠发病时花瓣上产生褐色的水渍状斑，萎蔫后变为褐色。茎干发病往往是近地面茎基的分枝处先受侵染，病斑不规则，深褐色，水渍状。病斑也发生在茎节之间。病枝干上的叶片变褐下垂，发病部位容易折断。在高湿条件下发病部位着生有密集的灰褐色霉层，为病原菌的分生孢子及分生孢子梗。

③病原　病原菌为灰葡萄孢霉（*Botrytis cinerea* Pers et Fr.），属半知菌亚门、丝孢纲、丝孢目、葡萄孢属。分生孢子梗丛生，孢子梗有横隔，由灰色变为褐色，分生孢子梗分枝末端膨大;分生孢子聚生，卵形或椭圆形，无色至淡色，单胞。有性阶段为富氏葡萄孢盘菌［*Botryotinia fuckeliana*（de Bary）Whetzel.］。病菌能形成菌核，形状不规则。

④发病规律　病原菌以分生孢子、菌丝体在病残体及发病部位越冬。第二年环境条件适宜时，产生分生孢子，分生孢子借风雨传播，自植株气孔、伤口侵入，也可以直接侵入，但以伤口侵入为主。病原菌能分泌分解细胞的酶和多糖类的毒素，导致寄主组织腐烂解体，或使寄主组织中毒坏死。一般情况下，温室花卉 3～5 月份容易发生灰霉病。寒冷、多雨、潮湿的天气，易诱发灰霉病的流行，这种条件有利于病原菌分生孢子的形成、释放和侵入。缺钙、多氮也能加重灰霉病的发生。

2）灰霉病类防治措施

(1)控制温室湿度　加强栽培管理，改善通风透光条件，温室内要适当降低湿度，最好使用换气扇或暖风机。

(2)加强水肥管理　定植时要施足底肥，适当增施磷钾肥，控制氮肥用量。要避免在阴天和夜间浇水，最好在晴天的上午浇水，浇水后应通风排湿。一次浇水不宜太多。

(3)清除侵染来源　及时清除病花、病叶，拔除病株，集中销毁。

(4)药剂防治　生长季节喷药保护，可用 50% 扑海因可湿性粉剂 1000～1500 倍液、50% 速克灵可湿性粉剂 1000～2000 倍液、45% 特克多悬浮液 300～800 倍液、10% 多抗霉素可湿性粉剂 1000～2000 倍液，进行叶面喷雾。该病在温室内发生时，因环境湿度较大，常规喷雾法往往不理想，采用烟雾剂防治效果好，可用 50% 速克灵烟剂进行熏烟防治，具体用量为 0.2～0.3 g/m^3，每隔 5～10 d 熏烟 1 次。

6.1.7 叶畸形类

叶畸形病主要是由子囊菌亚门的外子囊菌和担子菌亚门的外担子菌引起。寄生受病菌侵害后组织增生，使叶片肿大、皱缩、加厚，使果实肿大、中空成囊状，引起落叶、落果，严重的引起枝条枯死，影响观赏效果。

1）叶畸形类主要病害

(1)桃缩叶病

①分布与危害　各地均有发生，危害山桃、碧桃、樱桃、李、杏、梅等。

②症状　主要危害叶片，严重时也可危害花、幼果和枝梢。叶片感病后，一部分或全部皱缩扭曲，叶片由绿色变为黄色至紫红色，病处肥大增厚，质地变脆。春末夏初时，被害叶

表面出现一层灰白色粉层，即病菌的子实体。后期病叶变褐干枯脱落，嫩梢发病后变为灰绿色或黄色，病梢节间缩短并肿胀，叶片呈丛生状、卷曲，严重时枝梢枯萎死亡(图6－20)。

③病原　病原菌为畸形外囊菌[*Taphrina deformans* (Berk.)Tul.]，属子囊菌亚门、半子囊菌纲、外子囊菌目、外囊菌属。子囊裸露，成排着生于寄主表皮下。子囊内有8个子囊孢子，子囊孢子球形至卵形，无色。子囊孢子以出芽生殖方式产生芽孢子，芽孢子球形。

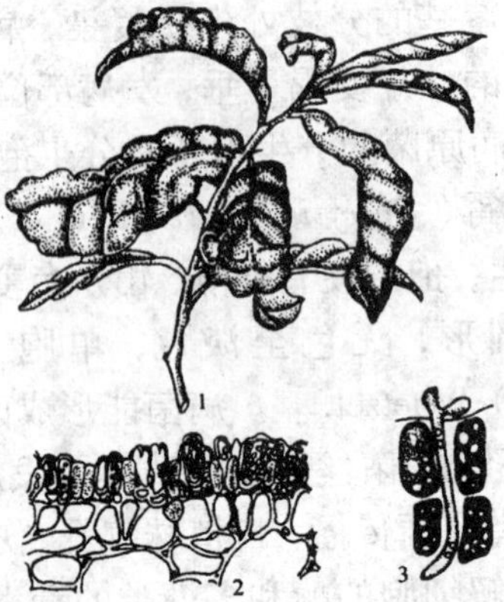

图6－20　桃缩叶病

1. 症状　2. 子囊层　3. 子囊

④发病规律　病菌以厚壁芽孢子在树皮、芽鳞上越夏或越冬。翌年春天，成熟的子囊孢子和芽孢子随气流等传播到新芽上，自气孔或上下表皮直接侵入。病菌侵入后，在寄主组织内蔓延，刺激寄主组织细胞大量分裂，胞壁加厚，病叶肥厚皱缩、卷曲并变红。此病的发生与早春气候密切相关，若早春桃芽膨大期或展叶期雨水多、湿度大，则发病重；当早春温暖干旱时则发病较轻。此病于4月末至5月初为发病盛期，进入6月则停止发病。

(2)杜鹃饼病

①分布与危害　又名叶肿病、瘿瘤病。我国江西、湖南、云南、浙江、四川、台湾、广东、广西、辽宁、山东、江苏等地均有发生。

②症状　主要危害杜鹃的嫩叶、嫩梢及花。嫩叶受害后，病部初期产生浅色半透明近圆形斑，背面略呈淡红色，以后逐渐扩大成黄褐色，叶肿大变形，正面凹下，背面隆起，呈半球形，表面产生白色至灰白色粉状物，即担子和担孢子。后期病斑变为黑褐色并枯萎脱落。幼芽及花感病后，变厚形成瘿瘤(图6－21)。

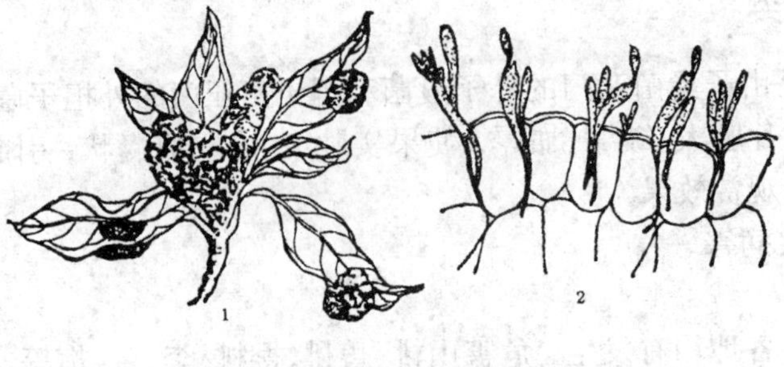

图6－21　杜鹃饼病

1. 症状　2. 病菌的担子及担孢子

③病原　病原菌为担子菌亚门、层菌纲、外担子菌目、外担子菌属的真菌，常见的有两种：日本外担子菌（*Exobasidium japonicum* Shirai）和半球外担子菌（*Exobasidium japonicum* Shirai）。日本外担子菌，担子棍棒形或圆柱形，顶生 3～5 个小梗；担孢子无色，单胞，圆筒形。日本外担子菌寄生在嫩叶上，产生较小的菌瘿。半球外担子菌，子实层白色，担子棍棒形或圆柱形，顶生 4 个小梗；担孢子纺锤形，稍弯曲，无色，单胞。半球外担子菌危害叶脉、叶柄等部位，产生半球形或扁球形的菌瘿。

④发病规律　病菌以菌丝体在寄主活组织内越冬。翌春产生担孢子，借风力或昆虫传播，开始侵染嫩叶，病害发生的适宜温度为 15℃～20℃，潜育期为 7～17d，每年春末夏初和秋末冬初发病。此病为低温高湿病害，在温度适宜、相对湿度 80% 以上、日照时间短、茎叶生长幼嫩，有利于此病的发生和侵害。

2）叶畸形类防治措施

(1)及时摘除病叶和幼芽，并集中烧毁。

(2)加强栽培管理，合理密植，改善通风透光条件，增加植株抗病能力。

(3)药剂防治　植株发芽前喷药保护，如 3～5°Be 的石硫合剂等；发病初期喷洒 47% 加瑞农可湿性粉剂 600～800 倍液、40% 福星乳油 8000～10000 倍液、10% 世高水分散粒剂 6000～8000 倍液、25% 代森锰锌悬浮剂 1000～1500 倍液、0.3～0.5°Be 的石硫合剂等。

6.1.8 病毒病类

病毒病在园林植物上普遍存在且严重。寄主受病毒侵害后，常导致叶色、花色异常，器官畸形，植株矮化。

1）病毒病类主要病害

(1)唐菖蒲花叶病

①分布与危害　是唐菖蒲的世界性病害，我国凡是种有唐菖蒲的地方均有发生。该病使唐菖蒲球茎退化、植株矮小、花穗短小、花少且小，严重影响切花产量，是我国唐菖蒲切花打入国际市场的主要障碍。

②症状　该病主要侵染叶片，也可侵染花器。发病初期，叶片上出现褪绿的角斑或圆斑，后变为褐色。病叶黄化、扭曲。有些品种的花瓣变色，呈碎锦状，如粉红色花品系。叶片上也有深绿和浅绿相间的块状斑驳和线纹。初夏时，新叶上的症状特别明显，盛夏时症状不明显，有隐症现象。

③病原　引起唐菖蒲花叶病的病毒主要有 2 种，即菜豆黄色花叶病毒（*Bean yellow mosaic* virus）和黄瓜花叶病毒（*Cucumber mosaic* virus）。

菜豆黄色花叶病毒属马铃薯 Y 病毒（*Potato virus* Y），病毒粒体为线条状，长 750nm，内含体风轮状、束状；钝化温度为 55℃～60℃，稀释终点为 10^{-4}，体外存活期为 2～3d。

黄瓜花叶病毒属黄瓜花叶病毒（*Cucumber mosaic* virus），病毒粒体球形，直径为 28～30nm；钝化温度为 70℃，稀释终点为 10^{-4}，体外存活期为 3～6d。

④发病规律　两种病毒均在病球茎及病株体内越冬。由蚜虫和汁液传播，自微伤口侵入。种球茎的调运是远距离传播的媒介。两种病毒的寄主范围都较广，菜豆黄色花叶病毒可侵染美人蕉、曼陀罗、克利芙兰烟及多种蔬菜，黄瓜花叶病毒能侵染美人蕉、金盏菊、香石竹、兰花、水仙、百合、萱草、百日草等 40～50 种花草。

(2)郁金香碎锦病

①分布与危害　郁金香碎锦病是世界性病害，我国郁金香栽培地区均有发生。该病引起郁金香鳞茎退化、花变小、单色花变杂色花，影响观赏效果，严重时有毁种的危险。

②症状　病毒侵害叶片及花冠。受害叶片出现淡绿色或灰白色的条斑；受害花瓣畸形，原为色彩均一的花瓣上出现淡黄色、白色条纹或不规则斑点，称为“碎锦”。受害花的花色因品种、发病时间、环境条件不同而不同。病鳞茎退化变小，植株矮化，生长不良(图6－22)。

图6－22　郁金香碎锦病

③病原　病原菌为郁金香碎锦病毒(*Tulip breaking* virus)。病毒粒体线状，直或稍弯曲，700×12～13nm。内含体为束状或线圈状，钝化温度为65℃～70℃，稀释终点为10^{-5}，体外保毒期18℃时为4～6d。

④发病规律　该病毒在病鳞茎内越冬，由桃蚜和其他蚜虫作非持久性传播。寄主范围广，能侵害山丹、朝鲜百合、好望角万年青等多种花卉。

(3)美人蕉花叶病

①分布与危害　世界很多国家如日本、美国以及东欧等国家都有报道。我国上海、北京、南宁、南昌、杭州等地均有发生。该病是美人蕉上的一种主要病害，被侵染的美人蕉植株矮化，花少、花小，叶片着色不均匀，失去观赏价值。

②症状　该病侵染美人蕉的叶片及花器。发病初期，叶片上出现褪绿小斑点，或呈花叶状，或有黄绿色和深绿色相间的条纹，条纹逐渐变为褐色坏死，叶片沿着坏死部位撕裂，叶片破碎不堪。某些品种上出现花瓣杂色斑点或条纹，呈碎锦。发病严重时，心叶畸形、内卷呈喇叭筒状，花穗抽不出或很短小，花少、花小；植株显著矮化(图6－23)。

图6－23　美人蕉花叶病

③病原　病原菌为黄瓜花叶病毒(*Cucumber mosaic* virus)，病毒粒体为20面体，直径为

28 ~ 30nm，汁液的致死温度为70℃，稀释终点为10^{-4}，体外保毒期在20℃时为3 ~ 6d。

④发病规律　黄瓜花叶病毒在发病的块茎内越冬。该病毒可由汁液传播，也可由棉蚜、桃蚜、玉米蚜、马铃薯长管蚜等做非持久性传播。由病块茎做远距离传播。美人蕉品种对花叶病的抗性差异显著。大花美人蕉、粉叶美人蕉、美人蕉均为感病品种；红花美人蕉抗病，其中“大总统”品种对花叶病是免疫的。蚜虫虫口密度大，寄主植物种植密度大，枝叶相互摩擦发病均重。美人蕉与百合等毒源植物为邻，杂草、野生寄主多，均加重病害的发生。挖掘块茎的工具不消毒，也容易造成有病块茎对健康块茎的感染。

⑷杨树花叶病

①分布与危害　杨树花叶病是一种世界性病害。我国的北京、江苏、山东、河南、甘肃、四川、青海、陕西、湖南等地均有发生。发病后很难防治。

②症状　发病初期叶片呈褪绿斑，许多小斑常聚集在一块，形成不规则的黄绿色花斑，叶片边缘褪色发焦，沿叶脉呈现出星状或长条形红晕，叶脉透明，叶面发皱、变厚、变硬、变小、甚至畸形。叶柄上经常有黑色坏死斑点，基部周围隆起，顶梢或嫩茎皮层常破裂。严重发病的植株，枝条变形，分叉处产生枯枝，树木明显生长不良。高温时叶部隐症（图6 - 24）。

图6 - 24　杨树花叶病

1. 症状　2. 病原

③病原　杨树花叶病由花叶病毒PMV引起，又称加拿大杨树花叶病毒或杨树潜隐病毒，属香石竹潜隐病毒群。病毒粒体线状，略弯曲，长610 ~ 700 × 12 ~ 15nm。该病毒有耐高温的特性，致死温度在75℃ ~ 80℃，稀释终点10^{-4}，体外存活时间不超过7d。

④发病规律　该病主要是靠杨树无性繁殖或嫁接侵染传播，摩擦汁液接种也能使一些杨树发病。在杨树体内为系统感染，杨树的所有组织如形成层、韧皮部和木质部等均受侵染，发病后难以防治。

2）病毒病类防治措施

⑴加强检疫　防止病苗及其他繁殖材料进入无病区，切断病害长距离传播的途径，防止病害扩散、蔓延。

⑵培育无毒苗　选用健康无病的枝条、种球等作为繁殖材料；建立无病毒母本园以提供无毒健康系列材料；采取茎尖组培脱毒法得到无毒种苗，从而减轻病毒病的发生。

⑶加强栽培管理　在摘心、掰芽、整枝等过程中，要用3% ~ 5%的磷酸三钠或热肥皂水对手和工具进行消毒。以防止病毒通过农事操作传播。发现病株及时拔除并彻底销毁。

(4)定期喷施杀虫剂，防止昆虫传播病毒。

(5)药剂防治　根据实际情况选用病毒A、病毒特、病毒灵、83增抗剂、抗病毒1号等药剂进行防治。

相关技能训练

实训22　园林植物叶、花、果病害症状及病原形态观察

1.实训目的

通过对白粉病、锈病、灰霉病、炭疽病、煤污病、叶斑病、叶畸形病以及病毒病的症状和病原的观察，掌握上述病害的典型症状，并熟悉其病原的形态，为生产实践中识别和防治病害奠定基础。

2.实训材料和用具

材料：白粉病、锈病、灰霉病、炭疽病、煤污病、叶斑病、叶畸形病以及病毒病等的标本。

用具：显微镜、放大镜、镊子、挑针、滴瓶、纱布、刀片、盖玻片、载玻片、蒸馏水等。

3.实训内容与方法

1)白粉病

白粉病的共同特点是在受害部位产生白色的粉状斑，并在其上产生小黑点，即病原菌的闭囊壳。子囊及子囊孢子有差异，附属丝也不同。观察瓜叶菊白粉病、月季白粉病、黄栌白粉病、紫薇白粉病等病害的危害症状。同时分别挑取白粉及小黑点，制成临时玻片，在显微镜下观察分生孢子、闭囊壳及附属丝的形态。然后，轻轻挤压盖玻片，使子囊壳破裂，并观察挤压出来的子囊及子囊孢子。

2)锈病

锈病的共同特点是在叶、花、果上产生橘黄色至铁锈色夏孢子堆及冬孢子堆。观察玫瑰锈病、毛白杨锈病、海棠锈病、美人蕉锈病等的危害症状。切片或挑片镜检锈病的夏孢子堆及冬孢子堆，注意观察期形态。

3)煤污病

煤污病的共同特点是在受害叶片表面布满黑色煤烟状物。观察山茶煤污病的危害症状。挑取病叶上的黑色煤烟层制片置于显微镜下观察，注意菌丝形态、分生孢子梗、分生孢子着生情况。

4)叶斑病(含炭疽病)

叶斑病的共同特点是在叶面上产生圆形、不规则形褐色至黑褐色的坏死斑，后期病部中央颜色变浅，并且在病斑上产生大量小黑点或霉层。观察兰花炭疽病、月季黑斑病、樱花褐斑病、杜鹃褐斑病、荷花黑斑病、牡丹叶霉病等病害的症状特点。取材料切片镜检，注意识别分生孢子盘、分生孢子器、分生孢子梗及分生孢子形态。

5)灰霉病

灰霉病的共同特点是危害嫩梢、幼叶、花蕾、花器等组织，并在受害组织部位产生大量疏松的灰黑色霉层。观察仙客来灰霉病、四季海棠灰霉病等病害的症状特点。刮取霉层镜检，注意观察分生孢子及分生孢子梗的形态。

6)叶畸形病

叶畸形病的特点是受害叶片肿大、加厚、皱缩，果实肿大，中空呈囊果状物。观察桃缩叶

病、杜鹃饼病等病害的症状特点。刮取霉层镜检，注意识别其病原形态。

7）病毒病

病毒病的症状特点表现为花叶、斑驳、皱缩，无病征现象。观察美人蕉花叶病、仙客来病毒病、唐菖蒲花叶病、郁金香碎色病等病害的症状特点。

4. 实训作业

列表比较所观察的病害的症状特点、发病部位及病原类型。

任务6.2 园林植物枝干病害及防治技术

任务分析：园林植物枝干病害的种类虽然不如叶部病害多，但对园林植物的危害性很大，不论是草本花卉的茎，还是木本花卉的枝条或主干，受病原侵染后往往直接引起枝枯或全株枯死，严重影响观赏效果和城市景观，对于一些名贵花卉和古树名木有时造成不可挽回的损失。通过本任务的学习，要求学生熟悉枝干病害的症状特点，结合病原鉴定，能准确识别病害；熟悉各枝干病害的发生发展规律，掌握其防治技术。

任务实施的相关知识

引起园林植物枝干病害的病原包括侵染性病原（如真菌、细菌、植原体、寄生性种子植物、线虫等）和一些非侵染性病原（如日灼、冻害等）。其中以真菌病害为主。园林植物枝干病害的症状类型有：腐烂、溃疡、枝枯、肿瘤、丛枝、黄化、萎蔫、流胶流脂等。不同症状类型的枝干病害，发生严重时最终都能导致枝干的枯萎死亡。

园林植物枝干病害的侵染循环具有以下特点：⑴病原物可以在感病植物的病斑、病株残体、转主寄主上以及土壤内越冬，这些越冬场所都是病害重要的侵染来源；⑵病原物的侵入途径因其种类而异，真菌和细菌大多通过枝干表面的各种伤口、坏死的皮孔侵入寄主，寄生性种子植物和锈菌是直接侵入的，病毒、植原体只能通过微伤口侵入；⑶病原物多借风雨和气流传播，如皮层腐烂和溃疡病及枝干锈病，植原体和松材线虫及某些真菌可借昆虫介体传播，寄生性种子植物由土壤或鸟类传播，人类活动是病害远距离传播的媒介；⑷枝干病害的潜育期通常较叶、花、果病害长，一般多在半个月以上，少数病害可长达1～2年或更长时间。有些腐烂病、腐朽病、溃疡病具有潜伏侵染的特点。

园林植物枝干病害的防治原则有：⑴清除侵染来源，有些锈病需铲除转主寄主，病毒、植原体等需消除媒介昆虫，是减少和控制病害发生的重要手段；⑵加强养护管理，提高园林植物的抗病力，是防治弱寄生性病原物引起的病害和环境不适引起的病害的有效手段；⑷选育抗病品种是防治危险性枝干病害的良好途径。

6.2.1 腐烂、溃疡病类

腐烂、溃疡病是园林植物上的一类重要病害，常造成植株死亡。典型的溃疡病是茎干皮层局部坏死，坏死后期因组织失水而稍凹陷，周围被稍隆起的愈伤组织所包围。有的溃疡病病部扩展极快，不待植株形成愈伤组织就包围了枝干，使植株的病部以上部分枯死，在枯死过程中，病部继续扩大，大部分皮层坏死，这种现象称为腐烂病或烂皮病。当病斑发生在小枝上，小枝迅速枯死，常不表现为典型的溃疡症状，一般称为枝枯病；当病斑发生在苗木根茎部时表现为茎腐。

引起枝干腐烂、溃疡的病原主要是真菌，少数病害也由细菌引起，冻害、日灼及机械损伤也可致病。病菌借风雨传播或借昆虫传播。大部分溃疡病的病菌为兼性寄生菌，经常在寄主的外皮或枯枝上营腐生生活，当有利于病害发生的条件出现时，即侵染危害。病菌多自伤口侵入。腐烂、溃疡病的流行常常是由于寄主受某种原因的影响而生长势减弱的结果。

1）腐烂、溃疡病类主要病害

⑴银杏茎腐病

①分布与危害　此病在各银杏育苗区均普遍发生。多出现于1~2年生的银杏实生苗木，尤以一年生苗木更为严重，常造成幼苗大量死亡。

②症状　发病初期幼苗基部变褐，叶片失去正常绿色，稍下垂，但不脱落。感病部位迅速向上扩展，以至全株枯死。病苗基部皮层出现皱缩，皮内组织腐烂呈海绵状或粉末状，灰白色，并夹有许多细小黑色的菌核。此病病菌也能侵入幼苗木质部，因而褐色中空的髓部有时也见小菌核产生。后期病菌逐渐扩展至根部，使根部皮层腐烂，此时如用手拔病苗，只能拔出木质部，根部皮层则留于土壤之中。银杏扦插苗在高温或低温条件下，茎腐病也能发生，可使插穗表皮呈筒状套在木质部上，韧皮部薄壁组织则全部发黑腐烂（图6-25）。

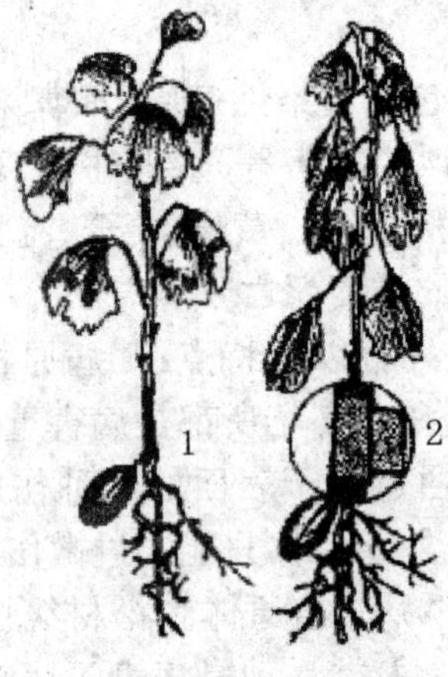

图6-25　银杏茎腐病

1.茎腐病状　2.病部小菌核

③病原　病原菌为菜豆壳球孢菌[*Macrophomina phaseoli*（Tassi.）Goid]，属半知菌亚门、腔孢纲、球壳孢目、壳球孢属。菌核黑褐色，扁球形或椭圆形，分生孢子梗细长，不分枝，无色，分生孢子单胞，无色，长椭圆形。

④发病规律　病菌通常在土壤中营腐生生活，属于弱寄生真菌。在适宜条件下自苗木伤口侵入。因此，病害发生与寄主生长状况和环境条件有关。苗木受害的根本原因是由于地表温度过高，苗木基部受高温灼伤后造成病菌侵入。苗木木质化程度越低，发病率越高。在苗床低洼积水时，发病率也明显增加。银杏扦插苗，在6~8月份当苗床温度达30℃以上时，插后10~15d即开始发病，严重时大面积接穗发黑死亡。

⑵仙人掌茎腐病

①分布与危害　茎腐病是仙人掌类观赏植物普遍而严重发生的病害。我国厦门、福州、汕头、济南、天津、乌鲁木齐等均有发生，个别地区危害较为严重。危害仙人掌、仙人球、霸王鞭、麒麟掌、量天尺等多种植物，常引起茎部腐烂，最后导致全株死亡。

②症状　病菌主要危害幼嫩植株茎部或嫁接切口组织。多从茎基部开始侵染，向上逐渐蔓延，上部茎节处也能发生侵染。初为黄褐色或灰褐色水渍状斑块，并逐渐软腐。病斑迅速发展，绕茎一周，使整个茎基部腐烂。后期茎肉组织腐烂失水，剩下一层干缩的外皮，或茎肉组织腐烂后仅留髓部，最后全株枯死。病部产生灰白色或紫红色霉状物，或黑色颗粒状物，即病菌的子实体(图6－26)。

③病原　仙人掌茎腐病的病原有三种:尖镰孢(*Fusarium oxysporum* Schlecht.)、茎点霉菌(*Phoma* sp.)、大茎点霉菌(*Macrophoma* sp.)。主要是尖镰孢，属半知菌亚门、丝孢纲、瘤座孢目、镰孢霉属(镰刀菌属)。子座灰褐色至紫色;分生孢子梗集生，粗且短，有分枝;大型分生孢子在分生孢子座内形成，纺锤形或镰刀形，一般有3～5个隔膜;小型分生孢子卵形至肾形，单细胞或双细胞;厚垣孢子球形，顶生或间生。茎点霉菌、大茎点霉菌属腔孢纲、球壳孢目、球壳孢科。

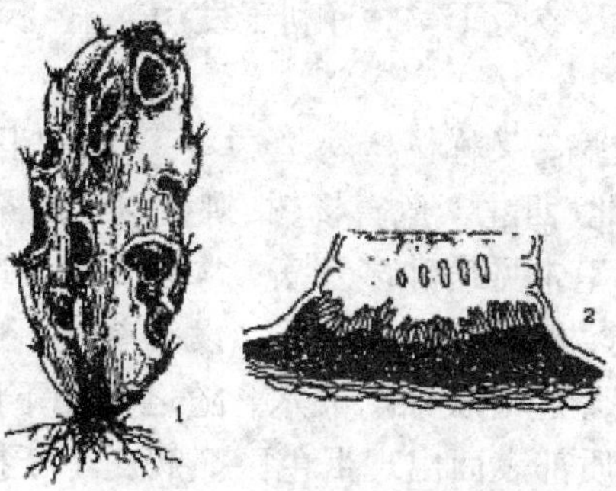

图6－26　仙人掌茎腐病

1.病害症状　2.病原菌的分生孢子盘和分生孢子

④发病规律　尖镰孢以菌丝体和厚垣孢子在病株残体上或土壤中越冬，茎点霉及大茎点霉则以菌丝体和分生孢子在病株残体上越冬。尖镰孢可在土壤中存活多年。通过风雨、土壤、混有病残体的粪肥和操作工具传播，带病茎是远程传播源。多由伤口侵入。高温高湿有利于发病。盆土用未经消毒的垃圾土或菜园土，施用未经腐熟的堆肥，嫁接、低温、受冻以及虫害造成的伤口多时，均有利于病害的发生。

⑶月季枝枯病

①分布与危害　月季枝枯病又名月季普通茎溃疡病或梢枯病等。我国上海、江苏、浙江、湖南、河南、陕西、山东、天津、安徽、广东等地均有发生。除危害月季外，还危害玫瑰等蔷薇属花卉。

②症状　该病主要危害月季枝条，包括嫁接枝、扦插枝等。发病初期，枝干上出现淡黄色或浅红色的斑点，后扩大为不规则形的褐色斑。后期病斑边缘部分凸出于周边组织，中部灰白凹陷，表皮开裂，在溃疡斑上产生针头状黑点，为病菌的分生孢子器。若溃疡斑环绕茎部一周，则使病部以上枝叶枯死，严重影响植株生长和开花(图6－27)。

③病原　病原菌为伏壳盾壳霉(*Coninthyrium fucklii* Sacc.)，又名蔷薇盾壳霉，属半知菌亚门、腔胞纲、球壳孢目、盾壳霉属。分生孢子器生于寄主植物表皮下，黑色，扁球形，具乳突状孔

口;分生孢子梗较短，不分枝，单胞，无色;分生孢子小，浅黄色，单胞，近球形或卵圆形。

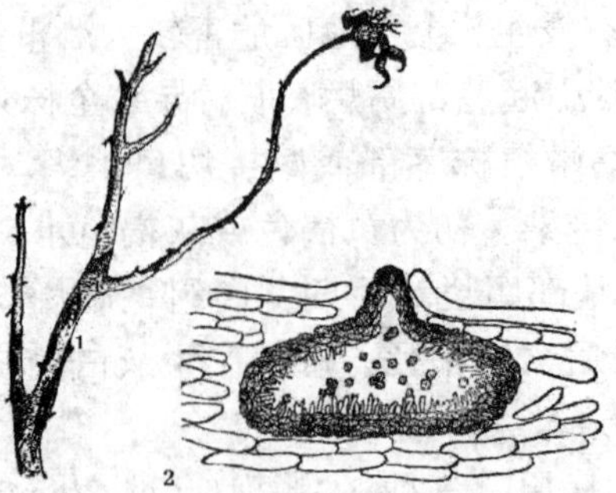

图6－27　月季枝枯病

1. 枝条上的症状 2. 病原菌的分生孢子器

④发病规律　病菌在茎枝的患病组织内越冬，有性阶段于翌年早春在病枝上形成。随后由产生的子囊孢子或分生孢子借风雨和水溅传播，成为初浸染源。病菌为弱寄生菌，主要通过休眠芽和伤口侵入寄主，极少数可直接通过无伤害表皮侵入。管理不善、过渡修剪、生长衰弱的植株发病重。潮湿的环境，或受干旱，有利于发病。

⑷杨树烂皮病

①分布与危害　杨树烂皮病，又称杨树腐烂病。我国杨树栽培地区都有发生，近几年越发严重。主要分布于华北、东北、西北。危害杨树、柳树、板栗、桑树、木槿、樱花、法桐等园林植物，是公园绿地、行道树、苗圃里常见病和多发病，常会引起大量枯死。

②症状　病害发生在杨树、柳树等枝干皮部。发病初期，皮部出现不规则隆起，触之较软，剥皮后则有淡淡酒精味。隆起斑块渐渐失水，随之干缩下陷，甚至产生龟裂。剥皮观看时，可见皮下形成层腐烂，木质部表面出现褐色区。病皮不断扩大，以春、秋两季扩大速度最快，纵向发展较横向快。在下陷的病皮上，出现密集的小黑丘疹状物，是病原菌的分生孢子器。遇雨或湿度过大时，由黑点顶端挤出乳白色浆状物，并逐渐变为橘黄色，即病菌的孢子角。孢子角边挤边干，形成细长的卷须。分生孢子器有时呈同心环状排列。干后，病皮极易剥离，可见皮层腐烂成乱麻样的纤维丝条。若病皮环干一周时，自此以上的枝干，便干枯形成枯枝。小枝发病时无明显溃疡斑，在粗皮部分发病时也无明显的溃疡斑，也无卷须状孢子角，但有琥珀色的分生孢子块(图6－28)。

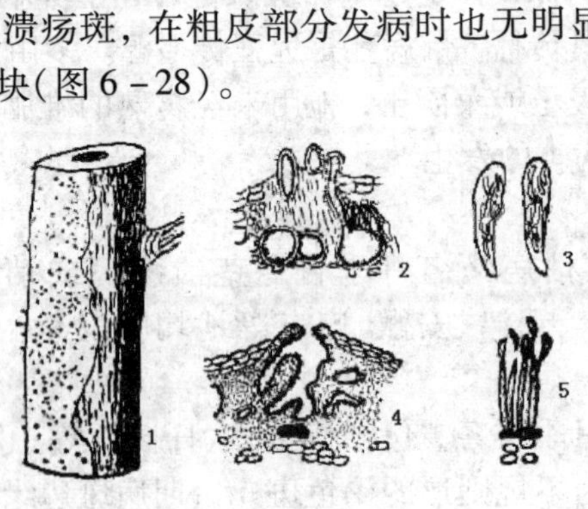

图6－28　杨树烂皮病

1. 树干上的症状　2. 病菌的子囊壳　3. 子囊和子囊孢子

4. 分生孢子器　5. 分生孢子梗及分生孢子

③病原　病原菌为污黑腐皮壳(*Valsa sordida* Nit)，属于子囊菌亚门、核菌纲、球壳菌属、

黑腐皮壳属。在4℃～35℃范围内均可生长，以25℃生长最为适宜。

④发病规律 病菌以菌丝、分生孢子器和子囊壳在病组织中越冬。春季越冬孢子借风雨、昆虫等媒介传播，自各种伤口或死亡组织侵入寄主。潜育期一般为6～10d。每年自3、4月份开始发生，5、6月发病盛期，到9月基本停止发展。杨树烂皮病发生的早晚和严重程度主要受气温和湿度的影响，生长衰落的树木或濒临死亡的树容易发生，另外夏季日光灼伤，冬季冻害等均导致此病的发生。

⑸杨树溃疡病

①分布与危害 杨树溃疡病又名杨树水泡型溃疡病，是杨树上的主要枝干病害，主要分布在东北、华北、西北和华东地区。随着杨树育苗和造林面积的增大，杨树溃疡病在河北、河南、江苏、安徽、山东等地危害日趋严重。主要危害黑杨、青杨、白杨及速生柳等杨柳科树种。从苗木、幼树到大树均可侵害，但以苗木、幼树受害最重，造成枯梢或全株枯死。

②症状 病害主要发生在主干和小枝上。症状表现有两种类型：

溃疡型：3月中下旬感病植株的杆部出现褐色病斑，圆形或椭圆形，大小在1cm左右，松软，用手挤压有褐色臭水流出。后水泡自行破裂，流出黏液，随后病斑下陷，很快发展成长椭圆形或长条形斑，病斑无明显边缘。5月下旬，病斑上散生许多小黑点，即病菌的分生孢子器，并突破表皮。6月上旬病斑基本停止扩展，病斑周围形成一隆起的愈伤组织，病斑中央开裂，形成典型的溃疡斑。

枯斑型：在当年定植的幼树主干上先出现不明显的小斑，呈红褐色，稍隆起，2～3个月后病斑迅速包围主干，致使上部枝梢枯死。有时在感病植株的冬芽附近出现成段发黑的斑块，剥开树皮可见里面已腐烂，引起梢头枯死。随后在枯死的部位出现小黑点。这是该病的常见症状(图6－29)。

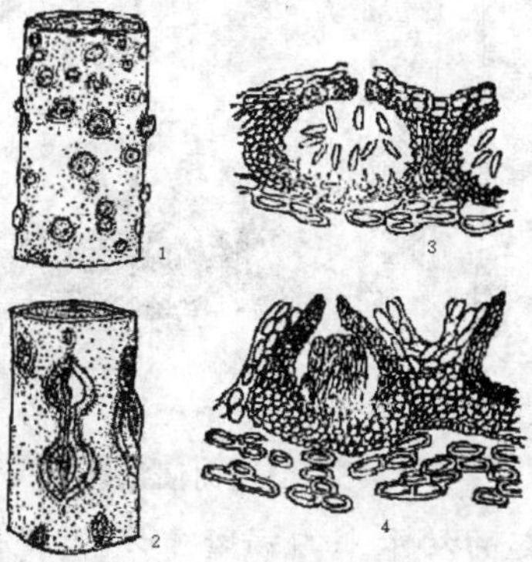

图6－29 杨树溃疡病

1. 树干上水泡症状 2. 病害后期的溃疡斑
3. 病菌的分生孢子 4. 子囊腔、子囊及子囊孢子

③病原 病原菌为茶子葡萄座腔菌[*Botryosphaeria ribis* (Tode) Gross et dugg.]，属子囊菌亚门、腔菌纲、格胞腔菌目、葡萄座腔菌属。子座黑色，近圆形；子囊腔单生或集生在子座内，洋梨状，有乳头状孔口，黑褐色；子囊棍棒状，具双层壁；子囊孢子8个，无色，单胞，椭圆形。无性阶段为聚生小穴壳菌(*Dothiorella grearia* Sacc)，属半知菌亚门、腔胞纲、球壳胞目、小穴壳属。分生孢子器生于寄主表皮下，单生或集生在子座内，暗色，球形，后期突破表

皮，孔口外露；分生孢子梗短，不分枝；分生孢子无色，单胞，梭形。

④发病规律　病菌可在树干、枝条的病斑和病残体中越冬。在不表现症状的树皮内，病菌以潜伏状态存在。春季是杨树溃疡病的最主要的发生时期，尤其在幼苗移栽后发病率最高；夏季杨树生长旺盛，病害发展缓慢；秋季又可出现第二次发病高峰。杨树栽培管理不善，水分、肥力不足、养分失调，导致生长衰弱的条件等，均易引起发病。树体内含水量与发病关系非常密切，树皮膨胀度低于60%时发病重；高于80%时抗病性增强。

(6)槐树溃疡病

①分布及危害　又名槐树烂皮病或腐烂病，在槐树栽培区均有发生，常引起幼苗、幼树的枯死和大树的枝枯。

②症状　病斑多发生在苗木的绿色主干或大树的绿色小枝上。病斑有两种类型，分别由镰孢霉属和小穴壳属引起。

由镰孢霉属引起的病斑，初期出现黄褐色水渍状、近圆形病斑，后扩展成梭形。较大的病斑中央略下陷，有酒糟味，呈典型的湿腐状。后期病斑中央渐呈橘红色，约20d左右，橘红色分生孢子堆突破表皮而出。病斑常可环切主茎，致使病斑以上部分枯死。若病斑未能环切主茎，通常病斑能当年愈合。

由小穴壳属引起的病斑，初期与镰孢菌属引起的溃疡病相似，但病斑颜色较深，边缘为紫黑色，病斑扩展迅速。后期病斑上产生许多黑色小点状的分生孢子器。病斑逐渐干枯下陷或开裂，其周围很少产生愈伤组织(图6－30)。

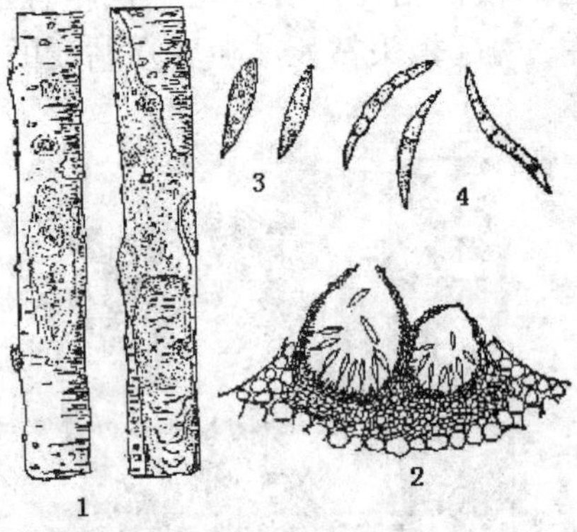

图6－30　槐树溃疡病

1.由小穴壳菌引起的幼干上的病斑　2.小穴壳菌的分生孢子器
3.分生孢子　4.镰孢菌的分生孢子

③病原　病原菌有两种。一种是三隔镰孢菌[*Fusarium tricinctum* (Corda) Sacc.]，属半知菌亚门、丝孢纲、瘤座孢目、镰孢霉属。分生孢子两种类型，大孢子镰刀形，2～5个隔膜，多数为3个隔膜，无色，老熟孢子的中部常可形成厚垣孢子；小孢子无色，单生，长卵圆形。另一种是多主小穴壳菌(*Dothiorella ribis* Gross et Du)，属半知菌亚门、腔孢纲、球壳孢目、小穴壳属。分生孢子无色，纺锤形；在培养基上菌落呈圆形，为深墨绿色。

④发病规律　病菌有潜伏侵染的特性，病菌终年存在于健康的绿色树皮内。病菌以分生孢子越冬，早春多自皮孔侵入，也可从伤口、叶痕、死芽等处侵入，潜育期约一个月，无再次侵染。病害多发生在2～4年生幼树的绿色主干及大树的1～2年生绿色枝条上。镰孢菌型腐

烂病3月开始发病，4月达到发病盛期，6~7月停止发展，小穴壳菌型腐烂病发生较晚。病菌为弱寄生菌，植株生长衰弱是诱发该病的原因之一，当土壤瘠薄、干旱、虫害严重、管理粗放，或移栽时根系损伤过多、根幅过小、苗木严重失水、植后不及时灌足水等均会导致槐树溃疡病的发生。

⑺棕榈干腐病

①分布与危害　棕榈干腐病又名枯萎病、烂心病、腐烂病，是棕榈上的常见病害。棕榈树既是观赏树种，又是经济树种，因于干腐病的发生，常造成枯萎死亡。

②症状　病害多从叶柄基部开始发生，首先产生黄褐色病斑，并沿叶柄向上扩展到叶片，病叶逐渐凋萎枯死。病斑延及树干产生紫褐色病斑，导致维管束变色坏死，树干腐烂，叶片枯萎，植株趋于死亡。若在棕榈干梢部位，其幼嫩组织腐烂，则更为严重。在枯死的叶柄基部和烂叶上，常见到许多白色菌丝体。当地上部分枯死后，地下根系也很快随之腐烂，全部枯死。

③病原　病原菌为拟青霉菌（*Paecilomyces varitoti* Bain），属半知菌亚门、丝孢纲、丛梗孢目、拟青霉属。该病菌能产生两种不同类型的分生孢子梗。一种分生孢子梗不分枝或有简单分枝，另一种分生孢子梗有多次分枝，呈扫帚状。

④发病规律　病菌在病株上过冬。每年5月中旬开始发病，6月逐渐增多，7~8月为发病盛期，至10月底，病害逐渐停止蔓延。该病对小树和大树均有危害。棕榈树遭受冻伤或剥棕太多，树势衰弱易发病。

⑻毛竹枯梢病

①分布与危害　分布于福建、浙江、江苏、江西等地。危害当年新竹，发病后，轻者枝梢枯死，重者整株死亡。

②症状　感病后先在主梢或枝条的节叉处出现舌状或梭形病斑，初为淡褐色，后变成紫褐色。当病斑包围枝干一圈时，其上部叶片变黄，纵卷直到枯死脱落。在林间因病害危害的程度不一，竹子可出现枯梢、枯枝和全株枯死三种类型。剖开病竹，可见病斑内壁变为褐色，并长有白色絮状菌丝体。翌年春，枯梢或枯枝节处出现不规则的小突起，后不规则突起开裂，从裂口处伸出1至数根毛状物，即病原菌有性世代子囊壳的喙（图6-31）。

③病原　病原菌为竹喙球菌（*Ceratophaeria phyllostachydis* Zhang），属子囊菌亚门、核菌纲、球壳菌目、喙球菌属。子囊壳黑色，炭质，卵圆形或扁圆形，表面无毛，数个不等地集生于病组织内；子囊棍棒状，束生，有短柄；子囊孢子8个，双行排列于子囊内，梭形，直或稍弯曲，初为无色，后为浅黄色。

图6-31　毛竹枯梢病

1. 病枝　2. 病菌子囊腔　3. 子囊孢子

④发病规律　病菌以菌丝体在林内老竹病组织内越冬。每年4月雨量充足，月平均气温达15℃以上，病菌子实体在林间开始产生，于5月上旬至6月中旬成熟。病菌借风雨传播或人为传播。在发病区，凡遇7~8月份高温、干燥的年份，此病易流行。

2）腐烂、溃疡病类防治措施

(1)加强栽培管理　促进园林植物健康生长，增强树势，是防治枝干腐烂、溃疡病的重要途径。夏季搭荫棚、合理间作或及时灌水降温，可有效防止银杏茎腐病的发生；适地适树、合理修剪、剪口涂药保护、避免干部皮层损伤、随起苗随移植，避免假植时间过长，秋末冬初树干涂白，防止冻害、防治蛀干害虫等措施，对防治槐树溃疡病、月季枝枯病都十分有效。

(2)加强检疫　枝干溃疡、腐烂病中有些是危险性病害，是检疫对象，如毛竹枯梢病，要防止带病苗木、种竹、毛竹传入无病区，一旦发现，立即烧毁。

(3)清除侵染来源　及时清除病死枝条和植株，结合修剪去除其他枯枝或生长衰弱的植株及枝条，刮除老病斑，减少侵染来源，可减轻病害的发生。毛竹枯梢病在初春钩去病梢，就是一项有效的防治措施。

(4)药剂防治　树干发病时可用50%代森铵、50%多菌灵可湿性粉剂200倍液，或80%"402"抗菌素200倍液喷雾，或2°Be的石硫合剂注射树干或涂抹病斑。茎、枝梢发病时，可喷洒50%退菌特可湿性粉剂800~1000倍液、50%多菌灵可湿性粉剂800~1000倍液、70%百菌清可湿性粉剂1000倍液、65%代森锌可湿性粉剂1000倍液和50%苯来特可湿性粉剂1000倍液的混合液(1∶1)。

6.2.2 秆锈病类

秆锈病是园林植物的一类常见病害，是由锈菌侵染引起。受害树干往往形成瘤肿，有的不甚明显，在一定的时期，病部会出现锈黄色的锈孢子器或鲜黄色的夏孢子堆或锈褐色的冬孢子堆。有的锈病要转主寄生才能完成其生活史。

1）秆锈病类主要病害

(1)竹秆锈病

①分布与危害　又称竹褥病。我国江苏、浙江、安徽、山东、湖南、湖北、河南、陕西、贵州、四川、广西等地均有发生。主要危害淡竹、刚竹、旱竹、哺鸡竹、箭竹、毛竹等。竹秆被侵染处变黑，材质发脆，生长衰退，发笋减少，发病严重的整株枯死，不少竹林因此被毁坏。

②症状　病菌多侵染竹秆中、下部或秆基部，严重时小枝也会受害。初期病部出现白色小圆点，后逐渐变成土黄色条状或片状木栓质垫状物(病菌冬孢子堆)，有时形成一圈环形软木栓，外壳紧箍于竹秆上。后期病部变成灰褐色或暗褐色，竹秆变黑发脆，降低竹材使用价值，严重受害时造成整株或成片枯死(图6-32)。

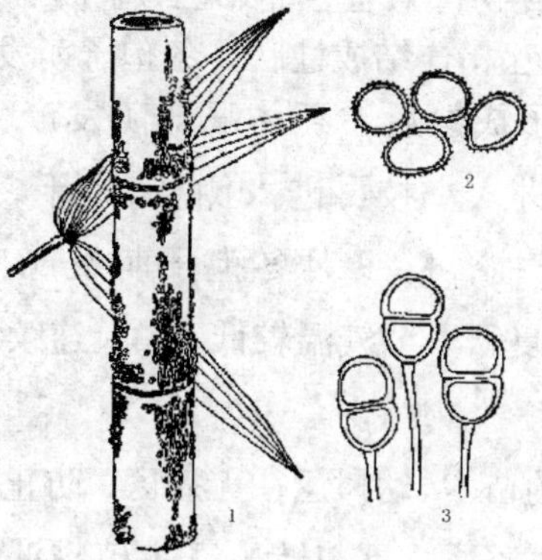

图6-32　竹秆锈病

1. 症状　2. 夏孢子　3. 冬孢子

③病原　病原菌为皮下硬层锈菌[*Stereostratum corticioides*(Berk. et Br.) magn.]，属担子菌亚门、冬孢纲、锈菌目、硬层锈菌(毡锈菌)属。夏孢子堆生于寄主茎秆的角质层下，后突破角质层外露，圆形或长圆形，褐色，呈粉状；夏孢子近球形或卵形，淡黄褐色或近无色，单胞，表面有刺；冬孢子堆圆形或椭圆形，生于角质层下，多群生常紧密连接成片，呈毡状，后突破角质层外露，黄褐色；冬孢子亚球形至广椭圆形，两端圆，双胞，无色或淡黄色，壁平滑，具细长的柄。

④发病规律　病菌以菌丝体和不成熟的冬孢子越冬。第二年春季冬孢子成熟，5~6月病斑角质层破裂，露出夏孢子堆，借风雨传播，从伤口侵入。侵入竹秆表皮后潜育期达7~18个月，而后症状逐渐显露。病斑可逐年增大和加厚，病情也逐渐加重，严重时竹林成片衰败枯死。该病在阴湿、通风不良、低洼的环境和管理不善、生长过密、植株病弱的竹林中发生比较严重。

(2)松瘤锈病

①分布与危害　松瘤锈病在我国黑龙江、河南、湖北、江苏、安徽、浙江、江西、广西、贵州、云南、四川、陕西等地区均有发生，危害樟子松、马尾松、黄山松、云南松、油松和黑松等11种松树，其中以长江流域的马尾松、云南地区的云南松、大兴安岭的樟子松发病最严重。该病的转主寄主为26种栎类树木，常见的有皮栎、麻栎、槲栎、白极、波罗栎、黄山栎、蒙古栎和板栗等，其中感病最重为麻栎、栓皮栎、槲栎等。该病对栎类寄主危害不大。松树感病后，树干畸形，生长缓慢，严重的可引起侧枝、主梢枯死，甚至整株死亡。

②症状　病菌主要侵害松树的主干、侧枝和栎类的叶片。松树枝干受侵染后，木质部增生形成瘿瘤。通常瘿瘤为近圆形，大小不等，小的直径5cm，大的直径60cm。每年春夏之际，瘿瘤的皮层不规则破裂，自裂缝中溢出蜜黄色液滴，其中混有性孢子。第二年在瘤的表皮下产生黄色疱状锈孢子器，锈孢子器成熟后破裂，散出黄粉状的锈孢子。连年发病，瘿瘤上部的枝干枯死，或易风折。锈孢子侵染栎树叶片，在栎叶的背面初生鲜黄色小点，即夏孢子堆。一个月后在夏孢子堆中生出许多近褐色的毛状物，即冬孢子柱。

③病原　病原菌为栎柱锈菌[*Cronartium quercum*(Berk.) Myiabe]，属担子菌亚门、冬孢菌纲、锈菌目、柱锈菌属。性孢子无色，混杂在黄色蜜液内，自皮层裂缝中外溢。锈孢子器扁平、疱状，橙黄色；锈孢子球形或椭圆形，黄色或近无色，表面有粗疣。夏孢子堆黄色，半

球形;夏孢子卵形至椭圆形，内含物橙黄色，壁无色，表面有细刺。冬孢子柱褐色，毛状;冬孢子长椭圆形，黄褐色，冬孢子互相连结成柱状。冬孢子萌发产生担子及担孢子。

④发病规律　病菌的冬孢子成熟后不经休眠即萌发产生担子和担孢子。担孢子随风传播，自气孔侵入，后由针叶进入小枝再进入侧枝、主干，在皮层中定殖。5～6月产生夏孢子堆，7～8月产生冬孢子柱，8～9月冬孢子萌发产生担子和担孢子，当年侵染松树。病害与温、湿度关系密切，夏秋季节气温较低，加上连续空气湿度饱和，容易发病。

2）秆锈病类防治措施

⑴植物检疫　禁止将疫区的苗木、幼树运往无病区，防止松疱锈病的扩散蔓延。

⑵园林技术防治　清除转主寄主，不与转主寄主植物混栽，是防治秆锈病的有效途径;及时、合理地修除病枝，及时清除病株，减少侵染来源。

⑶药剂防治　用松焦油原液、70%百菌清乳剂300倍液直接涂于发病部位;幼林用65%代森锌可湿性粉剂500倍液、25%粉锈宁500倍液喷雾。

6.2.3 丛枝病类

丛枝病的典型症状是树冠的部分枝条密集簇生呈扫帚状或鸟巢状，故又称“扫帚病”或“鸟巢病”。丛枝病通常是由植原体、真菌引起的，大多是系统侵染，丛枝病是一类危险性病害，常导致植株死亡。

1）丛枝病类主要病害

⑴泡桐丛枝病

①分布与危害　泡桐丛枝病又名泡桐扫帚病。在我国泡桐栽培区普遍发生，分布于江苏、浙江、江西、河北、河南、陕西等地。一旦染病，在全株各个部位均可表现出受害症状。染病的幼苗、幼树常于当年枯死，大树感病后，常引起树势衰退，材积生长量大幅度下降，甚至死亡。

②症状　病菌危害泡桐的树枝、干、根、花、果。幼树和大树发病，多从个别枝条开始，枝条上的腋芽和不定芽萌发出不正常的细弱小枝，小枝上的叶片小而黄，叶序紊乱，病小枝又抽出不正常的细弱小枝，表现为局部枝叶密集成丛。有些病树多年只在一边枝条发病，没有扩展，仅由于病情发展使枝条枯死。有的树随着病害逐年发展，丛枝现象越来越多，最后全株都呈丛枝状态而枯死。病树须根明显减少，并有变色现象。一年生苗木发病，表现为全株叶片皱缩，边缘下卷，叶色发黄，叶腋处丛生小枝，发病苗木当年即枯死。有的病株花器变形，即柱头或花柄变成小枝，小枝上的腋芽又抽出小枝，花瓣变成小叶状，整个花器形成簇生小丛枝状（图6－33）。

图 6－33　泡桐丛枝病病状

③病原　病原菌为植原体（MLO）。植原体圆形或椭圆形，直径 200nm～820nm，无细胞壁，但具 3 层单位膜，内部具核糖核蛋白颗粒和脱氧核糖核酸的核质样纤维。

④发病规律　该病主要通过茎、根、病苗、嫁接传播。在自然情况下，也可由烟草盲蝽、茶翅蝽在取食过程中传播。带病的种根和苗木的调运是病害远程传播的重要途径。病害的发生与育苗方式、地势、气候因素及泡桐种类有关。种子繁殖的实生苗发病率低；行道树发病率高；相对湿度大、降雨量多的地区发病轻；白花泡桐、川桐、台湾泡桐较抗病。

⑵竹丛枝病

①分布与危害　竹丛枝病又称雀巢病、扫帚病。分布于河南、江苏、浙江、湖南、贵州等省，但以华东地区最常见。寄主有淡竹、箬竹、刺竹、刚竹、哺鸡竹、苦竹、短穗竹等。病竹生长衰弱，发笋减少，重病株逐渐枯死，在发病严重的竹林中，常造成整个竹林衰败。

②症状　发病初期，少数竹枝发病。病枝春天不断延伸多节细弱的蔓枝。每年 4～6 月间，病枝顶端鞘内产生白色米粒状物，大小为 5～8×3mm。有时在 9～10 月间，新生长出来的病枝梢端的叶鞘内，也产生白色米粒状物。病株先从少数竹枝发病，数年内逐步发展到全部竹枝（图 6－34）。

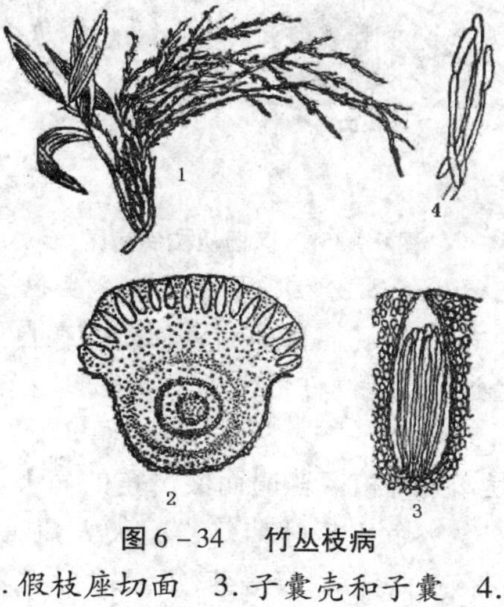

图 6－34　竹丛枝病

1. 病枝　2. 假枝座切面　3. 子囊壳和子囊　4. 分生孢子

③病原　病原菌为竹瘤座菌[*Balansia take*（Miyake）Hara]，属子囊菌亚门、核菌纲、球壳菌目、瘤座菌属。病菌的白色假子座内有多个不规则相互连通的腔室，腔室内产生许多分生孢子。分生孢子无色，细长，3个细胞，两端细胞较粗，中间细胞较细。子囊壳埋生于垫状子座中，瓶状，并露出乳头状孔口。子囊圆筒形；子囊孢子线形，无色，8个束生，有隔膜，会断裂。

④发病规律　病菌以菌丝体在竹的病枝内越冬，翌年春天在病枝新梢上产生分生孢子成为初侵染源。分生孢子借雨水传播，由新梢的心叶侵入生长点，刺激新梢在健康春梢停止生长后仍继续生长而表现出症状，2~3年后逐渐形成鸟巢状或扫帚状的典型症状。郁闭度大、通风透光不好的竹林，或者低洼处、溪沟边、湿度大的竹林以及抚育管理不善的竹林，病害发生较为常见。病害大多发生在4年生以上的竹林内。

(3)枫杨丛枝病

①分布与危害　我国江苏、安徽、浙江、山东、河南等地均有发生。病株受害后，侧枝丛生，树木逐渐枯死，破坏绿化效果和城市景观。据报道，云南的核桃、吉林的核桃楸也会发生此病。

②症状　病害多发生在侧枝上。感病枝条簇生如扫帚状，基部稍肿大，病叶小并呈黄绿色，边缘略卷曲，初生叶略带红色。每年5月病叶背面密生白色粉层，即病菌子实体，有时见于叶面。有的非丛枝的叶片背面也会产生白色粉层，到晚秋这种叶的枝条上会形成较多的侧芽，来年萌发后形成丛枝状。6月后病叶焦黄、脱落，当年再萌生新叶。9~10月，部分病叶上又会产生白粉，但量较少。病枝连年发病丛枝不断扩大，整个树冠都形成丛枝，树木生长衰弱、枯死。

③病原　病原菌为核桃微座孢[*Microstroma juglandis*（Bereng.）Sacc.]，属半知菌亚门、丝孢纲、丛梗孢目、微座孢属。子座生于寄主表皮下，圆形或圆锥形；分生孢子梗密集生于子座上，并突破表皮外露，棍棒状，分生孢子梗顶端着生6~8个分生孢子；分生孢子长卵圆形，无色，单胞（图6-35）。

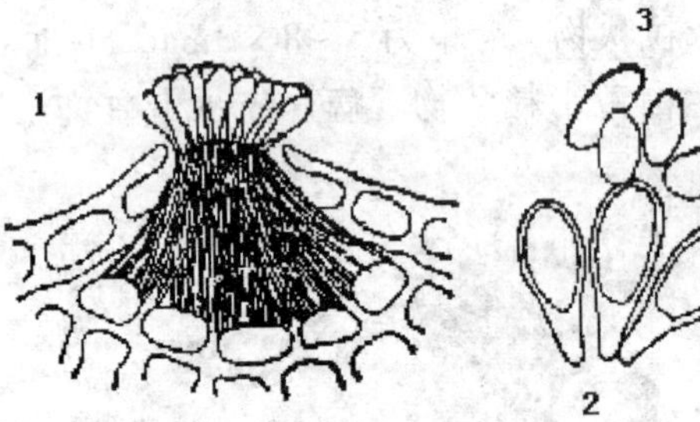

图6-35　枫杨丛枝病病原

1.子座　2.分生孢子梗　3.分生孢子

④发病规律　枫杨丛枝病的发病规律目前尚不清楚。在自然情况下，病树与健树相邻，病枝与健枝虽相互交错，但经过几年，健株仍未见发病。

(4)翠菊黄化病

①分布与危害　黄化病是翠菊种植区普遍而又严重的病害。在北京、上海均有发生。该病寄主范围广，除危害翠菊外，还危害瓜叶菊、矮菊、天人菊、美人蕉、天竺葵、福禄考、金盏菊、金鱼草、长春花、菊花、非洲菊、百日草、万寿菊、矮雪轮、大岩桐、荷花、香石竹、蔷薇、茉莉、

牡丹等40个科的100多种植物。该病使植株矮小、萎缩，叶片黄化，花瓣变绿、畸形或无花，严重影响切花生产和花坛景观。

②症状 翠菊感病后生长初期幼叶沿叶脉出现轻微黄化，而后叶片变为淡黄色，病叶向上直立，叶片和叶柄细长狭窄，嫩枝上往往腋芽增多，形成扫帚状的丛枝；植株矮小、萎缩；花序颜色减退，花瓣通常变成淡黄绿色，花小或无花。

③病原 翠菊黄化病是由植原体（MLO）引起。菌体为球形或椭圆形，有时形态变异为蘑菇形或马蹄形，菌体大小为80～800nm，壁厚8nm。

④发病规律 病原菌主要在雏菊、春白菊、大车前、飞蓬、天人菊、苦苣菜等各种多年生植物上存活和越冬，主要通过叶蝉从这些植物传播到翠菊或其他寄主上侵染危害。此外，菟丝子也能传毒；但种子不带毒，汁液和土壤不传毒。潜育期长短与气温有关，温度25℃时潜育期为8～9d，气温20℃时潜育期18d，10℃以下则不显症状。7～8月份发病严重。

2）丛枝病类防治措施

(1)植物检疫 进行苗木调运时，严格剔除有病植株。

(2)园林技术防治 选育和推广抗病品种，改进育苗技术，采用当年插根当年出圃的育苗方式，加强水肥管理，增强其生长势。

(3)物理机械防治 及时剪除病枝，挖除病株，可以减轻病害的发生。清除病原物越冬寄主是防治翠菊黄化病的重要手段。在病枝基部进行环状剥皮，宽度为所剥部分枝条直径的1/3左右，以阻止植原体在树体内运行。

(4)药剂防治 喷洒50%马拉硫磷乳油1000倍液、10%安绿宝乳油1500倍液、40%速扑杀乳油1500倍液防治刺吸式口器昆虫（如蚜、叶蝉等），可减少病害传染；植原体引起的丛枝病可用四环素、土霉素、金霉素、氯霉素4000倍液喷雾；真菌引起的丛枝病可在发病初期直接喷50%多菌灵或25%三唑酮500倍液进行防治，每周喷1次，连喷3次，防治效果很明显。

6.2.4 枯萎病类

枯萎病是由病原菌侵入寄主的输导组织而引起的一类病害。枯萎病主要由真菌、细菌、病原线虫引起。病原物借风雨、昆虫传播，自伤口侵入茎干，在植物的输导组织内大量繁殖，以阻塞、毒害或以其他方式破坏植物的输导组织，导致整个植株枯萎，是园林植物上的一类重要病害。

1）枯萎病类主要病害

(1)香石竹枯萎病

①分布与危害 枯萎病是香石竹上发生普遍而严重的病害。天津、广东、浙江、上海等地均有发生，危害香石竹、石竹、美国石竹等多种石竹属植物，引起植株的枯萎死亡。

②症状 植株生长发育的任何时期都可受害。首先是植株下部叶片枝条变色、萎蔫，并迅速向上蔓延，叶片由正常的深绿色变为淡绿色，最终呈苍白的稻草色。整个植株枯萎，有时表现为一侧枝叶枯萎。纵切病茎可看到维管束中有暗褐色条纹，从横断面上可见到明显的暗褐色环纹（图6-36）。

③病原 病原菌为石竹尖镰孢[*Fusarinm oxysporum* Snyder & Hansen]，属半知菌亚门、丝孢纲、瘤座孢目、镰孢霉属。它是专一引起香石竹维管束病害的病原。病菌一般产生分生孢子座，分生孢子有两种，即大型分生孢子和小型分生孢子。大孢子较粗短，由几个细胞组成，

稍弯曲，有时呈镰刀形，顶端略尖，胞壁较薄；小型分生孢子较小，卵形至矩圆形，有1~2个细胞。当环境不利时，垂死的植株组织和土壤内的病株残体可产生大量的小型、圆形的厚垣孢子。

图6-36　香石竹枯萎病病原菌

1. 症状　2. 大型分生孢子

④发病规律　病原菌在病株残体或土壤中越冬。在潮湿情况下产生子实体。孢子借风雨传播，通过根和茎基或插条的伤口侵入，病菌进入维管束系统并逐渐向上蔓延扩展。繁殖材料是病害传播的重要来源，被污染的土壤也是传播来源之一。高温高湿有利于病害的发生。酸性土壤以及偏施氮肥有利于病菌的侵染和生长。

⑵松材线虫病

①分布与危害　松材线虫病又称松枯萎病，是松树的一种灭性病害。该病在日本、韩国、美国、加拿大、墨西哥等国均有发生，但危害程度不一，其中以日本受害最重。此病1982年我国在南京市中山陵首次发现，随后在安徽、广东、山东、浙江、台湾、香港等省（区）局部地区发现并流行成灾。浙江于1991年9月在象山县首次发现，现已扩大到浙东北近半个省（涉及杭州、宁波、台州、绍兴等地10多个县区），导致大量松树枯死，对松林资源、自然景观和生态环境造成严重破坏，而且有继续扩散蔓延之势。主要危害黑松、赤松、马尾松、海岸松、火炬松、黄松、湿地松、白皮松等植物。

②症状　松材线虫通过伤口进入木质部，寄生在树脂道中。在大量繁殖的同时移动，逐渐遍及全株，并导致树脂道薄壁细胞和上皮细胞的破坏和死亡，造成植株失水，蒸腾作用降低，树脂分泌急剧减少和停止。所表现出来的外部症状是针叶陆续变为黄褐色至红褐色，萎蔫，最后整株枯死。病死木的木质部往往由于有蓝变菌的存在而呈现蓝灰色。松材线虫病症状发展过程可分为4个阶段：首先外观正常，但树脂分泌减少，蒸腾作用下降；接着针叶开始变色，树脂分泌停止，通常能够观察到天牛或其他甲虫危害和产卵的痕迹；再就是大部分针叶变为淡褐色，萎蔫，可见到甲虫蛀屑；最后针叶全部变为黄褐色或红褐色，病树整株枯死，此时树体一般有多种次生性害虫的栖居。

③病原　病原菌为松材线虫[*Bursaphelenchus xylophilus*（Steiner & Buhrer）Nickle]，属线形动物门，线虫纲，垫刃目，滑刃科。成虫体细长，1mm，唇区高，缢缩显著，基部略微增

厚。雌虫尾部亚圆锥形，末端钝圆，少数有微小的尾尖突。卵巢前伸，卵呈单行排列。阴门开口于虫体中后部体长的73%处，上覆以宽的阴门盖。雄虫交合刺大，弓形，喙突显著，远端膨大如盘状。尾部似鸟爪，向腹部弯曲，尾端为小的卵形交合伞包裹(图6－37)。

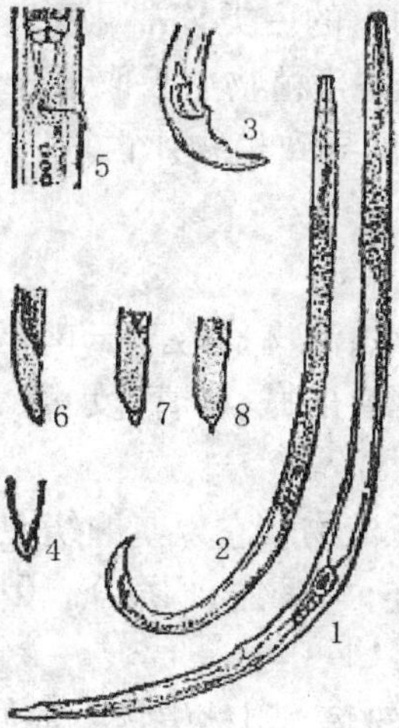

图6－37　松材线虫

1. 雌成虫　2. 雄成虫　3. 雄虫尾部　4. 交合器　5. 雌虫阴门　6－8. 雌虫尾部

④发病规律　松材线虫病多发生在每年5～9月份。高温干旱气候适合病害发生和蔓延，低温则能限制病害的发展；土壤含水量低，病害发生严重。在我国，传播松材线虫的主要媒介是松墨天牛(*Monochamus alternatus* Hope)。松墨天牛一般4～5月羽化，从罹病树中羽化出来的天牛几乎100%携带松材线虫，天牛体内的松材线虫均为耐久型幼虫，这阶段幼虫抵抗不良环境能力很强，它们主要分布在天牛的气管中，每只天牛都可携带成千上万条线虫，最高可达28万条。当天牛在树上咬食作补充营养时，线虫幼虫就从天牛取食造成的伤口进入树脂道，然后蜕皮成为成虫。被松材线虫侵染的松树往往又是松墨天牛的产卵对象。翌年，在罹病松树内寄生的松墨天牛羽化时又会携带大量线虫，并“接种”到健康的树上，导致病害的扩散蔓延。病原线虫近距离由天牛携带传播，远距离则随调运带有松材线虫的苗木、木材及松木制品等传播。松材线虫雌雄虫交尾后产卵，每雌虫产卵约100粒。虫卵在温度25℃下30h孵化。幼虫共4龄。在温度30℃时，线虫3d即可完成一个世代。松材线虫生长繁殖的最适温度为20℃，低于10℃时不能发育，28℃以上繁殖会受到抑制，在33℃以上则不能繁殖。

2)枯萎病类防治措施

⑴加强检疫　香石竹枯萎病、松材线虫病都属于检疫对象，应加强对传病材料的监控，防止危险性病害的扩展与蔓延。

⑵加强对传病昆虫的防治是防止松材线虫扩散蔓延的有效手段　防治松材线虫的主要媒介——松墨天牛，可在4月份天牛从树体中飞出时用0.5%杀螟松乳剂或乳油，杀死松材内的松墨天牛幼虫。

⑶清除侵染来源　及时挖除病株烧毁，并进行土壤消毒，可有效控制病害的扩展。

⑷药剂防治　防治香石竹枯萎病可在发病初期用50%多菌灵可湿性粉剂800～1000倍液，或50%苯来特500～1000倍液灌注根部土壤，每隔10d一次，连灌2～3次。防治松材线虫病可

在树木被侵染前用丰索磷、克线磷、氧化乐果、涕灭威等进行树干注射或根部土壤处理。

6.2.5 寄生性种子植物

寄生性种子植物病害是园林植物上的一类较常见病害，是菟丝子科和桑寄生科植物寄生园林植物引起的，寄生性种子植物从寄生植物上吸取水分、矿物质、有机物供自身生长发育需要，而导致园林植物生长衰弱，严重的导致植物死亡。

1）寄生性种子植物主要病害

⑴菟丝子害

①分布与危害　分布于广西、广东、海南、福建、云南、贵州、四川、湖南、台湾等地区；主要危害木槿、杜鹃花、蔷薇、桂花、牡丹、鸡爪槭、冬青、女贞、龙眼，荔枝、柑桔、沙田柚、油桐、苦楝、黄檀、杨柳等多种园林花卉和果树。

②症状　菟丝子为全寄生性种子植物。它以茎缠绕在寄主植物的茎干，并以吸器伸入寄主茎干或枝干内与其导管和筛管相连，吸取全部养分。因而导致被害植物生长不良，通常表现为植株矮小、黄化，甚至植株死亡。

③病原　菟丝子又名无根藤、金丝藤，园林植物中常见的有4种：

中国菟丝子（*Cuscuta chinensis* Zam）　茎纤细、丝状，直径约1mm，橙黄色；花淡黄色，头状花序；花萼杯状，长约1.5mm；花冠钟形，白色，稍长于花萼，短五裂；蒴果近球形，内有种子2～4枚；种子卵圆形，长约1mm，淡褐色，表面粗糙（图6－38）。

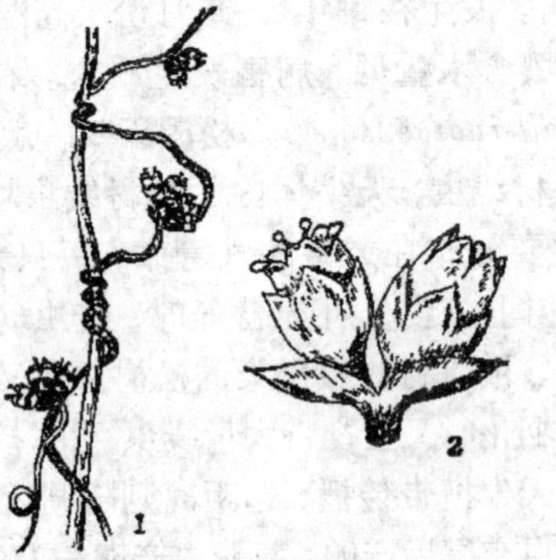

图6－38　中国菟丝子害

1.缠绕在寄主上的菟丝子茎和果　2.菟丝子的花

日本菟丝子（*Cuscuta japonica* Choisy）　茎粗壮，直径2mm，分枝多，黄白色，并有突起的紫斑；在尖端及以下3节上有退化的鳞片状叶；花萼碗状，有瘤状红紫色斑点；花冠管状，白色，长3～5mm，5裂；蒴果卵圆形，内有种子1～2枚；种子微绿至微红色，表面光滑。

田间菟丝子（*Cuscuta campestris* Juncker）　茎丝状有分枝，淡黄色，光滑；花序球形；花萼碗状，长2～2.5mm，黄色，背部有小的瘤状突起；花冠坛状，白色，长于花萼，深5裂；蒴果近球形，顶端微凹；种子椭圆形，褐色。

单柱菟丝子（*Cuscuta monogyne* Vahl.）　茎较粗，直径2mm，分枝众多，略带红色，并有紫色瘤状突起；穗状花序，花萼半圆形，5裂几乎达到基部，背部有紫红色的瘤状突起；花冠坛状，长3～3.5mm，紫红色；蒴果卵圆形，长约4mm；种子圆形，直径3～3.5mm，暗棕色，表面光滑。

④发病规律　菟丝子以成熟种子脱落在土壤中休眠越冬，也有以藤茎在被害寄主上越冬的。以藤茎过冬的，翌春温湿度适宜时即可继续生长攀缠危害。经越冬后的种子，次年春末夏初，当温湿度适宜时种子在土中萌发，长出淡黄色细丝状的幼苗。随后不断生长，藤茎上端部分作旋转向四周伸出，当碰到寄主时，便紧贴在其上缠绕，不久在其与寄主的接触处形成吸盘，并伸入寄主体内吸取水分和养料。此期茎基部逐渐腐烂或干枯，藤茎上部与土壤脱离，靠吸盘从寄主体内获得水分、养料，不断分枝生长，开花结果，不断繁殖蔓延危害。夏秋季是菟丝子生长高峰期，开花结果于11月份。

2）桑寄生害

①分布与危害　桑寄生科植物多分布于热带、亚热带地区，我国西南和华南地区最常见。在园林植物中，常危害山茶、石榴、木兰、蔷薇、榆、山毛榉及杨柳科等植物，导致生长势衰弱，严重时全株枯死。

②症状　桑寄生科的植物为常绿小灌木，它寄生在树木的枝干上非常明显，尤以冬季寄主植物落叶后更为显著。由于寄生物夺走了部分无机盐类和水分，并对寄主产生毒害作用，因而，导致受害植物叶片变小，提早落叶，抽芽晚，不开花或延迟开花，果实易落或不结果。植物枝干受害处最初略为肿大，以后逐渐形成瘤状，木质部纹理也受到破坏，严重时枝条或全株枯死（图6－39）。

③病原　园林植物上的桑寄生科植物主要有桑寄生属（*Loranthus*）和槲寄生属（*Viscum*）。

桑寄生属植物　株高1m左右，茎褐色，叶对生、轮生或互生，全缘；花两性，花瓣分离或下部合生成管状；果实为浆果状的核果。我国常见的有桑寄生［*L. parasiticu*（L.）Merr.］和樟寄生（*L. yadoriki* S. et Z.）两种。

槲寄生属植物　枝绿色；叶对生，常退化成鳞片状；花单性异株，极小，单生或丛生于叶腋内或枝节上，雄花被坚实；雌花与子房合生，子房下位，1室，柱头无柄或近无柄，垫状；果实肉质，果皮有黏胶质。我国有14种，常见的有槲寄生（*V. album* L.）和无叶枫寄生（*V. articulatum* Burm.）。

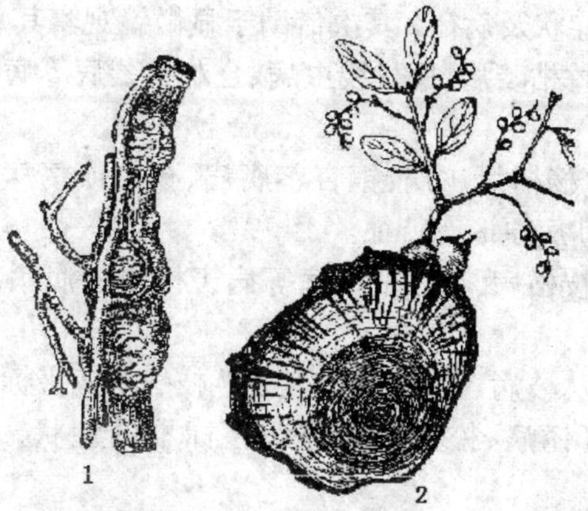

图6－39　桑寄生

1. 被害枝条　2. 桑寄生的枝、叶果、吸盘及侵入寄主木质部的吸根

④发病规律　桑寄生科植物以植株在寄主枝干上越冬，每年产生大量的种子传播危害。鸟类是传播桑寄生的主要媒介。小鸟取食桑寄生浆果后，种子被鸟从嘴中吐出或随粪便排出后落在树枝上靠外皮的黏性物质黏附在树皮上，在适宜的温度和光线下种子萌发，萌发时胚芽背光生长，接触到枝干即在先端形成不规则吸盘，以吸盘上产生的吸根自伤口或无伤体表侵入寄主组织，与寄主植物导管相连，从中吸取水分和无机盐。从种子萌发到寄生关系的建立需时约10~20d。与此同时，胚芽发育长出茎叶。如有根出条则沿着寄主枝干延伸，每隔一定距离便形成一吸根钻入寄主组织定殖，并产生新的植株。

2）寄生性种子植物类防治措施

⑴园林技术防治　在菟丝子种子萌发期前进行深翻，将种子深埋在3cm以下的土壤中，使其难以萌芽出土。经常巡查，一旦发现病株，应及时清除。在种子成熟前，结合修剪，剪除有种子植物寄生的枝条，注意清除要彻底，并集中销毁。严禁随手乱扔菟丝子的藤茎。

⑵药剂防治　对菟丝子发生较普遍的园地，一般于5~10月，酌情喷药1~2次。常用的药剂有10%草甘膦水剂400~600倍液加0.3%~0.5%硫酸铵，或48%地乐胺乳油600~800倍液加0.3%~0.5%硫酸铵。国外报道，防治桑寄生可用氯化苯氨基醋酸、2，4-D和硫酸铜。

相关技能训练

实训23　园林植物枝干病害及病原形态观察

1. 实训目的

通过对园林植物枝干病害的观察，熟悉园林植物主要枝干病害的症状、病原及发病规律，为生产实践中对园林植物病害的防治奠定基础。

2. 实训材料和用具

材料：腐烂病、枯萎病、溃疡病、枝枯病、丛枝病、秆锈病、寄生性种子植物等园林植物枝干病害的新鲜标本、干标本及病原菌的玻片标本。

用具：有关挂图及照片、显微镜、放大镜、镊子、挑针、蒸馏水、载玻片、盖玻片、滴瓶等。

3. 实训内容与方法

先用肉眼观察标本的症状及病征，其次借助于显微镜观察其病原。

1）枯萎病　观察香石竹枯萎病、松材线虫病、合欢枯萎病等病害标本的症状，并在显微镜下观察其病原形态特征。

2）腐烂、溃疡病　观察杨树烂皮病、银杏茎腐病、杨树溃疡病、槐树溃疡病等病害标本的症状，并在显微镜下观察其病原形态特征。

3）枝枯病　观察月季枝枯病、毛竹枯梢病等病害标本的症状，并在显微镜下观察其病原形态特征。

4）丛枝病　观察泡桐丛枝病、竹丛枝病、枫杨丛枝病等病害标本的症状特征。

5）秆锈病　观察竹秆锈病、松瘤锈病等病害标本的症状，并在显微镜下观察其病原形态特征。

6）寄生性种子植物　观察中国菟丝子及桑寄生标本。

4. 实训作业

列表比较所观察的病害的症状特点、发病部位及病原类型。

任务 6.3 园林植物根部病害及防治技术

任务分析:园林植物根部病害的种类较少，但其危害性很大，常常是毁灭性的。染病的幼苗几天即可枯死，幼树在一个生长季节即可枯死，大树延续几年后也可枯死。根部病害主要破坏寄主的根系，影响水分和养分的输送，往往引起植物的死亡，而且由于病害是在地下发展的，初期不易被发现，等到地上部分出现明显症状时，病害往往已经发展到严重阶段，基本已经无法挽回了。通过本任务的学习，要求学生熟悉根部病害的症状特点，结合病原鉴定，能准确诊断病害;熟悉各类根部病害的发生规律，掌握其防治方法。

任务实施的相关知识

园林植物根部病害的症状类型可分为:根部及根茎部皮层腐烂，并产生特征性的白色菌丝、菌核、菌索;根部和根茎部肿瘤;病菌从根部侵入并在输导组织定殖导致植株枯萎;根部或干基腐朽并可见大型子实体等。根部病害发生后的地上部分往往表现出叶色发黄、放叶迟缓、叶形变小、提早落叶、植株矮化等症状。引起园林植物根部病害的病原，一类是非侵染性病原，如土壤积水、酸碱度不适、土壤板结、施肥不当等;另一类是侵染性病原，如真菌、细菌、寄生性线虫等。

园林植物根部病害的发生特点有:⑴病原物主要在土壤、病株残体和病根上越冬。根部病害的病原物大多属土壤习居性或半习居性微生物，寄主范围广，腐生能力强，可在土壤中存活多年，防治困难;⑵病原物的传播主要靠雨水、灌溉水、病根与健根之间的相互接触，线虫及菌索的主动传播，远距离传播主要靠种苗的调运;⑶病原物通过伤口或直接穿透表皮而侵入根内;⑷潜育期长短不一。一般来说，一、二年生草本植物潜育期要比多年生木本植物潜育期短;⑸根部病害的诊断一般较困难，一是因为根部病害早期不易发现，待地上部分表现出明显症状时病害已进入后期，已死的根部有大量的腐生菌;二是因为根部病害的发生与土壤关系密切，直接原因难以确定。

园林植物根部病害的防治原则:严格实施检疫措施、土壤消毒、病根清除和植前处理，是减少侵染来源的重要措施;加强栽培管理，促进植物健康生长，提高植株抗病力，对土壤习居菌引起的病害有十分重要的意义;开展以菌治病工作，探索根部病害防治的新途径。

6.3.1 猝倒病类

1)猝倒病类主要病害

⑴幼苗猝倒病

①分布与危害 幼苗猝倒病是园林植物的常见病害之一，全国各地均有发生。寄主范围很广，主要危害杉属、松属、落叶松属等针叶树苗木，并危害杨树、臭椿、榆树、枫杨、银杏、桑树等多种阔叶树幼苗和瓜叶菊、蒲包花、彩叶草、大岩桐、一串红、秋海棠、唐菖蒲、鸢尾、香石竹等多种花卉，是育苗中的一大病害。

②症状 该病害多在4~6月间发生，因发病时期不同，可出现4种不同的症状类型

（图6－40）：

烂芽型　播种后6～7d，生出胚根和胚轴时，被病菌侵染，破坏种芽组织而腐烂。这种类型常发生在覆土过厚、黏土地或低温高湿的苗床上。

茎叶腐烂型　1～3年生幼苗都可以发生。幼苗的茎叶腐烂，常有白色丝状物，干枯茎叶上有细小颗粒状、块状菌核。

猝倒型　幼苗出土后60d以内，嫩茎还未木质化，病菌从根茎处侵入，产生褐色斑点，病斑逐渐扩大，呈水渍状腐烂，随后病苗迅速倒伏。此时苗木嫩叶还是绿色。

立枯型　幼苗出土2个月或苗木茎部木质化后，病菌难以从根茎侵入，若土壤中病菌较多或环境条件适宜，病菌可侵入根部，引起根部皮层变色腐烂，但苗木枯死而不倒伏。

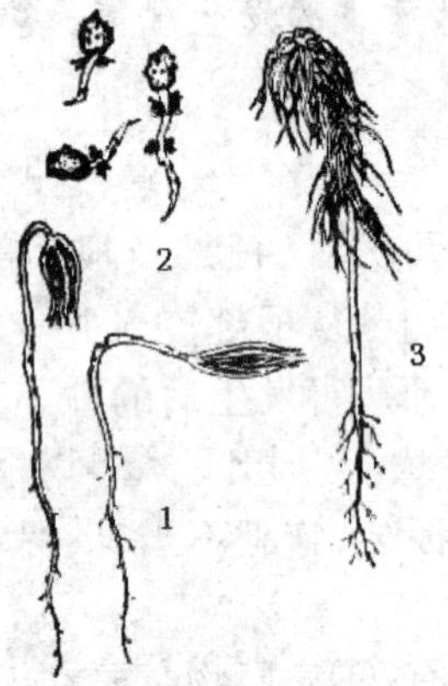

图6－40　幼苗猝倒病症状

1. 猝倒型　2. 烂芽型　3. 立枯型

③病原　引起本病的原因有非侵染性病原和侵染性病原两大类。非侵染性病原包括：圃地积水，排水不良，造成根系窒息；土壤干旱，土壤黏重，表土板结；覆土过厚，平畦播种，揭开草帘时间过晚；地表温度过高，根茎灼伤；农药污染等。侵染性病原主要是真菌中的腐霉菌（*Pythium* spp.）、丝核菌（*Rhizoctonia spp.*）、镰刀菌（*Fusarium spp.*）（图6－41）。

腐霉菌　属鞭毛菌亚门、卵菌纲、霜霉目、腐霉属。菌丝无隔，无性阶段产生游动孢子，在水中游动到达侵染部位。有性阶段产生卵孢子，有时附有空膜有雄器。常见的是危害松、杉幼苗的德巴利腐霉（*Pythium debaryanum* Hesse.）和瓜果腐霉［*P. aphanidermatum*（*Eds.*）*Fitz.*］。

镰刀菌　属半知菌亚门、丝孢纲、瘤座菌目、镰孢属。菌丝多隔无色，无性阶段产生两种分生孢子：一种是大型多隔镰刀状的分生孢子，另一种为小型单胞的分生孢子。分生孢子着生于分生孢子梗上，分生孢子梗集生于垫状的分生孢子座上。有性阶段很少发生。常见的是危害松、杉幼苗的腐皮镰孢［*Fusarium solani*（Mart.）App. et Wollenw.］和尖镰孢（*F. oxysporum* Schl.）。

丝核菌　属半知菌亚门、丝孢纲、无孢菌目、丝核菌属。菌丝分隔，分枝近直角，分枝处明显缢缩。初期无色，老熟时浅褐色至黄褐色。成熟菌丝常呈一连串的桶形细胞，菌核即由桶形细胞菌丝交织而成。菌核黑褐色，质地疏松。常见的是危害松、杉幼苗的立枯丝核菌（*Rhizoctonia solani* Kühn）。

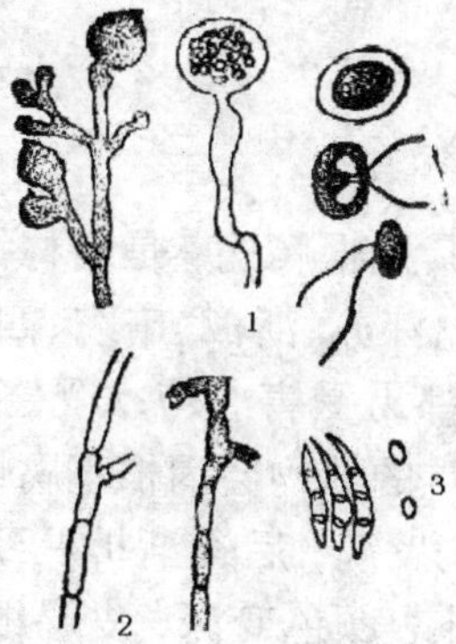

图 6-41　幼苗猝倒病病原

1. 腐霉菌的孢子囊梗、孢子囊、游动孢子和卵孢子
2. 丝核菌的幼老菌丝　3. 镰刀菌的大、小分生孢子

④发病规律　幼苗猝倒病主要发生在 1 年生以下的幼苗上，特别是出土 1 个月以内的幼苗受害最重。在苗木生长纤弱和环境适宜时，一次病程只需 3～6h。在幼苗时期，可连续多次发病，而每次发病留下的死苗又是病菌的营养物质，借以繁殖，造成流行。

苗木猝倒病的发生与以下因素有关：苗圃地前茬作物若是茄科等感病植物或发病的针叶树苗，土壤中病株残体多，积累也多，病菌繁殖快，苗木感病机率高；在雨天进行整地、做畦或播种，常因湿度过大，造成土壤板结，不利于种子发芽和出土，种芽易被病菌侵染而发病；土块太大、土壤黏重、苗床不平、圃地积水，均有利于病菌繁殖，致使幼苗生长纤弱，抗病能力差，容易发病；施用未腐熟的有机肥料，常带有大量病株残体，导致病菌侵染苗木；如果播种过迟，幼苗出土较晚，出土后又遇到多雨季节，湿度大，病菌繁殖快，此时幼苗未木质化，抗病性差，容易发病。如播种过早，常因气温偏低，延长幼苗出土时间，易使种芽腐烂。此外，若种子质量差、发芽势弱、幼苗出土不齐或揭除覆盖物过迟，使幼苗生长弱，也容易发病。

2）猝倒病类防治措施

⑴选好圃地　育苗地要选择土层肥厚、地势平坦、排水良好、前作不是发病植物的沙壤土。

⑵细致整地　整地要在土壤干爽和天气晴朗时进行，应深耕细整，结合整地进行土壤消毒，每亩撒 40～50kg 生石灰，对抑制土壤中的病菌和促进植物残体的腐烂起一定的作用。

⑶合理施肥　以有机肥料为主，化学肥料为辅，有机肥料要经过发酵腐熟后才能使用。施肥方式以基肥为主，追肥为辅。

⑷适时播种　根据种子发育所需的温度，适时播种。育苗所用的种子一定要选择优良品种，育苗时种子要经过浸种催芽和肥料、农药拌种。

⑸加强苗圃管理　播种后要及时盖草、揭草，施肥浇水，中耕除草，病虫害防治，保证苗木生长健壮，提高苗木的抗病性能。

⑹药剂防治　五氯硝基苯对丝核菌有较强的杀伤效果，如和其他杀菌剂混合使用，如代森锌、敌克松等，其防治效果更好。混合比例为五氯硝基苯占 75%，其他药剂约占 25%，用量为 4～6g/m^3，与细土混匀即成药土，播种前将药土撒于播种行内，播种后用药土覆盖种子，也可用 50% 福美双可湿性粉剂 250g 拌种 5000g 进行种子处理。在发病初期喷洒 1:1:200 的波尔多液，每隔 10～15d 喷 1 次，也可用 40% 五氯硝基苯可湿性粉剂 800 倍液喷雾防治。

6.3.2 纹羽病类

1)纹羽病类主要病害

(1)花木紫纹羽病

①分布与危害　紫纹羽病又称紫色根腐病，是园林植物、林木、果树、农作物上的常见病害。我国东北各省、河北、河南、安徽、江苏、浙江、广东、四川、云南等地均有发生。松、杉、柏、刺槐、杨、柳、栎、漆树、橡胶、芒果等都易受害。苗木受害后，病害发展很快，常导致苗木枯死；大树发病后，生长衰弱，个别严重的植物会因根茎腐烂而死亡。

②症状　主要危害根系，细根先发病，后逐渐扩展到侧根和主根，直至树干基部。发病初期根部出现黄褐色不定形斑块，外表颜色变深，皮层组织变褐，病部表面缠绕许多淡紫色棉絮状物，即病菌菌丝和菌索，形状似羽毛，逐渐变成暗紫色绒毛状菌丝层，包被整个病根，并能延伸到根外的土面上。后期在病根上产生紫红色半球状菌核，大小1～2mm，病根皮层腐烂易脱落，后木质部腐朽，6～7月，菌丝体上产生微薄白粉状子实层，病株地上部生长衰弱，叶片变小，色淡，枝条节间缩短或部分枝条干枯，感病品种叶柄和中脉变红。该病扩展缓慢，经数年才逐渐衰弱死亡(图6－42)。

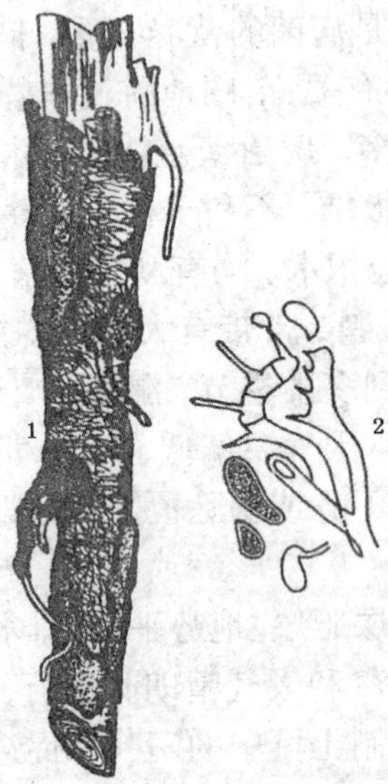

图6－42　苗木紫纹羽病

1.根部症状　2.病菌的担子和担孢子

③病原　病原菌为紫卷担子菌[*Helicobasidium purpureum*(Tul.)Pat.]，属担子菌亚门、层菌纲、银耳目、卷担子菌属。子实体膜质，紫色或紫红色。子实层向上、光滑。担子卷曲，担孢子单胞、肾形、无色。病菌在病根表面形成明显的紫色菌丝体和菌核，菌核直径1.0mm左右。

④发病规律　以菌丝体、根状菌索和菌核在病根上或土壤中越冬。条件适宜，根状菌索和菌核产生菌丝体。菌丝体集结形成菌丝束，在土表或土里延伸，接触寄主根系后直接侵入危害。一般病菌先侵染新根的柔软组织，后蔓延到大根。病根与健根互相接触是该病扩展、蔓延的重要途径。病菌虽能产生孢子但寿命短。萌发后侵染机会少，所以病菌孢子在病害传

播中作用不大。病害发生盛期多在7~9月。低洼潮湿积水的园地发病重。带病刺槐是该病的主要传播媒介，靠近带病刺槐的苹果树易发病。

⑵花木白纹羽病

①分布与危害　分布于我国辽宁、河北、山东、江苏、浙江、安徽、贵州、陕西、湖北、江西、四川、云南、海南等省。寄主有栎、栗、榆、槭、云杉、冷杉、落叶松、银杏、苹果、梨、泡桐、垂柳、腊梅、雪松、五针松、大叶黄杨、芍药、风信子、马铃薯、蚕豆、大豆、芋等。常引起根部腐烂，造成整株枯死。

②症状　在根尖形成白色菌丝，老根或主根上形成略带棕褐色的菌丝层或菌丝索，结构比较疏松柔软。菌丝索可以扩展到土壤中，变成较细的菌索，有时还可以填满土壤中的空隙。菌丝层上可长出黑色的菌核。菌丝穿过皮层侵入形成层，深入木质部导致全根腐烂，病树叶片发黄，早期脱落，以后渐渐枯死。

③病原　病原菌为褐座坚壳菌[*Rosellinia necatrix* (Hart.) Berl.]，属子囊菌亚门、核菌纲、球壳菌目、座坚壳属。在自然条件下，病菌主要形成菌丝体、菌索、菌核，有时也形成子囊壳。子囊壳黑褐色、炭质、近球形，集生于死根上。子囊圆柱形，内含8个子囊孢子。子囊孢子单胞，纺锤形，褐色至黑色。子囊孢子作用较小，主要靠菌丝体及其变态来繁殖和传播。

④发病规律　病菌的菌丝残留在病根或土壤中，可存活多年，并且能寄生多种植物，引起根腐，最后导致全株死亡，是重要的土传病害。主要以菌丝越冬，靠接触传染。凡树体衰老或因其他病虫危害而树势很弱的植物，较易发病。

2）纹羽病类防治措施

⑴选用健康苗木　对可疑的苗木进行消毒处理。苗木消毒处理可用2%的石灰水、70%甲基托布津可湿性粉剂或50%多菌灵可湿性粉剂800~1000倍液、0.5%硫酸铜、50%代森铵水剂1000倍液等药剂浸苗10~15min。新栽苗木用甲基托布津、苯来特等1000倍液浸渍10min后栽植。

⑵加强管理　土壤过湿或排水不良容易烂根，轻则影响植株生长，重则植株死亡。所以，控制好肥水，不偏施氮肥，不使园地土壤湿润可减轻病害的发生。

⑶药剂防治　发病前用70%甲基托布津1000倍液、2%石灰水、1%硫酸铜溶液、1%波尔多液、5%菌毒清100倍液进行浇灌，隔一周时间用药液灌浇一次，连续防治二次。

6.3.3 白绢病

1）白绢病类主要病害

⑴分布与危害　分布于我国长江以南各省。危害60多个科的200多种植物。园林植物上常见的寄主有芍药、牡丹、凤仙花、吊兰、美人蕉、水仙、郁金香、香石竹、菊、福禄考和许多乔、灌木观赏树种如油茶、油桐、楠、茶、泡桐、青桐、檵、梓、乌桕、柑桔、苹果、葡萄、松树等。植物受害后轻者生长衰弱，重者植株死亡。

⑵症状　白绢病主要发生在植物的根、茎基部。木本植物，一般在近地面的根茎处开始发病，而后向上部和地下部蔓延扩展。病部首先呈褐色，进而皮层腐烂。受害植物叶片失水凋萎，枯死脱落，植株生长停滞，花蕾发育不良，僵萎变红。主要特征是病部呈水渍状，黄褐色至红褐色湿腐，其上被有白色绢丝状菌丝层，多呈放射状蔓延，常常蔓延到病部附近土面上，病部皮层易剥离，基部叶片易脱落。发病的中后期，在白色菌丝层中常出现黄白色油菜

籽大小的菌核，后变为黄褐色或棕色。

(3)病原　病原菌有性阶段为[*Pellicularia rolfsii* (Sacc.) West.]，属子囊菌亚门、层菌纲、隔担子菌目、薄膜革菌属，有性阶段较少见。无性阶段为齐整小核菌(*Sclerotium rolfsii* Sacc.)，属半知菌亚门、丝孢纲、无孢目、小核菌属。菌丝体白色，疏松，或集结成菌丝束贴于基物上；菌核表生，状如油菜籽，初为白色，后为褐色。

(4)发病规律　白绢病以菌丝与菌核在病株残体、杂草上或土壤中越冬，菌核可在土壤中存活5~6年。在环境条件适宜时，由菌核产生菌丝进行侵染。病菌可由病苗、病土和水流传播。直接侵入或伤口侵入，潜育期1周左右。该病菌生长发育的适宜温度为32℃~33℃，最高温度38℃，最低温度13℃。在江、浙一带5~6月份梅雨季节为发病高峰，北方地区8~9月为发病高峰。高温高湿是发病的主要条件。土壤疏松湿润、株丛过密有利于发病；介壳虫危害可加重病害的发生；连作地发病重；酸性砂质土也会促进病害的发生。

2)白绢病类防治措施

(1)选用无病苗木栽植　对可疑苗木要先经消毒处理后方可栽植。具体处理可用1%波尔多液浸根1h，或以1%硫酸铜浸根3h，或以2%石灰水浸根0.5h等。处理后用清水洗净根部，然后栽植。

(2)改善立地条件　做好圃地的开沟排水工作，雨后及时排除积水；增施有机肥料，使植株生长旺盛，提高抗病力。发病重的地区实行轮作。

(3)药剂防治　发病初期可用25%敌力脱乳油3000倍液、10%世高水分散粒剂1000倍液或12.5%烯唑醇可湿性粉剂2500~3000倍液浇灌。以后用1%的硫酸铜溶液浇灌根，具有明显的防治效果。

6.3.4 根癌病类

根癌病又称冠瘿病，是我国北方园林花木上最容易发生的根部病害之一，多发生于土壤偏碱地区。该病除危害樱花外，还能危害榆、月季、大丽花、丁香、秋海棠、天竺葵、蔷薇、梅花等多种园林植物，其寄主涵盖60科300余种植物。

1)根癌病类主要病害

(1)樱花根癌病

①分布与危害　在我国上海、南京、杭州、济南、郑州、武汉、成都都有分布。本病是一种世界性病害。

②症状　病害主要发生在根颈处，也可发生在侧根及地上部。最初病部出现肿大，不久扩展成球形或半球形的瘤状物，幼瘤为乳白色或白色，按之有弹力，以后变硬，肿瘤可不断增大，表面粗糙，褐色或黑褐色，表面龟裂。严重时地上部分表现为生长不良、叶色发黄。苗木受害后根系发育不良，细根极少，根的数量减少，植株矮化，地上部生长缓慢，树势衰弱，严重时叶片黄化、早落，甚至全株枯死(图6-43)。

③病原　病原菌为根癌土壤杆菌[*Agrobacterium tumefaciens* (Smith et Towns.) Conn.]，又名根癌农杆菌。菌体短杆状，大小为1.2~5um×0.6~1um，具1~3根极生鞭毛。革兰氏染色阴性反应，在液体培养基上形成较厚的、白色或浅黄色的菌膜；在固体培养基上菌落圆而小，稍突起半透明。

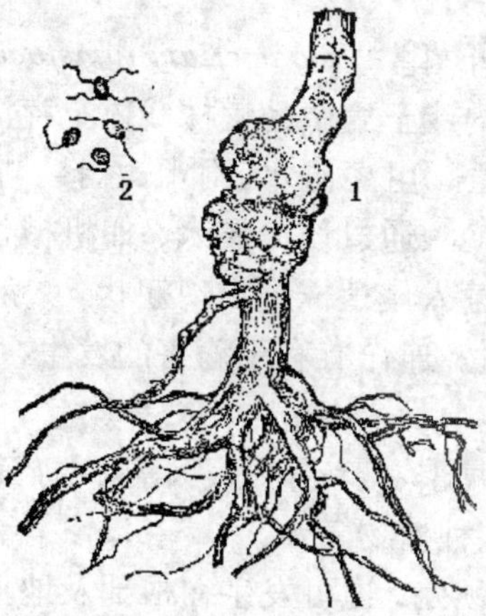

图6-43　樱花根癌病

1.根颈部被害状　2.病原细菌

④发病规律　病菌在瘤组织的皮层内越冬，或在瘤破裂脱皮时，进入土壤中越冬，病菌能在土壤中存活1年以上。雨水和灌溉水是传病的主要媒介。此外，地下害虫，如蛴螬、蝼蛄、线虫等在病害传播上也起一定作用。其中苗木带菌是远距离传播的重要途径。通过伤口侵入。病菌会引起寄主细胞异常分裂，形成癌瘤。从病菌侵入到显现病瘤所需的时间，一般由几周到1年以上。适宜的温湿度是根癌病菌进行侵染的主要条件。病菌侵染与发病随土壤湿度的增高而增加，反之则减轻。

(2)杨树根癌病

①分布与危害　我国发生普遍，主要发生在杨树幼苗期，是苗圃中的重要病害。其中毛白杨、加杨、大青杨均可受害，以毛白杨的幼树受害最重。

②症状　从树干基部或根茎上开始发病，受害处长出癌瘤，其形状大小不一，叠生或串生。初期小瘤为灰白色或肉色，质地柔软，表面光滑，后逐渐增大，呈不规则块状，变为褐色至深褐色，质地坚硬，表面粗糙，并有龟裂，外皮常脱落，露出许多突起的小木瘤，影响植株的生长。严重时，导致树干死亡。

③病原　病原菌为根癌土壤杆菌[*Agrobacterium tumefaciens*(Smith et Towns.) Conn.]。

④发病规律　病菌随癌瘤存活在土壤中的病残体上，病残体在土壤中可存活1年以上，2年内没有侵染机会，便失去活力。经灌溉水、雨水和根部害虫传播，靠带病苗木和种条进行远距离传播，病菌从伤口入侵，在寄主的薄壁细胞中繁殖，刺激细胞分裂、组织增生，致使皮层细胞迅速增殖，产生癌瘤。土壤湿度大易发病，苗木根部伤口多易发病。

(3)月季根癌病

①分布与危害　月季根癌病又称癌肿病，分布于世界各地，危害严重。我国分布也很广泛，乌鲁木齐、青岛、济南、北京、长沙、南京和郑州均有发生。寄主范围很广，如菊、石竹、天竺葵、夹竹桃、松、柏、南洋杉、罗汉松等多达59科142属300多种。

②症状　病菌主要侵染月季根颈处，有时也危害枝条和地下根系。感病部位开始时出现近圆形淡黄色小瘤，表面光滑，质地柔软，以后病瘤逐渐增大成为不规则块状，在大的瘤上

又长出小瘤。成熟瘤表面粗糙，龟裂，质地坚硬木栓化，褐色或黑褐色。感病植株矮化，叶片变小，失绿黄化，提早脱落，重病株会死亡。

③病原　病原菌为根癌土壤秆菌[*Agrobacterium tumefaciens*（Smith et Towns.）Conn.]。

④发病规律　病菌可在病瘤内或土壤中的病株残体上存活1年以上。病菌若2年内得不到侵染机会，即失去致病力而死亡。由灌溉水、雨水、嫁接、耕作农具及地下害虫等传播。远距离传播靠带病苗木和种条的运输。通过伤口侵入，如机械伤、虫伤、嫁接伤口等，植株根颈土壤接触处最易遭受侵染。从细菌入侵植株到出现症状，一般需要数十天甚至一年以上。偏碱性、湿度大的沙壤土发病率较高。连作有利于病害的发生，苗木根部伤口多发病重。

(4)紫叶李根癌病

①分布与危害　该病除危害月季、樱花及桃、李等果木花卉外，还能危害大丽花、丁香、秋海棠、天竺葵、蔷薇、梅花等300多种植物。

②症状　主要发生在植物根颈处，也可发生在根部及地上部。发病初期出现近圆形的小瘤状物，以后逐渐增大变硬，表面粗糙龟裂，颜色由浅变为深褐色或黑色，瘤内部木质化。瘤体多为扁球形或球形，大小也不一样，瘤体开始时光滑质软，以后逐渐变硬，且表面粗糙并龟裂，瘤大小不等，大的似拳头或更大，数目几个到十几个不等。

③病原　病原菌为根癌土壤秆菌[*Agrobacterium tumefaciens*（Smith et Towns.）Conn.]。

④发病规律　根癌细菌生活在土壤中，并随病株残体在土壤中或黏附在种子上以及未腐熟的农家肥料里。越冬病菌能存活6～7年。条件适宜时，从植物的幼根或根毛侵入。带病的种苗或种条调运可远距离传播。病菌从伤口侵入，经数周至1年以上才表现症状。偏碱、土质黏重、潮湿（含水量70%～90%）或湿度大的砂壤土中发病率高。

2）根癌病类防治措施

(1)改进育苗方法，加强栽培管理　选择无病土壤作苗圃，实施轮作，间隔2～3年。苗圃地应进行土壤消毒，可用硫磺粉50～100g/m^2，或5%福尔马林60g，或漂白粉100～150g对土壤进行处理；碱性土壤应适当施用酸性肥料或增施有机肥料，以改变土壤pH值，使之不利于病菌生长；雨季及时排水，以改善土壤的通透性；中耕时应尽量少伤根；凡调出苗木都应在未抽芽之前将根颈部以下部位，用1%硫酸铜溶液浸5min或用3%次氯酸钠溶液浸泡3min，再放入2%石灰水中浸2min。

(2)病株处理　在定植后的植物上发现病瘤时，先用快刀彻底切除病瘤，然后用100倍硫酸铜溶液或50倍抗菌剂402溶液消毒切口，再外涂波尔多液保护；也可用400单位链霉素涂切口，外加凡士林保护；切下的病瘤应随即烧毁。病株周围的土壤可用2000倍液的抗菌剂402灌注消毒。

(3)防治地下害虫　地下害虫危害，造成根部受伤，增加发病机会。因此及时防治地下害虫，可以减轻发病。

(4)生物防治　目前国内最广泛使用的生物菌株有K84、K1026等，是一种生物保护剂，在病菌侵入前使用能获得良好的防治效果。

6.3.5 线虫病类

1）线虫病类主要病害

(1)仙客来根结线虫病

①分布与危害　仙客来根结线虫病在我国发生普遍，使植株生长受阻，严重时，全株枯死。寄主范围很广，除仙客来外，还可危害桂花、海棠、仙人掌、菊、大理菊、石竹、大戟、倒挂金钟、栀子、鸢尾、香豌豆、天竺葵、矮牵牛、蔷薇、凤尾兰、旱金边、堇菜、百日草、紫菀、凤仙花、马蹄莲、金盏花等。

②症状　该线虫侵害仙客来球茎及根系的侧根和支根，在球茎上形成大的瘤状物，直径可达1～2cm。侧根和支根上的瘤较小，一般单生。根瘤初为淡黄色，表皮光滑，以后变为褐色，表皮粗糙。若切开根瘤，则在剖面上可见有发亮的白色点粒，此为梨形的雌虫体。严重者根结呈串珠状，须根减少，地上部分植株矮小，生长势衰弱，叶色发黄，树枝枯死，以致整株死亡。症状有时与生理病害相混淆。根结线虫除直接危害植物外，还使植株易受真菌及细菌的危害。

③病原　病原为南方根结线虫（*Meloidogyne incognita* Chitwood.）。雄虫蠕虫形，细长，长1.2～2.0mm，尾短而圆钝，有两根弯刺状的交合器；雌虫鸭梨形，大小为0.5～0.69×0.30～0.43mm，阴门周围有特殊的会阴花纹，这是鉴定种的重要依据；幼虫蠕虫形；卵长椭圆形，无色透明。

④发病规律　病土和病残体是主要的侵染来源。病土内越冬的二龄幼虫，可直接侵入寄主的幼根，刺激寄主中柱组织，引起巨型细胞的形成，并在其上取食，受害的根肿大而成根结。幼虫经4个龄期发育为成虫，随即交配产卵，孵化后的幼虫又再侵染。在适宜条件下完成1代仅需17d左右，长者1～2个月，1年可发生3～5代。通过水流、肥料、种苗及农事操作传播。

2）线虫病类防治措施

⑴加强检疫　及时对苗木及其周围土壤进行检查，避免病株传入无病区。

⑵选用无病苗木和球茎　选用无病壮苗上盆栽植，染病球茎在45℃温水中浸泡30min进行消毒。

⑶药剂防治　用克线磷、二氯异丙醚、丙线磷、苯线磷、棉隆等颗粒剂进行土壤处理；种植期或生长期对病株可将10%克线磷施于根际附近，每公顷45～75kg，可沟施、穴施或撒施，也可把药剂直接施入浇水中。

相关技能训练

实训24　园林植物根部病害及病原形态观察

1. 实训目的

通过对园林植物根部病害的观察，熟悉园林植物主要根部病害的症状、病原及发病规律，为生产实践中对园林植物病害的防治奠定基础。

2. 实训材料和用具

材料：白绢病、根结线虫病、根癌病、幼苗猝倒病、纹羽病等园林植物根部病害的新鲜标本、干标本及病原菌的玻片标本。

用具：有关挂图及照片、显微镜、放大镜、镊子、挑针、蒸馏水、载玻片、盖玻片、滴瓶等。

3. 实训内容与方法

先用肉眼观察标本的症状及病征，其次借助于显微镜观察其病原。

1）白绢病　观察兰花白绢病标本的症状，并在显微镜下观察其病原形态特征。

2)根结线虫病　观察仙客来根结线虫病标本的症状，并在显微镜下观察其病原形态特征。

3)根癌病　观察樱花根癌病标本的症状，并在显微镜下观察其病原形态特征。

4)幼苗猝倒病　观察瓜叶菊、一串红、香石竹、秋海棠等苗期猝倒病的症状，并在显微镜下观察其病原形态特征。

5)纹羽病　观察花木紫纹羽病、花木白纹羽病等病害标本的症状，并在显微镜下观察其病原形态特征。

4. 实训作业

列表比较所观察到的病害症状和病原特征。

复习思考题

一、填空题

1. ________ 和 ________ 是防治园林植物叶、花、果病害的主要防治措施。

2. 炭疽病的主要症状特点是子实体呈 ________ 排列，在潮湿条件下病斑上有 ________ 出现。

3. 灰霉病的病征很明显，在潮湿情况下病部会形成显著的 ________ 。

4. 叶畸形病主要是由子囊菌亚门的 ________ 和担子菌亚门的 ________ 引起的。

5. 泡桐丛枝病由 ________ 所致。症状特征为 ________ 。

6. 香石竹枯萎病，剖开病茎可见维管束 ________ 。

7. 仙人掌茎腐病的病原有 ________ 、________ 和 ________ 3种。

8. 引起根部病害的病原，一类是 ________ ，如 ________ ；另一类是 ________ ，主要由 ________ 引起。

9. 苗木猝倒病的侵染性病原主要是真菌中的 ________ 、________ 和 ________ 。

10. 毛竹枯梢病的病原菌为 ________ ，属 ________ 亚门、________ 纲、________ 目。

二、选择题

1. 海棠锈病的转主寄主是(　　)。

A. 桧柏　　B. 马尾松　　C. 罗汉松　　D. 竹柏

2. 引起花木煤污病的病菌属于(　　)。

A. 小煤炱属和煤炱属　　B. 炭疽菌属和盘多毛孢属

C. 叉丝壳属和球针壳属　　D. 腐霉属和镰刀菌属

3. 以下害虫中能引发煤污病的是(　　)。

A. 网蝽　　B. 蓟马　　C. 粉虱　　D. 蚜虫

4. 以下病害在湿度大或保湿情况下能产生粉红色分生孢子角的是(　　)。

A. 大叶黄杨褐斑病　B. 月季黑斑病　　C. 山茶炭疽病　　D. 桃缩叶病

5. 郁金香碎锦病的传播介体昆虫是(　　)。

A. 蚜虫　　B. 网蝽　　C. 粉虱　　D. 蓟马

6. 樱花根癌病的病原是(　　)。

A. 病毒　　B. 植原体　　C. 细菌　　D. 真菌

7. 下列病害中由植原体引起的有(　　)。

A. 竹丛枝病　　B. 枫杨丛枝病　　C. 泡桐丛枝病　　D. 翠菊黄化病

8. 下列哪些锈病中已发现转主寄主(　　)。

A. 玫瑰锈病　　B. 松瘤锈病　　C. 海棠锈病　　D. 杨叶锈病

三、问答题

1. 园林植物叶、花、果病害侵染循环的主要特点是什么?
2. 本地区常发生的叶部病害有哪些，描述其症状特点。
3. 白粉病的发病规律如何? 怎样防治?
4. 兰花炭疽病的发生规律如何? 应如何进行防治?
5. 月季黑斑病的症状如何? 应如何进行防治?
6. 园林植物枝干病害侵染循环的特点有哪些?
7. 园林植物枝干病害的防治原则有哪些?
8. 月季枝枯病的症状特点是什么?
9. 园林植物根部病害的发生特点有哪些?
10. 苗木猝倒病有哪几种症状类型? 病原菌有哪几种?
11. 如何诊断仙客来根结线虫病，该病的防治措施是什么?
12. 试述松材线虫病的症状特点。

◇ 项目7 草坪病虫草害及防治技术

【知识目标】

●了解草坪病虫草害的主要类型。

●掌握草坪病虫草害的形态特征及危害症状。

●掌握草坪病虫草害的发生规律及防治技术。

【技能目标】

●能准确识别草坪常见害虫，并进行害虫的有效防治。

●能准确诊断草坪常见病害，并制定合理有效的防治方案。

●能准确识别草坪常见杂草，并正确选用除草剂进行杂草防除。

任务7.1 草坪主要病害及防治技术

任务分析：草坪病害防治是草坪重要的养护措施，也是草坪管理者最棘手的问题之一。当草坪发生病害时，不仅降低了草坪的实用价值和观赏价值，而且常常导致草坪早衰和毁坏，甚至造成不可估量的损失。因此，防治草坪病害，对保证草坪的质量和持续性有着重要的意义。通过本任务的学习，要求学生掌握草坪常见病害的症状与病原特征；根据病害发生规律，进行综合防治。

任务实施的相关知识

7.1.1 褐斑病

1）分布与危害

褐斑病广泛分布于世界各地，可以侵染所有草坪草，如草地早熟禾、高羊茅、多年生黑麦草、翦股颖、结缕草、狗牙根等250余种禾草。以冷季型草坪草受害最重。

2）症状

主要侵染叶片、叶鞘和茎秆，引起苗枯、叶腐、基腐、根腐。初期受害叶片或叶鞘出现梭形、长条形或不规则病斑，病斑内部青灰色水浸状，边缘红褐色，后期病斑深褐色甚至整叶水浸状腐烂。严重时病菌可侵入茎秆。大面积受害时，草坪上出现大小不等的近圆形枯草圈，条件适宜时，被侵染的草坪上形成几厘米至几十厘米，甚至1～2m的枯草圈，枯草圈常呈“蛙眼”状，即中央绿色，边缘枯黄色的环带。在清晨有露水或高湿时，枯草圈外缘有萎蔫的新病株组成的暗绿色至黑褐色的浸润圈，即“烟圈”，阳光曝晒后可消失。在修剪较高的多年生黑麦草、草地早熟禾、高羊茅草坪上，常没有“烟圈”。另外，病株数量大，在病害严重发生前一天会散发出一股霉味，有时在发病后仍有气味。

3）发病规律

褐斑病是由立枯丝核菌引起的一种真菌病害。丝核菌以菌核或菌丝体在土中或病残体上渡过不良环境条件。由于丝核菌是一种寄生能力较弱的菌，因此，处于良好生长环境中的草坪草，只能发生轻微侵染，不会造成严重损害。

4）防治措施

(1)搞好草坪的清洁卫生　建植草坪时禁止填入垃圾土、生土，土质黏重时掺入河沙或砂质土；定期修剪，及时清除枯草层和病残体，减少菌源量。

(2)加强管理　加强草坪管理，平衡施肥，增施磷钾肥，避免偏施氮肥。避免漫灌和积水，避免傍晚灌水。改善草坪通风透光条件，降低湿度。及时修剪，夏季剪草不要过低。

(3)药剂防治　用三唑酮、三唑醇、五氯硝基苯、粉锈宁等拌种，用量为种子重量的0.2%～0.4%。发病草坪春季及早喷洒12.5%烯唑醇超微可湿性粉剂2500倍液、25%敌力脱乳油1000倍液、50%灭菌灵可湿性粉剂500～800倍液。

(4)草坪草品种选择　选育和种植耐病草种。

7.1.2 腐霉枯萎病

1）分布与危害

腐霉枯萎病，又称油斑病、絮状疫病，是一种毁灭性病害。全国各地普遍发生，是草坪上的重要病害。所有草坪草都易感染此病，而冷季型草坪草受害最重，如早熟禾、草地早熟禾、匍匐翦股颖、高羊茅、细叶羊茅、粗茎早熟禾、多年生黑麦草等。

2）症状

主要造成芽腐、苗腐、幼苗猝倒和整株腐烂死亡。种子萌发和出土过程中被侵染，出现芽腐、苗腐、幼苗猝倒。发病轻的幼苗叶片变黄，稍矮，此后症状可能消失。成株期根部受侵染，产生褐色腐烂斑块，根系发育不良，病株发育迟缓，分蘖减少，底部叶片变黄，草坪稀疏。在高温高湿条件下，受害草坪上出现直径2～5cm的圆形黄褐色枯草斑。清晨有露水时，病叶呈水浸状暗绿色，变软、黏滑连在一起，用手触摸时，有油腻感，故得名为油斑病。湿度很高时，尤其是在雨后的清晨或晚上，腐烂叶片成簇趴在地上且出现一层绒毛状的白色菌丝层，在枯草病区的外缘也能看到白色或紫灰色的菌丝体。

3）发病规律

腐霉枯萎病是腐霉属真菌引起的病害。土壤和病残体中的卵孢子是重要的初侵染源。此菌能在冷湿环境中侵染危害，也能在天气炎热潮湿时猖獗流行。高温高湿是腐霉菌侵染的最适条件，白天气温在30℃以上，夜间不低于20℃，大气相对湿度大于90%，或者是降雨天气，或者喷灌较频繁，该病就可能大发生。嫩绿植株易感病；碱性土壤比酸性土壤发病重；冷季型草比暖季型草受害重。

4）防治措施

(1)改善草坪立地条件　选择合适的种植地块或改良土壤结构，改进排水条件。

(2)加强栽培管理　合理灌溉，提倡喷灌、滴灌，控制灌水量，减少灌水次数，降低草坪小气候相对湿度。合理修剪，剪草不要过低，高温季节有露水时不修剪，以避免病菌传播。平衡施肥，避免施用过量氮肥，增施磷肥和有机肥。枯草层超过2cm时及时清除。

⑶药剂防治　用75%敌克松乳油50～150倍拌细土，撒施土壤中进行土壤处理；用0.2%灭霉灵或杀毒矾拌种也是防治烂种和幼苗猝倒的有效方法；幼坪应及时用64%杀毒矾6000倍液、58%甲霜灵锰锌600倍液喷坪面；高温高湿季节可选择800～1000倍液甲霜灵、乙磷铝、杀毒矾、甲霜灵锰锌等药剂喷施。

7.1.3 锈病

1）分布与危害

锈病是草坪草上的一类重要病害，分布广，危害重，所有的草坪草均能感染，其中以多年生黑麦草、高羊茅、草地早熟禾等受害最重。

2）症状

染病初期在叶片的上下表皮出现疱状小点，逐渐在叶片、叶鞘上形成浅黄色斑点，随后病斑变大，扩展成圆形或长条形橙红色斑，椭圆或棒状小突起破裂后散出黄色至铁锈色的夏孢子堆。叶片从叶顶端开始变黄，然后向叶基部发展，使草坪成片变成黄色。有时在发病后期会产生黑褐色冬孢子堆。危害严重时，病斑连接成片或成层，使叶片变黄，干枯纵卷，造成茎叶死亡，草坪稀疏、瘦弱，景观被破坏。

3）发病规律

锈病是由锈菌引起的一种真菌病害。病原菌以菌丝体和夏孢子在病株上越冬。在草坪草不能周年存活的地区，锈菌不能越冬，次年春季只能由越冬地区随气流传来的夏孢子引起新的侵染。一般在5～6月开始造成初侵染，在叶片上出现色斑。可直接侵入或从气孔侵入寄主，发病缓慢。9～10月发病严重，草叶枯黄。9月底10月初产生冬孢子堆。病原菌生长发育适温为17℃～22℃，相对湿度80%以上有利于侵染。光照不足、土壤板结、土质贫瘠、偏施氮肥、病残体多的草坪上易发病。

4）防治措施

⑴栽培管理　改良土壤，合理施肥，提高草坪的抗病性。建植草坪前，黏性重的土壤可掺砂质土，沙性重的土壤，可掺塘泥、沟泥等。瘦瘠土壤，应施有机肥作基肥。发病期间不要偏施氮肥，多施磷钾肥，使根系发达，茎秆粗壮提高抗病力。合理灌水，降低田间湿度。发病后适时剪草，适时清除枯草残体，当枯草层累积到1～2cm时，及时清除，减少菌源数量。适当减少草坪周围的树木和灌木，保证通风透光。

⑵药剂防治　目前，三唑类杀菌剂是防治锈病的特效药剂，防治效果好，持效期长。发病初期，喷洒25%粉锈宁可湿性粉剂1000～2500倍液，防治效果达93%以上，药效维持1～2个月；或用70%甲基托布津可湿性粉剂1000倍液，12.5%速保利（特普唑）可湿性粉剂2000倍液喷雾。

7.1.4 白粉病

1）分布与危害

白粉病广泛分布于世界各地，为草坪草的常见病害。可侵染狗牙根、草地早熟禾、细叶羊茅、匍匐翦股颖等多种草坪草，其中以早熟禾、细羊茅和狗牙根发病最重。

2）症状

主要侵染叶片和叶鞘，也危害茎秆和穗。受害叶片开始出现1~2mm大小病斑，以正面较多，后逐渐扩大呈近圆形、椭圆形绒絮状霉斑，初白色，后变灰白色至灰褐色，霉层表面有白色粉状物，即病菌的分生孢子，后期病斑上有黑色小粒点，即病菌的闭囊壳。随着病情的发展，叶片变黄，早枯死亡。草坪呈灰色，像是被撒了一层面粉。

3）发病规律

该病是由白粉菌引起的真菌病害。病原菌主要以菌丝体或闭囊壳在病株或病残体上越冬。通过气流传播，在晚春或初夏侵染草坪草，形成初侵染。气候条件适宜可进行多次再侵染。湿度越高发病越重，但白粉病菌孢子在水滴中不能萌发。南方春季降雨较多，如在发病关键时期连续降雨，不利于白粉病发生和流行；但在北方地区，常年春季降雨较少，因而春季降雨量较多且分布均匀时，有利于白粉病的发生。另外，水肥管理不当、荫蔽、通风不良等均为发病重要诱因。

4）防治措施

⑴草坪草种和品种选择　种植抗病草种和品种，并合理布局。

⑵加强养护管理　降低种植密度，适时修剪，注意通风透光；减少氮肥，增施磷钾肥；合理灌溉，不要过干过湿等。

⑶药剂防治　发病初期用25%粉锈宁可湿性粉剂2000~2500倍液、25%敌力脱乳油2500~5000倍液、12.5%速保利（特普唑）可湿性粉剂500倍液、70%甲基托布津可湿性粉剂1000~1500倍液、50%退菌特可湿性粉剂1000倍液喷雾。

7.1.5 镰刀枯萎病

1）分布与危害

镰刀枯萎病是普遍发生在草坪上的一种重要病害。全国各地均有发生，可侵染多种草坪草，如早熟禾、高羊茅、翦股颖等。

2）症状

该病可造成草坪草苗腐、根腐、茎基腐、叶腐、叶斑、匍匐茎和根状茎腐烂等症状。幼苗出土前后被侵染，种子根腐烂变褐，严重时造成烂芽和苗腐。成株叶片受害，病叶上最初为水渍状暗绿色枯萎斑，之后由红褐色到褐色，严重时引起根、根状茎和匍匐茎等部位干腐。潮湿时，病部有白色至淡红色霉层。病草坪初现淡绿色小的斑块，随后迅速变成枯黄色，枯草斑呈圆形或不规则形，直径为2~30cm。通常枯草斑中央为正常植株，四周为已枯死的植株形成的环带，整个枯草斑呈“蛙眼”状，这一症状多发生在夏季湿度过高或过低时。

3）发生规律

该病是由镰刀菌引起的真菌病害。病原菌以菌丝体在病土、病残体和病种子内越冬，有些还能以厚垣孢子在土壤或枯草层中越冬。春季温度回升，病菌恢复生长并随气流传播侵染。高温高湿有利于发病，可导致叶片和根部腐烂。春季或夏季偏施氮肥、草坪修剪过低、枯草层太厚等均有利于该病的发生。土壤酸碱度对病害发生有一定影响，pH值高于7.0或低于5.0有利于根腐和基腐发生。

4）防治措施

⑴种植抗病、耐病草种或品种　不同草种的抗病性差异显著，如翦股颖>草地早熟禾>

高羊茅。提倡草地早熟禾与高羊茅、黑麦草等混播。

(2)栽培防治　重施秋肥，轻施春肥，注意氮、磷、钾平衡；合理灌溉，在保证草坪正常生长的情况下尽量减少灌溉次数和灌水量；及时清理枯草层；病草修剪高度应不低于 4 ~ 6cm；保持土壤 pH 值在 6 ~ 7。

(3)药剂防治　用种子量 0.2% ~ 0.3% 的灭菌灵、杀毒矾、代森锰锌、甲基托布津等药剂进行拌种；发病初期用 40% 敌克松可湿性粉剂 500 倍液、70% 甲基托布津可湿性粉剂 800 ~ 1000 倍液喷雾。

任务 7.2　草坪主要害虫及防治技术

任务分析：草坪害虫种类多，分布广，适应性强。主要包括直翅目、同翅目、鞘翅目、双翅目和缨翅目等一些种类，危害草坪草根、茎、叶。只有正确识别害虫，掌握它们的危害特点和发生规律，才能制订出科学的、有针对性的防治方案，达到预期的防治效果。通过本任务的学习，要求学生掌握草坪常见害虫的形态特征，受害状与害虫习性的关系；根据害虫习性及发生规律，进行害虫综合防治。

任务实施的相关知识

7.2.1 黏虫

1）分布与危害

黏虫属鳞翅目，夜蛾科。黏虫是世界性分布的、对禾本科植物危害极大的害虫，在我国各地均有发生。该虫幼虫危害极大，是一种暴食性害虫，大量发生时常把叶片吃光，甚至整片地吃成光秃。幼虫食性杂，可取食百余种植物，喜食早熟禾、翦股颖、高羊茅、黑麦草、结缕草等草坪草。

2）形态特征

成虫体长 17 ~ 20mm，体灰褐色至暗褐色；前翅中央近前缘有 2 个淡黄色圆斑，外侧圆斑较大，其下方有 1 小白点，白点两侧各有 1 小黑点，翅尖斜向后伸有 1 暗色条纹。老熟幼虫体长 38 ~ 40mm，体色多变，有黄褐色至黑褐色；头正面有近“八”字形黑褐色纵纹；背中线白色，边缘有细黑线，两侧各具 2 条明显浅色纵带，两纵带的边缘均饰灰白色细线（图 7 – 1）。

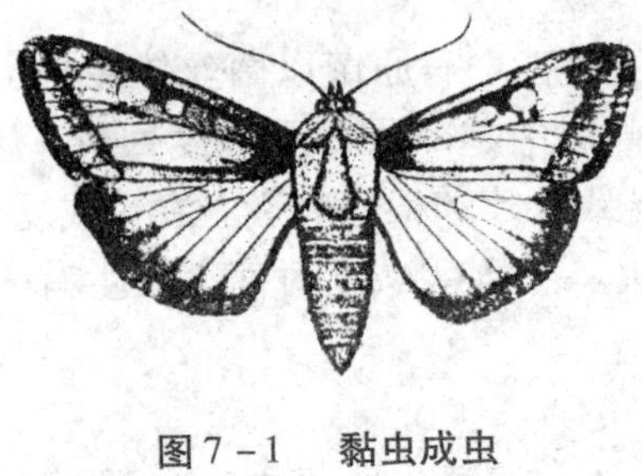

图 7 – 1　黏虫成虫

3)发生规律及习性

1年发生多代。成虫有较强的趋化性和趋光性。幼虫共6龄，1~2龄幼虫白天潜藏在植物心叶及叶鞘中，高龄幼虫白天潜伏于表土层或植物茎基处，夜间出来取食叶片。有假死性，虫口密度大时可群集迁移危害。黏虫喜欢较凉爽、潮湿、郁闭的环境，高温干旱对其不利。1~2龄幼虫只啃食叶肉，呈半透明的小斑点，3~4龄时，把叶片咬成缺刻，5~6龄的暴食期可把叶片吃光，虫口密度大时能把整块草地吃光。

4)防治措施

(1)诱杀成虫　黑灯光诱杀成虫;或利用成虫的趋化性，在成虫数量开始上升时，用糖醋酒液诱杀成虫。

(2)谷草把诱杀卵　从见卵初期到产卵盛末止，在草坪设置小谷草把，每公顷150把，采卵间隔时间3~5d为宜，并把谷草把上的卵块带出草坪消灭，再更换新草把。

(3)药剂防治　发现初孵幼虫及时喷药，喷洒90%敌百虫晶体、50%敌敌畏乳油800~1000倍液，50%辛硫磷乳油1000~2000倍液，20%杀灭菊酯2000~3000倍液。

7.2.2 斜纹夜蛾

1)分布与危害

斜纹夜蛾属鳞翅目，夜蛾科。分布遍及全国，是一种多食性害虫。具爆发性，虫口密度大时，能在短期内将草坪吃成“光秆”。可危害黑麦草、早熟禾、匍匐翦股颖、结缕草、高羊茅等多种草坪草。其中匍匐翦股颖草坪受害最重，幼虫虫口密度可达500~700头/m^2，草叶几乎全被吃光，仅留残秆。

2)形态特征

成虫体长14~20mm，体灰褐色。前翅黄褐色至淡黄褐色，多斑纹，以前缘近中部至后缘外方有3条白色斜纹而得名;后翅大部分白色，前后翅有紫红色闪光。老熟幼虫体长38~51mm，黑褐色。背线和亚背线橘黄色，沿亚背线上缘每节两侧各具一半月形黑斑。气门褐色，气门线上具黑点。

3)发生规律及习性

成虫具趋光性和趋化性，昼伏夜出。白天多隐藏于隐蔽庇护场所处，如植株繁茂密集处、草丛中或土缝等，黄昏后开始活动飞翔、取食、交尾、产卵，活动盛期为20~24时。卵多产于叶背。初孵幼虫不惧光，群集在卵块附近取食，如稍遇惊扰就会吐丝飘散或四处爬散。2龄后分散。3龄前仅食下表皮和叶肉，留上表皮和叶脉，呈窗纱状。4龄出现避光性并进入暴食期，叶片被食至仅存主脉。各龄幼虫均具假死性。老熟幼虫入土筑土室化蛹。

4)防治措施

(1)诱杀成虫　利用成虫的趋光性，在成虫羽化高峰期，用黑光灯诱杀，或用糖醋酒液诱杀。

(2)人工捕杀　及时摘除卵块和有初孵幼虫的叶片。

(3)药剂防治　发现初孵幼虫，及时施药可收到良好效果。防治指标定为10头/m^2幼虫以上。低龄幼虫历期很短，宜抓紧时间消灭在3龄以前。用90%敌百虫晶体1000~1500倍液、50%敌敌畏乳油800~1000倍液、50%辛硫磷乳油1000倍液、25%乙酰甲胺磷乳油1000倍液喷雾。

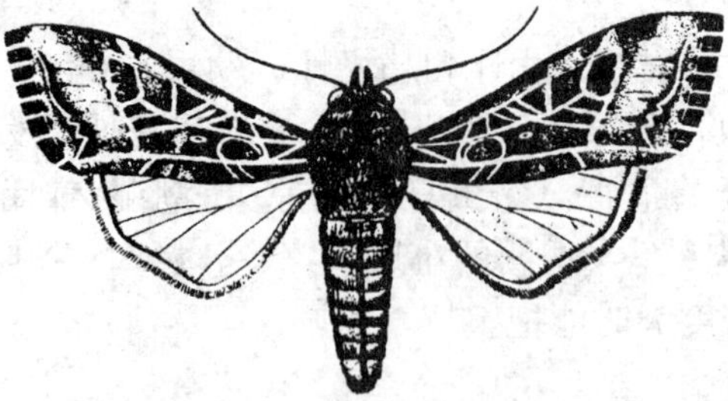

图 7－2　斜纹夜蛾成虫

7.2.3 草地螟

1）分布与危害

草地螟属鳞翅目，螟蛾科。该虫主要发生在我国北方，食性杂，可取食 35 科 200 多种植物，是草坪的重要害虫。初孵幼虫取食叶肉，残留表皮，并常在植株上结网躲藏。3 龄后食量大增，可将叶片吃成缺刻、孔洞，仅留网状叶脉，使草坪失去应有的色泽、质地、密度和均匀性，甚至造成光秃，完全失去了观赏和使用价值。

2）形态特征

成虫体长约 9～12mm，翅展 24～26mm，全体灰褐色。前翅中央有淡黄或浅褐色近方形斑，翅外缘黄白色，有黄色小点成串连成条纹；后翅黄褐色或灰色，近外缘有平行波纹 2 条。幼虫体长 16～25mm，灰黑或淡绿色。头部黑色，有明显白斑，前胸背板黑色，有黄色纵纹 3 条；体上毛瘤较显著，刚毛基部黑色，外围着生 2 个同心的黄白色环（图 7－3）。

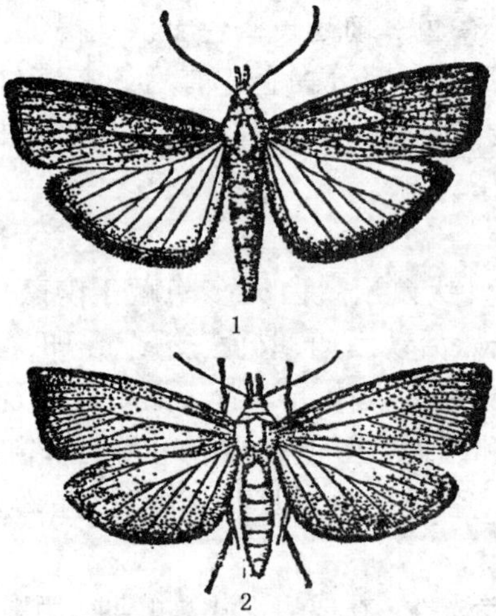

图 7－3　草地螟

1. 雌虫　2. 雄虫

3）发生规律及习性

1 年发生 2～4 代。成虫昼伏夜出，低温、阴雨或有风天多潜伏，夜间 9～11 时为交尾、产卵盛期，产卵在植物中、下部叶片及土壤表面。趋光性很强，有群集远距离迁飞的习性。幼虫活跃，性暴烈，稍被触动即可跳跃。初孵幼虫具吐丝结网和聚集活动习性，低龄幼虫食量小，3龄后进入暴食期，老熟幼虫入土结茧越冬。幼虫最适发育温度为25℃～30℃，高温多雨年份有利于发生。

4)防治措施

⑴诱杀成虫　成虫发生期采用黑光灯诱杀。

⑵药剂防治　幼虫出现期，喷洒40%氧化乐乳油、50%杀螟松乳油1000倍液，2.5%溴氰菊酯乳油10000倍液，1%杀虫素或1.2%烟参碱1000倍液。

7.2.4 蝗虫类

1)分布与危害

蝗虫属直翅目，蝗总科。我国北方分布较广，较重要的有东亚飞蝗。蝗虫食性很广，可取食多种植物，但较嗜好禾本科和莎草科植物，喜食草坪草。成虫和若虫吞食叶片和嫩茎，大发生时可将寄主食成光杆或全部食光。

2)形态特征

成虫体绿色、黄褐色或暗褐色。体形均匀，多较大。头多卵圆形或三角形。颜面向后倾斜或垂直。前翅较狭长、坚硬。后翅膜质透明略呈三角形，不飞时呈纸折扇样折藏前翅下。少数种类无翅。前、中足不发达，后足发达，善跳。若虫形似成虫，但体型小，无翅。

3)发生规律及习性

一般每年发生1～2代，绝大多数以卵块在土中越冬。一般冬暖或雪多情况下，地温较高，利于蝗卵越冬。4～5月份温度偏高，卵发育速度快，孵化早。秋季气温高，有利于成虫繁殖危害。干旱年份，在管理粗放的草坪上，土蝗、飞蝗则混合发生危害。

4)防治措施

⑴毒饵诱杀　用麦麸100份+水100份+5%敌百虫粉剂1份(或40%氧化乐果乳油0.15份)，混合拌匀制成毒饵，用量22.5 kg/hm^2；也可用鲜草100份切碎加水30份拌入上述药量，用量7.5 kg/hm^2。随配随用，不能过夜。阴雨、大风、温度过高或过低时不宜使用。

⑵药剂喷洒　虫口密度大时，喷洒50%马拉硫磷乳油、40%氧化乐果乳油1000～1500倍液，80%敌敌畏乳油1000倍液，90%敌百虫原药800倍液。

7.2.5 蚜虫类

1)分布与危害

蚜虫属同翅目，蚜总科。危害草坪的蚜虫种类主要有：麦长管蚜、麦二叉蚜、禾谷缢管蚜等。麦长管蚜在我国南北是常发性害虫；而麦二叉蚜在我国西北、华北较干旱地区发生较多；禾谷缢管蚜在南方发生普遍，也常与上两种蚜虫混合发生。其中麦长管蚜危害早熟禾、看麦娘、马唐、李氏禾、狗牙根等草坪草，麦二叉蚜的危害对象有赖草、如草、雀麦、马唐、草地早熟禾等草坪草，禾谷缢管的危害对象主要有雀麦、马唐、画眉草、看麦娘、早熟禾等草坪草。

2)形态特征

体微小而柔软，刺吸式口器，触角丝状，其上生感觉器为分类的依据之一。个体分有翅和无翅型，有翅型前翅有中脉3分叉和翅痣。腹部第6节背面两侧常有一对腹管(有的退化)，腹末具尾板和尾片。

3）发生规律及习性

在生活过程中可出现卵、若虫、无翅成蚜和有翅成蚜。在生长季节，孤雌胎生进行繁殖，1年可发生10～30代以上。每年的春季与秋季可出现蚜量高峰。以成蚜与若蚜群集于植物叶片上刺吸危害，严重时导致生长停滞，植株发黄、枯萎。蚜虫排出的蜜露，会引发煤污病，污染植株，并招来蚂蚁，造成进一步危害。

4）防治措施

(1)农业防治　冬灌可降低地面温度，对蚜虫越冬不利；有翅蚜大量发生时及时喷灌可抵制蚜虫的大量发生、繁殖以及迁飞扩散。

(2)药剂防治　蚜虫发生量大时，可喷40%乐果乳油、50%马拉硫磷乳油1000～2000倍液，1.2%烟参碱500～800倍液，10%吡虫啉可湿性粉剂、50%辟蚜雾可湿性粉剂3000～4000倍液，50%敌敌畏乳油1500倍液。

(3)生物防治　蚜虫的天敌很多，如捕食性的瓢虫、草蛉、食蚜蝇、食蚜蜘蛛，寄生性的蚜茧蜂等，可采取人工助迁或人工繁殖的方法控制蚜虫。

相关技能训练

实训24　草坪主要病虫害的田间诊断识别

1. 实训目的

了解草坪病虫害常见种类，识别草坪病害的症状特点、害虫形态特征和危害状，为正确识别、防治草坪病虫害奠定基础。

2. 实训材料和用具

材料：草坪常见病害盒装标本、瓶装标本、破坏性标本、彩色挂图等；草坪常见害虫生活史标本、危害状标本、彩色挂图等。

用具：标本夹、镊子、剪刀、盖玻片、载玻片、显微镜、放大镜、挑针、滴瓶等。

3. 实训内容与方法

1）草坪主要病害类型识别

观察常见草坪病害的挂图、标本及幻灯片，了解草坪主要病害的症状特点。

(1)褐斑病　用挑针挑取菌丝进行镜检，观察菌丝的分枝处是否呈直角，扩大镜观察菌核的外部形态。该病害主要结合发病现场及资料图片进行观察识别。

(2)锈病　切片或挑片镜检草坪锈病的夏孢子及冬孢子堆。注意观察其形态，冬孢子双胞、有柄、壁厚；夏孢子单胞、无柄、壁薄。

(3)白粉病　用挑针分别挑取白粉及小黑点，制片镜检分生孢子、闭囊壳及附属丝。用挑针轻轻挤压盖玻片，注意观察挤压出来的子囊及子囊孢子。

(4)腐霉枯萎病　用挑针挑取菌丝镜检，观察菌丝有无隔膜，能否见到姜瓣状的孢子囊。该病害主要结合发病现场及资料图片进行观察识别。

(5)镰刀菌枯萎病　用挑针挑取粉红色的霉层镜检，其分生孢子是否为镰刀形。该病害主要结合发病现场及资料图片进行观察识别。

2）草坪主要害虫类型识别

(1)咀嚼式口器害虫的形态及危害状识别　肉眼识别黏虫、斜纹夜蛾、草地螟、蝗虫等害虫的形态及危害状。该类害虫危害草坪时，将叶片咬成缺刻或孔洞，严重时将叶片吃光。

⑵刺吸式口器害虫的形态及危害状识别　肉眼识别蚜虫、叶蝉、飞虱、盲蝽等害虫的形态及危害状。该类害虫危害草坪时，叶片不出现缺刻或孔洞，但能使叶片正面出现失绿小斑点，危害严重时叶片黄化或出现煤污层。

⑶地下害虫的形态及危害状识别　肉眼识别蝼蛄、蛴螬、金针虫、地老虎害虫的形态及危害状。

4. 实训作业

1）列表描述所观察到的草坪病害的识别要点、病原类型。

2）列表描述所观察到的草坪害虫各虫态的形态特点及危害状。

任务7.3　草坪主要杂草的识别及防除技术

任务分析：草坪杂草是草坪上除栽培的草坪植物以外的其他植物。杂草作为农田生态系统的一部分，在长期的自然选择过程中，形成了对环境条件的广泛适应性，对人类的防除措施不断产生抗性，从而形成很强的竞争力，影响目的植物的生长。一般情况下，杂草较草坪草具有更强的生长竞争能力，妨碍草坪草的正常生长，使草坪的覆盖度下降，导致草坪退化，降低草坪质量。通过本任务的学习，要求学生识别常见草坪杂草，了解常见杂草所属的类别及生物学特性；根据不同草坪杂草的类别，进行杂草的综合防除。

任务实施的相关知识

7.3.1 草坪杂草主要种类

1）一年生杂草

⑴早熟禾

早熟禾，别名小鸡草、冷草等，一年生禾本科杂草，在潮湿遮阴的土壤中生长良好。我国各地均有分布。植株矮小，茎细弱，分蘖强，具须根。茎叶疏丛型或匍匐茎型，株体高度不超过20cm。叶带状披针形，质软，叶鞘多自中部以下闭合。圆锥花序，小穗密生顶端，顶上的花不完全或退化(图7－4)。

图7－4　早熟禾

图7－5　狗尾草

⑵狗尾草

狗尾草，别名莠草、谷莠子，夏季一年生禾本科杂草。在我国分布广泛。茎多中空，光滑，直立或基部膝曲，高20~90cm。叶片粗糙，带状披针形，叶鞘口上具较长茸毛。圆锥花序紧缩呈圆柱形，黄色。小穗密集，长椭圆形。颖果椭圆形，一侧扁平，浅黄色，无光泽(图7-5)。

⑶马唐

马唐，别名抓地龙、鸡爪草，夏季一年生禾本科杂草。我国分布广泛，为各地常见杂草。茎粗壮，光滑，基部常膝曲，匍匐生长时可长达120cm。花茎向上倾斜，着地后节处易生根。叶片带状披针形，叶鞘基部及鞘口有毛，叶舌钝圆膜质。总状花序3~10枚，呈指状排列；小穗长3mm，对生于花轴一侧，一个有柄，另一个无柄或具短柄。颖果椭圆形，淡黄色(图7-6)。

图7-6　马唐

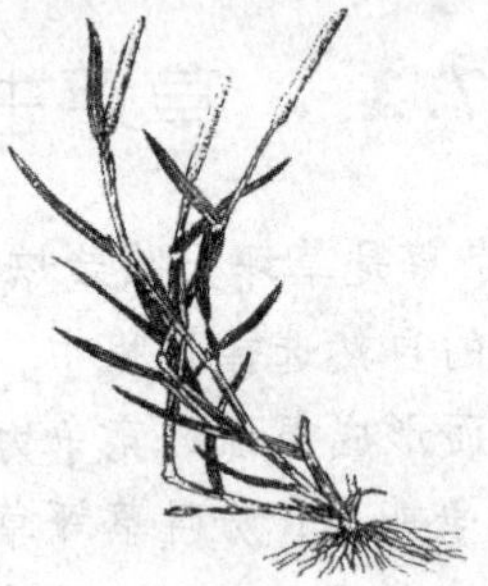

图7-7　看麦娘

⑷看麦娘

看麦娘，别名棒槌草、麦陀陀，冬季一年生禾本科杂草。我国分布广泛，在长江以南温暖多雨的地区尤甚。株高15~30cm，丛生。茎秆基部呈膝曲状。叶片直立，光滑，叶舌膜质透明，长圆形或披针形，先端裂成须状。圆锥花序密集紧缩呈细长圆柱状。小穗具短柄，具1花。颖果长椭圆形，浅棕色(图7-7)。

⑸牛筋草

牛筋草，别名蟋蟀草、官司草，夏季一年生禾本科杂草。分布于全国各地。茎扁平，斜上生长，丛生，株高10~90cm。叶片条形，平直，叶鞘扁，光滑，仅叶鞘口具疏短毛。穗状花序2~7枚，密集于穗头一侧成两行排列，含3~6朵小花。颖果卵圆形，红褐色或黑棕色，有明显的波状皱纹(图7-8)。

图7-8　牛筋草

图7-9　稗草

(6)稗草

稗草，别名稗子、水稗，夏季一年生禾本科杂草。我国各地均有分布，多生长于湿润肥沃处，为世界十大恶性杂草之一。茎秆粗壮，直立或斜生，分蘖强。叶鞘光滑、无毛，叶片中脉发白无叶舌。叶片条形，基部宽先端尖。圆锥花序直立或下垂，小穗绿色或紫色，有芒或无芒，卵形，密集在穗轴一侧。颖果卵形，米黄色(图7－9)。

(7)碎米莎草

碎米莎草，别名三方草，一年生莎草科杂草。在我国分布广泛，几乎遍布全国。秆丛生，直立，扁三棱形。叶片长线形，短于秆，叶鞘红棕色。叶状苞片3～5片；聚伞花序，具4～9条辐射枝，每枝具3～10个小穗；小穗长圆形至线状披针形，具花6～22朵，鳞片排列疏松，雄蕊3枚。小坚果倒卵形有三棱，褐色(图7－10)。

图7－10 碎米莎草

图7－11 狗牙根

2）多年生杂草

(1)狗牙根

狗牙根，别名百慕达、绊根草等，多年生禾本科杂草。广泛分布于暖温带地区，我国黄河流域以南各地均有野生种自然分布。成株具发达的根状茎和细长的匍匐茎，匍匐茎扩展能力极强，可长达1～2m，每茎节着地生根，可繁殖成新株。叶片披针形或线形，叶舌纤毛状，色浓绿。穗状花序3～6枚，指状排列，小穗两行排列于穗轴一侧，两颖等长。颖果椭圆形，棕褐色(图7－11)。

(2)白茅

白茅，别名茅柴、茅根，多年生禾本科杂草。我国各地均有分布。具发达的匍匐根状茎，秆直立，节被柔毛。叶片带状或带状披针形，从叶中部起变窄，先端尖，中脉明显，背部突出。圆锥花序紧缩成穗状，成熟后小穗易随风传播。颖果在小穗里单生，椭圆，褐色(图7－12)。

图7－12 白茅

图7－13 香附子

⑶匍匐翦股颖

匍匐翦股颖，别名匍茎翦股颖、本特草，多年生禾本科杂草。分布于华北、西北、东南地区。直立茎基部膝曲或平卧，茎高15～40cm，有3～6节较长的匍匐茎，每节着地生根，须根多而弱。叶鞘无毛，略带紫色，叶舌长约3mm，叶片扁平线形，尖端渐尖并有小刺毛。圆锥花序卵状，老后呈紫铜色。小穗长2～3mm，长卵形。颖果卵形，细小光滑。

⑷香附子

香附子，别名莎草、回头青等，多年生莎草科杂草。我国主要分布于广东、河南、四川、浙江、山东等地。具发达的匍匐根状茎。根状茎直立，三棱形，黄绿色。叶互生，叶片狭长，深绿色，叶表具蜡质层，光滑。聚伞状花序，生于茎顶，具3～10条长短不等的辐射状产花枝。小坚果倒卵形，棕色或黄褐色（图7－13）。

3）阔叶杂草

⑴蒲公英

蒲公英，别名奶汁草、满地金等，菊科，多年生草本。全国各地均有分布，为草坪的严重杂草之一。主根粗长，再生能力强，因而不能根除。全株具白色乳汁。叶莲座形平展，倒披针形，羽状裂片3～5对，两面疏生蛛丝状毛。头状花序单生，生于中空的花柄顶端。花舌状，鲜黄色。瘦果，倒披针形，褐色，顶生白色冠毛，有纵棱及横瘤（图7－14）。

图7－14　蒲公英

图7－15　打碗花

⑵车前

车前，别名车轮菜、牛舌草、车轱辘草等，车前科，多年生草本。全国各地均有分布，是草坪常见杂草。根状茎肥短，有须根。叶基生成莲座，叶片椭圆形，叶脉近平行，全缘或具不规则波状浅齿，具长叶柄，叶柄长4～21cm。顶生穗状花序，柱形。花稀疏，绿白色，无花柄。蒴果椭圆形，种子黑棕色，细小。

⑶打碗花

打碗花，别名箭叶旋花、喇叭花，旋花科，蔓性多年生草本。茎蔓生、缠绕或匍匐分枝，茎具白色乳汁。叶互生，有柄，叶片戟形，中裂片大，侧裂片展开，略尖。花腋生，具长柄，单生，花冠漏斗形，白色间带红色。蒴果椭圆形（图7－15）。

⑷藜

藜，别名灰菜、灰苋，藜科，一年生草本。分布于全国各地。茎光滑，直立，粗壮有棱，带绿色或紫红色条纹，多分枝，基部木质化。叶互生，叶卵形、菱形或三角形，叶柄较长，叶基部宽大；叶全缘，或具浅齿，两面均有粉粒。花簇生，组成圆锥花序；花小，绿色，无花瓣。

胞果扁圆形。种子黑色，光亮，扁球形(图 7－16)。

(5)荠菜

荠菜，别名荠荠菜、辣菜，十字花科，一年或二年生草本。分布几乎遍及全国，对新建草坪影响较大，常生于山坡、荒地、田边。全株稍被毛，开花时茎高 20～50cm。茎直立，单一或下部分枝。基生叶莲座状，叶羽状分裂，不整齐，顶片特大，具叶柄。茎生叶互生，披针形，边缘具缺刻或锯齿；叶基部耳形抱茎。总状花序顶生和腋生，花小白色，具柄。花瓣白色，倒卵形，十字形排列。荫果扁平，心形或倒三角形。果内壁两侧生数粒种子，种子长圆形，浅棕色。

(6)马齿苋

马齿苋，别名长命菜、五行草，马齿苋科，一年生草本，分布于全国各地。茎圆柱形、肉质多汁，斜生或匍匐生长，全株光滑无毛，绿色带紫红色，在草坪上多匍匐生长。叶互生或对生，叶片肥厚，倒卵形，似马齿状，叶表具蜡层。有须根系。花小，黄色，花瓣 5 片，夏季开花，只在晴天强日照的上午开花。盖裂荫果卵球形，种子细小，偏斜球形，光亮黑色(图 7－17)。

图 7－16　藜

图 7－17　马齿苋

7.3.2 草坪杂草的防除技术

草坪杂草防除是草坪建植和养护中非常重要的一项长期而艰巨的日常管理工作，对草坪建植的成功与否、草坪的使用价值、观赏价值等都有着深刻的影响，必须坚持“预防为主、综合治理”的原则，对草坪杂草进行全面综合防治。

1) 预防措施

(1)严格执行杂草检疫制度

目前我国许多草坪种子大部分需从国外引进，而且草坪草种子的大小、形状与许多杂草的种子很相似，识别起来有一定的困难，因此加强对外检疫工作就显得尤为重要。杂草的检疫工作是控制杂草输入、输出的门户，是防止外来杂草及危险性杂草传播、蔓延危害的屏障，在杂草的防治中具有战略地位。

(2)清洁场地及草坪周围环境，减少杂草种子来源

草坪种植前，首先要对场地进行彻底清理并对进入场地的机械轮胎等进行清理，最大限度地减少杂草的繁殖体。为减少杂草种子的来源应选用有质量检验证书、无杂草的草坪种子。施用充分腐熟的有机肥，土壤熏蒸等措施也是减少杂草种子入侵的有效措施。草坪周围和路

旁杂草也是杂草侵入草坪的来源之一，这些地方的杂草会逐渐向草坪内蔓延，对于这些地方的杂草可以利用物理、化学除草剂等措施进行彻底清除。

⑶诱杀除草

草坪种植前进行灌溉，为杂草萌发提供良好的条件，让其尽可能多地出苗，待杂草苗出齐后，喷施灭生性、短残效的除草剂，将已出土的杂草灭杀。这样可以消灭土壤表层中大部分杂草，经过诱杀后的土地再播种草坪种子，杂草的发生量就很少。

⑷利用栽培措施控制杂草

通过各种栽培措施控制杂草，目的是恶化杂草发生的环境条件，优化草坪草生长的条件，人为地增强草坪草对杂草的竞争力，这是一项经济有效的杂草防除措施，主要包括以下几个方面：

①适当提高播种量

适当提高播种量可以加快和增加草坪对地面的覆盖，减少杂草的发生量和抑制杂草的生长。适当提高播种量对草坪的中后期生长和管理也是有利的。在冷季型草坪混播草种中，适当比例地混入出苗速度快的草种，使之迅速出苗、生长，从而抑制杂草的生长。

②科学的肥水管理

适当、适时的草坪肥水管理措施可以起到促进草坪草生长、抑制杂草的作用，反之则有利于杂草的发生。一般在杂草防除后或杂草发生轻微时进行施肥灌溉对草坪的生长是极为有利的；在早春杂草还未出苗时，及时施肥、灌溉可促进草坪的返青、生长，从而抑制杂草的萌发和生长。

③适时播种

通过调整草坪草的播种期来避开杂草的发生高峰期是防除杂草的一个简便易行的措施，而且效果十分明显。调整播种期和除草剂的使用相结合，有时能起到事半功倍的效果。如春、夏播种的草坪，此时禾本科杂草的发生量大，而且杂草出苗快，因此这个期间播种的草坪很容易出现草荒，利用除草剂防除难度较大，而将播种期改为秋播，则杂草的发生以阔叶杂草为主，喷施防除阔叶杂草的除草剂就很容易控制杂草的危害，而且对草坪的伤害相对较小。

④及时补种和补栽

草坪在生长期间，由于种植或病虫害等原因致使草坪出现局部死亡，形成斑秃。斑秃一旦形成，为杂草的发生提供了空间，因此对管理较差的草坪，由于许多斑秃的形成，导致在斑秃的中心及周围杂草发生严重。对于草坪的斑秃部位应及时补播或补栽草坪草，不给杂草的发生提供空间。

2）防除措施

草坪杂草的防除措施通常有人工拔除、生物防治、化学防治等。

⑴人工或机械除草

目前我国所种植的大部分草坪都需要进行修剪，有些草坪的修剪相当频繁，可以利用草坪草和杂草生长点的高度差异，合理运用修剪措施防除杂草。因为在进行每次修剪时，均可不同程度地剪掉杂草的生长点和杂草的茎，从而明显抑制杂草的生长。对于零星少量发生的杂草或一些难防除的杂草，人工拔除是个好方法。但由于人工拔除杂草对草坪有一定的破坏作用，而且人工除草费工、投入大，因此对于大面积种植草坪不适合用人工除草。

(2)生物防治

草坪杂草的生物防治是指利用杂草的天敌——有益昆虫、病原菌、动物等生物来控制和消灭杂草，同时也包含利用植物种间竞争特征，用某些植物的良好生长来控制另一种植物生长的方法。虽然有许多利用生物来防治草坪杂草的成功实例，但目前草坪杂草的生物防治技术还不够成熟，很多问题有待解决。但从长远发展来看，生物防治是很有前途的，正在不断受到人们地重视。

(3)化学防治

化学防治就是利用化学除草剂对草坪杂草进行防除的方法。该法快速、高效、使用方便，可进行大面积的杂草防除，是目前控制草坪杂草的一种行之有效的措施。但该法易造成环境污染，且使用不当时，会使草坪出现药害或造成人畜及其他有益生物中毒，所以在使用化学除草剂时，必须明确除草剂的性质、特点，并严格按照操作规程进行。

相关技能训练

实训25　草坪常见杂草的识别

1. 实训目的

通过对当地草坪中常见杂草形态特征的观察，掌握常见草坪杂草的识别要点。

2. 实训材料和用具

材料：禾本科杂草、莎草科杂草、阔叶杂草的新鲜、干制标本、挂图等。草坪栽培现场等。

用具：标本夹、扩大镜、剪刀、镊子、铲子等及相关材料等。

3. 实训内容与方法

1）禾草类杂草的观察识别

通过现场识别和实验室观察，了解禾草类杂草如马唐、稗草、牛筋草、狗尾草、一年生早熟禾、白茅、狗牙根等草坪杂草的形态特点。结合观察时期，了解该类杂草的发生特点。

2）莎草类杂草的观察识别

通过现场识别和实验室观察，了解莎草类杂草如香附子、碎米莎草等草坪杂草的形态特点。结合观察时期，了解该类杂草的发生特点。

3）阔叶类杂草的观察识别

通过现场识别和实验室观察，了解阔叶类杂草如蒲公英、车前、马齿苋等草坪杂草的形态特点。结合观察时期，了解该类杂草的发生特点。

4. 实训作业

列表描述常见草坪杂草所属科目、形态特征及其发生特点。

复习思考题

一、名词解释

草坪杂草　草坪病害

二、填空题

1. 杂草防除必须坚持“________、________”的基本原则，对草坪杂草进行全面综合治理。
2. 草坪杂草的防治措施通常有________、________和化学防治等。

3. 依据草坪的引发原因可以把草坪病害分为 ________和________两大类。

4. 马齿苋是________科杂草，车前是________科杂草，荠菜是________科杂草。

三、简答题

1. 草坪杂草的种类有哪些？

2. 草坪杂草预防的措施有哪些？

3. 比较黏虫和草地螟的识别特征。

4. 草坪锈病有哪些症状特点？应采取哪些措施综合防治草坪锈病？

5. 一年生、两年生和多年生杂草有何区别？

参考文献

[1] 彩万志. 普通昆虫学[M]. 北京:中国农业大学出版社. 2001.
[2] 李成德. 森林昆虫学[M]. 北京:中国林业出版社. 2004.
[3] 李清西,钱学聪. 植物保护[M]. 北京:中国农业出版社. 2002.
[4] 岑炳沾,苏星. 景观植物病虫害防治[M]. 广州:广东科技出版社. 2003.
[5] 郑进,孙丹萍. 园林植物病虫害防治[M]. 北京:中国科学技术出版社. 2003.
[6] 张随榜. 园林植物保护[M]. 北京:中国农业出版社. 2008.
[7] 徐明慧. 园林植物病虫害防治[M]. 北京:中国林业出版社. 1999.
[8] 宋建英. 园林植物病虫害防治[M]. 北京:中国林业出版社. 2006.
[9] 佘德松,李艳杰. 园林病虫害防治[M]. 北京:科学出版社. 2011.
[10] 刘悦秋,江幸福. 园林植物病虫害[M]. 北京:气象出版社. 2001.
[11] 张中社,江世宏. 园林植物病虫害防治[M]. 北京:高等教育出版社. 2005.
[12] 江世宏. 园林植物病虫害防治[M]. 重庆:重庆大学出版社. 2007.
[13] 中国科学院中国孢子植物志编辑委员会. 中国真菌志[M]. 北京:科学出版社. 2009.
[14] 徐志刚. 普通植物病理学[M]. 北京:中国农业出版社. 1997.
[15] 岑炳沾,苏星. 景观植物病虫害防治[M]. 广东:广东科技出版社. 2003.
[16] 林焕章,张能唐. 花卉病虫害防治手册[M]. 北京:中国农业出版社. 1998.
[17] 卢希平. 园林植物病虫害防治[M]. 上海:上海交通大学出版社. 2004.
[18] 黄少斌等. 园林植物病虫害防治[M]. 北京:中国林业出版社. 2000.
[19] 张随榜. 园林植物保护[M]. 北京:中国农业出版社. 2008.
[20] 费显伟. 园艺植物病虫害防治[M]. 北京:高等教育出版社. 2010.
[21] 江建国,柴长虹. 园林植物病虫害防治技术[M]. 郑州:黄河水利出版社. 2010.
[22] 武三安. 园林植物病虫害防治[M]. 北京:中国林业出版社. 2006.
[23] 李本鑫,张清丽. 园林植物病虫害防治[M]. 北京:机械工业出版社. 2012.
[24] 周庆椿,尚海庆. 园林植物保护[M]. 北京:机械工业出版社. 2011.
[25] 何承苗. 园艺植物病虫害防治技术[M]. 厦门:厦门大学出版社. 2011.
[26] 方中达. 植病研究法[M]. 3 版. 北京:中国农业出版社. 1999.
[27] 朱天辉,孙绪艮. 园林植物病虫害防治[M]. 北京:中国农业大学出版社. 2007.
[28] 程亚樵,丁世民. 园林植物病虫害防治技术[M]. 北京:中国农业大学出版社. 2007.
[29] 林晃,虞轶俊. 南方果树主要病虫害防治指南[M]. 北京:中国农业出版社. 1998.
[30] 雷增普. 花卉病虫害诊治图谱[M]. 福州:福建科学技术出版社. 2002.

[31] 刘荣堂. 草坪有害生物及其防治[M]. 上海:上海交通大学出版社. 2004.
[32] 张中社. 园林植物病虫害防治[M]. 北京:高等教育出版社. 2010.
[33] 迟德塞,严善春. 城市绿地植物病虫害及其防治[M]. 北京:中国林业出版社. 2001.
[34] 李善林. 草坪杂草[M]. 北京:中国林业出版社. 1999.
[35] 杨子琦,曹华国. 园林植物病虫害防治图鉴[M]. 北京:中国林业出版社. 2002.
[36] 张连生. 北方园林植物常见病虫害防治手册[M]. 北京:中国林业出版社. 2007.
[37] 陈友,孙丹萍. 园林植物病虫害防治[M]. 北京:中国林业出版社. 2013.
[38] 李淑芬,孙丹萍. 园艺植物病虫害防治技术[M]. 重庆:重庆大学出版社. 2013.

读者反馈意见

亲爱的读者：

感谢您对《园林植物病虫害防治》的支持和热爱，为了今后为您提供更好的服务，请您抽出宝贵的时间来填写下面的意见反馈表，以便我们更好地对本教材做进一步改进，同时如果您在使用本教材的过程中遇到了什么问题，或者有什么好的建议，也请您来信、来电告诉我们。

地址：北京市丰台区科学城南极星大厦108室

电话：010 - 83794590/83794403

电子邮箱：caikai6223@263.net　　QQ:649319527　　QQ:1694299827

网址：WWW. KFHWH. CN

教材名称：《园林植物病虫害防治》

个人资料：

姓名：__________年龄：__________所在院校/专业______________

文化程度：__________通讯地址：____________________

联系电话：__________电子信箱：____________________

您使用本书是作为：□指定教材□选用教材□辅导教材

您对封面设计的满意度：

□很满意□满意□一般□不满意□改进建议________________

您对本书印刷质量的满意度：

□很满意□满意□一般□不满意□改进建议________________

您对本书的总体满意度：

从语言质量角度看□很满意□满意□一般□不满意□

从科技含量角度看□很满意□满意□一般□不满意□

本书最令您满意的是：

□指导明确□内容充实□讲解详尽□实例丰富

您认为本书在哪些地方应进行修改？（可附页）

____

____

您希望本书在哪些方面可进行改进？（可附页）

____

____